U0318842

膨胀土高边坡支挡结构
设计方法与加固技术

杨果林　胡　敏　申　权　滕　珂　著

科学出版社
北京

内 容 简 介

膨胀土在我国分布非常广泛,由它引起的工程事故频繁,给国家带来了巨大的经济损失。云桂高速铁路经过大量的膨胀土地区,沿线膨胀土高边坡及其支挡结构成为高速铁路安全的关键点。基于"以柔治胀"的理念,采用多级边坡组合式支挡结构、柔性生态护坡是两种较好的膨胀土高边坡支护措施。

本书共 11 章,包括膨胀土路堑边坡加固与防护措施、膨胀土工程特性试验、膨胀土高边坡稳定性、膨胀土多级边坡支挡结构设计理论、膨胀土多级支挡结构现场试验研究、膨胀土多级支挡结构数值分析、膨胀土路堑边坡柔性生态护坡设计方法、云桂铁路柔性生态护坡试验研究等。

本专著可供从事岩土工程、道路与铁路工程、结构工程的工程技术人员参考。

图书在版编目(CIP)数据

膨胀土高边坡支挡结构设计方法与加固技术/杨果林等著. —北京:科学出版社,2017

ISBN 978-7-03-054238-0

Ⅰ.①膨… Ⅱ.①杨… Ⅲ.①膨胀土–边坡–支挡结构–研究 ②膨胀土–边坡加固–研究 Ⅳ.① TU475

中国版本图书馆 CIP 数据核字(2017)第 208290 号

责任编辑:刘凤娟/责任校对:邹慧卿
责任印制:张 伟/封面设计:无极书装

科学出版社 出版
北京东黄城根北街 16 号
邮政编码:100717
http://www.sciencep.com

北京九州迅驰传媒文化有限公司印刷
科学出版社发行 各地新华书店经销
*

2017 年 12 月第 一 版 开本:720×1000 1/16
2017 年 12 月第一次印刷 印张:27 1/4 插页:2
字数:532 000
定价:189.00 元
(如有印装质量问题,我社负责调换)

前　言

膨胀土在我国分布非常广泛,由它引起的工程事故频繁,这给国家带来了巨大的经济损失。广西、云南两省区是我国膨胀土危害最为严重的地区,尤其是百色地区膨胀土具有极其复杂的特性。膨胀土地区有"逢堑必滑"的特点,沿线膨胀土高边坡及其支护成为高速铁路安全的关键点。基于"以柔治胀"的理念,采用多级边坡组合式支挡结构、柔性生态护坡是两种较好的膨胀土高边坡支护措施。

本专著结合国家自然科学基金项目——"高速铁路膨胀土路堑新型防排水基床结构研究"(51478484)、"高速铁路路基长期动力稳定性评价方法研究"(51278499)、"重载铁路膨胀土路堑基床结构长期动力稳定性研究"(51778641);原铁道部科技研究开发计划重点课题——"云桂铁路膨胀土地段关键技术研究"(2010G016-B);以及中铁十九局集团有限公司委托技术开发项目——"云桂铁路膨胀土高边坡稳定性分析与支挡结构优化"(201500H002)等,以云桂铁路膨胀土高边坡为依托工程,通过膨胀土工程特性试验、模型试验、推剪试验、现场监测、理论分析、数值模拟等相关方法,对云桂铁路沿线膨胀土的膨胀特性、高边坡稳定性分析、多级组合式支挡结构设计理论,以及柔性生态护坡加固技术等开展了系统深入研究。

本书主要研究内容如下。

(1) 开展了云桂铁路膨胀土室内土工试验、化学成分分析、阳离子交换量分析,确定了云桂铁路南(宁)百(色)段膨胀土的膨胀等级,获得了不同膨胀等级膨胀土的物理力学参数。

(2) 利用平衡加压法,在云桂铁路典型弱、中膨胀土路段,分别进行了膨胀土原位侧向膨胀力试验,分析了膨胀土在原位约束条件下侧膨胀力与含水率增量关系,并和室内模型试验结果进行对比。

(3) 进行了原位推剪试验,获得了原状膨胀土在天然条件以及浸水条件下的抗剪强度,并与室内直剪试验结果进行对比,得出抗剪强度和饱和度之间的关系。

(4) 修正边坡稳定性分析理论。考虑膨胀土吸湿产生膨胀变形的特点,引入变形力,变形力使得单级边坡安全系数降低约 10%,变形力对边坡稳定性的影响不容忽视;研究影响双级、多级膨胀土边坡稳定性的敏感因素,获得影响安全系数因素的主次顺序;采用极限平衡法、极限分析上限法、强度折减法计算得到四级边坡的安全系数很接近,设计并开发了相应的膨胀土边坡稳定性计算程序。

(5) 基于极限分析上限理论,分析了不同服役环境下锚杆加固膨胀土二级边坡和抗滑桩 + 锚杆(索)加固膨胀土多级边坡的稳定性,确定各种服役环境下锚杆

(索) 拉力和抗滑桩抗力，获得了边坡安全系数、锚杆 (索) 拉力随裂隙、孔隙水压力、坡顶超载、土体分层、地震等因素的变化规律，为膨胀土多级边坡组合式支挡结构设计提供理论支撑，设计并开发了锚杆拉力和桩抗力的求解程序。

(6) 基于极限平衡理论，采用水平条分法，推导并求解了地震作用下桩板墙后主动土压力强度非线性分布公式，可用于桩板墙结构的抗震设计。

(7) 提出了两种适用于膨胀土多级边坡组合式支挡结构的设计新方法，即等效荷载 + 逐级设计法和极限理论整体设计法。对比抗滑桩弯矩的理论值与实测值，验证两种新设计方法的正确性和适用性。桩身弯矩实测值大于不考虑膨胀力的弯矩设计值，说明膨胀土边坡抗滑桩设计必须考虑膨胀力的作用；基于桩后膨胀力的三种分布形式 (三角形、倒三角形、矩形分布)，推导了其相应的桩身内力表达式，并与实测值进行了对比分析。

(8) 对中–强膨胀土高边坡组合式支挡结构 (桩板墙 + 锚杆/索) 进行了现场试验，研究框架梁下、抗滑桩后、板后土压力分布及变化规律，研究桩身内力分布及变化规律，研究锚索拉应力变化规律及坡表面位移变化等，以此评价组合式支挡结构的支挡效果。给出了框架梁下膨胀力的推荐值和桩后膨胀力的建议值；获得了桩后土压力沿桩深度方向变化规律；得到了锚索拉力与大气的变化规律，板后土压力沿深度方向、水平方向的分布规律等。

(9) 采用数值分析软件对膨胀土多级边坡及支挡结构进行模拟分析，研究桩身内力、锚杆 (索) 拉力、框架梁内力的分布规律；研究降雨对膨胀土边坡及其支挡结构的影响；研究桩长、锚索长度对支挡结构内力的影响；下级抗滑桩弯矩的模拟值、实测值、理论值沿深度方向规律基本一致，说明此数值模拟的正确性和可行性。降雨导致坡面隆起变形，降雨对锚杆拉力、桩身内力、框架梁弯矩影响较明显。

(10) 开展高速铁路膨胀土路堑边坡柔性生态护坡设计，进行了：①换填宽度计算；②加筋层高计算；③整体稳定性验算 (包括整体滑移稳定性、整体平移稳定性、承载力验算)；④ 内部稳定性验算。

(11) 基于极限平衡法，提出考虑应力扩散效应的整体滑移稳定性方法，并编制了 VB (Visual Basic) 计算程序；基于塑性极限分析的上限定理，提出了膨胀土边坡的柔性生态护坡安全系数计算方法。根据正交分析方法给出了各个因素的敏感性顺序，结果显示，对于整体滑移稳定性，内摩擦角和地震系数影响最大，边坡坡率影响最小；对于内部稳定性，膨胀力和内摩擦角影响最大，边坡坡率影响最小。

(12) 在试验段埋设土压力盒、柔性位移计、湿度传感器以及水平土应变计等测试元器件，测试柔性生态护坡在施工期和施工后的基底应力、拉筋应变、变形及边坡含水率等的变化；通过对测试数据的整理分析，掌握柔性生态护坡结构内部应力应变规律，研究柔性生态护坡的加筋机理，同时也对柔性生态护坡的支护效果进行检验。

　　本专著是在课题组成员申权、滕珂、杜勇立等的博士学位论文，段君义、张梓振、杨天尧、汪鹏福、林超等的硕士学位论文，以及几个课题研究成果报告的基础上整理而成！

　　在完成本专著过程中，得到了国家自然科学基金、原铁道部、中铁十九局集团有限公司、云桂铁路广西有限责任公司、中国中铁二院工程集团有限责任公司等的大力支持；得到了中铁十九局集团有限公司何旭总工，云桂铁路广西有限责任公司翟建平，中国中铁二院工程集团有限责任公司冯俊德、薛元、封志军等的通力合作，在此一一表示感谢！

杨果林

2017 年 7 月

目　　录

第1章 绪 论

膨胀土含有蒙脱石等矿物，膨胀土吸水时膨胀而水分蒸发时收缩，因此对土木工程结构造成有害的影响。膨胀土一般发现于热带半干旱气候温和的地区和年蒸发量大于降水量的区域。目前已探明，世界上 40 多个国家和地区分布有膨胀土 [1]，中国是世界上膨胀土分布最为广泛的国家和地区之一。根据调查统计，在我国膨胀土危害较大的有湖南、湖北、广西、云南等省区，膨胀土对部分铁路和高速公路的边坡、路堤及桥梁基础构筑物产生不同程度的影响和破坏，造成年均数十亿元的损失。

南昆铁路膨胀土问题从 1989 年南昆线补测和定测时即引起原铁道部各设计单位和各专业科研、教学、设计人员的重视与关注。为了寻求膨胀土病害的解决办法，原铁道第二勘察设计院 (铁二院，现中国中铁二院工程集团有限责任公司) 会同国内有关专家和技术人员组成课题组攻关，选取南宁盆地那桐站附近的弱—中膨胀土和百色盆地林逢站附近中—强膨胀土地段作为试验段 [1]。1993 年 3 月提出了南昆铁路膨胀土路基设计原则。但由于研究成果滞后和当时技术条件以及资金的限制，南昆铁路膨胀土路基设计原则未能完全实施，再加上施工中的缺陷，致使工程开通运营后，膨胀土的路基出现许多病害。与新建云桂铁路处于同一走廊地带的南昆铁路，由南昆铁路百色工务段反馈的路基病害资料显示：仅 2010 年，DK38+050～DK207+750 路段共有路基病害 78 处，其中：路堑病害 11 处；边坡病害 6 处；护坡病害 2 处；挡墙病害 3 处，具体统计结果如表 1-1～ 表 1-4 所示。

新建云桂铁路全长 734.5km，如图 1-1 所示，其中膨胀土路基长约 66.2km，南宁—百色段与既有南昆线并行于同一个走廊地带，地质条件基本相同。百色—昆明段途经文山州、红河州地区，绕开既有南昆线，但也存在大量膨胀土。根据工程勘察资料，云桂铁路路基通过膨胀土的长度约为 32km，占全线路基长度的 16%，中膨胀土地段大部分集中在南宁—百色段。

云桂铁路不可避免地受到膨胀土的影响，其中那厘—百色段最为不利。该段膨胀土的母土是下第三系那读组 (E$_{2\sim3n}$) 黄绿色、灰白色、紫色泥土、钙质泥土或砂质泥土，以及百岗组 (E$_{2\sim3b}$) 灰绿色砂质泥土和青灰色泥土。该段膨胀土在卸载和化学风化作用下，形成了残积型膨胀土所特有的低密度 (孔隙比 0.75～1.78)、高含水率 (25%～41%)、高分散性 (< 2μm 颗粒含量 > 50%)、强收缩 (体缩 15%～33%)、自由膨胀率高 (40%～100%)、强度低 (地基承载力 150～196 kPa，无侧限抗压强度仅 20~34 kPa，黏聚力 26 kPa，内摩擦角 12°) 的特点。

为保障云桂铁路边坡的长期稳定和线路正常运营，避免云桂铁路出现类似既有南昆铁路边坡病害频发的问题，本书在既有南昆铁路边坡工程病害调研考察成果基础上，结合公路膨胀土边坡工程的经验，进一步深入研究云桂铁路沿线膨胀土的强度和膨胀性，提出适用于铁路膨胀土路堑边坡的支挡结构设计和相应的稳定性计算方法。这对于治理膨胀土边坡具有重要的理论意义和工程价值。

1.1 膨胀土判别和分类

膨胀土的判别和分类，一直是工程界关心的问题。能否充当膨胀土判别指标，主要看它是否符合以下情况：① 能反映膨胀土的本质；② 指标的测定简单便捷；③ 指标数据可靠，重现性好 [2]。

目前，国内外对于判别膨胀土的指标并未达成一致。膨胀土的判别指标按测定内容可分为两大类 [3]：其一，采用原状土样测定土的天然结构与状态，其测定方法较多地受条件限制；另一种则是反映土粒的基本特性，无须原状土采用扰动土样测试也可以达到要求，测定条件简单、易行，因此该方法较为普遍。判别方法主要可分为两类：① 作图法，南非 Williams 提出采用塑性指数和小于 0.002mm 胶粒含量作图对膨胀土进行判别分类 [4]；柯尊敬提出按最大胀缩性指标对膨胀土进行判别分类 [5]；A. 卡萨格兰德首先提出，李生林 [6] 改进的塑性图判别与分类方法；谭罗荣提出了以风干含水量为指标的判别方法。Williams 分类方法使用简单，但是分类结果明显偏高，且理论依据不明确；李生林改进的塑性图判别方法，理论依据明确，但液限判定标准与《土工试验方法标准》(GB/T 50123—1999) 中液限判定标准不相符，难以进行分类；谭罗荣的风干含水率分类法有一定的理论依据，但风干含水率试验条件设定得不够严谨，使结果离散性大。② 多指标法，影响膨胀土膨胀性的因素很多，单一标准的判别方法难以满足工程需求，国内外采用的主流判别方法均采用如下多种指标的分级方法。

1)《膨胀土地区建筑技术规范》[3]

国家标准《膨胀土地区建筑技术规范》(GB 50112—2013) 提出了按自由膨胀率大小和地基变形量划分膨胀土膨胀潜势的方法，见表 1-1。

表 1-1   《膨胀土地区建筑技术规范》膨胀土胀缩等级标准

级别	指标	
	自由膨胀率 δ_{ef}/%	地基变形量 S_e/mm
强膨胀土	$\delta_{ef} \geqslant 90$	$S_e \geqslant 70$
中膨胀土	$65 \leqslant \delta_{ef} < 90$	$35 \leqslant S_e < 70$
弱膨胀土	$40 \leqslant \delta_{ef} < 65$	$15 \leqslant S_e < 35$

2) 美国垦务局标准 [7]

美国垦务局 W.G.Holt 提出的分类方法见表 1-2。将膨胀等级分极强、强、中、弱四级，评判指标为：胶粒含量 (<0.001m)、塑性指数 I_p、缩限 ω_s、膨胀体变 δ_p。

表 1-2 美国膨胀土胀缩等级标准

膨胀程度	指标			
	< 0.001m 胶粒含量/%	塑性指数 I_p/%	缩限 ω_s/%	膨胀体变 δ_p/%
极强膨胀土	>28	>35	<11	>30
强膨胀土	20~31	25~41	7~12	20~30
中膨胀土	13~23	15~28	10~16	10~20
弱膨胀土	<15	<15	>15	<10

3) 印度标准 [8]

在印度标准中，膨胀土膨胀程度与危险程度相结合，共分四个等级：即低的与无问题的、中等的与中等危险的、高的与危险的、非常高的与非常危险的。对膨胀土分类采用膨胀势、膨胀率、差分自由膨胀率、收缩指数、液限、塑性指数、胶粒含量等多种指标。

4) 澳大利亚标准 [9]

澳大利亚标准采用膨胀量和线收缩率两项指标将膨胀土分为极强、强、中、弱四个等级，见表 1-3。

表 1-3 澳大利亚膨胀土的分类标准

膨胀量/%	线收缩率/%	膨胀等级
> 30	> 17.5	极强
16~30	12.5~17.5	强
8~15	8~12.5	中
< 7.5	5~8	弱

5) 柯尊敬标准 [10]

柯尊敬提出按照最大线缩率、最大体缩率和最大膨胀率将膨胀土胀缩等级分为极强、强、中、弱四级，见表 1-4。

表 1-4 柯尊敬膨胀土胀缩等级标准

级别	指标		
	最大线缩率/%	最大体缩率/%	最大膨胀率/%
极强膨胀土	> 11	> 30	> 10
强膨胀土	8~11	23~30	7~10
中膨胀土	5~8	16~23	4~7
弱膨胀土	2~5	8~16	2~4

6) 膨胀潜势标准 [11]

膨胀潜势标准根据液限和塑性指数，将膨胀土膨胀等级分为高、中、低三级，见表 1-5。

表 1-5　膨胀土膨胀潜势标准

级别	指标	
	液限/%	塑性指数/%
高	> 60	> 35
中	50~60	25~35
低	< 50	< 25

7) 杨世基标准 [12]

杨世基根据液限、塑性指数、膨胀总率、吸力、CBR 膨胀量，将膨胀土分为强、中、弱三级，见表 1-6。

表 1-6　杨世基膨胀土胀缩等级标准

级别	指标				
	液限/%	塑性指数/%	膨胀总率/%	吸力/kPa	CBR 膨胀量/%
强	> 60	> 35	> 4	> 440	> 3
中	50~60	25~35	2~4	160~440	2~3
弱	40~50	18~25	0.7~2	100~160	1~2

8) 陈善雄标准 [13]

陈善雄对国内外 11 种膨胀土判别与分类方法的评判指标综合统计分析认为：液限、塑性指数、自由膨胀率、小于 0.005mm 颗粒含量、胀缩总率等 5 个指标具有普通性和较高的可靠性。分类方法如表 1-7 所示。

表 1-7　陈善雄膨胀土膨胀潜势等级判定标准

指标	膨胀潜势等级		
	弱膨胀土	中膨胀土	强膨胀土
液限/%	40~50	50~70	> 70
塑性指数/%	18~25	25~35	> 35
自由膨胀率/%	40~65	65~90	> 90
< 0.005m 颗粒含量/%	< 35	35~50	> 50
胀缩总率/%	0.7~2.0	2.0~4.0	> 4.0

9) 铁路标准 [14,15]

铁路标准选择了反映膨胀土胀缩性本质的自由膨胀率、蒙脱石含量和阳离子交换量作为膨胀性分级的判别指标。铁路标准采用的指标能够反映膨胀土膨胀的本质,对膨胀土判别分类较为合理,但蒙脱石和阳离子交换量测试条件苛刻,分类方法如表 1-8 所示。

表 1-8 膨胀潜势分级及试样试验值

分级指标	弱膨胀土	中膨胀土	强膨胀土	试样 1	试样 2
自由膨胀率/%	40~60	60~90	> 90	79	42
蒙脱石含量 M/%	7~17	17~27	> 27	17.1	7.2
阳离子交换量 $CEC(NH_4^+)$/(mmol/kg)	170~260	260~360	> 360		

有 2 项分级指标符合时,即判定膨胀土为该膨胀等级,参照标准可知试样 1 属于中等膨胀土,式样 2 属于弱膨胀土

10)《公路路基设计规范》标准 [16]

姚海林等 [17] 提出以标准吸湿含水率为核心,辅以自由膨胀率和塑性指数进行判别与分类。其中标准吸湿含水率能很好反映膨胀土矿物组成特性,塑性指数能很好地反映粒度组成、分散特性和阳离子与黏土矿物的互相作用。

这一判定方法被纳入《公路工程地质勘查规范》(JTG C20—2011),如表 1-9 所示。

表 1-9 《公路工程地质勘查规范》(JTG C20—2011) 膨胀土胀缩等级标准

级别	非膨胀土	弱膨胀土	中膨胀土	强膨胀土
自由膨胀率 F_s/%	$F_s < 40$	$40 \leqslant F_s < 60$	$60 \leqslant F_s < 90$	$F_s \geqslant 90$
标准吸湿含水率 ω_f/%	$\omega_f < 2.5$	$2.5 \leqslant \omega_f$	$4.8 \leqslant \omega_f < 6.8$	$\omega_f \geqslant 6.8$
塑性指数 I_p/%	$I_p < 15$	$15 \leqslant I_p < 28$	$28 \leqslant I_p < 40$	$I_p \geqslant 40$

文献 [18], [19] 选取我国典型膨胀土分布地区的膨胀土进行对比试验,对以标准吸湿含水率为主控指标的膨胀土判别分类指标和标准进行验证。结果表明,该判别方法较其他常用的标准准确性高,避免了膨胀土的漏判和误判,验证了公路膨胀土判别分类指标和标准的广泛适用性。

段海澎等 [20] 就新公路膨胀土判别与分类方法对皖中膨胀土的适用性进行研究,结果表明:标准吸湿含水率作为膨胀土判别与分类指标适用于皖中地区;但是,《公路工程地质勘查规范》推荐的分级评判标准具有一定的局限性,三种指标得到的膨胀土胀缩等级并不相同。

采用多指标法判别膨胀土胀缩等级的方法,简单易行,直观明确,已被工程设计单位广泛采用。但是,影响膨胀土胀缩的因素是多种多样的,多指标法在选取指标时受指标测定条件和指标数量限制而无法全面地反映膨胀土特性,且这些判定方法给予的推荐胀缩等级也来源于经验,有一定的局限性和片面性。因此采用多指标法时,各指标实测值常会落入不同的膨胀等级界限,有时会导致误判,且不同方

法常常会得出矛盾的结论。为了弥补以上缺陷，提高膨胀土判定的准确性，灰色系统理论、人工神经网络、模糊数学以及可拓学等数学模型被用于膨胀土的判别。

郭星葵、黄卫、蔡奕等用模糊数学法对膨胀土进行了判别。模糊数学可以引入较多判别指标，通过判别向量能明确的判定膨胀土所隶属的膨胀等级，能够快速而准确的进行判别。但是模糊数学在分析过程中，各指标权重的取值仍然需要由专家评判的方式确定，影响了判定的客观性。同时，膨胀等级的隶属度采用了某一确定值，实际却为区间值，也无法明确地表达不同胀缩等级间的区别。

梁俊勋和李玉花用灰色聚类法对膨胀土进行了判别。灰色聚类就是判别聚类对象在一定聚类指标下的所属类别。能有效解决在膨胀土多指标分类中，由于指标交叉而不能归类的问题。但是，灰色聚类法中聚类指标的选取与功效函数的确定都是人为的，因此这类评判方法与前述方法也一样摆脱不了因评判专家主观影响而导致的评判上的不确定性。

土木工程中常见的神经网络模型有：BP 网络、Hopfield 网络、双向联想记忆网络 (BAM 网络)、Hamming 网络、自组织特征映射神经网络 (Kohonen 网络)、径向基函数神经网络 (RBF)。膨胀土分类中主要用到了 BP 网络和自组织特征映射神经网络两种模型。易顺民等 [140] 采用 BP 神经网络系统对膨胀土进行分类。张白一等 [21] 建立了膨胀土膨胀潜势分类的 Kohonen 神经网络模型。鲍灵高等 [51] 建立了膨胀土胀缩等级评判的自组织特征映射神经网络并进行了验证。马文涛 [22] 将支持向量机 (SVM) 理论引入膨胀土分类判别。SVM 方法利用已知的有效算法发现目标函数的全局最优解。而人工神经网络则采用一种基于贪心学习的策略来搜索假设空间，这种方法一般只能获得局部最优解。

模糊数学的用 0 和 1 两个数来描述事物是否具有某种性质，当属性值小于或大于隶属度的上下限时其隶属度都等于 0，或都等于 1，遗漏了指标间的一些分异信息。而可拓集合论的关联函数值域为 $(-\infty, +\infty)$，可以更清晰地描述事物具备或不具备某种性质的程度性，在多指标评判方面较模糊综合评判有更宽的应用前景。王广月、汪明武运用可拓集理论解决多指标分类法中的不相容性，并取得了一定的效果。但是，他们给出的关联函数是一个分段函数，评价指标取值区间的长度、量纲不同，不同指标、不同评价类关联度有时难以比较。张慧颖将物元可拓模型加以改进，构造了一种值域为 $[-1, 1]$ 新的关联函数，解决了这一问题。但是可拓集理论计算相对复杂，只适用于计算机计算。

Fisher 判别方法是多元统计分析中常用的判别分析方法，通常采用国内流行的统计软件 SPSS 软件。余颂将 Fisher 判别方法运用于膨胀土判别分类，对高速公路工程沿线膨胀土样进行了判别分析，为膨胀土判别分类提供新思路。

上述研究工作对膨胀土分类研究有重要意义，为提高判别准确性提供了研究方向。但是由于此类分析方法涉及的数理统计、计算机应用软件或其他相关理论知识过于复杂，不便于工程从业人员掌握和应用。目前工程上仍沿用多指标分类法。

1.2 膨胀土结构特征

膨胀土结构特征的研究主要分为宏观研究，细观研究和微观研究。多裂隙性是膨胀土主要的宏观结构特征，目前对其演化规律与定量化描述已取得不少成果。卢再华等对南阳原状膨胀土不同吸力下的三轴剪切试验表明，原生裂隙和软弱面是决定其强度的主要因素。马佳等[23]设计了一套能精确控制湿度的试验装置，利用盐溶液脱湿研究膨胀土裂隙演化的过程，研究了裂隙度与相对平衡湿度的关系，总结了膨胀土处于 K_0 应力状态下的裂隙发展规律。卢再华等[24]应用 CT 研究了重塑膨胀土在干湿循环过程中裂隙的发展演化，分析了裂隙损伤的变化规律，表明CT 技术有助于膨胀土细观结构性研究。雷胜友等[25]通过 CT 三轴系统对原状膨胀土的浸水、剪切过程进行扫描，研究了膨胀土在浸水、受力破坏过程中的细观结构变化。陈正汉等[26]研究了膨胀土在不同应力路径和湿干循环过程中的结构演化特性，提出了膨胀土的损伤演化过程。袁俊平等[141]采用 CT 结合 MATLAB 技术对重塑膨胀土干湿循环过程中裂隙演化规律进行研究，对膨胀土裂隙进行了定量分析。王幼麟、高国瑞等通过 SEM 对黏土矿物叠片体与其工程性质的关系作了较多的研究。谭罗荣通过 SEM、TEM、XRD 研究了膨胀土物质组成、微观结构定向性等，并提出了一个评价试样定向度的公式。李生林、施斌等对膨胀土的微观结构与土体胀缩特性和强度特性的关系进行了研究。叶为民采用 MIP 和 SEM 对不同密实度的压密膨胀土的水化过程进行了研究。迄今为止，对膨胀土结构特征的研究取得了许多成果，但仍有许多问题。首先，微观、细观、宏观力学模型难以耦合；其次，对于膨胀土微观结构的形态特征的定量化研究不足，缺少量化判定标准；最后，目前微结构量化的测定技术主要有计算机图像处理技术，X 射线衍射技术等，但却无法解决结构联结与形态要素之间的联合测试与分析问题。

1.3 膨胀土强度特征

膨胀土的强度不仅存在尺寸效应，更具有显著的变动性与衰减特性，主要受裂隙、含水率、干密度、吸力状态与应力历史等的制约。孔令伟等[27,28]对襄 (阳) 荆(州) 高速公路膨胀土的研究结果表明，含水率与裂隙性对原状膨胀土的强度影响很大；而浸水饱和 CBR 值随含水率变化类似于击实曲线，但 CBR 峰值并非最优含水率，在使用膨胀土作为路堤填料时，含水量宜较最佳水量稍大。缪林昌[29]、李振等[30]研究了不同起始含水量时膨胀土的强度特性；李雄威等[31]研究了水化作用时间和温度对膨胀土强度的影响；袁俊平发现膨胀土的黏聚力和内摩擦角均随剪切次数降低，第三次即基本达到残余值。韩华强等对非饱和膨胀土进行了大量干湿循环试验，认为干湿循环次数的增加会引起膨胀土长期强度和变形模量的衰减，非饱和膨胀土强度指标中黏聚力对于干湿循环的敏感性远大于内摩擦角；龚壁卫等也深入研究了干湿循环对强度指标的影响；孔令伟、李雄威分析了不同脱湿速率和吸湿速率影响下膨胀土的强度特性。谭罗荣等通过对大量指标试验结果的回归分析，得到一种通过测膨胀压力来获得非饱和膨胀土强度关系的方法，该法用测试简便的膨胀力代替测试门槛较高的吸力，在一定程度上简化了非饱和膨胀土强度的计算。罗冲研究了不同约束条件下膨胀土吸水膨胀后的强度特性，认为约束能控制膨胀土膨胀，减少其吸水量从而减少膨胀土强度的衰减量。缪林昌等用非饱和三轴仪研究了南阳重塑膨胀土的强度特性。詹良通与吴宏伟[32,33]研究了吸力对非饱和膨胀土变形和强度特性的影响，强调了吸力对土体剪胀势的贡献。徐彬等针对新乡重塑膨胀土，通过直剪和三轴干湿循环试验研究了裂隙对膨胀土强度的影响，认为在含水率、密度以及裂隙这三个影响膨胀土强度的因素中，其中含水率的影响最大，密度的影响最小，确定膨胀土强度指标时不应该忽视裂隙的开展。孔令伟等对荆门膨胀土开展了原状膨胀土、重塑膨胀土与石灰改良膨胀土的变形与强度特性对比研究，指出石灰改良能降低膨胀土湿化敏感性，使其在饱和后仍维持较高强度。沈珠江曾指出双变量强度公式存在不足，从试验拟合的角度用广义吸力代替基质吸力，并认为广义吸力与强度之间是非线性关系，提出双曲线关系式；卢肇钧等提出非饱和土抗剪强度有真凝聚力、外力产生的摩擦强度和内吸附强度三个组成部分，提出了用膨胀力和膨胀力的有效系数计算非饱和土强度的方法；徐永福根据非饱和膨胀土微结构的分形模型，导出了非饱和膨胀土的强度公式；杨庆等基于膨胀力和含水率关系、强度和含水率关系以及吸附强度与膨胀力的关系，得出吸附强度和含水率的关系式，优化了非饱和膨胀土强度公式；黄润秋等[34]基于 Mohr-Coulomb 强度公式，通过饱和土的强度和土水特征曲线计算出非饱和土抗剪强度；陈伟等通过压力板仪与非饱和三轴仪试验对荆门膨胀土进行研究，认为利用土–水特征曲线来预测非饱和土抗剪强度的公式预测结果均偏高，而吸附强度与吸力呈幂函数关系。杨果林[35]、王国强[36]等研究了强度与含水量的关系；Drumright[37]和 Rohm[38]研究了膨胀土的有效黏聚力和有效内摩擦角与吸力和饱和度的关系；缪林昌通过三轴试验对南阳膨胀土的强度进行了研究，提出了非饱和膨胀土的吸力强度与饱和度之间的关系式；刘华强通过考虑干湿循环的直剪试验认为裂缝的开展将导致黏聚力和内摩擦角的衰减。杨和平等[39,40]认为不管原状还是重塑样经干湿循环后的强度衰减主要是 c 值大幅降低，其 ϕ 值虽也减小但降幅都不大；还提出荷载对膨胀土干湿循环过程中强度衰减的抑制作用明显，上覆荷载越大强度衰减越小，且同一级压力下土样随循环次数增多其强度不断衰减。

关于膨胀土强度的理论研究,国内外学者从不同的角度,提出了许多强度理论,主要有非饱和强度理论、渐进性破坏理论、滞后破坏理论、气候作用层理论、胀缩效应理论、分期分带理论、分段取值理论和极限平衡-弹性理论。

天然膨胀土多为非饱和土,因此用非饱和土强度理论对膨胀土的研究较多,成果颇丰。在非饱和膨胀土强度公式描述中,吸力是一个重要因素,体现了非饱和土强度公式的显著特点,但是,目前吸力的测试较为复杂,在工程上很难普及,膨胀土工程设计时多倾向于使用经过一定修正的饱和强度。不论是原位实验还是室内实验,裂隙的存在及发展过程对膨胀土的强度特性影响极大,但如何考虑体现裂隙发展在膨胀土强度公式中的影响作用尚需深入。

1.4　膨胀土胀缩性

膨胀土中黏土矿物主要由亲水矿物组成,具有吸水膨胀、软化、崩解和失水急剧收缩特点,并能产生往复变形的特殊黏土。膨胀土胀缩变形特性造成了构筑物的胀裂破坏,研究膨胀土的胀缩规律十分必要。刘特洪归纳总结了包括缪协兴的湿度应力场理论、G.Chopmen 的双电层理论等在内的 10 种胀缩理论。但这些理论大多仍只能考虑膨胀机理问题的某一方面,无法对工程效应问题作出圆满的解释,例如,按吸力势理论,在无吸力时膨胀应完全消失,但实践证明,无吸力时也还存在残余膨胀。

膨胀土的胀缩机理应该从两个最本质的方面加以认识:第一,黏土矿物自身的胀缩;第二,土中颗粒单位之间平均距离的变化。因此晶格扩张理论和双电子层理论成为普遍公认的膨胀变形理论。

晶格扩张理论认为:黏土矿物 (蒙脱石、伊利石、高岭石) 是由硅氧四面体和铝氢氧八面体两种基本结构单元组成的,晶层间的弱键连接使得层间结合不够牢固,水分子很容易从晶格层间渗入,形成水膜夹层,使晶层间距加大,最终导致晶格扩张,宏观上表现为土体体积增大。晶格扩张理论仅局限于晶层间吸附结合水膜的楔入作用,没有考虑事实上在黏土颗粒间及聚集体间由于吸附结合水作用而发生的膨胀。

双电子层理论认为:水-土相互作用时,黏土矿物颗粒表面会由于“同晶代换”作用而产生负电荷,在颗粒周围形成静电场,受静电引力作用,土颗粒表面必然吸附相反电荷的离子,即交换性阳离子,这些阳离子以水化离子形式存在。带有负电荷的黏土矿物颗粒吸附水化离子,形成扩散形式的离子分布,组成双电层 (水化膜)。随着含水量增加,结合水膜进一步加厚,使得固体颗粒间的距离增大,表现为土的体积膨胀。失水时,土中结合水膜变薄或消失,粒间距离减小,表现为土的体积收缩。黏土矿物中蒙脱石在水介质中的电动电位比其他矿物更高，因此其表面双电层中扩散层的厚度较大，结合水膜也较厚，因此，蒙脱石含量越高，土的膨胀性就越大。

双电子层理论弥补了晶格扩张理论在解释黏性土胀缩原因方面的不足，而且进一步发展了结合水膜在膨胀理论中的应用，是对于前者的完善和补充，但该理论同样不能解释某些以伊利石为主的膨胀土的膨胀变形反而比以蒙脱石为主的膨胀土的膨胀变形大的现象。

廖世文通过对进行宏观与微观综合研究提出膨胀土微结构理论：膨胀土产生胀缩变形的原因与机理不完全取决于组成膨胀土的物质成分，它还取决于这些物质成分在土中的空间微结构特征，并认为组成膨胀土的物质成分是产生胀缩变形的物质基础，微结构特征是形成膨胀与收缩的空间条件。当具备上述内在因素时，在水的作用下土才有可能产生膨胀，当失去水时又产生收缩。

膨胀土胀缩性的研究主要有两个方面：第一，对于膨胀土无约束条件下湿胀干缩体积变化的研究；第二对于膨胀土有约束条件下膨胀压力的研究。

Mowafy 等 [41] 研究了膨胀试验中的边壁摩擦效应以及不均匀浸水对膨胀变形的影响，讨论了减小边壁摩擦的方法，并通过系列试验总结出一个半经验公式用来预测膨胀力。Lo 等 [42] 通过了单向和双向等压条件下，同时测量 3 个正交方向上应变的方法，认为在一个主应力方向上施加压力，将限制膨胀土各个方向的膨胀应变。焦建奎针对常规固结仪上膨胀试验不能测量膨胀过程中吸水量和径向膨胀压力的缺点，提出了一种增加了吸水和测压测量装置的侧向受限膨胀试验方法。Al-Shamrani 等 [43] 比较了三轴膨胀试验和一维膨胀试验成果的不同，分析了侧限约束对垂直方向膨胀变形的影响。Abbas 等 [44] 通过三轴膨胀试验过程中轴向膨胀与体积膨胀之比来评估应力比对膨胀变形的影响，并与一维膨胀试验进行了对比。Weston[45] 根据不同干密度的黑拂土的膨胀变形资料，总结得到膨胀量 (线膨胀量) 的经验公式。黄庚祖通过固结仪研究了一种以伊利石为主的膨胀土的膨胀变形规律。黄熙龄等 [46] 做了原状膨胀土三轴浸水膨胀试验，得到了膨胀率与时间的关系。Rao 等 [47] 对重塑膨胀土的膨胀变形进行了大量试验，给出了简化图表，可预测任何干密度和含水率条件下的膨胀变形及膨胀力。Robert[48] 分析了影响膨胀土膨胀变形的因素，指出最基本的影响因素是土中水分、黏土颗粒的数量及类型，认为膨胀土上覆压力越低，就越容易发生膨胀变形。Komine 等 [49] 通过击实膨胀土的膨胀变形试验，认为膨胀变形—时间曲线与初始干重度、垂直压力及初始含水率有关，最大膨胀变形量与初始含水率无关。徐永福等 [50] 采用轻型固结仪对宁夏膨胀土的膨胀变形规律进行了系统的研究。认为当初始含水率相同时，膨胀量的对数与上覆压力的对数呈线性关系；当上覆压力相同时，膨胀量与初始含水率呈线性关系。并根据各地区膨胀土膨胀变形资料，得出对于同种膨胀土，膨胀变形量与初始含水率和上覆压力之间的这种定量关系具有普遍性的结论。另外，还运用速率过程理论，研究了膨胀土与时间，膨胀变形量与时间的关系。缪林昌等通过不同竖向荷载作用下重塑膨胀土膨胀变形研究，得出干密度和初始含水率是影响膨胀率的主要因素的结论。王保田等通过现场荷载和室内三轴试验对膨胀土浸水变形特性进行了研究，并利用三轴试验结果对现场的变形进行了计算模拟，得到的规律性一致。袁俊平对湖北枣阳重塑膨胀土在不同初始状态下的膨胀变形特性进行了研究，得出膨胀土的初始含水率和竖向荷载越小，膨胀变形量越大，而干密度的影响相反，还通过回归分析，得出了膨胀土浸水最终膨胀率与初始上覆压力、初始干密度、初始含水率回归方程。张爱军等以安康压实膨胀土为研究对象，通过膨胀量试验，得到了不同初始含水率、不同干密度和不同竖向荷载下膨胀土膨胀变形规律，提出了考虑初始含水率、干密度和竖向荷载耦合的膨胀量计算公式，并对该计算公式进行了相关验证。谭罗荣等研究了干密度、饱和度及含水率诸因素对膨胀土的膨胀特性的影响，认为膨胀变形与干密度、含水率、饱和度的关系可用幂指数函数描述。李振等利用压缩仪，对不同初始含水率、干密度和同竖向荷载条件下的膨胀土进行了一次性浸水和分级浸水的膨胀变形试验。结果表明，膨胀率不受浸水路径影响。赵艳林等对干湿循环后的南宁膨胀土进行了胀缩性指标研究，结果表明：膨胀力、膨胀率、线缩率和收缩系数在前 3 次干湿循环时衰减速度较快，此后逐渐趋于一稳定值，体缩率衰减速率相对稳定，缩限在干湿循环过程中不发生变化。Tripathy 等 [51]研究了有荷条件下的干湿循环特性，土样被控制可以进行完全收缩或部分收缩，得到了干湿循环过程中土样吸力和含水率的变化，并采用膨胀土微观结构指标确定其收缩状态。刘松玉等 [52] 对淮阴击实膨胀土的研究结果表明，随干湿循环次数的增加，膨胀土的膨胀速率加快，绝对膨胀率总是增大而相对膨胀率降低，以此推断胀缩变形并不是完全可逆的；杨和平等对宁明原状膨胀土进行了有荷载条件的干湿循环试验，认为胀缩变形是不可逆的；孔令伟等 [53] 对南宁强膨胀土的不同脱湿速率影响下的收缩和膨胀特性进行了研究，结果表明：脱湿速率对膨胀土的收缩变形有较大影响，膨胀土在相对均匀失水条件下，收缩变形会较大。冯欣等则研究了收缩方式对膨胀土变形与强度特征的影响，发现均匀收缩下的胀缩变形和抗剪强度均大于不均匀收缩下的相应指标。李雄威分析了吸湿速率影响下膨胀土的收缩和膨胀特性。

上述不同条件下膨胀土胀缩变形试验成果都证明了类似的定性规律，即膨胀土的初始含水率越小 (Komine[49] 结论除外)、干密度越大、外部压力越小，膨胀土吸水后的变形越大。不同学者针对不同地区膨胀土得到的定量变化规律有所不同，大致可归结为线性、指数或幂函数等关系。深究其原因，则需要分析不同土类中黏土矿物成分、微结构等微细观层面的差异。而在工程实践和设计中，对膨胀变形宏观发展规律是必须掌握的。

膨胀力是土体在不允许侧向变形条件下充分吸水，保持土体不发生竖向膨胀所施加的最大压力值。

Kamil Kayabali 和 Saniye Demir[54] 将膨胀力的确定方法归纳为两类：第一，间接测定法，通过研究初始含水率、干密度、液塑限、阳离子交换量以及膨胀性物质含量等与膨胀力之间的关系，建立各指标与膨胀力之间的经验拟合方程进行膨胀力的预测和计算。这种方法确定的膨胀力与实际值之间存在较大误差，主要用于膨胀土膨胀性的定性判断或构筑物的初步设计；第二，直接测定法，膨胀土增湿膨胀变形时，通过一定的方法直接测试膨胀力。膨胀力的测试方法，可归纳为四种 [55]。

1) 加压膨胀法

当膨胀土自由地、充分地膨胀完成后，施加压力使膨胀土恢复到原来体积，所需的压力即为膨胀力。这实际上是个固结过程，测定的膨胀力是 "固结压力"，所以使用较少。

2) 分级加荷膨胀法

制备多组条件相同的试样，分别施加不同的恒定荷载，测得各试样在浸水膨胀的膨胀量，绘制膨胀量–荷载的关系曲线。膨胀量为零的荷载压力即为膨胀力。但 "多试样" 法也有不足之处，即样本之间的密实度、颗粒组成等差异会影响试验结果，这种影响在现场试验时更加显著，原因是现场膨胀土的微观裂隙、膨胀物质分布情况、周边土体侧向约束能力大小等具有更大的离散性和不均匀性。

3) 平衡加压法

试样浸水后，当开始产生膨胀时就逐级施加较小荷载，直到体积恢复到初始状态，使试样在浸水膨胀过程中始终保持体积不变，最终施加的总荷载即为膨胀力。该方法试验结果与真实值最接近，同时可以避免"加压膨胀法"试验的不足之处。但该方法的缺点是工作量大，且需要能够施加连续反力的装置，特别是原位试验，需要设置大型反力系统，成本较高。

4) 等体积法

等体积法是将膨胀土放置在刚性容器内，通过测试容器壁受力确定膨胀力，多用于模型试验，要求模型有足够刚度在膨胀力作用下不产生变形。

常规的一维室内膨胀力测试都是采用固结仪，丁振洲等 [56] 用 "透水铜板" 代替透水石，避免透水石与土样之间存在水分平衡迁移问题，提高增湿过程的控制精度。苗鹏等 [57] 对固结仪进行改进，将砝码系统改为大刚度的量力环，从而减少膨胀力测试时的工作量。O. J. Pejon 和 L. V. Zuquette[58] 采用固结仪、机械压力仪 (MP) 和 MTS-815 三种仪器进行了膨胀土体积不变条件下的一维膨胀力试验。谢云等利用改进后的三向胀缩仪进行了典型膨胀土三向膨胀力试验，研究了竖向膨胀力和水平膨胀力的关系，以及侧向变形对膨胀力的影响。李海涛等针对原状膨胀土膨胀力测试需求, 研制了具有刚性环刀系统、测量采集系统和真空饱和系统的新型膨胀力测试仪。

随着试验技术和设备的不断发展, 室内膨胀力试验在一定程度上可以模拟构筑物的工作环境, 但受到试样尺寸效应、边界条件、扰动等影响, 试验结果依然不能真实反映构筑物在实际工作中的受力状况。目前, 大尺寸的膨胀力试验 (包括模型试验和原位试验) 较少。李雄威等以广西南宁膨胀土为研究对象, 采用土压力盒测试预埋设的桩和框锚结构的侧向和竖向膨胀力, 得到了膨胀力随降雨量的变化规律。但是, 该研究只测得 0.2m 深度范围内膨胀土的侧向膨胀力, 其变化规律不足以反映大气影响深度范围内的变化规律。周博等采用加压膨胀法, 即利用现场有荷膨胀率试验结果, 由内插得到膨胀力值的测试方法对合 (肥) 六 (安) 叶 (集) 高速公路膨胀土进行测试。但是, 加压膨胀法测试结果不及平衡加压法准确。

1.5 膨胀土边坡稳定性

1.5.1 理论研究

国内外对于边坡稳定分析方法很多种, 从整个趋势来看边坡稳定分析方法正由定性逐步走向定量。定性方法有: 自然历史分析法、边坡稳定性分析数据库和专家系统、工程类比法、图解法。定量计算方法有数值分析方法和极限平衡分析法。

定性分析法主要来自于工程的实践总结, 一定程度上考虑了边坡的运行特点和环境因素, 所假定的边坡破坏模式或提出的经验公式对于相似地区相似工程具有一定的适用性。

极限平衡法是国内外应用最为广泛, 也是各种边坡工程规范中普遍认可的评价方法。该法是以莫尔–库仑 (Mohr-Coulomb) 抗剪强度理论为基础, 将滑坡体划分为若干垂直条块, 建立作用在垂直条块上的力的平衡方程, 求解滑坡稳定性系数。包括瑞典 (费伦纽斯) 条分法、毕肖普 (Bishop) 法、简步 (Janbu) 法、简化 Bishop 法、简化 Janbu 法、摩根斯坦–泼棘斯 (Morgenstern-price) 法、传递系数法、斯宾塞 (Spencer) 法。

对于膨胀土边坡, 基于饱和土理论的常规极限平衡法无法反映膨胀土特殊的胀缩性、裂隙性等特点。国内外学者陆续提出了基于非饱和土理论基础的改进极限平衡法, 引入裂隙或基质吸力等因素进行分析。典型的如 Fredlund 等 [59] 提出了一种建立在非饱和土 Mohr-Coulomb 强度准则基础上, 考虑基质吸力的边坡稳定性分析方法。该方法强调负孔隙水压力对土坡稳定的影响, 对安全系数计算公式进行了修订, 以便反映正、负孔隙水压力的作用。孔隙水压力的分布通过瞬态渗流场分析而获得, 并据此分析土坡在不同时刻的稳定性。蒋刚等采用考虑吸力变化的非饱和土强度理论来反映边坡残积土强度受雨季降雨的影响，应用 Janbu 法进行边坡稳定分析计算。沈珠江采用非饱和土简化固结理论模拟膨胀土渠道边坡降雨入渗，以反映边坡在入渗过程中吸力丧失、有效应力降低和土体膨胀回弹及水平变位的全过程。姚海林等 [60] 通过试验测试、理论分析和数值模拟对考虑膨胀土裂隙性的边坡稳定分析进行了研究，指出裂隙的开裂深度与土体的抗拉强度、泊松比、地下水位埋深以及土体 SWCC 特征曲线等土体特性参数密切相关，裂隙的存在对边坡中孔隙水压力和体积含水量分布有较大影响。黄润秋等 [61] 基于极限平衡理论，讨论了吸力、分层及其边坡表层裂隙对非饱和膨胀土边坡稳定性的影响。以上方法均基于非饱和土理论，推导严谨、理论坚实。但是非饱和土理论离不开吸力，而吸力的测试相对复杂，不利于计算方法在工程设计上推广。

刘华强等提出膨胀土边坡稳定性分析方法应综合以下几方面因素，一是考虑浸水后吸力消失和强度降低，采用饱和土的强度指标；二是认为连通裂隙没有强度，而裂隙区强度指标应降低，且裂隙充水产生静水压力，同时还应考虑膨胀的影响，滑面上下膨胀变形不均，产生剪应力。王文生等 [62] 针对弧面渐进破坏型膨胀土边坡，基于简化 Bishop 法提出了可以满足施工初期或设计阶段精度要求的简便分析方法，该方法中土体强度取动强度值。殷宗泽等 [63] 提出了一种以条分法为基础的近似反映裂隙影响的膨胀土边坡稳定性分析方法，具有实用性。

数值分析方法主要有有限元法、有限差分法、离散元法、不连续变形法、流形元法等。袁俊平等用有限元数值模拟方法分析了边坡地形、裂隙位置、裂隙开展深度及裂隙渗透特性等对边坡降雨入渗的影响；陈铁林等基于非饱和土固结理论，通过有限元法对膨胀土路基降雨入渗条件下的变形过程进行了分析，得出了膨胀土路基一般发生浅层滑动的结论。刘观仕等基于中膨胀土包边试验路堤的现场试验，利用平面应变有限元方法，分析了路面因路基土湿化膨胀和行车荷载作用所产生的不均匀变形性状。卢再华等 [64] 以非饱和土力学和损伤力学为基础，建立了一个非饱和膨胀土的弹塑性损伤本构模型和固结模型，设计了相应的有限元程序 UESEPDC，对非饱和膨胀土边坡进行了三相多场耦合问题的数值分析，说明了开挖和气候变化条件下逐渐发生失稳滑动的现象及其机理。陈建斌等针对膨胀土边坡水敏感性问题，建立了考虑湿热耦合的大气-非饱和土相互作用模型，基于南宁灰白色膨胀土，对控制非饱和土吸力和变形的大气蒸发和植物蒸腾等多参数进行了影响程度分析。黄润秋等采用快速拉格朗日法研究了膨胀土路堑边坡浅表风化层、裂隙性及时间效应对滑坡机理及稳定性的影响。

数值分析方法克服了极限平衡方法中将土条假设为刚体和滑动面必须事先假定的缺点，可适用于任意复杂的边界条件，通过应力-应变关系可以反映土的非线性、弹塑性等特点，计算获得边坡内各个场变量的全面信息，分析边坡各部位的应力水平变化，模拟失稳过程。但数值分析的关键在于土的本构模型和参数的确定，而膨胀土非饱和弹塑性本构模型目前仍存在诸多问题。

1.5.2 极限平衡法

采用极限平衡方法分析边坡稳定性历史悠久。1927 年最早采用条分法分析边坡稳定性，先后有 Janbu、Bishop、Spencer、Morgenstern 对其理论的发展完善做出贡献。我国陈祖煜院士及其团队在边坡稳定性分析理论、程序开发等方面研究成果颇丰，做出了杰出贡献。周资斌基于极限平衡理论，在事先假定滑面上应力分布形式的基础上，推导了 Bishop 法的显式解，简化了 Bishop 法边坡稳定分析过程。曾亚武、田伟明将边坡稳定性分析的有限元法和极限平衡法相结合，创建一种既能反映边坡的稳定和变形之间的关系，又能用工程界所熟悉的安全系数来评价边坡的稳定性的方法。邹广电等将条间力关系与安全系数的定义紧密结合，构筑适用于任意滑裂面的数学模型和有效的数值模拟过程，从而给出比普遍极限平衡法数值解更为严格的数值方法。朱大勇等利用数值分析得到的应力场，计算潜在滑动面上正应力分布，再按滑面正应力修正的方法求解出满足所有平衡条件的安全系数。这种基于数值应力场的极限平衡方法充分利用数值方法与极限平衡法的优点，得到理论上更合理的安全系数。于斯滢等采用基于弹塑性应力应变分析的有限元极限平衡法对尾矿坝坝体的稳定性进行研究。杨辉将极限平衡分析和有限元应力场结合，计算边坡的安全系数。卢坤林等将离散后的条柱间作用力等效成滑面正应力，依据整个滑体的平衡条件，提出一种适用一般空间形态滑面的边坡三维极限平衡法。巩留杰基于有限元，根据等效塑性应变确定边坡最危险滑面的位置，并计算滑面上分布的正应力与切应力，沿用传统极限平衡法中安全系数的定义计算边坡的安全系数。Baker 等 [65] 采用变分方法确定边坡安全系数，该方法不需要假设土体内力的分布。T. Apuani 等 [66]、S. Y. Liu 等 [67]、K. L. Lu 等 [68]、A. Shivamanth 等 [69] 采用强化极限平衡法 (ELSM) 和强度折减法 (SRM) 分析边坡稳定性。众多学者把极限平衡理论应用于三维边坡的稳定性分析当中。X. P. Zhou 等 [70] 结合极限平衡法和拟静力法分析三维边坡在地震条件下的稳定性。W. B. Wei、Y. M. Cheng 等 [71,72] 结合极限平衡方法与强度折减法对二维、三维边坡进行稳定性分析。L. Jia[73] 采用三维极限平衡方法分析露天矿边坡稳定性，有利于滑裂面的确定和滑坡机理的研究。Y. R. Liu 等 [74] 利用刚体极限平衡法和强度折减法相结合，考虑地震影响，对三维边坡进行稳定性分析。基于非线性破坏准则，H. Lin [75]、D. P. Deng 等 [76] 采用极限平衡法分析边坡的稳定性。

1.5.3 数值分析法 (强度折减法)

边坡稳定分析的强度折减法通过不断降低边坡岩土体抗剪切强度参数使其达到极限破坏状态为止，程序自动根据弹塑性有限元计算结果得到破坏滑动面，同时得到边坡的强度储备安全系数，使边坡稳定分析进入了一个新的时代。D. V. Griffiths[77] 等采用有限元强度折减法与传统方法得到的稳定安全系数比较接近，再次引起了国内外学者广泛关注，表明采用此法分析边坡稳定性是可行的。郑颖人院士领衔的团队 [78] 在强度折减法研究领域取得丰硕成果，并为该理论的发展作出不可磨灭的贡献。肖武 [79] 以变形变化趋势为边坡破坏判别标准，研究了强度折减法和容重增加法分析边坡稳定的可行性。采用理想弹塑性模型求解边坡的安全系数，由于其在弹性阶段是按线弹性且对弹性模量不折减，故未能充分考虑屈服前岩土体的非线性，采用这种理想弹塑性模型的强度折减法计算所得变形偏小。杨光华基于 Duncan-Chang 非线性本构模型，提出在弹性阶段对弹性模量也进行折减的变模量弹塑性模型强度折减法。薛雷等以 FLAC3D 为平台，基于计算收敛性准则，利用内嵌 FISH 语言二次开发了能够自动搜索安全系数的整体强度折减代码和局部强度折减代码。林杭等由 FLAC3D 软件建立计算模型，采用 Hoek-Brown 准则强度折减方法计算边坡的安全系数。李宁等在有限元强度折减法的基础上，结合 ABAQUS 提供的场变量，提出一种适用于有限元强度折减计算的新方法——基于场变量的有限元强度折减法。程灿宇等采用目前边坡稳定性分析比较流行的强度折减法，对比研究了 Drucker-Prager (D-P) 屈服准则和 Mohr-Coulomb (M-C) 屈服准则时安全系数计算结果的偏差。研究表明：D-P 准则和 M-C 准则计算结果的偏差相对较小。陈力华等认为有限元强度折减法中应考虑抗拉强度指标与抗剪强度指标同等减少，才能保证计算结果的正确性，考虑张拉、剪切破坏的强度折减法在边坡稳定性计算中具有普遍的适用性，是对强度折减法的改进和推动。黄润秋等 [81] 提出基于动态和整体强度折减法的边坡动态稳定性评价方法，利用动态强度折减法搜索出渐进扩展的滑动面，并结合整体强度折减法计算安全系数的优势，在边坡渐进失稳过程中计算动态安全系数。针对复杂地质条件的边坡，J. Chen[82] 对强度折减法进行修正，利用实例证明修正的强度折减法能够有效地评价复杂地质条件的边坡稳定性。J. X. Chen 基于弹塑性模型和塑性应变贯通准则利用强度折减法分析边坡的稳定性。Y. M. Cheng 利用强度折减法和极限平衡法分别计算边坡的安全系数和临界滑裂面，对比可知，当内摩擦角为零时，两者结果吻合较好。D. V. Griffiths 将有限元强度折减法应用于三维边坡的稳定性。Liu 采用极限平衡法、增加极限强度法和强度折减法三种方法对比研究边坡的安全系数和临界滑裂面，结果表明：两者有限元法计算结果吻合较好，极限平衡法计算结果略小。针对岩质边坡的复杂性，M. He 引入特殊接触单元，利用强度折减法分析岩质边坡的稳定性。F. Yi 考虑流固耦合作用，W. B. Wei 考虑渗流作用，利用强度折减法分析边坡的稳定性。W. Y. He 和 A. Shivamanth 则将强度折减法应用于大坝和河堤的稳定性分析当中。D. V. Griffiths 把概率理论和有限元强度折减法相结合，提出了一种新的边坡稳定性分析方法——随机有限元法。

1.5.4 极限分析

王根龙等 [83] 基于极限分析上限法的基本原理，考虑岩石锚杆的支护效应、地震作用力和裂隙水压力的影响，提出加锚岩质边坡稳定分析计算模型；并根据极限分析上限法原理，结合工程实例，提出了考虑层间错动的顺层岩质边坡极限分析上限法；还在极限分析理论框架体系的基础上，提出了平面滑动型岩质边坡极限分析上限。郑惠峰等 [84] 将块体单元法与极限分析上限法相结合，提出了岩石边坡稳定的块体单元极限分析上限法。方薇等 [85] 引入变异因子，推导土体黏聚力沿深度线性变化时的边坡极限分析上限法相关公式，利用极限分析法研究成层土不同分布情况下的稳定性。张子新等 [86] 采用室内模型试验仿真构造了顺层和反倾斜块裂层状岩质边坡，验证了极限分析上限法在该类型边坡稳定性分析中的适用性。岩质边坡与土质边坡破坏机理是有差别的，表现在岩质边坡的破坏主要受控于岩体内的结构面。李泽等 [87] 基于连续岩土体的非线性规划有限元塑性极限分析法，提出了塑性极限分析上限法中两种模拟岩体不连续结构面的方法；并基于塑性极限分析上限定理并结合非线性数学规划方法，提出基于块体系统的岩质边坡稳定性分析上限法。张迎宾 [88] 在非线性破坏准则下，引入外切直线法，采用条分法与极限分析上限法相结合的方法，计算出非线性破坏准则下的边坡稳定性安全系数和稳定性系数。张新 [89] 将有限元法和塑性极限分析法的合理结合，推导有限元塑性极限分析上限法的理论公式。文畅平 [90] 基于塑性极限分析上限定理和强度折减技术，建立多级支挡结构地震动土压力的上限解。王智德等 [91] 基于极限分析上限法理论，运用体积力增量法，考虑单层滑动面极限分析模型的缺陷，建立考虑含结构面的多岩层错动的任意块体模型，由此推导得到顺层岩质边坡稳定系数的计算公式。A. I. H. Malkawi[92] 基于极限分析上限理论，采用蒙特卡罗方法搜索全局最优解，该方法可用于解决复杂的边坡稳定性分析。陈静瑜等 [93] 基于极限分析上限定理，考虑孔隙水压力的影响，提出折线型滑面边坡稳定分析计算模型，得出折线型滑面边坡稳定性极限分析上限解。J. Kim 等 [94] 考虑孔隙水压力的影响，利用极限分析有限单元法分析边坡稳定性。E. Ausilio 等 [95] 采用极限分析理论，研究施加抗滑桩和不施加抗滑桩边坡的稳定性。殷建华团队 [96] 应用 QP-free 算法、二次规划算法于极限分析理论求解，开发一种新的极限上法计算程序用于二维和三维边坡的稳定性。杨小礼等 [97] 基于非线性破坏准则的极上、下限法分析边坡的稳定性。A. J. Li[98] 采用拟静力法和极限分析法结合，研究岩质边坡的地震稳定性，并给出相应的图表方便查阅。R. L. Michalowski[99] 利用极限分析方法分析三维边坡的稳定性，并给出可查阅的安全系数图表。S. M. He 等 [100] 利用极限理论研究土钉加固边坡的稳定性，研究表明边坡几何形状、土体和土钉的强度对边坡地震加速度放大系数和永久位移的影响较大。X. Q. Wang 等 [101] 利用极限理论研究锚杆加固边坡的稳定性，并分析地震力、孔隙水压力、锚杆拉力等因素对边坡稳定性影响。F. C. Figueiredo 等 [102] 基于极限理论研究多孔土体材料边坡的稳定性。Y. F. Gao 等 [103] 基于高效的优化方法采用极限理论分析三维边坡稳定性。F. T. Liu 等 [104] 考虑单元质心速度的旋转分量和广义旋转失效准则，采用极限分析有限单位元法分析边坡的稳定性，并通过经典土质、岩质边坡验证该方法的可行性。Leshchinsky[105] 对比研究极限平衡法和极限分析法，认为两者用于分析边坡的稳定性都是可靠的。Z. G. Qian，A. J. Li[106] 采用极限分析有限单元法分析成层黏性土边坡的稳定性，并给出相应图表，可供设计者查阅。S. W. Sloan 团队 [107] 基于非关联流动法则，采用极限分析有限单元法分析边坡稳定性，并与强度折减法进行对比验证。Y. F. Gao 等 [108] 基于广义 Hoek-Brown 强度准则，采用极限理论分析动力和静力条件下三维岩质边坡的稳定性。

1.5.5 膨胀土边坡稳定性分析

在研究膨胀土边坡的稳定性时，大部分学者未充分考虑膨胀土膨胀变形的特性。中科院武汉岩土学研究所陈守义通过数值计算方法求解任意给定的入渗和蒸发边界条件下斜坡土体的瞬态含水率分布及与其相对应的瞬态抗剪强度参数分布，在此基础上通过常规的稳定性分析方法求解瞬态斜坡的安全系数。陈善雄采用极限平衡分析方法，建立了一套能考虑水分入渗的非饱和土边坡的稳定性分析方法。中科院武汉岩土学研究所姚海林等对膨胀土边坡进行了考虑裂隙和降雨入渗影响的稳定性分析，研究表明：考虑裂隙影响的边坡降雨入渗和稳定性分析较为合理和实用。姚海林等 [109] 对非饱和膨胀土边坡在考虑暂态饱和–非饱和渗流的情况下进行了参数研究，研究表明：裂隙的存在对边坡中孔隙水压力和体积含水量分布有较大影响，膨胀土渗透性越低越应注意裂隙的作用。长江水利委包承纲 [110] 以吸力问题为中心，对新近研究的降雨入渗和裂隙影响的研究进行了定量的分析，在此基础上对边坡失稳的机理和考虑裂隙及雨水入渗的稳定分析方法进行了研究。平扬等考虑膨胀土的开裂性，研究了雨水入渗条件下的膨胀土边坡的渗流规律，进行了相对应的稳定性分析。卫军等根据膨胀土边坡失稳破坏现象，将其破坏类型归结为表层溜塌、浅层破坏和深层破坏，同时对其破坏发生机理进行探讨。河海大学袁俊平等采用常规试验测定非饱和膨胀土膨胀时程曲线，定量地描述了膨胀土中裂隙在入渗过程中逐渐愈合的特征，建立了考虑裂隙的非饱和膨胀土边坡入渗的数学模型；用有限元数值模拟方法分析了边坡地形、裂隙位置、裂隙开展深度及裂隙渗透特性等对边坡降雨入渗的影响。徐晗等建立一个考虑水力渗透系数特征曲线、土–水特征曲线以及修正的 Mohr-Coulomb 破坏准则的非饱和土流固耦合有限元计算模型，进行雨水入渗下非饱和土边坡渗流场和应力场耦合的数值模拟，研究降雨入渗土坡的稳定性，得到非饱和土边坡变形与应力的若干重要规律。张艳刚采用 FLAC 软件对广西宁明地区膨胀土边坡进行了稳定性分析计算。谢云、李刚采用 SEEP/W 和 SLOPE/W 软件对膨胀土渠坡工作期间水位快速升降、降雨入渗以及自然蒸发等可能工况下边坡稳定性进行了系统分析。范薇利用 FLAC 软件，对膨胀土边坡进行数值模拟分析，得到膨胀土边坡在内部应力场受扰动的情况下，边坡发生破坏的机制。吴宜峰以 ABAQUS 软件为平台，分析了降雨作用对膨胀土边坡稳定性的影响，得到了不同降雨作用对稳定性的影响。金年生采用非饱和土强度理论强度公式和饱和土有效应力原理分析膨胀土边坡破坏的力学机理，并对膨胀土边坡的稳定性做出评价。成都理工大学黄润秋等基于双曲线的非饱和土强度公式，分析膨胀土边坡的稳定性，讨论了吸力、分层及其边坡表层裂隙对非饱和膨胀土边坡稳定性的影响。黄润秋采用简化 Bishop 法，研究裂隙对膨胀土边坡稳定性的影响。林育梁等将膨胀土边坡看成是一个具有非饱和土本构关系、块体间存在摩擦力和膨胀力和具有牵引式滑动及时空效应特点的块体系统，建立了一种新的边坡稳定性非连续变形分析方法。河海大学吴珺华等基于非饱和渗流理论，采用有限元程序对用膜覆盖和不覆盖的边坡分别进行了降雨蒸发干湿循环条件下的数值分析。殷宗泽等[111] 提出了一种以条分法为基础的近似反映裂隙影响的膨胀土边坡稳定性分析方法。中科院武汉岩土力学研究所王星运等针对膨胀土边坡的稳定性进行探讨，把膨胀土边坡失稳模式总结为浅层平面破坏和整体圆弧破坏，将膨胀土边坡分为风化层和未风化层进行稳定性分析，并给出了膨胀土边坡计算的参数选取方法。陈善雄等基于 Slide 程序中能够满足条块间作用力与力矩平衡，并且适合于折线滑动面的边坡稳定分析方法，分析含裂隙膨胀土边坡的稳定性及其特征。长沙理工大学杨和平等运用 SEEP/W 和 SLOPE/W 软件，考虑降雨入渗条件，采用极限平衡法对各抗剪强度下膨胀土边坡的稳定性进行对比分析。结果表明：采用含低应力饱和非线性慢剪强度进行边坡稳定分析结果与实际发生的浅层破坏吻合。郑长安通过室内试验，将非饱和状态下的强度参数及膨胀力表示为土体含水率的函数，在此基础上，提出考虑多种因素的膨胀土稳定性分析方法。H. L. Yao 研究裂隙深度、裂隙宽度、降雨持续时间的对膨胀土边坡稳定性的影响。C. Q. Zuo 采用条分法分析考虑膨胀力作用下膨胀土边坡稳定性。Z. Zeng 研究干湿循环对膨胀土边坡稳定性的影响，研究表明，干湿循环导致膨胀土强度降低，对边坡稳定不利。R. Li 采用有限元强度折减法，考虑基质吸力的影响，研究膨胀土边坡的稳定性。T. L. T. Zhan 采用解析的方法模拟降雨入渗非饱和膨胀土边坡，再结合极限平衡法确定膨胀土边坡安全系数，由此研究降雨入渗对边坡稳定性的影响。S. Qi, K. Vanapalli 采用 SIGMA/W 和 SEEP/W 软件，研究水力耦合与不耦合对膨胀土边坡稳定性的影响。上述研究成果往往忽略土体膨胀性的影响，或者有些学者直接否定土体膨胀变形对边坡稳定性的影响，这显然是不妥的。程展林等[112] 在研究南水北调中线工程膨胀土边坡稳定性时发现，膨胀土边坡在吸湿条件下会产生浅层失稳，浅层失稳的主要影响因素为土的膨胀变形。

1.6 膨胀土室内试验研究

1.6.1 剪切强度试验

王军等开展室内重塑膨胀土的干湿循环试验和直剪试验，研究膨胀土强度随裂隙开展的变化规律。姜彤等通过控制基质吸力的直剪和三轴试验，研究非饱和膨胀土强度参数随基质吸力的变化规律。姜献民等通过直剪试验研究膨胀土在不同含水量下的抗剪强度变化规律，建立膨胀土剪切强度指标与其含水量之间的关系式。缪林昌认为膨胀土的强度与含水量密切相关，膨胀土的含水量对其峰值强度、稳态强度都有着强烈影响。孙红云对压实南阳膨胀土进行了一系列直剪试验，得到了相同干密度不同含水率条件下的抗剪强度。试验结果表明，南阳膨胀土的抗剪强度和黏聚力均随含水率的增大而减小，内摩擦角受含水率的变化影响不大。B. Lin等采用三轴试验仪研究饱和与非饱和膨胀土的强度与微观结构的关系。U. Calik等利用实验研究掺入珍珠岩和掺入珍珠岩-石灰膨胀土的强度。李志清对蒙自地区膨胀土进行了饱和重塑条件下的固结排水与固结不排水试验，系统研究了饱和土在不同固结围压、初始干密度、初始含水量、剪切速率、排水条件下的应力应变特性。T. L. Zhan改进直剪试验仪器，进行原状和重塑膨胀土强度试验，试验得到膨胀土强度与基质吸力之间的关系。

1.6.2 膨胀力试验

Attom等采用自由膨胀法、不同压力加压法、零压力加压法三种方法确定膨胀土的膨胀力，研究表明，自由膨胀法得到的膨胀力最大，不同压力法得到的膨胀力最小。W. Baille等研制出一种高压固结试验仪器测试膨胀土样的膨胀力，研究表明，初始含水量与干密度对膨胀力的影响较大，击实试样的膨胀力小于固结试样。I. Yilmaz等研究湖水、海水、江河水、蒸馏水等不同类型的水对膨胀土膨胀特性的影响，结果表明：蒸馏水对膨胀土的膨胀力和膨胀率影响最大。陈正汉等用三向胀缩仪对南阳陶岔重塑膨胀土进行三向膨胀力试验，试验结果表明，水平膨胀力小于竖向膨胀力；微小的位移可以使膨胀力大大降低，膨胀力与位移呈对数关系。朱豪等采用恒体积试验法研究了南阳膨胀土的膨胀力特性。试验结果表明了膨胀力的对数与初始含水量以及干密度之间满足线性关系，并建立了上覆荷载作用下的膨胀力计算公式。陈善雄等采用加压膨胀法，即利用现场有荷膨胀率试验结果，由内插得到膨胀力值的测试方法，并通过现场试验与室内试验结果的对比，对该方法进行了验证；对比结果表明，该方法能真实地反映膨胀土的膨胀趋势，所测结果能真实地反映现场膨胀力值，且易于操作，有较好的推广应用前景。王亮亮等[113]

利用平衡加压法进行竖向膨胀力原位试验,研究竖向膨胀力随时间、含水率增量、卸荷回弹量的变化规律。滕珂等采用平衡加压法,测得广西百色地区膨胀土在无上部荷载条件下的侧向膨胀力,并结合试验前后含水率变化及试验加水量,得到膨胀力与含水率关系经验公式。刘静德等进行了室内膨胀率和膨胀力试验,系统研究了膨胀土的膨胀特性,采用回归分析方法建立膨胀力与干密度、膨胀变形及初始含水量的定量关系。中科院武汉岩土力学研究所李雄威等考虑气象因素的影响,测试浅层土体水平向和竖向膨胀力,测试结果表明:土体膨胀力的变化与降雨入渗息息相关,旱涝急转的过程会造成土体膨胀力骤然变化。长江科学院黄斌等研究了膨胀土的膨胀率与压实度、初始含水率、上覆荷载之间的关系。

1.6.3 室内模型试验

南京水利科学研究院王国利等 [114] 采用离心模型试验,研究了初始含水量、干密度、坡度、过水情况以及干湿循环对膨胀土边坡变形和稳定的影响,研究表明:膨胀土边坡的初始含水量愈低、干密度愈高、坡度愈缓,其稳定性愈高,其中含水量的变化对边坡变形和稳定性状影响最大。中南大学杨果林等 [115] 采用模型试验,研究中等膨胀土含水率和密实度对挡墙承载力、变形的影响。杨果林等 [116,117] 针对广西南 (宁) 友 (谊关) 公路宁明地段中等膨胀土和湖南常 (德) 张 (家界) 公路慈利地段弱膨胀土,通过六组膨胀土路基室内模型试验,在不同排水边界和不同压实条件下,分别模拟路基在积水、阴天、日照、降雨时,膨胀土路基中含水量的变化规律、水的入渗和蒸发速度;研究膨胀土路基中各位置测点的胀缩变形大小及变化规律等,获得了这两种膨胀土路基的竖向和水平方向的胀缩变形量与变化规律。南京水利科学研究院王年香等 [118] 通过大型模型试验分析了浸水对膨胀土中单桩承载特性的影响;还通过大型模型试验,研究了深层浸水条件下膨胀土地基膨胀变形和含水率变化规律。长江科学院程永辉等 [119] 采用离心模型试验方法研究南水北调中线工程中膨胀土渠坡的处理效果。长江科学院程展林等进行了一系列压实膨胀土的大型静力模型试验,对边坡土体吸湿后的含水率、膨胀变形等进行了实时监测。试验成果显示,膨胀土边坡浅层土体吸湿后其含水率场分布不均匀,干湿分界面处土体由于不均匀膨胀变形易导致局部剪切错动,并随水分在坡体内的迁移,局部滑动面逐渐向边坡纵深扩展,在不同深度、不同部位形成多重剪切滑动面,最终导致边坡整体塌滑。华南理工大学张元斌等通过采用离心模型试验方法,开展了降雨入渗影响下膨胀土边坡的稳定性研究。广西大学周东等通过制作膨胀土边坡模型,利用环境发生器模拟温度、湿度和降雨等环境研究环境因素对土体温度场的影响。杨果林团队 [120] 针对云桂高速铁路碰到的膨胀土问题,研制一种新型基床结构处置膨胀土路基,对膨胀土地区新型铁路路堑全封闭基床结构进行室内足尺模型试验,得到循环振动荷载作用下基床的动力特性。

1.7 膨胀土边坡加固方法研究

采用锚杆框架梁、抗滑桩和土工织物等单一方法加固膨胀土边坡的研究成果较多。但采用前述几种方法组合后加固膨胀土边坡的研究成果较少。

1.7.1 锚杆 (索) 框架梁或土钉墙加固

锚杆框架梁是加固膨胀土路堑边坡的一种方式，能够有效地抑制膨胀土边坡裂隙的发展和阻止边坡体变形。张永防等通过现场的观测，证明此种方法确实起到了边坡加固的作用。黄润秋等采用 FLAC3D 模拟锚杆框架梁加固膨胀土路堑边坡，研究锚杆框架梁的加固效果及其坡率对膨胀土路堑边坡的影响。陈韧鸣认为，土钉墙技术应用于膨胀土地区基坑支护是行之有效的，其独特的主动加固机制，较完备地保持了土体原有的结构整体性和原有应力状态，从而有效遏制了膨胀土的膨胀潜势。刘莹莹采用了膨胀土路基边坡处理的多种支挡加固措施和防护手段，并对预应力锚索框格梁与土钉锚固进行了考虑膨胀特性规律的设计计算。吴顺川针对膨胀土吸水膨胀的特点，提出膨胀土边坡自平衡预应力锚杆加固方法。裴圣瑞采用新型锚固加强植被系统加固南宁膨胀岩边坡。王欢平提出了采取预应力锚索框架梁和土钉锚固相结合的综合处理方案。

1.7.2 抗滑桩加固

颜春等通过在南友公路膨胀土依托工程的施工与研究，根据膨胀土的工程特性简要地分析了膨胀土路堑边坡破坏的机理，介绍采用树根桩＋CMA 混合溶液为主，并辅以其他必要措施相结合的膨胀土路堑边坡加固防护方案。周翠英等则建议采用门架式双排桩方案加固膨胀土边坡。王航等对膨胀土边坡采取了以抗滑桩支挡为主的综合治理加固方案。袁从华等根据襄 (阳) 孝 (感) 高速公路对膨胀土路堑边坡进行试验研究，对其采用削坡放缓、抗滑桩加固、锚杆加固、抗滑挡土墙加固四种整治方式，分别对其进行稳定性分析。梅国雄等采用有限元法对抗滑桩加固膨胀土滑坡进行湿化的数值分析，湿化作用加大了抗滑桩的效应，表现为边坡浅部桩的水平位移、沉降和大主应力都有增加。周大利等的论文中也提到采用抗滑桩整治膨胀土边坡。孔德惠等以吉林–珲春客运专线典型膨胀土边坡工程为依托，采用有限元强度折减法计算对不同桩间距抗滑桩加固膨胀土边坡的稳定性进行分析。杨德峰在新建吉 (林) 图 (们) 珲 (春) 铁路客运专线延吉 K283 段膨胀土边坡处治工程中，提出以承台连接式大直径组合抗滑桩群的治理措施。黄建华在论文中提到南百路通常采用刚性支护措施，如抗滑桩、挡土墙以及联合这两种结构物进行加固，而对于大面积的膨胀土边坡坡面，主要采用全封闭的浆砌片石、挂网喷浆等进行防护。

1.7.3　土工格栅、格宾等加筋土柔性加固

长沙理工大学郑健龙团队针对膨胀土边坡实际，采用柔性支护方法处治膨胀土边坡，并获得良好的处治效果。陈强等根据武汉绕城高速公路膨胀土边坡生态防护失稳破坏现象，在分析生态边坡 3 种滑动破坏类型的基础上，分别对各种滑动破坏形式，采用了简便易行、安全可靠的加固处理措施，观测结果显示，加固效果良好。罗岩枫根据水南路膨胀土的工程实际，研究分析了土工布处治膨胀土路基、土工格栅处治膨胀土路基及好土包芯填筑处治膨胀土路基这三种加固和稳定技术的设计原则、加固机理及工程应用。周健等也采用加筋土技术整治膨胀土边坡。为解决海南多雨气候条件下膨胀土路堑边坡破坏的问题，以海口至屯昌高速公路膨胀土路段为依托，王泽仁、张锐 [121] 提出了土工格栅加筋 + 综合防排水 + 坡面绿化的柔性加固方案，对发生坡面冲刷水毁的边坡，提出了坡面三维植草 + 平台渗沟 + 坡顶封闭的柔性防护方案，并通过渗流和边坡稳定性计算以及工程应用。伊拉克 R. R. Al-Omari 等 [122] 采用土工格栅处治膨胀土边坡。在云桂铁路部分地段，铁二院采用土工格栅柔性支护技术处治膨胀土边坡。

1.7.4　其他方法

殷宗泽等认为膨胀土边坡易于失稳的机理是裂缝开展，由此提出了采用土工膜覆盖避免裂缝开展的膨胀土边坡加固方法。S. H. Liu 等采用土工袋技术加固南水北调工程膨胀土渠坡，并进行现场试验研究。江学辉则同样提出采用土工袋技术处治江西某膨胀土边坡。与传统抗滑桩等支挡结构相比，微型桩属于柔性支护，它对滑体的加固作用不仅体现在通过自身刚度抵抗下滑力，还通过注浆作用改善桩周土体的力学性能，变滑体为抗体，在桩土共同作用下发挥抗滑支挡的作用。在刘雁冰、邹文龙、李志雨、颜天佑的论文中提到采用微型桩加固膨胀土边坡。为处治膨胀土病害，众多新技术和新材料得到了发展与应用。采用石灰与火山灰等化学改良方法处治膨胀土已经被证明能有效控制膨胀土的隆起问题。土工织物技术也能有效削弱土的膨胀势能。聚苯乙烯泡沫放置在膨胀土与挡墙之间能有效减少膨胀力。纤维土 (在土体中掺入纤维) 技术不仅能够提高土的强度和延性，而且能够减少土体开裂和体积变化，A. J. Puppala 等采用纤维含量和石灰共同处治膨胀土，提高了土体强度和减少了土体膨胀。印度的 B. V. S. Viswanadham 团队利用土工加筋纤维、聚丙烯纤维有效消弱膨胀土的膨胀势能。此外 A. Alkarni, B. Louaf i, P. K. Kolay 的研究成果表明粗砂能有效减少膨胀土的膨胀力。此外，众多学者还基于化学方法，利用火山灰、石灰、水泥、纳米材料等材料改性膨胀土。综上所述，采用锚杆 (索) 框架梁或抗滑桩加固膨胀土边坡的研究成果较多，然而，采用桩板墙 + 锚杆 (索) 框架梁组合式支挡结构加固膨胀土高边坡的研究比较少见，相关研究理论少见报道。

1.8 膨胀土边坡及支挡结构现场试验研究

为评价膨胀土边坡的加固方案的效果, 目前主要的研究手段还是现场试验和数值模拟。现场试验则能反映真实的情况, 是检验边坡加固效果的最有效的手段。龚壁卫等通过现场试验探讨了降雨入渗对膨胀土渠坡稳定的影响。研究表明, 膨胀土的裂隙是控制膨胀土渠坡稳定的重要因素, 降雨是诱发滑坡的直接原因。吴宏伟依托南水北调工程, 开展膨胀土边坡降雨入渗现场试验, 研究降雨对坡面长草和坡面裸露的膨胀土边坡的影响。黄志全等以南阳膨胀土为例, 开展膨胀土现场直剪试验, 对膨胀土现场抗剪试验的试样制备及试验方法进行探讨。中科院武汉岩土力学研究所孔令伟团队以广西南宁膨胀土为研究对象, 通过室内膨胀土试验、现场膨胀土边坡响应试验、大气-非饱和土相互作用数值分析, 较为全面地演示了在大气作用下膨胀土边坡响应的演化规律, 并分析了膨胀土边坡灾变发生的机理。邓国华等利用现场试验研究了膨胀土加筋挡土墙稳定性的影响因素。长沙理工大学郑健龙团队分别提出路堤、路堑边坡处治方案并修筑了科研试验段, 在处治试验段和开挖边坡上布设多组观测断面, 对水分、温度、沉降、变形等指标进行了近2年的现场监测。包俊惠等结合某变电站基础工程, 对膨胀土加筋挡土墙开展了一系列的现场试验研究。刘发等针对3种生态土壤稳定剂在宁淮高速公路膨胀土边坡生态改性护坡工程中的应用, 进行了现场试验研究。阳云华等通过南阳膨胀土现场大剪土工试验成果与室内试验成果进行对比分析, 提出了膨胀土渠坡设计参数参考值。阮志新等以隆林-百色高速公路膨胀土为研究对象, 开展了石灰处治膨胀土填筑路基试验路段原位现场试验研究, 以探究处治土土体内土压力、温度及含水率的变化规律, 确定温度、湿度和荷载作用下大气的影响深度。吴珺华等为获得干湿循环作用形成的裂隙对膨胀土抗剪强度特性的影响, 采用现场大型剪切仪分别对未经历和经历干湿循环作用的膨胀土进行了剪切试验。陈伟志等为研究低矮路堤下中—强膨胀土地基浸水饱和后的变形特性, 依托云桂铁路建设, 通过人工浸水方式开展不同高度等尺寸路基现场浸水试验。王亮先结合云桂铁路弥勒试验段, 通过现场长期监测试验、原位试验、室内试验等手段, 研究了铁路路基 CFG 桩加固地基桩顶、桩间土压力以及考虑膨胀土地基超固结性的沉降特性。中南大学杨果林团队结合国家自然科学基金项目——高速铁路路基长期动力稳定性评价方法研究和高速铁路膨胀土路堑新型防排水基床结构研究、原铁道部科技研究开发计划课题——云桂铁路膨胀土 (岩) 地段关键技术研究、湖南省研究生科研创新项目——高速铁路地基膨胀土临界动应力研究, 依托云桂铁路建设工程, 采用室内试验、理论研究、室内足尺模型动力试验和现场大型激振试验等方法, 开展了高速铁路膨胀土路堑基床结构设计及其动力特性试验研究, 取得了丰硕的成果。雷云佩等对膨胀土路堑边坡中的抗滑桩进行了现场监测, 研究表明: 下排桩桩前土压力可近似为梯形分布, 桩后土压力呈三角形分布; 上排桩桩后土压力近似呈三角形分布, 桩前土压力值也近似呈三角形分布; 由于桩排距较大, 排桩之间不存在明显的推力分配规律和协同作用。李雄威等针对广西膨胀土开展现场试验, 研究表明, 框架梁能有效限制膨胀变形, 防止土体抗剪强度剧烈衰减变化, 防止出现浅层破坏的情况。张永防等对锚杆框架梁进行现场监测后发现, 锚杆框架梁在抑制坡面和浅层膨胀变形方面有不错的效果, 对边坡稳定性有较明显的提高; 但由于锚杆框架梁只是浅层边坡加固手段, 在可能出现坍滑和深层滑动边坡工程中要谨慎采用。齐明柱等选取了三个典型工点进行锚索框架梁结构工作性能的现场原型试验, 结果表明, 在锚索荷载的作用下, 框架梁的弯矩分布基本符合弹性地基梁的分布特点。Lasebnik利用模型试验研究桩板墙, 试验中考虑不同密度的填料、不同刚度的桩板。试验结果表明: 低刚度与高刚度挡墙上的主动土压力合理相差约为 25%～30%; 试验中显示桩前被动土压力并非呈三角形分布, Lasebnik 认为土拱效应是造成这种土压力分布形式的主要原因, 主动土压力基本不受桩板墙墙背粗糙程度的影响。铁二院采用现场试验的方式对广 (通) 大 (理) 铁路 DK129 某断面处桩板墙进行研究, 研究表明, 按照弹性理论求解得到列车荷载产生的土压力占总土压力的 5.5% 左右; 板后实测土压力值约为静止土压力理论计算值的 0.75 倍, 约为水平总土压力计算值的 1.36 倍。造成这种情况的原因可能是: 挡土板厚度较大且板后填方夯土较密实; 卸荷土拱的形成难度较大; 致使挡土板上土压力实测值较大。原铁道部立项科研项目《影响支挡结构安全性因素分析 (2005)》报告 [123] 的结论指出: 将理论值与实测值对比分析可得, 关于路肩式桩板墙墙背土压力, 其主动土压力理论值是实测值的 71.2%～90.9%; 对于桩的设计计算, 当侧向土压力按主动土压力计算时, 应对计算结果乘以 1.1～1.2 的土压力增大系数, 若桩上加设有锚索, 应取用 1.3～1.4 作为土压力增大系数。

1.9 膨胀土边坡及支挡结构数值分析

1.9.1 膨胀土边坡数值分析

对降雨导致路堑边坡滑坡的研究已经有很长的历史。加拿大里贾纳地区拥有大量的膨胀土, 每 4～6 年发生一次浅层滑坡。一些学者研究表明, 边坡浅层滑坡的原因主要是降雨导致膨胀土基质吸力的丧失, 也有一些情况是地下水的形成和上升导致土体强度的降低。众多数值研究成果表明, 降雨入渗使得非饱和边坡水压力增大, 使得边坡不稳定。Zhang 等研究表明, 在不同强度的降雨条件下, 边坡土体渗透特性与基质吸力有关。Cai 等利用有限元计算考虑孔隙水压力的边坡安全系数, 研究表明，初始饱和度、边界条件和降雨持续时间对孔隙水压力和安全系数的影响较大。采用无限元边坡稳定性模型，Li 等研究发现当内摩擦角大于边坡倾角时，边坡稳定可靠，除非浸润线上升引起滑坡破坏。Ali 等研究边界对降雨条件下边坡滑坡的影响，研究表明，在不同降雨条件下，边界的渗透系数对滑裂面的位置和破坏时间影响较大。基于非线性弹性本构模型，Alonso、Chen，Zhang 采用渗流-力学耦合方法，分析膨胀土边坡稳定性。基于粘弹性模型和弹塑性模型，Borja、Chen 采用渗流-力学耦合方法，分析膨胀土边坡稳定性。采用有限元计算安全系数，Alonso、Borja、Chen 也有采用传统的极限平衡法计算安全系数。Qi 采用商业软件 SIGMA/W 和 SEEP/W，考虑渗流和渗流耦合场，对膨胀土边坡稳定性进行分析。许英姿等采用室内试验、模型试验和数值模拟相结合的方式，对锚固加强植被系统中的 HPTRM 约束膨胀岩的效果进行研究。吴礼舟等采用了快速拉格朗日差分分析三维软件 FLAC3D 模拟锚杆框架梁加固膨胀土路堑边坡。数值分析及结果表明，坡率与膨胀土路堑边坡变形密切，锚杆框架梁参数中锚杆布设角度和间距对膨胀土边坡变形影响较大，同时对锚杆框架梁的主要参数提出相关的建议，为工程和设计优化提供了参考。袁俊平等用有限元数值方法分析了边坡地形、裂隙位置、裂隙开展深度及裂隙渗透特性等对边坡降雨入渗的影响。杨和平等运用 FLAC3D 中热-力学耦合分析模块，用温度场等效湿度场模拟膨胀力试验，获得为分析吸湿膨胀所需的变形参数——膨胀系数。李志雨等利用 FLAC3D 软件对微型桩治理滑坡进行模拟，研究表明，微型桩有效减小了滑体 90% 以上的位移，防止贯通塑性破坏区产生，达到了加固坡体的效果。

1.9.2　桩板墙数值模拟

　　由于数值模拟能够较便捷地对各种类型的工况进行模拟分析，又可以避免模型试验中会出现的尺寸效应、形状、荷载差异等因素引起的模型精度不高，因此用数值模拟方法研究岩土工程问题已成为一种岩土工程中主流的研究方式。富海鹰等用数值模拟方法对锚拉式桩板墙进行研究，研究发现，侧向土压力随墙高而递增，大部分区域内，侧向土压力的值大于朗肯主动土压力而小于静止土压力，它的最小值位于距离墙顶 1/3 墙高的位置，这与桩后土压力、桩身位移之间的对应关系相吻合。甘建国等采用数值模拟的方式对预应力锚索桩板墙进行研究，研究表明，土压力的数值计算值要略大于实测值，合力作用点也要高出实测点一定距离，但两者结果在总体上相似。魏业清等利用有限差分软件 FLAC3D 对某路堑边坡桩板墙建立三维模型并进行分析，分析得到，桩板式挡土墙在设计时可以把土拱效应考虑进来，从而优化挡土墙的设计，节省钢筋，达到节约成本的目的。

1.9.3 锚杆 (索) 框架梁数值模拟

方理刚等研究了岩体边坡锚索框架间的相互作用，建立分析模型，针对预应力锚索首次提出了最优锚固角度的概念，利用有限元对预应力锚索锚固角度以及框架梁与边坡间相互作用参数进行系统的研究，分析了层理的方向对边坡结构受力的影响规律。戴自航等利用 ABAQUS 建立单排、双排预应力锚索框架梁加固某路堑边坡的实体有限元模型，通过强度折减法计算得到特征点位移与折减系数曲线，并指出曲线上曲率最大点可用于失稳判定；通过对锚索、框架梁和灌浆体三者相互作用的数值计算，揭示了索框架梁体系是如何有效加固边坡的。廖俊等以 Visual Basic6.0 作为开发工具，对 AutoCAD 进行二次开发，开发了一套具备滑坡破坏识别、稳定性分析计算及支护结构设计功能的边坡支护计算机辅助设计系统。

1.10 桩板墙及锚杆 (索) 框架梁设计计算

目前国内外关于治理滑坡的技术有很多，并在实际工程中取得了良好的效果。在我国大规模的交通、水利及其他基础设施的建设过程中，难以回避地会遇到如滑坡、泥石流、岩溶塌陷等地质灾害。在治理滑坡问题的过程中，各类支护结构形式应运而生。桩板墙体系主要包含悬臂式抗滑桩、桩间混凝土挂板，海岸工程和地震区域的路堤、路堑边坡常采用这类加固体系。20 世纪 70 年代，桩板墙加固体系首次被应用于我国枝柳线路堑边坡，随后这种加固体系也被首次应用于南昆线路堤加固，之后相关科研、设计机构制定了关于路堑 (路肩) 式桩板墙的通用设计图纸，至今，桩板墙体系在各类实践中已日趋完善。南昆铁路石头寨车站锚拉式桩板墙是我国最具代表性的桩板墙之一，其悬臂高度超过 20 m，创造了当时的世界纪录。

1.10.1 抗滑桩理论计算

桩板墙体系一般由抗滑桩和桩间挂板两部分组成，在设计计算阶段，通常会把抗滑桩和挂板分开来分析。De Beer 依据桩与桩周土作用方法的不同，可将桩基分为主动桩与被动桩两类。被动桩是由限制土体位移而产生作用力；主动桩是直接承受外部作用力并向土体传递应力。国内外学者对于主动桩的研究较多，关于主动桩理论成果十分丰富，对应的参数模型及实践经验也很多。相反，由于被动桩受力模式、桩–土间作用机理相对来说更为复杂，针对被动桩的研究仍较少，甚至一些被动桩计算模型是由主动桩的理论体系引申而来，例如建立、求解桩身控制微分方程，以及各类参数的确定。抗滑桩属于典型的被动桩，随着抗滑桩的推广使用，抗滑桩已成为治理滑坡的最常见支护手段，但其设计理论较之于工程实践已有一定程度的滞后。目前基于抗滑桩的计算方法大致可分为以下几类。

1) 压力法

由 Begemann 等提出的，该法将桩视为近似刚性，依照弹性计算方法对桩身侧向位移、压力进行计算。简而言之，这种计算方法可以理解为使桩–土相互作用达到相容点，而后得到协调解。

2) 悬臂桩法

此类方法是以滑坡滑动面容易被判定为前提，把抗滑桩视作悬臂桩，把滑坡推力、安全系数纳入分析范畴。戴自航通过对模型试验、现场监测结果的综合分析对比，依据不同边坡岩土类型提出了相对应的滑坡推力分布函数。胡晓军等假定滑坡推力沿深度方向按三角形分布，推导出一套关于弹性抗滑桩内力的计算方法，该法与有限差分法有相似之处，能够有效提高抗滑桩内力计算精度。

3) 弹性地基反力法

刘小丽等提出一种关于抗滑桩性状的位移模型，这种模型回避了滑坡推力难以精确计算的问题。用弹簧来对桩与桩身周围的土体相互作用进行模拟。

4) 复合地基反力 (p-y 曲线法)

当出现较大桩身位移的情况下，土体非线性现象更为明显致使前文所述弹性方法不适用时，Reese 等提出了复合地基反力法。

1.10.2   桩间挡板计算理论

抗滑桩桩间加设挡土板的目的在于防止桩间土向外挤出，尤其在桩间距离、桩前土体开挖、持续性降雨等因素的影响下，土体挤出现象尤为普遍。基于 Terzaghi 提出的土拱效应原理，一些学者将出现桩间土向外挤出等变形现象的原因归结为桩板墙背侧土体内部形成了土拱效应，土拱拱脚位于相邻桩的背侧。李邵军等基于合理拱轴线的假定，建立了土拱力学模型，得到了双曲拱、扩肩拱、马鞍拱和圆弧拱四种土拱形态，阐明了土拱的作用机制。并在 Mohr-Coulomb 抗剪强度理论的基础上建立了控制最大桩间距的方程。叶晓明以卸荷拱理论对桩背挡土板上土压力进行计算，计算结果证明：若用非黏性土作为填料，桩间板所受土压力将远小于经典理论计算得到的土压力值。蒋楚生通过现场试验、现场监测的手段对预应力锚索桩板墙进行研究，研究发现：挡土板所受土压力与其刚度有关，若挡土板刚度足够小，板上土压力将远小于抗滑桩所受土压力。

1.10.3   锚杆 (索) 框架梁理论计算

锚索 (杆) 是一种受拉的构件，在设计计算中一般是通过剩余下滑力来确定锚杆所受的拉力。锚索 (杆) 框架梁的研究重点在于框架梁和边坡的相互作用及其内力计算。由于锚索 (杆) 框架梁的设计没有形成规范，所以各类工程在进行设计时所依据的原理也大相径庭，各种方法计算得到的内力值差异也很大。锚索 (杆) 框架梁已广泛应用于实际工程之中, 但其理论上一直未见深入的研究, 有些工程施工则是以经验为主、以设计计算为辅, 对锚索 (杆) 框架梁进行设计。近年来也有人将预应力锚杆框架纳入柔性支护结构的范畴。郭继武等用一般连续梁法、倒梁法对地基梁的内力、位移进行计算, 倒梁法即将坡面反力当作作用在框架梁上的线性荷载, 而将锚索作用点当作支座, 以此把横纵框架作为交叉的网格体系进行内力计算。朱大鹏等利用格构梁弹性假设和 Winker 地基模型变形协调条件所得到解析解来分析框架梁与边坡岩体的作用。对比现场的框架梁内力监测值与 Winker 模型的计算值, 发现两者规律接近且实测值小于理论值, 证明支挡结构安全可靠, 这也说明弹性地基模型可以用于框架梁设计之中并能够满足设计需求。吴礼舟等在Winker 假设的前提下, 运用 Winker 地基梁和半无限弹性体理论来计算框架梁内力, 重点对现浇梁、预制梁在控制长度条件下的内力分布规律进行分析。其研究结果表明, 完全依据膨胀力设计的框架梁是不妥当的, 应用 Winker 地基梁或半无限弹性模型进行计算。

1.11 加筋边坡技术

加筋土是在土中加入筋带、纤维材料或网状材料, 使筋材的抗拉强度和土体的抗压强度结合起来, 从而提高土体的整体强度、加强土体稳定性的一种复合体。作为一种新型的土工结构物, 具有施工简易、造价低廉、稳定性好的优点, 因此加筋土技术得到了越来越广泛的应用。

加筋边坡的设计计算方法的研究主要包括: 极限平衡法、极限分析法、有限元法三种。

1) 极限平衡法

极限平衡法在早期的设计分析中, 大多采用了修正的圆弧滑动法, 没有考虑因加筋所引起的最危险滑动面位置的改变。因此, 在进行计算时, 认为加筋材料在整体稳定性中仅提供了一个拉力或者是产生一个附加的抗滑力矩。

随着研究工作的不断深入, 各种改进的极限平衡方法不断出现, 其中一些方法开始考虑加筋材料与土之间的应变协调关系, Rowe 等在稳定性分析中引入了一个"允许相容应变"的概念。Gourc 和 Delmas 等在极限平衡法的基础上引入土与筋材的应变相容条件, 于 1986 年提出位移设计法, 随后立即在法国开始应用。

极限平衡法被普遍应用于实际加筋土工程的设计中。它的优点是能直接给出安全系数的指标; 设计时仅需考虑强度方面的参数, 计算工作量较小; 而且与素土边坡及挡土墙的分析方法相近, 易为工程界接受。但它偏于保守, 易造成浪费; 对筋材强度, 许可变形等取值具有很大的任意性; 所研究的是假想的极限平衡状态而不是实际的工作状态; 无法充分揭示筋材与土的相互作用机理, 不能全面地考虑各种影响稳定的因素；不能计算土体的应力和变形，也不能模拟施工进程。

2) 极限分析法

20 世纪 50 年代以来，土体极限分析的理论得到了极大的发展。其中最主要的是极限分析的极值定理——上、下限定理的提出，是极限分析理论趋于成熟的标志；基于极值定理的又一种方法——上、下限解法 (或称为极限分析法)，受到了广泛的重视。在该理论方面，沈珠江，郑颖人与龚晓南，张学言与闫澎旺，陈祖煜和奕茂田等作出了重要的贡献。R.L.Michalowski 等将极限分析方法应用于加筋结构，计算了加筋边坡的极限高度 (上限)，并借此分析了各种加筋参数对于边坡稳定性的影响，同时还考虑了由于加筋长度不够而引起的拔出破坏，而不是单一地考虑筋材仅仅发生拉伸破坏，他们还提供了一系列可供参考的计算图表。国内学者王钊与乔丽平，肖成志和崔新壮等也在该理论上作出了许多贡献。

下限法是基于一个静力学上许可的应力状态，求解外力的的极限解析法。因为是一个可静应力状态，即在给定的荷载下应力分布满足平衡条件并且任一点的应力都小于屈服应力的状态，所以其解必然不大于严密解。下限定理 (极限解析第一定理) 满足材料的本构关系 (刚塑性条件)，力的平衡条件和边界条件。

上限法是基于一个运动学上许可的破坏状态，考虑微小位移，由外力做的功和滑动面上的内力功相等求解外力的极限解析法。因为是破坏状态，所以破坏必然是濒于或已经发生，其解必然不小于严密解。上限定理 (极限解析第二定理) 满足材料的本构关系 (刚塑性条件)，位移的相容条件和边界条件。应用简单，只需要确定滑动面的形状和位置，解的精度取决于假定的破坏形式与实际情况的符合程度。

3) 有限元法

与工程广泛应用的极限平衡法相比，有限元法广泛地用于土工格栅加筋结构的应力与应变分析，计算中能够考虑土的非均质性和非线性以及土的性质随时间的变化、施工程序和载荷变化等复杂情形。因此，有限元法的能够满足对变形有严格要求的工程，能够反映从施工开始到运行期间土的性质及其响应的变化全过程。

1.12 柔性生态护坡技术

郑健龙提出“以柔治胀”，建议采用柔性支护治理膨胀土边坡。柔性支护是以土工合成材料加筋边坡土体为主，辅以其他必要综合处理措施的处理方案，其特点是不但能承受土压力，而且允许土体产生一定变形，可吸收边坡土体因超固结引起的应力释放和含水率变化产生的膨胀能。廖世文的研究表明，若允许膨胀土的线膨胀量达到 0.3%，其膨胀力可比无膨胀变现时最大的膨胀力降低 25%，因此柔性支护非常适合膨胀土边坡。

文献对于公路膨胀土路堑柔性支护作用机理，柔性支护与传统支挡结构的优劣对比，柔性支护施工技术与工艺等进行了一系列的研究，但对于这种新型膨胀土边坡支护结构的稳定性研究较少。

第2章　膨胀土路堑边坡加固与防护措施

2.1　路堑边坡加固机理

根据大量工程实践经验和理论研究,我国采用的路堑边坡治理措施主要为坡脚支挡和坡面加固。

2.1.1　支挡结构

我国常用的路堑边坡支挡结构有挡土墙、抗滑桩、预应力锚索抗滑桩、预应力抗滑桩等。类型及作用机理见表 2-1。

表 2-1　路堑边坡常用支挡结构

结构名称	作用机理
挡土墙	墙底摩擦力和墙前被动土压力坡体推力,利用自身重量保持墙体不发生倾覆
抗滑桩	通过桩身将悬臂端受到的坡体推力传递到锚固段的侧向土体或岩体,由锚固段侧向阻力平衡推力
预应力锚索抗滑桩	在普通抗滑桩提供阻力的基础上增加锚索锚固力
预应力抗滑桩	与普通抗滑桩机理相同,桩身材料采用预应力钢筋混凝土

2.1.2　坡面加固措施

1) 锚固

锚杆和锚索加固技术是利用锚杆和锚索进行路堑边坡防护,把锚杆和锚索锚固在岩土体中的路堑边坡加固技术,它有两种类型:预应力锚杆锚索和普通锚杆锚索。它的作用原理是靠锚杆和锚索深入到稳定土层中提供的锚固力来抵抗边坡的滑动变形。预应力锚杆锚索的使用范围较广,它在坡体地质情况较差,滑动面较深,坡度较高的边坡中得到良好的应用。

2) 注浆加固

作用机理:把一些化学材料或者粒状材料配制成浆液,用特殊设备灌进岩土体中,浆液在岩土体中凝结固化,改善岩土体力学性能,起到提高坡体强度和降低岩土体渗透性能的作用。

3) 土钉墙支护

作用机理:土钉钢筋具有相对较高的抗拉抗剪强度,将它以一定密度和长度分布在土体中，再加上喷射混凝土面层，使土体、土钉和面层共同作用，限制土体变形。这是一种被动加固机制。只有边坡土体产生变形，才使土钉与土体产生摩擦力，进而约束限制边坡的变形，土钉才能发挥自己的作用。

2.2 加固措施设计方法

路堑边坡加固措施有多种，这里主要介绍运用最为广泛的抗滑桩和抗滑挡土墙的设计方法。

2.2.1 抗滑桩设计方法

在抗滑桩设计方面，由于工程实践较多，国内抗滑桩的设计方法是比较成熟和可靠的，大致有以下几个设计程序。

(1) 掌握滑坡的规模、性质、原因和所处的工程地质环境，判断滑坡体的稳定程度及趋势预估。

(2) 依据滑带岩土抗剪强度等指标，计算出桩断面的滑坡推力值。这个值将作为后续设计的重要指标。

(3) 依据工程地质条件确定设桩位置和区域。

(4) 根据滑坡推力，初步设计出桩身截面尺寸、悬臂段长度和锚固段长度、桩间距和排距等要素。

(5) 确定桩的计算宽度和地基系数，运用弹性桩 (刚性桩) 法，结合桩底边界条件，计算桩身弯矩、剪力、内力和桩侧应力。

(6) 校核地基强度和锚固段长度，根据最大弯矩、最大剪力值进行配筋。

其中，抗滑桩桩身内力计算方法如下所述。

1) 桩身悬臂端内力计算

桩身悬臂段所承受的外荷载为滑坡推力和桩前土体抗力之差 E_x，一般按三角形、梯形或矩形分布来简化。如图 2-1 所示。以土压力为外荷载时，可按库仑土压力的分布来考虑，同时桩身的自重一般不作考虑。作用在桩上的外力的计算宽度可按相邻抗滑桩中心间距的一半来考虑。内力计算时可按底端固支的悬臂梁来简化。不失一般性，当外荷载沿深度呈梯形分布时，悬臂段弯矩和剪力的计算公式如式 (2-1)、式 (2-2)。

当荷载按梯形分布时，悬臂段弯矩和剪力为

$$\begin{cases} M_0 = E_x Z_x \\ Q_0 = E_x \end{cases} \tag{2-1}$$

$$\begin{cases} T_1 = \dfrac{6M_0 - 2E_xL}{L^2} \\[3mm] T_2 = \dfrac{6E_xL - 12M_0}{L^2} \end{cases} \tag{2-2}$$

当 $T_1 = 0$ 时，滑坡推力分布为三角形，当 $T_2 = 0$ 时，滑坡推力分布为矩形。

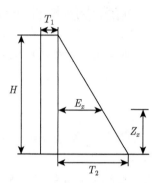

图 2-1　土压力分布图形

锚固点以上桩身弯矩和剪力按下式计算：

$$\begin{cases} M_y = \dfrac{T_1 y^2}{2} + \dfrac{T_1 y^3}{6L} \\[3mm] Q_y = T_1 y + \dfrac{T_2 y^2}{2L} \end{cases} \tag{2-3}$$

水平位移和转角按下式计算：

$$\begin{cases} x_y = x_0 - \varphi_0(L - y) + \dfrac{T_1}{EI}\left(\dfrac{L^4}{8} - \dfrac{L^3 y}{6} + \dfrac{y^4}{24}\right) + \dfrac{T_2}{EIL}\left(\dfrac{L^5}{30} - \dfrac{L^4 y}{6} + \dfrac{y^5}{120}\right) \\[3mm] \varphi_y = \varphi_0 - \dfrac{T_1}{6EI}(L^3 - y^3) - \dfrac{T_2}{24EIL}(L^4 - y^4) \end{cases}$$

$$\tag{2-4}$$

式中：M_0 表示锚固点的弯矩 (kN·m)；Q_0 表示锚固点的剪力 (kN)；E_x 表示土压力合力 (kN)；Z_x 表示土压力合力作用点距锚固点距离 (m)；x_0、φ_0 表示锚固点的位移、转角，由滑面以下锚固段计算得出。

当采用抗滑桩做为膨胀土边坡支挡措施时，桩身悬臂端还需考虑膨胀力的影响。将膨胀力简化为在大气影响深度 H 范围内的矩形均布推力。则有

$$\begin{cases} M'_y = M_y + M_p \\ Q'_y = Q_y + Q_p \\ x'_y = x_y + x_p \\ \varphi'_y = \varphi_y + \varphi_p \end{cases}$$

式中，M_y、Q_y、x_y、φ_y 由式 (2-3)、式 (2-4) 求得。由于桩与边沟平台交接处容易产生裂缝，有表水渗入。假定桩底和桩顶均受膨胀力影响，且膨胀力计算深度在两处都取大气影响深度 H。附加项计算公式如下 [240]：

$$
\begin{cases}
M_p = \dfrac{1}{2}py^2, 0 \leqslant y \leqslant H \\
M_p = pH\left(L - \dfrac{H}{2}\right), H < y \leqslant L
\end{cases}
$$

$$
\begin{cases}
Q_p = py, 0 \leqslant y \leqslant H \\
Q_p = pH, H < y \leqslant L
\end{cases}
$$

$$
\begin{cases}
x_p = \dfrac{py^4}{24EI} + \dfrac{pH}{6EI}\left(6HL - 4H^2 - 3L^2\right)y + \dfrac{pH}{24EI}\left(8L^3 + H^3 - 6HL^2\right), 0 \leqslant y \leqslant H \\
x_p = \dfrac{pH}{12EI}\left[2y^3 - 9Hy^2 + \left(12HL - 6L^2\right)y + 4L^3 - 3HL^2\right], H < y \leqslant L
\end{cases}
$$

$$
\begin{cases}
\varphi_p = \dfrac{p}{6EI}\left(-y^3 + H^3 + 3HL^2 - 3H^2L\right), 0 \leqslant y \leqslant H \\
\varphi_p = \dfrac{pH}{2EI}\left[-y^2 + Hy + L^2 - HL\right], H < y \leqslant L
\end{cases}
$$

式中：p 表示桩身受到的膨胀力 (kPa)；L 表示悬臂端高度 (m)；E 表示桩的弹性模量 (MPa)；I 表示桩截面的惯性矩 (m^4)。

2) 桩身锚固段内力分析方法

(1) 刚性桩与弹性桩的判别

边坡中的抗滑桩是一种侧向受力桩，当抗滑桩受到坡体推力后，柱身将发生变形，根据岩土体性质和桩本身的几何特性，变形情况可能有两种：① 桩身发生刚性转动，桩本身变形可以忽略不计，称为刚性桩；② 桩身有一定程度的转动，同时桩本身发生弯曲变形，称为弹性桩。

对于地基反力系数取值，目前有三种假定：地基系数为一常数 k，不随深度变化，该方法简称为 "k" 法；地基系数随深度的增加呈线性变化，该方法称为 "m" 法；地基系数随深度的增加呈凸抛物线型增大，称为 "C" 法。"m" 法和 "k" 法是常用方法。

刚性桩和弹性桩的标准判别有如下依据。

① 按 "k" 法计算

当 $\beta h_2 < 1$ 时，抗滑桩为刚性桩；

当 $\beta h_2 > 1$ 时，抗滑桩为弹性桩。

β 为桩的变形系数 (m^{-1})，按下式计算：

$$\beta = \left(\frac{k_H B_p}{4EI}\right)^{\frac{1}{4}} \tag{2-5}$$

式中：k 表示侧向地基系数 $(\mathrm{kN/m^3})$；B_p 表示桩体的正面计算宽度 (m)；E 表示桩体混凝土的弹性模量 (kPa)；I 表示桩体的截面惯性矩 $(\mathrm{m^4})$。

② 按 "m" 法计算

当 $\alpha < 2.5$ 时，抗滑桩为刚性桩；

当 $\alpha > 2.5$ 时，抗滑桩为弹性桩。

α 是桩的变形系数 (m^{-1})，按下式计算：

$$\alpha = \left(\frac{mB_p}{EI}\right)^{\frac{1}{5}} \tag{2-6}$$

式中：m 表示地基系数随深度而变化的比例系数 $(\mathrm{kN/m^4})$。

(2) 刚性抗滑桩锚固段内力和位移计算

目前常用的方法：滑动面以上作用在桩体受荷段上的作用力视为外荷载，外荷载中将桩前滑体剩余抗力予以折减；桩体锚固段把桩周岩土体视为弹性体，计算侧向应力和土体抗力，从而计算桩身内力。

① 桩底自由支撑 (如图 2-2 所示)

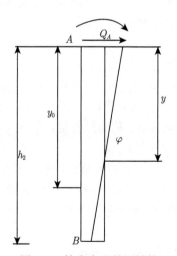

图 2-2　桩底自由的刚性桩

桩体以滑动面以下的某点转动，转动中心所在位置与岩土体性质有关。桩体任意深度处的转角均相同，但是不同深度处的水平位移不同，设 y_0 为转动中心至滑动面的的距离，则有

当 $0 \leqslant y \leqslant y_0$ 时

桩身位移为 $x_0 = (y - y)\varphi$

桩侧岩土体抗力为 $\sigma_y = (A_1 + my)(y_0 - y)\varphi$

桩身剪力为

$$
\begin{aligned}
Q_y &= Q_A - \int_0^y (A_1 + my)(y_0 - y)\varphi B_p \mathrm{d}y \\
&= Q_A - \frac{1}{2}\varphi B_p A_1 y (2y_0 - y) - \frac{1}{6}\varphi B_p m y^2 (3y_0 - 2y)
\end{aligned} \tag{2-7}
$$

桩身弯矩为

$$
\begin{aligned}
M_y &= Q_A h_0 + \int_0^y Q_y \mathrm{d}y \\
&= Q_A h_0 + Q_A y - \frac{1}{12}\varphi B_p y^3 (2y_0 - y) - \frac{1}{6}\varphi B_p A_1 m y^2 (3y_0 - y)
\end{aligned} \tag{2-8}
$$

当 $0 \leqslant y \leqslant y_0$ 时

滑动面以下 y 深度处桩的水平位移为 $x_0 = (y - y)\varphi$

桩侧岩土体抗力为 $\sigma_y = (A_2 + my)(y_0 - y)\varphi$

桩身剪力为

$$
\begin{aligned}
Q_y &= Q_A - \int_0^{y_0} (A_2 + my)(y_0 - y)\varphi B_p \mathrm{d}y - \int_{y_0}^y (A_2 + my)(y_0 - y)\varphi B_p \mathrm{d}y \\
&= Q_A - \frac{1}{2}\varphi B_p A_1 y_0^2 + \frac{1}{2}\varphi B_p A_2 (y_0 - y)^2 - \frac{1}{6}\varphi B_p m y^2 (3y_0 - 2y)
\end{aligned} \tag{2-9}
$$

桩身弯矩为

$$
M_y = Q_A h_0 + Q_A y + \frac{1}{12}\varphi B_p y^3 (2y_0 - y) - \frac{1}{6}\varphi B_p A_1 m y^2 (3y_0 - y) + \frac{1}{6}\varphi B_p A_2 (y - y_0)^3 \tag{2-10}
$$

联立式 (2-9)，(2-10) 可得求 y_0 的方程如下：

$$
\begin{aligned}
&2(A_1 - A_2)y_0^3 + 6h_0(A_1 - A_2)y_0^2 \\
&+ \left[6A_2 h_2 (2h_0 + h_2) + 2m h_2^2 (3h_0 - 2h_2)\right]y_0 \\
&- \left[2A_2 h_2^2 (3h_0 + 2h_2) + m h_2^3 (4h_0 + 3h_2)\right] = 0
\end{aligned} \tag{2-11}
$$

② 桩底固定支撑 (如图 2-3 所示)

桩底支撑假设为固定支撑。地基抗力由两部分组成，即滑面附近处一部分用于抵抗剪力，其下部分用于抵抗弯矩，按以下简化公式进行计算：

$$\begin{cases} h_2 = \dfrac{Q_A}{\rho_1 R} \\[3mm] h_3 = \sqrt{\dfrac{3Q_A(2h_0+h_2)}{\rho_1 R}} \end{cases} \tag{2-12}$$

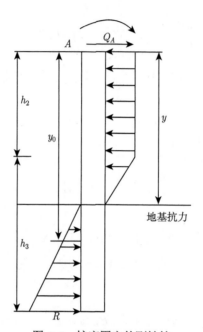

图 2-3　桩底固定的刚性桩

桩身内力求法如下：

当 $y \leqslant h_2$ 时

$$\begin{cases} Q_y = Q_A - \rho_1 Ry \\[3mm] M_y = Q_A(h_0 + y) - \dfrac{\rho_1 Ry^3}{2} \end{cases} \tag{2-13}$$

当 $h_2 \leqslant y \leqslant h_2 + \dfrac{h_3}{2}$ 时

$$\begin{cases} Q_y = Q_A - \rho_1 Rh_2 - \dfrac{(\sigma_y + \rho_1 R)(y - h_2)}{2} \\[3mm] M_y = Q_A(h_0 + y) - \rho_1 Rh_2\left(y - \dfrac{h_2}{2}\right) - \rho_1 R\dfrac{y - h_2^3}{3} - \sigma_y\dfrac{(y - h_2)^2}{6} \end{cases} \tag{2-14}$$

式中，$\sigma_y = \dfrac{2h_2 + h_3 - 2y}{h_3}$。

当 $y \geqslant h_2 + \dfrac{h_3}{2}$ 时

$$\begin{cases} Q_y = Q_A - \rho_1 R \left(h_2 + \dfrac{h_3}{2} \right) - \sigma_y \dfrac{2y - 2h_2 - h_3}{4} \\[3mm] M_y = Q_A \left(h_0 + y \right) - \rho_1 R h_2 \left(y - \dfrac{h_2}{2} \right) - \rho_1 R h_2 \dfrac{6y - 6h_2 - h_3}{24} - \sigma_y \dfrac{(2y - 2h_2 - h_3)^2}{24} \end{cases}$$

$$(2\text{-}15)$$

式中，$\sigma_y = \dfrac{2y - 2h_2 - h_3}{h_3}$。

(3) 弹性抗滑桩锚固段内力和位移计算 (如图 2-4 所示)

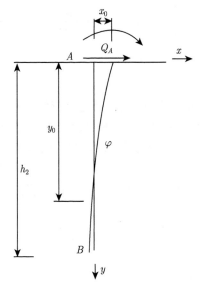

图 2-4 弹性桩内力和位移示意图

弹性地基上桩的挠曲微分方程为

$$EI \frac{\mathrm{d}^4 x_y}{\mathrm{d}y^4} + C B_p x_y = 0 \tag{2-16}$$

式中：y 为计算点至滑面的距离 (m)；x_y 为地基 y 处桩的位移量 (m)；B_p 为桩的计算宽度 (m)；C 为地基系数，表示单位面积地层产生单位变形所需施加的力 (kPa/m)。

① 简化 "m" 法

根据 Winker 弹性假定，土的横向抗力正比于桩周土体的侧向位移，可推导出桩身的挠曲微分控制方程：

$$\frac{\mathrm{d}^4 x_y}{\mathrm{d}y^4} + \frac{m B_p}{EI} y x_y = 0 \tag{2-17}$$

结合桩顶初始边界条件, 利用幂级数近似求解该微分方程, 结果如下:

$$
\begin{cases}
x_y = x_0 A_1 + \dfrac{\varphi_0}{\alpha} B_1 + \dfrac{M_0}{\alpha^2 EI} C_1 + \dfrac{Q_0}{\alpha^3 EI} D_1 \\[2mm]
\varphi_y = \alpha \left(x_0 A_2 + \dfrac{\varphi_0}{\alpha} B_2 + \dfrac{M_0}{\alpha^2 EI} C_2 + \dfrac{Q_0}{\alpha^3 EI} D_2 \right) \\[2mm]
M_y = \alpha^2 EI \left(x_0 A_3 + \dfrac{\varphi_0}{\alpha} B_3 + \dfrac{M_0}{\alpha^2 EI} C_3 + \dfrac{Q_0}{\alpha^3 EI} D_3 \right) \\[2mm]
Q_y = \alpha^3 EI \left(x_0 A_4 + \dfrac{\varphi_0}{\alpha} B_4 + \dfrac{M_0}{\alpha^2 EI} C_4 + \dfrac{Q_0}{\alpha^3 EI} D_4 \right) \\[2mm]
\sigma_y = m y x_y
\end{cases}
\tag{2-18}
$$

式中, $A_1, B_1, \cdots, C_4, D_4$ 16 个系数为计算截面竖坐标的函数, 称为影响函数, 可查表取值。但是, 系数查表相当繁琐, 为减轻计算工作量, 可将桩身应力和位移的计算公式重新进行整理。事实上, 当桩的换算深度 $al \leqslant 4.0$ 时, 桩在土面处的 x_0 和 φ_0 可表示成桩顶荷载 M_0 和 Q_0 的函数, 可得出任意深度处桩身截面的横向位移 x_y、转角 φ_y、弯矩 M_y、剪力 Q_y 计算式如下 (各系数可查表得出):

$$
\begin{cases}
x_y = \dfrac{Q_0}{a^3 EI} A_x + \dfrac{M_0}{a^2 EI} B_x \\[2mm]
\varphi_y = \dfrac{Q_0}{a^2 EI} A_\varphi + \dfrac{M_0}{a EI} B_\varphi \\[2mm]
M_y = \dfrac{Q_0}{a} A_M + M_0 B_M \\[2mm]
Q_y = Q_0 A_Q + a M_0 B_Q
\end{cases}
\tag{2-19}
$$

② "k" 法

抗滑桩桩体挠曲微分方程为

$$
\frac{\mathrm{d}^4 x_y}{\mathrm{d} y^4} + \frac{k B_p}{EI} x_y = 0
\tag{2-20}
$$

结合抗滑桩边界条件, 可得锚固段桩身任一截面内力和位移的计算公式:

$$\begin{cases} x_y = x_0\varphi_1 + \dfrac{\varphi_0}{\beta}\varphi_2 + \dfrac{M_0}{\beta^2 EI}\varphi_3 + \dfrac{Q_0}{\beta^3 EI}\varphi_4 \\[3mm] \varphi_y = \beta\left(-4x_0\varphi_4 + \dfrac{\varphi_0}{\beta}\varphi_1 + \dfrac{M_0}{\beta^2 EI}\varphi_2 + \dfrac{Q_0}{\beta^3 EI}D_2\varphi_3\right) \\[3mm] M_y = \beta^2 EI\left(-4x_0\varphi_3 - 4\dfrac{\varphi_0}{\alpha}\varphi_4 + \dfrac{M_0}{\alpha^2 EI}\varphi_1 + \dfrac{Q_0}{\alpha^3 EI}\varphi_2\right) \\[3mm] Q_y = \beta^3 EI\left(-4x_0\varphi_2 - 4\dfrac{\varphi_0}{\alpha}\varphi_3 - 4\dfrac{M_0}{\alpha^2 EI}\varphi_4 + \dfrac{Q_0}{\alpha^3 EI}\varphi_1\right) \\[3mm] \sigma_y = kx_y \end{cases} \tag{2-21}$$

式中：x_y 为锚固段桩身截面水平位移 (m)；φ_y 为锚固段桩身截面转角 (rad)；M_y 为锚固段桩身截面弯矩 (kN·m)；Q_y 为锚固段桩身截面剪力 (kN)；x_0 为滑动面处桩体的水平位移 (m)；φ_0 为滑动面处桩体截面转角 (rad)；M_0 为滑动面处桩体截面弯矩 (kN·m)；Q_0 为滑动面处桩体截面剪力 (kN)；$\varphi_1, \varphi_2, \varphi_3, \varphi_4$ 为 "k" 法的影响函数值，分别如下：

$$\begin{cases} \varphi_1 = \cos\beta y \cdot \mathrm{ch}\beta y \\[3mm] \varphi_2 = \dfrac{1}{2}\left(\sin\beta y \cdot \mathrm{ch}\beta y + \cos\beta y \cdot \mathrm{sh}\beta y\right) \\[3mm] \varphi_3 = \dfrac{1}{2}\sin\beta y \cdot \mathrm{sh}\beta y \\[3mm] \varphi_4 = \dfrac{1}{2}\left(\sin\beta y \cdot \mathrm{ch}\beta y - \cos\beta y \cdot \mathrm{sh}\beta y\right) \end{cases} \tag{2-22}$$

式 (2-21) 为 "k" 法的一般表达式，计算时须先求得滑动面处的水平位移 x_0 和截面转角 φ_0，即可求解桩身截面的内力、位移和地基土对该截面的侧向压应力。因此，需依据下述边界条件确定：

当桩底为自由时，$M_A = 0, Q_A = 0, \varphi_A \neq 0, x_0 \neq 0$。将 $M_A = 0$, $Q_A = 0$ 代入得

$$\begin{cases} x_0 = \dfrac{M_0\left(4\varphi_4^2 + \varphi_1\varphi_3\right)}{\beta^2 EI\left(4\varphi_3^2 - 4\varphi_2\varphi_4\right)} + \dfrac{Q_0\left(\varphi_2\varphi_3 - \varphi_1\varphi_4\right)}{\beta^2 EI\left(4\varphi_3^2 - 4\varphi_2\varphi_4\right)} \\[3mm] \varphi_0 = \dfrac{M_0\left(4\varphi_3\varphi_4 + \varphi_1\varphi_2\right)}{\beta^2 EI\left(4\varphi_3^2 - 4\varphi_2\varphi_4\right)} + \dfrac{Q_0\left(\varphi_2^2 - \varphi_1\varphi_3\right)}{\beta^2 EI\left(4\varphi_3^2 - 4\varphi_2\varphi_4\right)} \end{cases} \tag{2-23}$$

当桩底为固定端时，$\varphi_A = 0$, $x_0 = 0$。由式 (2-21) 得

$$\begin{cases} x_0 = \dfrac{M_0\left(\varphi_2^2 - \varphi_1\varphi_3\right)}{\beta^2 EI\left(4\varphi_1^2 + 4\varphi_2\varphi_4\right)} + \dfrac{Q_0\left(\varphi_2\varphi_3 - \varphi_1\varphi_4\right)}{\beta^2 EI\left(4\varphi_1^2 + 4\varphi_2\varphi_4\right)} \\[3mm] \varphi_0 = \dfrac{M_0\left(4\varphi_3\varphi_4 + \varphi_1\varphi_2\right)}{\beta^2 EI\left(4\varphi_1^2 + 4\varphi_2\varphi_4\right)} + \dfrac{Q_0\left(4\varphi_4^2 + \varphi_1\varphi_3\right)}{\beta^2 EI\left(\varphi_1^2 + 4\varphi_2\varphi_4\right)} \end{cases} \tag{2-24}$$

将上述边界条件下相应的 x_0，φ_0 代入式 (2-4)，可求得自由段村身任一点的水平位移和转角；将上述边界条件下相应的 x_0，φ_0 代入式 (2-21)，可求得锚固段桩身任一截面位移和内力。

2.2.2 抗滑挡土墙设计方法

抗滑挡土墙设计必须满足其强度和稳定性要求，挡土墙必须能抵抗土体侧压力和滑坡推力。一般重力式挡土墙可能产生的破坏形式有滑移、倾覆、不均匀沉降和墙身剪断等，因此设计时应验算挡土墙在组合力系下沿基底滑动的稳定性、绕基础趾部转动的抗倾覆稳定性、基底应力及偏心距，以及墙身断面强度。

1) 滑动稳定性验算

为防止挡土墙发生沿基底的滑动破坏，应验算基底的滑动破坏，即验算基底摩擦阻力 (抗滑力) 抵抗挡土墙滑移的能力。常用抗滑稳定系数 K_c (抗滑力与滑动力之比) 来表示。

(1) 挡土墙基底为水平时抗滑稳定性验算

当挡土墙基底为水平时，且不考虑墙前的被动土压力 E_p。可得

$$K_c = \frac{(W + E_y + E_{iy})\,\mu}{E_x + E_{ix} + P} \tag{2-25}$$

式中：W 是挡墙重量 (kN)；E_{ix}、E_{iy} 分别是滑坡推力的水平和重直两个方向的分量 (kN)；E_x、E_y 分别是主动土压力在水平和垂直两个方向上的分量 (kN)；P 是膨胀力 (kN)；μ 是基底摩擦系数；随地基类型而异，无试验资料时，可参考表 2-2 选用。

表 2-2 摩擦系数 μ

地基土的分类	摩擦系数 μ
软塑黏土	0.25
硬塑黏土	0.30
砂类土、黏砂土、半干硬的黏土	0.30～0.40
砂类土	0.40
碎石类土	0.50
软质岩石	0.40～0.60
硬质岩石	0.60～0.70

(2) 挡土墙基底倾斜时抗滑稳定性验算

基底面向内倾斜的抗滑挡土墙，其安抗滑稳定系数 K_c 比基底为水平的抗滑挡土墙大，计算式为

$$K_c = \frac{[W + E_y + E_{iy} + (E_x + E_{ix} + P)\tan a]\,\mu}{E_x + E_{ix} + P - (W + E_y + E_{iy})\tan a} \tag{2-26}$$

式中: a 表示为基底倾角 (°), 为避免挡土墙连同倾斜基底下的地基土一起滑移, 对基底的倾斜度应予限制。

2) 抗倾覆稳定性验算

挡土墙抵抗绕墙趾向外转动而倾覆的能力可以用抗倾覆稳定系数 K_0(对墙趾的稳定力矩与倾覆力矩的比例) 来表示。

$$K_0 = \frac{WZ_w + E_y Z_y + E_{iy} Z_{iy}}{E_x Z_x + E_{ix} Z_{ix} + P Z_p} \tag{2-27}$$

式中: Z_w、Z_x、Z_y、Z_{ix}、Z_{iy}、Z_p 分别为墙重 W、墙后主动土压力的水平分量和垂直分量、滑坡推力的水平分量和垂直分量, 以及膨胀力对墙趾的力臂 (m)。

3) 基底应力验算

挡土墙的基底应力和偏心距应有所限制, 以免引起明显的不均匀的沉降。基底应力计算公式:

$$\sigma_{1.3} = \frac{W + E_y + E_{iy}}{B} \left(1 \pm \frac{6e}{B} \right) \tag{2-28}$$

式中: B 为基底宽度 (m); e 为基底上的合力作用点至中心线的距离 (m)。计算公式如下:

$$e = \frac{B}{2} - Z_N \tag{2-29}$$

式中: Z_N 为基底上的合力至墙趾处的力臂。计算公式如下:

$$Z_N = \frac{WZ_w + E_y Z_y + E_{iy} Z_{iy} - E_x Z_x + E_{ix} Z_{ix} + P Z_p}{W + E_y + E_{iy}} \tag{2-30}$$

当 $e > \dfrac{B}{6}$ 时, 基底一侧将出现拉应力, 考虑到基础与地基之间一般不能承受拉应力, 故常略去不计, 而按应力重分布计算基底最大压应力, 由平衡条件得

$$\sigma_{\max} = \frac{2}{3} \frac{W + E_y + E_{iy}}{Z_N} \tag{2-31}$$

4) 墙身截面强度的验算

根据经验选择 $1 \sim 2$ 个控制断面进行强度验算。按偏心受压构件进行验算, 即为法向应力的验算, 计算原理同基底应力验算。还应作直接抗剪强度验算。对于水平截面而言, 令 B 为截面宽度, $[\tau]$ 为材料抗剪强度 (直剪), 则

$$\tau = \frac{E_x + E_{ix} + P}{B} \leqslant [\tau] \tag{2-32}$$

2.3　既有膨胀土路堑边坡病害原因分析及经验教训

基于膨胀土的特性，导致膨胀土边坡工程破坏失稳的一些典型案例。

1) 施工引起的破坏

(1) 工程案例

广西南友公路 k139+600 段左侧路堑坡顶处出现沿路线方向的纵向裂缝。

广西南友公路 k139+600 段左侧路堑边坡，膨胀泥岩，倾向有利于边坡稳定。2003 年 11 月左右开工，边坡坡比为 1:2，高边坡设平台，路堑开挖后对平台以上边坡进行了浆砌片石骨架护坡防护。2004 年 3 月，边坡较低矮地段 (没有骨架边坡防护)，坡顶以下 2m 范围内出现沿边坡方向的纵向裂缝，后及时喷 DAH 液及进行树根桩施工，裂隙没有继续发展。

有的膨胀土路堑开挖后，坡顶以外 2m 范围内新增较多裂隙，甚至出现与边坡方向平行的纵向裂缝。这些新增裂隙有的属于卸荷裂隙和斜坡裂隙，有的则与坡顶施工便道上的汽车碾压有关。膨胀土地区，山坡平缓，路堑开挖时，为方便施工，往往在坡顶外用地范围内设置临时施工便道，便道上经常有施工车辆驶过。行驶中的车辆对边坡施加了较大的动载，坡顶常因此出现纵向裂缝。

(2) 经验教训

坡顶纵向裂缝是边坡坍塌的前兆。当坡顶出现纵向裂缝后，应及时采取有效措施，防止裂缝进一步发展；或主动卸载，清除裂缝土。主动卸载可防止边坡牵引式破坏。

膨胀土潮湿，抗剪强度低，且膨胀土结构面间抗剪强度更低，坡顶汽车动载往往加速了坡顶的开裂和破坏。对于有的边坡，汽车动载可能是产生边坡开裂、坍塌的直接原因。因此。施工便道的设置位置对边坡稳定性的影响很大。一般而言，施工便道不宜选在路堑坡顶两侧。如果因为条件限制，则应选在平缓山坡下方的一侧，并尽可能远离坡顶。比较靠近坡顶时，应经常查看坡顶是否出现纵向裂缝等工程病害。

2) 坡面从外向内的风化导致边坡表面破坏

(1) 工程案例

322 国道 k766+500～k766+560 段路堑边坡两侧冲刷破坏。

322 国道 k766+500～k766+560 段路堑边坡，黄白色膨胀土到处分布，植被主要为稀疏生长的茅草、松树等蒸发量较高的植物。丘岭上冲沟发育，每个冲沟都有明显的陡坎分布。在冲沟上可见到该区地层分布剖面，表层为粉红色的砂岩，其下为黄白色的膨胀土黏土，新鲜的膨胀土黏土呈细密块状，湿润时呈灰白色，干燥时呈白色，并且网状裂纹密布，最宽的裂缝可达 1cm 左右。该段路堑边坡冲蚀严重，冲沟发育。

膨胀土地区冲沟形成一般受两方面因素的影响：一是土体易于风化剥蚀，山坡植被稀疏；二是有一定水流作用的强度和时间，能及时将风化剥蚀松散体和一些植物冲走。

(2) 经验教训

冲蚀较严重、冲沟较发育地区，路堑边坡及坡顶一定范围内应做好地表水防排水工作。路堑顶山坡因冲沟发育，较难设置截水沟，截水沟可采用渗沟形式和跌水形式设置在山坡上，还可在边坡上开挖台阶，并在台阶上设截水沟，以此减小水流对土体的冲刷作用。

3) 地下水及降水对膨胀土的软化使强度降低

(1) 工程案例

① 广西南友公路某膨胀土路堑边坡开挖不久后发生边坡滑坍、坍塌破坏。

广西南友公路某膨胀土路堑边坡坡比为 1:2，秋季晴天开挖深度为十几米时，边坡滑坍。现场调查：该边坡为深灰色顺层膨胀泥岩，倾角为 16°~20°，倾角与路线方向夹角大 (接近 90°)；泥岩上部为灰白色全风化泥岩 (中、强膨胀土)，厚 2m 左右，其上是红黄色残积土、坡积土；坍滑范围为 20m 左右，坍滑面为泥岩岩层，岩面湿润 (当时已有一个月以上没有下雨)，原生裂隙大多与岩面垂直，将岩石分割成块状。由于没有及时进行工程处理，该边坡后来出现了较大规模的溜塌和滑坡。

滑坍主要是因为地下水丰富，顺层膨胀泥岩岩层倾角太大且湿润，膨胀土岩层之间饱水时的抗剪强度很小 (E_{2-3n} 为 3° 左右)。路堑边坡开挖后，因卸载出现裂隙和原生裂隙面松散，日照使外露坡面失水，加快裂隙发育，坡面整体强度下降，当滑面的下滑力大于岩土的联结力时，坡面被拉裂，坍滑。

该公路甚至出现了顺层膨胀泥岩倾角为 6° 以上时，也发生晴天边坡开挖后不久就滑坍的现象。据施工方反映，该公路有多处边坡出现这种现象。

② 焦枝铁路烟墩、洪桥铺，襄渝线旱阳等地段，岗脊边坡比较稳定，平缓岗侧边坡次之，低矮最不稳定。岗脊边坡一般较岗洼地段边坡高，高边坡没有塌而岗洼矮边坡塌了，其原因有二：一是 "水往低处流"，岗洼地段无论是地表水还是地下水，均要比岗脊地段丰富，而且，岗洼地段往往有水塘和水田，水塘贮水增加了地下水的渗透压力；二是岗洼地段地质结构差，土体较松散，岩体较破碎。

③ 湖南潭邵高速公路 k164~k206 段为弱膨胀土较多地区，13 组土样自由膨胀率实验中，有三组自由膨胀率大于 40%。中南大学分析四组代表性土样的黏土矿物成分，黏土矿物成分以伊利石、蒙脱石和蛭石为主。该段路堑边坡坡比小于 1:1.5。由于坡面渗水和地下水的作用，边坡土体强度衰减，导致大量的裸露边坡失稳及浆砌片石骨架护坡破坏。

　　该路段有部分地段为石灰岩地区,部分石灰岩残积土具有弱膨胀性。这些地区路堑边坡破坏不仅有土强度衰减的原因,而且岩土交界面低洼处地下水丰富,也是导致土体沿岩土交界面滑出的原因。

　　④ 南昆铁路百色段林逢车站附近 (膨胀岩路堑试验工点),支挡工程主要选用土钉墙类 (含钢纤维混凝土喷锚墙)。由于土钉墙类支挡防护不适用于破碎、低强度岩石地段,开工不久,即发生二次路堑边坡坍滑。

　　(2) 经验教训

　　膨胀泥岩地区路堑边坡稳定性分析时,必须考虑地质结构和地下水影响,岩层顺层 (或岩石破碎) 时,边坡稳定性是受岩层和裂隙面之间抗剪强度及坡体的抗拉强度控制的,这时,如果采用一般室内抗剪强度试验指标,则会过高估计边坡稳定性。因此,抗剪强度应采用结构面之间的抗剪强度指标。

　　由于膨胀泥岩岩层之间抗剪强度小,故公路路堑顺层泥岩地段原则上应进行支挡防护,并加强防排水处理措施。同时,路堑边坡设计不能忽视低洼地段的路堑边坡稳定,重点要做好低洼地段的防排水设计,特别是路堑坡顶有水塘时,更应谨慎处理。

　　路堑边坡防护不宜单纯采用浆砌片石骨架草皮护坡。浆砌片石骨架不能隔水,并且自身支挡边坡变形的能力弱,只起截排坡面流水的作用,可减少边坡雨水冲刷强度、减轻坡面冲刷破坏。浆砌片石骨架护坡往往由于坡面变形、温差、施工等原因,出现骨架局部地方开裂,片石间结构松散、空洞,坡面水渗入汇集在这些地方,使这些地方土体膨胀,强度加快衰减,骨架破坏。当弱膨胀土路堑边坡 (纯土质边坡) 坡比放缓至安全坡比时,可采用现浇混凝土骨架,并在骨架下设无砂混凝土渗沟,骨架内换填一层非膨胀土并植草绿化。

　　土钉墙类支挡防护不适用于破碎、低强度岩石地段,是由于这些地段的地下水丰富,膨胀泥岩结构裂隙面间浸水抗剪强度低,且墙面隔水,使坡体内形成静水压力。当下滑力大于土钉墙的锚固力时,边坡坍滑破坏。

　　4) 膨胀土受大气及干湿循环影响产生的胀缩变形破坏

　　(1) 工程案例

　　① 膨胀土地区路堑边坡开挖后在雨季边坡出现局部较大变形和坍滑现象。这种现象在膨胀土地区出现得比较多,如南友公路第十标和第十一标,边坡开挖暴露后在雨季和雨季后出现多处边坡变形和小滑坍,如果说“开挖即塌”主要是地质结构因素决定的话,那么这种开挖后暂时稳定,但经过一段时间后发生坍塌变形的主要影响因素应是膨胀土湿胀干裂,或是湿胀干裂与地质结构共同作用。这种现象体现了膨胀土的强度衰减性。

　　南友公路这种现象较多发生在岩土交界处,观察发现,变形坍滑处往往是地下水较丰富的位置。膨胀泥岩地区的地下水不是均匀分布的,往往集中在裂隙发育的底部和透水层中。

　　南友公路膨胀土地区，山坡多有地表裂隙，地表水通过裂隙渗入山体内，并集聚在裂隙较发育的区域，逐渐向地势低的地区渗透。部分水分集中在岩土交界区域内，部分水分则通过岩层内透水层、层间或裂隙间空隙进入泥岩内。积水较多、强度小的强风化和全风化泥岩边坡就先行破坏。

　　② 322 国道 k763～k766 段某处路堑边坡坡度为 30°～40°，边坡高度为 20m 左右，坡面采用矩形混凝土预制块护坡。由于土体膨胀和变形，边坡多处混凝土预制块护坡被鼓起破坏。

　　膨胀土边坡地下水一般来源于坡面和坡顶山坡渗水。预制块护坡能够隔断边坡渗水，同时护坡也能阻止地下水从边坡渗出。被护坡阻隔的地下水就会富积在边坡坡面附近土体中，土体吸水膨胀；晴天，太阳直射在混凝土护坡上，护坡湿度升高，使护坡与护坡下的土体湿差增大，边坡表层地下水汽化，导致土体开裂。边坡土体在这种干湿循环中孔隙比增大，强度降低，达到一定程度后，边坡鼓起变形破坏。

　　③ 南昆铁路百色段为中、强膨胀土地段，挖开表层土 15cm，观察到新鲜膨胀土呈黄色、黄白色，天然含水率很高，呈黏塑胶泥状。该段新建路堤浆砌片石护坡（护面墙），1～2 年后就出现开裂和鼓起、塌陷现象。

　　④ 湖南潭邵高速公路 k173+670～k173+780 左侧路堑，原设计边坡坡比为 1:1，施工过程已有 2/3 的边坡坡比改为 1:3，并做了护面墙，其中一级护面墙上部发生坍塌。现场勘查、调查分析，护面墙坍塌是由于墙背排水不畅所致。k186+850～k186+920 左侧路堑边坡处于石灰岩地区，采用护面墙防护。灰岩残积土沿岩土界面滑出，导致局部护面墙破坏。

　　浆砌片石护坡属于刚性坡面防护工程，对坡面隔水有一定的作用。与混凝土预制块护坡的问题一样，地下水来源是多样的，大量的雨水可以通过坡顶和路基顶面渗入。

　　⑤南昆铁路那厘—百色段，部分坡脚挡土墙被推倒（长约 300m），并将挡墙反滤层质量问题作为关键问题之一提出，由此可见挡墙反滤层的重要性。云南砚（山）平（远）公路某互通立交地段处于中、强膨胀土地区，新鲜湿土呈灰白色，块状构造；失水风干后迅速变成细粒土状，呈黄白色；地面上网状裂缝发育，最宽裂缝宽度可达 3～4cm。该互通立交挡墙背铺厚达 1m 左右的砾石反滤层。

　　(2) 经验教训

　　膨胀土边坡开挖后，应及时防护，做好防排水工作。不能将膨胀土长时间暴露在大气中，应防止边坡膨胀土因反复湿胀干裂而强度迅速衰减。

　　要做好坡顶以外山坡的防排水设计。膨胀土地区的地下水一般来自山坡裂隙渗水，在坡顶一定范围内做好防水和截排地下水的设计将有利于边坡稳定。

预制块护坡、浆砌片石护坡等封闭型的护坡，使用一段时间后，由于温差、边坡变形、施工质量等原因，个别地方出现开裂和结构松散等病害，导致雨水富集在这些地方，形成更大的工程病害。因此在膨胀土地段，全封闭边坡防护存有隐患，不建议使用。

从工程实践和墙背反滤层功能原理分析，膨胀土地区路堑边坡挡墙要保证反滤层有一定厚度，并且一定要保证反滤层施工质量。

2.4　膨胀土路堑边坡加固防护措施及工程实例

路堑边坡加固防护处理的目的是维护边坡稳定，本质主要是改变边坡滑动体滑面上的平衡条件，而平衡条件的改变可以通过改变滑坡体的抗滑力和下滑力来实现。考虑到膨胀土特殊的工程地质和水文特征，因此，仅靠削坡减载不能很好地预防滑坡，甚至会造成越缓越滑的严重后果。根据经验，采用削坡减载与支挡防护工程相结合的加固防护措施可以收到很好的效果。其中，防护工程以防风化、防水、防反复干湿循环以及防强度衰减为依据。

目前工程中采用的膨胀土处治技术措施较多，大体上可将加固防护形式分为刚性支护和柔性支护两大类。

刚性支护是以圬工结构为主，辅以其他必要的综合处理措施，限制自身变形而不破坏的处理方案。刚性支护主要依靠所用的圬工结构自重以及结构强度，抵抗膨胀土边坡的推力及膨胀力、预防滑坡。从工程实践来看，该方法是有一定效果的。但是刚性支护不允许土体产生变形，而在干湿循环、水的作用下膨胀土必然发生湿缩干胀，这时圬工结构的强度将接受考验，膨胀土被完全约束时产生的膨胀力较大，有时会对支护产生破坏。对于大型深层膨胀土滑坡，常采用钢筋混凝土抗滑桩进行处治，这种结构同样属于刚性支护的一种形式。

柔性支护是指采用以化学改良、土工织物为主，辅以其他必要的综合处理措施相结合的多种处理方案。柔性支护在膨胀土边坡表面建立防护体系，优点在于能改善大气作用对膨胀土边坡的影响，能防止雨水对边坡表面的冲刷，既能防止表水入渗又能排泄坡体内的裂隙水，起到减少湿胀干缩维持土体强度的作用。由于它允许坡体产生一定的胀缩变形以释放能量，从而降低了边坡膨胀土产生的膨胀力，可减少坡体变形造成对支护结构的破坏。

对膨胀土进行刚性加固，支护工程量大而且加固效果不理想，结构破坏后的修复工程量也大；柔性支护的工程量相对较小，施工快捷，支护效果较理想，但根据膨胀土边坡的破坏特点，在某些特殊部位往往也需要刚性支护，采取刚柔结合，效果更好，而对存在软弱结构面易产生应力集中的坡面，可采用分割支护将应力化整为零。

2.4.1 膨胀土加固防护工程措施

1) 坡脚加固方法

为避免开挖边坡可能引起的工程滑坡和弥补坡脚土体强度的不足,在路堑边坡坡脚应采用适当的加固工程措施,效果较好的有抗滑桩,相对经济的有挡土墙。

(1) 重力式挡土墙

重力式挡土墙自重起到了加固坡脚防止膨胀土边坡发生牵引式破坏的作用。早期部分膨胀土边坡工程的重力式挡土墙没有足够的埋深,并且也未考虑地下水的影响,当地基膨胀土浸水软化后使重力式挡墙倾覆。目前,挡土墙高度一般控制在 $4 \sim 5$ m,设计时考虑墙背膨胀土的膨胀力的影响因加大截面以抗倾覆,挡土墙埋深要超过气候剧烈影响层,埋深一般大于 1.5 m,墙背反滤层 $0.4 \sim 0.5$ m 厚,兼起缓冲膨胀力的作用。

由于膨胀土边坡常出现沿某结构面坍滑的现象,且属表面坍滑,部分路堑挡土墙应按抗滑挡土墙设计。一些工点还在挡土墙墙背增加锚索或在墙前加牛腿等加强措施。这些工程大多经受住了考验,能有效治理低矮的膨胀土边坡。

缺点:重力式挡墙只适用于低矮膨胀土边坡,当边坡高度较高时,挡土墙防治宏观断裂面滑坡和浅层滑塌的效果不理想,且造价极为高昂;重力式挡墙的基础需要超挖至大气影响深度以下,工程量大,费用也高;重力式挡墙为典型的刚性圬工,影响铁路沿线美观。

(2) 抗滑桩 (桩板墙、桩间墙)

地质条件极差地段坡脚增设抗滑桩。在可能存在潜在滑动面的位置挖孔设桩,用于抵挡可能的滑塌体。设计中应注意:因为膨胀土的强度低,侧壁应力不足,抗滑桩在设计中应适当地加大埋深,埋深应为桩长的 $1/2\sim 2/3$;桩间距不宜过大,一般 5 m 左右为宜。在膨胀土边坡工程中,抗滑桩常用于滑坡治理,同时,强膨胀土、高边坡、边坡有软弱夹层等可用此方案。膨胀土在浸水后强度下降很快,因此土拱效应不强,膨胀土边坡需要抗滑桩密度较大,一些工点采用桩板墙或抗滑桩和挡土墙结合的桩间墙等措施治理膨胀土。边坡实践证明抗滑桩治理膨胀土边坡是可靠的。

缺点:抗滑桩属于一种成本偏高的治理措施;为了抵御膨胀土膨胀力以及下滑力,抗滑桩需要较大的桩径,许多工程的抗滑桩需要人工开挖,费时费力。

2) 坡面防护方法

(1) 换非膨胀土回填或采用石灰改良膨胀土回填

边坡开挖自上而下,每 2m 设作业平台,边坡适当超挖,用非膨胀性黏土回填或石灰改良膨胀土回填压实,然后在坡面上进行适当防护,如植草或砌石。必要时可在边沟外侧设坡脚支挡,一般为挡土墙。该方法能有效抑制坡面膨胀土由于干湿循环开裂而引起的浅层滑动,适用于 $H < 10\text{m}$ 的中等或弱膨胀土边坡。

缺点：石灰改良膨胀土的施工质量难以控制，封闭不一定全面；当边坡存在宏观断裂面时，坡面的黏土封闭面缺乏有效排水手段而使宏观断裂面积水软化，从而引起滑坡。

(2) 人工草皮

网状格栅撒上黏土、种子，待长草后移植到要防护的边坡上。此方法能及时封闭边坡，可用于边坡高度小于 6 m 弱膨胀土边坡防护。现工程上通常采用购买和人工预制草皮。

缺点：防护能力较弱，一般只能起到辅助防护的作用，还应辅以其他防护手段；通常选择种草的膨胀土边坡都采用较缓的坡率 (1:2~1:6)，降水量较大的工点，草皮泄水能力有限，还应增加坡面截排水措施；草种的选择上存在有地域性。

(3) 塑料排水管结合砌石防护

膨胀土边坡存在较发育的裂隙面，可在边坡上埋入一定数量的塑料排水管，上方开小孔排除裂隙里的水，保持坡体含水率，防止土体强度衰减，从而起到防护目的。

缺点：不能防止大气影响深度内膨胀土湿度的变化，大气影响同样可以引起土体的湿胀干缩、强度衰减，同时刚性防护还有产生噪声、眩光、生态环境差等缺陷。

(4) 化学改性边坡防护

在膨胀土边坡上钻一定数量深度不宜小于大气影响深度的孔，并向孔内注入化学改良剂，与膨胀土的高活性黏土矿物进行离子交换，减小膨胀土的水敏性，从而起到防护目的。该法能基本消除或减弱边坡表面胀缩特性，提高了坡体表面土体水稳性从而使其饱水强度大幅增强，如图 2-5 所示。

缺点：打孔过多、过密时坡面易松散，打孔过稀又会导致坡面改性不完全留下薄弱环节；改性施工工艺并不完善，质量控制难以保障；改性对坡面生态环境有一定的不利影响。

图 2-5   宾南路 DAH 液处理过的膨胀土路堑边坡

(5) 浆砌片石护面

浆砌片石护面用于封闭膨胀土边坡，隔绝大气、降雨对膨胀土的影响。片石护面下设置反滤作用的砂垫层增强护坡排水能力。

缺点：当出现极端天气，如，台风时，大量的雨水可能从边坡顶部等坡面封闭防护之外的部位渗入坡体，单薄的砂垫层排水能力有限，难以杜绝膨胀土边坡局部发生小范围的含水率变化，这会导致边坡局部发生小幅膨胀，而浆砌片石护坡强度很低，膨胀将会导致护坡开裂，这种刚性的全封闭体系一旦打破，裂纹将会向整个体系发展，直至护坡防护失效。

2.4.2 膨胀土边坡处治典型实例

南宁枢纽外包线 $D_2K0+886\sim D_2K1+068$ 段路堑

南宁枢纽外包线路穿越一小丘包，顶部为第四系冲积砂黏土、卵砾石土，下为上第三系泥土、粉砂质泥土、泥质砂土。泥土属中等膨胀土，砂质泥土属弱膨胀土，试验指标为自由膨胀率 45%～74%；蒙脱石含量 9.3%～14.9%；阳离子交换量 24～31 mmol/100g。该段长 182m，最高挖方 21m，代表性断面见图 2-6。主要工程措施如下：

(1) 坡脚支护采用抗滑桩加桩间重力式路堑挡土墙。抗滑桩规格 2.0m×2.5m×12m。

(2) 挡土墙墙背反滤层底部设置一纵软式渗水管。

(3) 路堑边坡坡面设有截水沟的拱型骨架内铺草皮或干砌片石护坡，并设支撑渗加强边坡排水。

自 1997 年竣工后稳定无异常，说明采用以上工程措施处理膨胀土边坡成功。

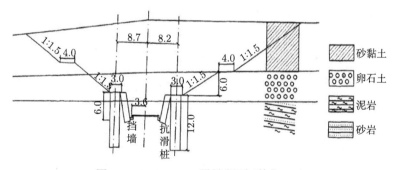

图 2-6 $D_2K0+960$ 设计断面 (单位: m)

2.5 本章小结

工程中采用的膨胀土处治技术措施，大体上可将加固防护形式分为刚性支护和柔性支护两大类。刚性支挡措施技术成熟，因此，在早期的膨胀土工程中被大量地运用，但是对膨胀土特性的针对性较差，所以通常造价高昂，同时缺乏美观。实践证明刚性支挡措施并不适用于膨胀土工程。既有膨胀土路堑边坡病害原因主要有四点：施工引起的破坏；坡面从外向内的风化导致边坡表面破坏；地下水及降水对膨胀土的软化使其强度降低；膨胀土受大气及干湿循环影响产生的胀缩变形破坏。柔性支护在处治膨胀土边坡上克服了刚性支护的一些缺点，但目前常用的柔性支护仍存在一定的不足，有待改进。

第3章　云桂铁路膨胀土工程特性试验

3.1　膨胀土室内土工试验

为了获得试验段膨胀土更为详细的土工试验参数，对两个试验段分别取样进行试验。原状样取样点分别为：中膨胀土 DK199+900；弱膨胀土 DK168+400。重塑样取样点位对应原状样取样地段，重塑土常规样制样指标：含水率取击实试验测得的最优含水率，密实度为 90%。重塑土三轴样制样指标：试样饱和，密实度为 90%(密实度更高时，膨胀土式样吸水膨胀而难以脱模)。试验结果如表 3-1～表 3-8，图 3-1 所示。

表 3-1　膨胀潜势分级及试样试验值

分级指标	弱膨胀土	中膨胀土	强膨胀土	试样 1	试样 2
自由膨胀率/%	40~60	60~90	> 90	79	42
蒙脱石含量 M/%	7~17	17~27	> 27	17.1	7.2
阳离子交换量 $CEC(NH_4^+)$/(mmol/kg)	170~260	260~360	> 360	—	—

表 3-2　新建云桂铁路试验段膨胀土原状样基本物理性质

土类	天然含水率/%	密度/(g/cm³)	液限/%	塑限/%	塑限指数	黏聚力/kPa	内摩擦角/(°)	无侧限抗压强度/kPa
中膨胀土	14.16	2.10	43.7	20.8	22.9	85.01	25	54.18
弱膨胀土	8.80	2.16	44.2	21.4	22.8	57.69	23	16.16

表 3-3　新建云桂铁路试验段膨胀土原状样膨胀性质

土类	自由膨胀率/%	无荷膨胀率/%	50kPa 膨胀率/%	100kPa 膨胀率/%	150kPa 膨胀率/%
中膨胀土	70~79	7.85	6.41	6.24	2.77
弱膨胀土	26~49	1.05	0.67	0.28	0.03

表 3-4　新建云桂铁路试验段膨胀土重塑土基本物理性质

土类	最优含水率/%	最大干密度/(g/cm³)	土粒比重	液限/%	塑限/%	塑限指数	黏聚力/kPa(三轴)	内摩擦角/°(三轴)
中膨胀土	14.08	1.87	1.772	70.6	48.6	23.4	20~25	10~13
弱膨胀土	12.84	1.95	2.000	32.3	24.0	14.5	25~29	15~21

表 3-5　新建云桂铁路试验段膨胀土重塑土基本膨胀性质

土类	无荷膨胀率/%	50kPa 膨胀率/%	100kPa 膨胀率/%	150kPa 膨胀率/%	膨胀力/kPa
中膨胀土	10.70	10.57	6.61	6.30	240.87
弱膨胀土	8.6	1.3	−0.1	−1.3	89.47

有 2 项分级指标符合时，即判定膨胀土为该膨胀等级，参照标准可知试样 1 属于中等膨胀土，试样 2 属于弱膨胀土。

表 3-6   中膨胀土化学成分分析试验结果

分析元素	SiO_2	Al_2O_3	CaO	Fe_2O_3	K_2O	MgO	Na_2O
含量/%	44.11	18.66	13.89	6.59	1.67	0.89	0.25

表 3-7   弱膨胀土化学成分分析试验结果

分析元素	SiO_2	Al_2O_3	CaO	Fe_2O_3	K_2O	MgO	Na_2O
含量/%	61.81	14.67	0.36	6.75	1.31	0.39	0.23

表 3-8   膨胀岩化学成分分析试验结果

分析元素	SiO_2	Al_2O_3	CaO	Fe_2O_3	K_2O	MgO	Na_2O
含量/%	45.83	20.01	7.55	8.80	1.81	0.92	0.31

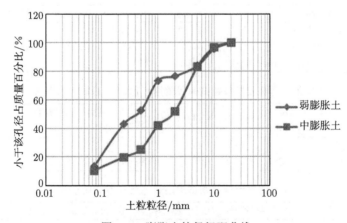

图 3-1   膨胀土粒径级配曲线

3.2   膨胀土强度试验

对膨胀土强度进行研究的方法可以分为以下几种。

(1) 引入非饱和土理论，研究考虑吸力对膨胀土强度参数的影响：张华等改进了通过土–水特征曲线试验预测膨胀土抗剪强度的方法；孔令伟等通过非饱和三轴仪对膨胀土进行研究，研究表明，膨胀土强度指标均随含水率增大而减小。但是由于吸力量测难度大，费时又费力，且非饱和土力学尚未形成科学完整的理论体系；同时，许多实例表明，膨胀土坡往往在雨季发生破坏，这说明采用膨胀土的饱和强度尚不能保证膨胀土坡的稳定,而非饱和膨胀土的强度要远高于其饱和强度,用非饱和膨胀土强度进行设计与计算将是偏于危险的。因此这种研究方法目前在工程上的实用价值有限。

(2) 采用常规的土工试验仪器,以含水率、干密度、饱和度等作为变量来研究膨胀土的强度特性,它简单方便,因此应用较广。但常规的土工试验也存在许多不足之处:① 常规的土工试验均为小试样试验,其结果不可避免地受到尺寸效应的影响;②土工试验使用的试样在取样和运送办理过程中会对土样有一定的扰动和应力释放,使其结构性发生了变化;③裂隙对膨胀土强度的影响很大,土工试验中的干湿循环试验大多是在直剪仪上进行,直剪试验用环刀切样时一般顺着试样裂隙的主要开展方向切取,剪切面大体与其垂直,这种情况下测得的强度指标是否能应用于工程上还有待考证。

(3) 原位试验可以弥补常规的土工试验仪器中的诸多不足,但是原位试验又受现场条件限制,无法使测试土样达到饱和,而对工程问题,因为存在暴雨或雨季持续降雨等情况,膨胀土有可能会浸水饱和,设计要考虑最不利情况,即验算边坡稳定性需要采用饱和土强度指标。这就影响了原位试验结果的泛用性。

为解决上述问题,本文通过室内直剪试验得到的规律,结合原位推剪试验结果,推算出原状土饱和时的强度指标。

3.2.1 室内直剪试验

试验方法:两种土样的试验均分成 4 组,各组试样含水率分别为 11%、14%、17% 和 38%,第 4 组试样为抽气饱和,中膨胀土 (黄色)4 组试样干密度均为 1.68 g/cm³,即 90% 密实度。对应的饱和度分别为 0.25、0.33、0.40 和 0.95。

弱膨胀土 (红色) 各组试样含水率分别为 10%、13%、16% 和 39%,第 4 组试样为抽气饱和,4 组试样干密度均为 1.76 g/cm³,即 90% 密实度。对应的饱和度分别为 0.26、0.34、0.41 和 0.95。

对各组试样分别进行固结不排水直剪试验,固结过程的稳定标准是变形不大于 0.005 mm/h,且历时不小于 24 h,剪切速度为 0.8 mm/min。

3.2.2 膨胀土原位推剪试验

1. 试验简介

原位推剪试验是一种大型原位剪切试验方法,其试验原理是对岩土体施加推力,使岩土体达到极限强度后失去稳定而滑动。推力作用在岩土体上,试样挤压变形,岩土体除了沿着推力作用方向传递水平位移外,还会产生由于向四周挤压发生的侧向变形,这种变形受到周围岩土体的约束会产生侧压力。试验时,试样表面、两个侧面为临空面,岩土体不受约束。由此可见,作用在试样上的力除了本身重力外，还有水平推力，这些力形成了滑动力和抗滑力。当滑动力等于抗滑力时，岩土体就处于极限平衡状态。根据这一原理可求出岩土体的抗剪强度指标 c、ϕ 值。

推剪试验的试验对象为云桂铁路沿线膨胀土。试验总共为 6 组，分为 3 组原状土样和 3 组原状浸水土样，试验目的在于研究原状膨胀土的抗剪强度指标和土体浸水前后抗剪强度的变化。

2. 试验点土体特征

试验选在中膨胀土试验段 DK200+280 附近。本路段主要分布有大量坡残积膨胀土和膨胀性泥岩，膨胀土 (Q_4^{dl+el}) 母岩是下第三系那读组 ($E_{2\sim3n}$) 黄绿色、灰白色、紫色泥岩、钙质泥岩或砂质泥岩，以及百岗组 ($E_{2\sim3b}$) 灰绿色砂质泥岩和青灰色泥岩。土体主要特征如下：

膨胀土 (Q_4^{dl+el})：浅黄、灰黄色，硬塑 $\sim$ 坚硬状，具有中膨胀性，分布于 $E_{2\sim3n}$ 地层形成的丘坡表层，土厚 $1\sim3m$，属 II 级普通土。

泥岩 ($E_{2\sim3n}$)：灰白、灰黄色，泥质胶结，中厚层状，成岩度差，质软，岩层厚一般小于 5 m，具有中等膨胀性。岩体单轴极限抗压强度在 1MPa 左右，易崩解。

原状浸水土样试验场地，如图 3-2 所示；原状土样原位推剪试验则选在距大原状浸水土样试验场地 10m 以外的地方，开挖后发现土体呈现明显的层状构造，如图 3-3 所示。

图 3-2　原状浸水土样试验场地 (后附彩图)　　图 3-3　原状土样层状构造 (后附彩图)

3. 试验内容及方法

1) 试验准备

(1) 布置砂井及埋设土壤湿度传感器，在 6 个试样上均布置直径 5cm，深度 1.5m 的钻孔，采用粗砂夯实；在 3 组原状浸水土样中各埋设 3 个土壤湿度传感器，埋设位置如图 3-4 所示，埋设方法如图 3-5 所示。该项工作在开挖试验槽之前完成。

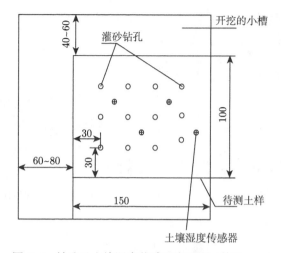

图 3-4 钻孔及土壤湿度传感器布置图 (单位: cm)

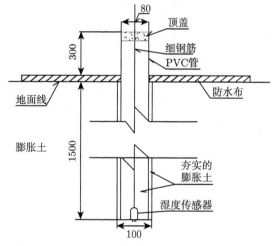

图 3-5 土壤湿度传感器埋设示意图 (单位: mm)

(2) 开挖试验槽,步骤 (1) 之后,在已划定的试验点 (图 3-6) 为每组原位推剪试验开挖试验槽,总共 6 个试验槽;6 个试验槽均采用相同尺寸: 宽 100cm×深 100cm×长 150cm,如图 3-7 所示。

(3) 试样整理,开挖后试验土体的竖向临空面不规整,用膨胀土将其抹平,如图 3-8 所示。为便于观测土体破裂形状,在试样顶面及两个侧面用红漆喷涂边长为 10cm 的网格;紧贴试验土体两侧面安放有机玻璃板,在有机玻璃板底部回填原有土体,稍加夯实,在加以必要的支撑的同时减少两侧摩擦,同时留出布置土压力盒的砂垫层,有机玻璃板长度需大于试验土体 10cm,如图 3-9 所示。

图 3-6　试验场地

图 3-7　试验槽形成

图 3-8　用黏土抹平土体表面

图 3-9　现场喷涂红漆及安放玻璃板 (后附彩图)

2) 设备安装

(1) 埋设土压力盒，在测试土体正前方填筑 10cm 厚的砂垫层并埋设 4 个大量程土压力盒，土压力盒埋设方法为①确定测试点和测力方向，如图 3-10 所示；②使压力盒受力面 (光面) 与受力方向垂直安装好，如图 3-11 所示；③将导线沿结构体引出，采用护套管保护好；④将压力盒与测试仪器连接，并将相对应变值和压力值进行调零操作，并记录下零点应变值和压力值。

(2) 布置水平和竖向百分表，安放一根工字钢支架跨越试样上方，在其上布置两块百分表，以测试三组浸水土样浸水时土体表面竖向膨胀量；试样正前方架设一根工字钢支架，在其上布置三块大量程百分表，以测试土体水平位移。

(3) 固定反力系统，在正面坑壁处先放置一排枕木，紧贴其放置一块面积 100cm×100cm，厚度 3cm 的钢板；在试样前方紧贴土体放置同样大小钢板。在浸水土试样试验中，以上三个步骤需在注水前完成并在正面钢板处加上支撑，以防正面土体在加水过程中坍塌。

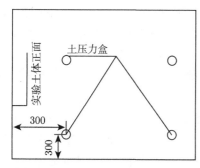

图 3-10 土压力盒布置图 (单位 cm)

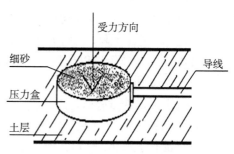

图 3-11 土压力盒埋设图

(4) 安放千斤顶，在两块钢板之间安放 1 个 100 吨螺旋千斤顶，在千斤顶和前面钢板之间加上两块涂有凡士林的白铁皮，以代替带有滚珠的钢板[249]。调节千斤顶的螺丝，使其与前面的钢板紧密接触。千斤顶位置水平向居中，垂直向距坑底高度为 1/3 土样高度，布置如图 3-12 所示。

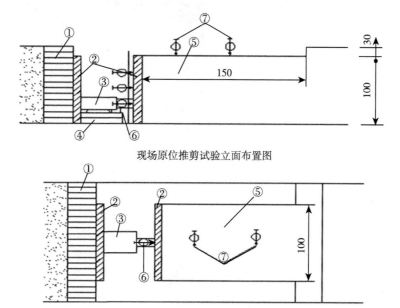

现场原位推剪试验立面布置图

现场原位推剪试验平面布置图
①后枕木；②钢板；③千斤顶；④下枕木；
⑤试验土样；⑥百分表及支架；⑦百分表

图 3-12 试验布置图 (单位：cm)

3) 试验过程

将设备安装好后，通过千斤顶徐徐地施加水平推力，其加压速度控制在每

15～20s 内的水平位移 3mm 左右,控制百分表读数,土体位移每变化 3mm 读一次土压力值。当土体开始出现剪切面时,土压力盒上的读数达到最大值,继续加压,其值不仅不增加,反而下降,此时即认为土体已被剪坏,记录土压力盒最大值,即为最大推力值 P_{max}。试验中以土体首次出现裂缝时的推力为 P_{min},裂缝发展情况如图 3-13～图 3-15 所示。

原状浸水土样推剪试验时,首先在钻孔中均匀注水,注水过程不宜太快,并根据土壤湿度传感器读数调节各个孔的注水量,直至所有土壤湿度传感器读数饱和且三面土体下部有水渗出。然后按照上述步骤进行,试验完成后,测试土体含水率变化。

试验完成后确定滑动弧的位置,并量测两侧滑动弧上各点的距离和高度,绘制滑动弧草图。

图 3-13　土体出现裂缝 (后附彩图)

图 3-14　裂缝随着推力的增加,变宽变长 (后附彩图)

图 3-15 裂缝宽度进一步增大 (后附彩图)

4. 膨胀土的抗剪强度指标计算

1) 计算方法

采用圆弧条块分析法进行抗剪强度指标的计算,根据已量测的滑动弧上各点的距离和高度绘制滑动弧。首先进行总体分析,对于滑动土体来说,和推力相抗衡的力系中除了滑动面上土体抗力 F 外,还有两侧摩阻力 T_1、T_2,则平衡方程为:$P_{\max} = T_1 + T_2 + F$。

在本试验中,因两侧用钢化玻璃板夹住土体进行剪切,因此不计摩擦,认为侧摩擦力 $T_1 = T_2 = 0$,即有 $P_{\max} = F$。

在总体分析之后,取得了最大有效推力,再取单位宽度土体,按平面问题进行圆弧条块分析,如图 3-16。

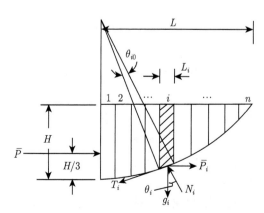

图 3-16 圆弧条块分析力系示意图

《工程地质手册 (第三版)》给出了现场推剪试验计算土体的抗剪强度指标的计算公式，如下：

$$c = \frac{(P_{\max} - P_{\min})\dfrac{\sum\limits_{i=1}^{n} g_i \cos \theta_i}{G}}{\sum\limits_{i=1}^{n} l_i} \tag{3-1}$$

$$\tan \phi = \frac{\dfrac{P_{\max}}{G}\sum\limits_{i=1}^{n} g_i \cos \theta_i - \sum\limits_{i=1}^{n} g_i \sin \theta_i - c\sum\limits_{i=1}^{n} l_i}{\dfrac{P_{\max}}{G}\sum\limits_{i=1}^{n} g_i \sin \theta_i + \sum\limits_{i=1}^{n} g_i \cos \theta_i} \tag{3-2}$$

式中：$P_{\max}$ 表示最大水平推力 (峰值)、消除两侧摩阻力后有效推力 (kN)；$P_{\min}$ 表示最小水平推力 (kN)；g_i 表示第 i 条滑块单位宽度土重 (kN)；G 表示滑动体土重 (kN)；θ_i 表示滑块 i 的滑弧圆心角 (°)；l_i 表示条块 i 的滑弧长 (m)。

将滑动块体划分按等间距为若干竖向条块，简化为平面问题，进行圆弧条块分析。取一个条块进行受力分析如下：

$$\overline{P_i}\cos \theta_i = K\overline{P_i}\sin \theta_i + g_i \sin \theta_i + cL_i + \tan \phi \times (g_i \cos \theta_i + K\overline{P_i}\cos \theta_i + \overline{P_i}\sin \theta_i) \tag{3-3}$$

式中：$\overline{P_i}$ 表示作用于单宽条块 i 上的有效推力 (kN)，$\overline{P_i} = P_{\max} g_i / G$；$c$ 表示土的内黏聚力；ϕ 表示土体内摩擦角；K 表示土体侧压力系数。

考虑整个圆弧 (1~n 块) 的滑动力与抗滑力平衡方程，可解得

$$\tan \phi = \frac{\dfrac{P_{\max}}{G}\sum\limits_{i=1}^{n} g_i \cos \theta_i - \sum\limits_{i=1}^{n} g_i \sin \theta_i - K\dfrac{P_{\max}}{G}\sum\limits_{i=1}^{n} g_i \sin \theta_i - c\sum\limits_{i=1}^{n} l_i}{\sum\limits_{i=1}^{n} g_i \cos \theta_i - K\dfrac{P_{\max}}{G}\sum\limits_{i=1}^{n} g_i \cos \theta_i + \dfrac{P_{\max}}{G}\sum\limits_{i=1}^{n} g_i \sin \theta_i} \tag{3-4}$$

比较公式 (3-2) 和公式 (3-4) 发现，当土体 $K = 0$ 时，两者一致，试验点土体为膨胀土或强风化的膨胀岩，应该考虑其侧压力系数，土体侧压力系数有两种比较常见的计算方法：用有效内摩擦角计算，$K = 1 - \sin \phi'$；用塑性指数 I_{p} 计算，$K = 0.19 + 0.233 \lg I_{\mathrm{p}}$。

通过对原状土样的室内试验发现，试验点土体有效内摩擦角介于 $15° \sim 30°$，计算得到的侧压力系数为 0.5~0.75；塑性指数介于 20~40，计算得到的侧压力系数为 0.49~0.56，综合考虑取土体侧压力系数为 0.5。

2) 计算结果

将试验数据列于表 3-9~ 表 3-14，其中 g_i 为单位宽度条块的重量，其值为 $g_i = B_i \times H_i \times L_i \times \gamma_i$，六组试验土体的重度分别为 $20.83\mathrm{kN/m^3}$, $20.83\mathrm{kN/m^3}$, $20.86\mathrm{kN/m^3}$, $22.25\mathrm{kN/m^3}$, $22.5\mathrm{kN/m^3}$, $22.5\mathrm{kN/m^3}$。

表 3-9   1 号试样剪切条块分析数据 (原状土样)

条块序号	条块尺寸/m			条块重量 g_i/kN	圆心角 $\theta_i/(°)$	滑弧长 l_i/m	$g_i\cos\theta_i$	$g_i\sin\theta_i$
	B_i	H_i	L_i					
1	1.0	0.96	0.157	3.14	4.706	0.158	3.131	0.257
2	1.0	0.93	0.157	3.05	9.444	0.16	3.007	0.5
3	1.0	0.88	0.157	2.88	14.368	0.164	2.791	0.714
4	1.0	0.82	0.157	2.69	19.45	0.172	2.537	0.896
5	1.0	0.74	0.157	2.42	24.809	0.183	2.195	0.997
6	1.0	0.63	0.157	2.06	30.667	0.201	1.772	1.049
7	1.0	0.48	0.157	1.57	37.333	0.232	1.248	0.952
8	1.0	0.21	0.157	0.69	47.051	0.296	0.47	0.505
总和			1.256	18.5		1.566	17.151	5.87

表 3-10   2 号试样剪切条块分析数据 (原状土样)

条块序号	条块尺寸/m			条块重量 g_i/kN	圆心角 $\theta_i/(°)$	滑弧长 l_i/m	$g_i\cos\theta_i$	$g_i\sin\theta_i$
	B_i	H_i	L_i					
1	1.0	0.96	0.131	2.62	3.889	0.132	2.615	0.178
2	1.0	0.92	0.131	2.52	7.500	0.134	2.497	0.330
3	1.0	0.87	0.131	2.38	12.111	0.138	2.328	0.500
4	1.0	0.83	0.131	2.27	16.316	0.146	2.179	0.638
5	1.0	0.77	0.131	2.11	20.75	0.158	1.973	0.749
6	1.0	0.65	0.131	1.78	26.000	0.177	1.598	0.780
7	1.0	0.50	0.131	1.37	32.125	0.228	1.160	0.729
8	1.0	0.24	0.131	0.71	40.9	0.303	0.537	0.465
总和			1.048	15.76		1.416	14.887	4.369

表 3-11   3 号试样剪切条块分析数据 (原状土样)

条块序号	条块尺寸/m			条块重量 g_i/kN	圆心角 $\theta_i/(°)$	滑弧长 l_i/m	$g_i\cos\theta_i$	$g_i\sin\theta_i$
	B_i	H_i	L_i					
1	1.0	0.96	0.178	3.565	5.333	0.178	3.551	0.332
2	1.0	0.94	0.178	3.490	10.611	0.180	3.431	0.642
3	1.0	0.87	0.178	3.230	16.263	0.184	3.101	0.905
4	1.0	0.79	0.178	2.933	22.150	0.191	2.716	1.106
5	1.0	0.68	0.178	2.525	28.500	0.202	2.219	1.205
6	1.0	0.49	0.178	1.819	36.370	0.220	1.501	1.079
7	1.0	0.35	0.178	1.300	43.55	0.248	0.943	0.896
8	1.0	0.18	0.178	0.668	51.311	0.306	0.418	0.522
总和			1.424	19.53		1.709	17.88	6.687

表 3-12　4 号试样剪切条块分析数据 (原状浸水土样)

| 条块序号 | 条块尺寸/m | | | 条块重量 g_i/kN | 圆心角 θ_i/(°) | 滑弧长 l_i/ m | $g_i\cos\theta_i$ | $g_i\sin\theta_i$ |
	B_i	H_i	L_i					
1	1.0	0.96	0.144	3.076	4.294	0.145	3.067	0.230
2	1.0	0.93	0.144	2.980	8.647	0.147	2.946	0.448
3	1.0	0.88	0.144	2.820	13.222	0.151	2.745	0.645
4	1.0	0.83	0.144	2.659	17.842	0.158	2.531	0.815
5	1.0	0.76	0.144	2.435	22.75	0.17	2.246	0.942
6	1.0	0.66	0.144	2.115	28.045	0.189	1.866	0.994
7	1.0	0.51	0.144	1.634	34.44	0.226	1.348	0.924
8	1.0	0.24	0.144	0.769	44	0.307	0.553	0.534
总和			1.152	18.487		1.493	17.302	5.532

表 3-13　5 号试样剪切条块分析数据 (原状浸水土样)

| 条块序号 | 条块尺寸/m | | | 条块重量 g_i/kN | 圆心角 θ_i/(°) | 滑弧长 l_i/ m | $g_i\cos\theta_i$ | $g_i\sin\theta_i$ |
	B_i	H_i	L_i					
1	1.0	0.96	0.165	3.564	5	0.166	3.550	0.311
2	1.0	0.93	0.165	3.453	10	0.168	3.400	0.600
3	1.0	0.89	0.165	3.304	15	0.172	3.192	0.855
4	1.0	0.81	0.165	3.007	20.45	0.18	2.818	1.051
5	1.0	0.70	0.165	2.599	26.39	0.192	2.328	1.155
6	1.0	0.59	0.165	2.190	32.58	0.211	1.846	1.179
7	1.0	0.43	0.165	1.596	39.73	0.269	1.228	1.020
8	1.0	0.18	0.165	0.668	49.19	0.351	0.437	0.506
总和			1.32	20.382		1.709	18.798	6.677

表 3-14　6 号试样剪切条块分析数据 (原状浸水土样)

| 条块序号 | 条块尺寸/m | | | 条块重量 g_i/kN | 圆心角 θ_i/(°) | 滑弧长 l_i/ m | $g_i\cos\theta_i$ | $g_i\sin\theta_i$ |
	B_i	H_i	L_i					
1	1.0	0.96	0.115	2.484	3.5	0.116	2.479	0.152
2	1.0	0.92	0.115	2.381	7	0.118	2.363	0.290
3	1.0	0.88	0.115	2.277	10.67	0.122	2.238	0.422
4	1.0	0.80	0.115	2.070	14.63	0.129	2.003	0.523
5	1.0	0.69	0.115	1.785	19.2	0.141	1.686	0.587
6	1.0	0.50	0.115	1.294	25.32	0.16	1.169	0.553
7	1.0	0.36	0.115	0.932	31.5	0.196	0.794	0.487
8	1.0	0.16	0.115	0.414	39.37	0.325	0.320	0.263
总和			1.048	13.636		1.307	13.052	3.276

　　六组试验的 $P_{\max}$ 和 $P_{\min}$ 测试结果如表 3-15 所示。

表 3-15   1～6 号试样水平推力 (kN)

编号	原状土样			原状浸水土样		
	1	2	3	4	5	6
P_{max}	317	295	341	171	187	110
P_{min}	243	213	263	138	179	81

汇总六组试验得到的土样抗剪强度参数 c、ϕ 结果如表 3-16 所示。

表 3-16   1～6 号试样抗剪强度参数 c、ϕ 结果

土样类型	试样序号	G/kN	P_{max}/kN	P_{min}/kN	$\sum\limits_{i=1}^{n} g_i \cos\theta_i$/kN	$\sum\limits_{i=1}^{n} g_i \sin\theta_i$/kN	c/kPa	ϕ/(°)
原状样	1	18.5	317	243	17.151	5.87	43.8	34.6
	2	15.76	295	213	14.887	4.369	54.7	36.7
	3	19.53	341	263	17.88	6.687	41.8	38.8
原状浸水样	4	18.487	171	138	17.302	5.532	20.7	35.2
	5	20.382	187	179	18.798	6.677	15.6	32.8
	6	13.636	110	81	13.052	3.276	20.5	34.6

3.2.3   结果分析

1. 直剪试验结果

将试验所得的强度指标 c 和 ϕ 随饱和度的变化点绘于图 3-17 和图 3-18。由图可见，试样的强度随饱和度增大大体呈线性递减的关系，弱膨胀土 (红色试样) 由初始非饱和状态增湿至饱和状态后，黏聚力 c 下降了 38.9 kPa，降幅为 79%，内摩擦角 ϕ 下降了 11.3°，降幅为 57%；中膨胀土 (黄色试样) 由初始非饱和状态增湿至饱和状态后，黏聚力 c 下降了 50.6 kPa，降幅为 84%，内摩擦角 ϕ 下降了 24.4°，降幅为 60%。

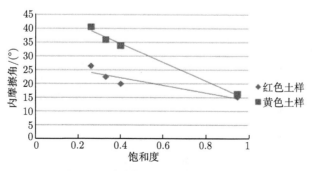

图 3-17   内摩擦角随饱和度变化关系

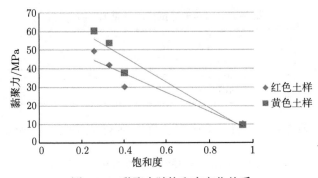

图 3-18   黏聚力随饱和度变化关系

其中对于中膨胀土：

$$\lg c = -1.156S_r + 2.078$$

$$\lg \phi = -0.568S_r + 1.75$$

对于弱膨胀土：

$$\lg c = -0.964S_r + 1.918$$

$$\lg \phi = -0.306S_r + 1.461$$

式中：S_r 表示饱和度。

对比可知，中膨胀土初始状态下的强度大于弱膨胀土；含水率对弱膨胀土强度的影响小于对中膨胀土强度的影响。其中弱膨胀土 c 的衰减率是中膨胀土的 83%；弱膨胀土 ϕ 的衰减率是中膨胀土的 54%。含水率对非饱和膨胀土的强度影响显著，膨胀土的非饱和强度远高于饱和强度。这与徐彬等的研究结果一致。

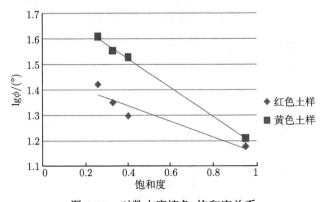

图 3-19   对数内摩擦角–饱和度关系

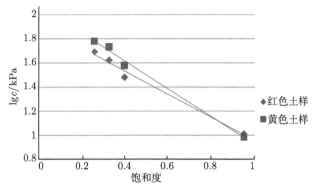

图 3-20 对数黏聚力–饱和度关系

试验结果如图 3-17～图 3-20 所示，从上述试验结果可以得出以下结论。

随着含水量的增加，黏聚力逐渐减少。黏性土的黏聚力主要来源于以下两个方面。

(1) 土粒间的相互引力，黏性土的颗粒粒径较小，黏粒占相当比例，总的比表面积较大，所以土粒间的相互吸引能力强。

(2) 土粒具有结合水膜，相邻土粒之间常由公共水化膜连结起来，表现为水膜连结。

其中黏性土颗粒间公共水化膜的连结力对黏聚力的产生具有重要的作用，因而黏性土的黏聚力随着含水率的不同而发生较大变化。含水率越小，公共水膜连结力越大，黏聚力也越强，所以干的黏性土的抗剪强度相当高；反之，含水量越大，黏聚力越小，抗剪强度也越低。

随着含水量的增加，内摩擦角逐渐减少。其原因可以从土与水相互作用的角度来考虑：饱和度越大，含水率越大，土粒中以自由水存在的水分子越多，对土粒间的润滑作用就越大，所以内摩擦角就越小。

对黏聚力和内摩擦角与饱和度的关系进行回归，发现两种土样黏聚力 c 和内摩擦角 ϕ 与饱和度均有很好的线性相关性，说明这种规律是百色地区膨胀土的一种共性。

由以上分析，可得膨胀土强度和饱和度关系的拟合公式如下：

$$\tau = A_1 10^{B_1 S_r} + \sigma \tan(A_2 10^{B_2 S_r}) \tag{3-5}$$

式中：S_r 表示饱和度；A_1, A_2, B_1, B_2 是系数。

2. 中膨胀土原位推剪试验结果

比较土样在两种试验条件下的计算结果，得到了土样在原状浸水前后抗剪强度的变化 (表 3-17)。

表 3-17　　膨胀土原位推剪试验计算结果

原状土样					原状浸水土样				
编号	1	2	3	均值	编号	4	5	6	均值
c/kPa	43.8	54.7	41.8	46.8	c/kPa	20.7	15.6	20.5	18.9
ϕ/(°)	34.6	36.7	38.8	36.7	ϕ/(°)	35.2	32.8	34.6	34.2

原状土样黏聚力 c 值在 41.8~54.7kPa 之间变化，均值为 46.8kPa；内摩擦角 ϕ 在 34.6°~38.8° 之间变化，均值为 36.7°。

原状浸水土样的黏聚力 c 值在 15.6~20.7kPa 之间变化，均值为 18.9kPa；内摩擦角 ϕ 在 32.8°~35.8° 之间变化，均值为 34.2°。

原状浸水土样与原状土样相比：c 值降低 60%，说明膨胀土体浸水对其黏聚力的变化会产生很大影响；ϕ 值降低 7%，膨胀土浸水对其内摩擦角的影响相对较小。

表 3-18 列出了原状浸水土样试验前后土样含水率的改变量。

表 3-18　　原状浸水土样推剪试验前后含水率变化

编号	试验前/%	试验后/%	差值/%
4	14.88	22.24	7.36
5	15.98	25.79	9.80
6	15.67	24.33	8.66

计算采用式 (3-1) 和 (3-4)，计算结果如图 3-21 和图 3-22。

从图可知，黏聚力 c 和内摩擦角 ϕ 也与饱和度有很好的线性相关性，采用式 (3-5) 拟合得

$$\tau = 220 \times 10^{-1.42S_r} + \sigma \tan(43 \times 10^{-0.13S_r})$$

由上式可以推出，当原状土饱和时，即 $S_r = 1$ 时，原状膨胀土黏聚力 c 为 8.4kPa；内摩擦角 ϕ 为 31.6°。

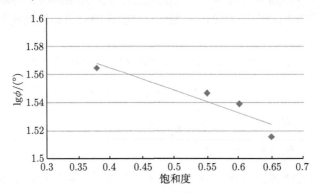

图 3-21　原状土对数内摩擦角–饱和度关系

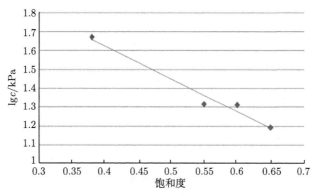

图 3-22   原状土对数黏聚力-饱和度关系

3. 室内直剪与原位推剪试验结果对比

原位试验中天然密实度达到 88% 与室内试验中 90% 的密实度相差较小，固可以不考虑密实度不同所带来的影响。

中膨胀土 (黄色土样) 的室内扰动土直剪试验与原位推剪试验结果及拟合曲线如图 3-23、图 3-24 所示。拟合公式如下：

室内扰动土样：

$$\lg c = -1.156 S_r + 2.078$$

$$\lg \phi = -0.568 S_r + 1.750$$

原位土样：

$$\lg c = -1.421 S_r + 2.343$$

$$\lg \phi = -0.129 S_r + 1.629$$

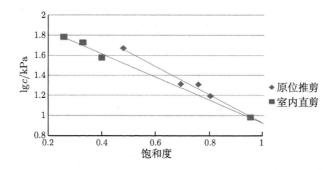

图 3-23   黏聚力对比

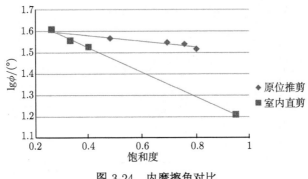

图 3-24　内摩擦角对比

①膨胀土抗剪强度指标均随饱和度增加而降低；②在相同饱和度时原状土的黏聚力 c 大于扰动土黏聚力，但是饱和度增大时，原状土的黏聚力 c 衰减速率大于扰动土的衰减速率，其衰减速率是扰动土衰减速率的 122%；③在相同饱和度时原状土内摩擦角 ϕ 和扰动土内摩擦角相近，但是饱和度增大时，原状土的内摩擦角 ϕ 衰减速率小于扰动土的衰减速率，其衰减速率是扰动土衰减速率的 23%。

土体的宏观内摩擦力是颗粒抵抗滑动与翻滚能力的体现，从细观分析有 3 部分来源：①颗粒抵抗转动能力，受颗粒外形圆形度支配；②颗粒间的宏观嵌入咬合阻力，受颗粒外形的凹凸度支配；③颗粒接触面、点之间的微观咬合，受粒间摩擦因数支配。土体的黏聚力包括土粒间分子引力形成的原始黏聚力和土中化合物的胶结合作用形成的固化黏聚力。扰动土在采集、运输和重新制样的过程中，内部土粒间的原始黏聚力遭到破坏。因此，其黏聚力小于原状土的黏聚力。但是，在土样加水饱和的过程，水膜填充在土粒之间，不仅破坏土中化合物的胶结，而且削弱了分子引力提供的原始黏聚力，所以原状土黏聚力衰减速率比扰动土的衰减速率大。原状土样中含有大量风化不完全的膨胀岩块，岩块外轮廓相对不规则。在土样相对干燥的状态下，颗粒间的微观咬合对内摩擦力影响最大，而原状土和扰动土为同一种土，粒间的摩擦因数相同。因此，内摩擦角相近。当土样加水饱和时，由于水膜的润滑作用，粒间摩擦因数急剧减小，含有大量不规则岩块的原状土颗粒比相对规则圆滑的扰动土颗粒有更强的抵抗滑动与翻滚能力，所以，饱和后原状土内摩擦角大于扰动土的内摩擦角。

3.3　侧向膨胀力试验研究

膨胀力是反映膨胀土膨胀特性的直观性指标，是膨胀土地区工程建设中的重要参数之一，因此，膨胀力的测试十分必要。

膨胀力测试方法有膨胀反压法、加压膨胀法、等体积加压法及平衡加压法四种。四种方法的介绍已在绪论中提到,这里不再重复。平衡加压法不会引起土体结构破坏,也符合膨胀力的物理意义,因而被广泛采用,本文原位试验采用该法进行。试验表明,相同土样使用不同方法测得的膨胀力有所不同,以膨胀反压法最大、平衡加压法居中。

丁振洲认为,对于自然界里的土体,含水率变化仅在一定范围内进行,并不是总能达到饱和状态。从这点考虑,应该恢复力学概念上膨胀力原有的含义:即从初状态增湿至某状态所产生的力。

力学指标的测试应结合工程实践的需求,工程中膨胀力的作用主要存在于两个方面:① 竖向膨胀力对建筑物和构筑物地基的影响,以及对站台、边坡平台等结构的破坏;② 侧向膨胀力对基坑、边坡支挡结构的作用。其中侧向膨胀力又可分为由地下水位变化引起的侧向有荷膨胀和由地表降雨引起的无上部荷载条件下的侧向膨胀力。土是各向异性的,膨胀土也不例外。因此不宜将竖向膨胀力等同于侧向膨胀力,张颖钧的研究表明,竖向膨胀力大于侧向膨胀力;谢云采用三向胀缩仪对南水北调中线工程陶岔引水渠道边坡膨胀土进行重塑土试验,研究表明,竖向膨胀力总是大于侧向膨胀力,两者之间的比值随着土的含水率和干密度不同而变化。相同含水率时,侧向膨胀力与竖向膨胀力的比值随干密度的增大而增大。

综上所述,笔者认为膨胀力测试不宜只考虑极限膨胀力,也不宜局限于竖向膨胀力,自然浸水条件下的侧向膨胀力研究具有很高的实用价值。

杨庆等通过改进固结仪得到的侧限膨胀试验仪对南京梅山铁矿膨胀土进行试验,所采用的仪器能测试侧向膨胀力和土样吸水量。

对于无上部荷载的侧向膨胀力研究,王年香进行了南京汤山的灰白色膨胀土的室内重塑土的模型试验,分析了干密度、上覆荷载对膨胀土侧向膨胀力的影响。

原位试验比重塑土试验能更好地反应实际工程情况,本文采用平衡加压法原位试验结合等体积法模型试验对云桂高速铁路膨胀土侧向膨胀力进行研究。

3.3.1 侧向膨胀力室内模拟试验研究

膨胀土的侧向膨胀力室内模拟试验目的是,在实验室条件下,分析膨胀土边坡支挡结构在降雨和地下水上升两种不同入渗方式下膨胀土含水率和膨胀力的关系;检验支挡结构砂垫层的减胀效果;监测膨胀土的侧向膨胀力及其规律,为现场原位试验和边坡支挡结构的工程设计提供参考依据。

1. 试验简介

1) 模拟对象

云桂铁路那百段的弱、中膨胀土为填料,模拟大气降水时膨胀土作用在不同

支挡结构 (重力挡墙、桩板墙) 上的侧向膨胀力；地下水位上升引起的侧向膨胀力，研究膨胀力与含水率变化关系，分析减胀层减胀效果，侧向膨胀力试验如图 3-25 所示。

图 3-25 侧向膨胀力试验

2) 试验数量

中膨胀土模拟降雨；中膨胀土模拟地下水上升；弱膨胀土模拟地下水上升，共 3 组。

3) 模型尺寸：长 4m×高 2.1m×宽 1.5m。

2. 试验方案

模拟降雨时侧向膨胀力试验元器件布置图见图 3-26。在膨胀土填料与模型箱壁间埋设土压力盒，测量膨胀土作用在模拟静止挡墙 (如重力式挡墙) 的墙后侧向膨胀力；在桩板结构与膨胀土填料间埋设土压力盒测量膨胀土作用在桩板墙 (允许产生一定位移量) 后的侧向膨胀力。

模拟降雨试验，在中膨胀土填筑时，在填料顶部设置砂孔以达到模拟天然裂隙及加快渗透的作用。砂孔位置如图 3-26 所示，共 4 个砂孔。试验开始后，在土体顶面洒水使填土表面积水，水通过砂孔和土体天然孔隙水入渗。

模拟地下水位上升侧向膨胀力试验元器件布置图见图 3-27。模拟地下水位上升试验中，将水逐层用注水管注入 (模型) 填料底部的砂层，即从最下层砂层开始注水，当最下层的含水率探头数值发生突变时则开始向第二层砂层注水，以此类推。

通过观测土压力盒、百分表等元器件的读数，分析膨胀土填料作用在不同支挡结构上的侧向膨胀力，为膨胀土地区支挡结构的膨胀力计算提供试验依据。

3. 重塑膨胀土侧向膨胀力与含水率关系

1) 中膨胀土侧向膨胀力与含水率关系

通过分析无砂垫层的静止挡墙后膨胀力变化，分析膨胀力与含水率增量的关系。从图 3-28 可以看出，中膨胀土膨胀力的总体趋势是随土体含水率增大而增大，但膨胀力增大的速率会随含水率增大而减小。

王年香等通过大型模型试验，得出了膨胀力与含水率的关系：

$$P = A \times \Delta\omega \qquad (3\text{-}6)$$

其中，P 为膨胀力，$\Delta\omega$ 为含水率增量，A 为系数。

膨胀土的侧向膨胀力受初始含水率、干密度、上覆荷载、膨胀变形量等多种因素影响，同时考虑将使问题变得十分复杂。因此作者提出，采用拟合公式反应一定初始条件下（初始含水率为最优含水率、密实度 90%）膨胀力与含水率增量的关系。

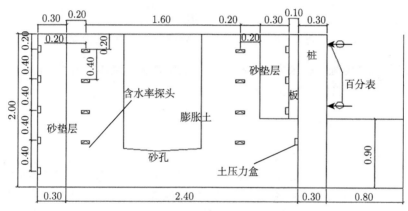

图 3-26　模拟降雨时侧向膨胀力试验方案 (单位: m)

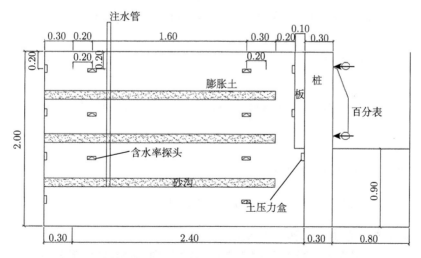

图 3-27　模拟地下水位上升时侧向膨胀力试验方案 (单位: m)

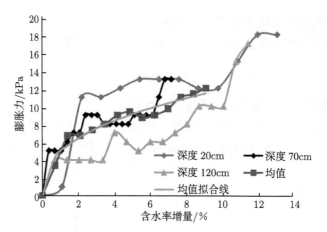

图 3-28   中膨胀土模拟降雨时静止挡墙膨胀力与含水率增量关系

为了反应中膨胀土膨胀力增大速率随含水率增大而减小的特性, 在公式 (3-6) 的基础上改进, 提出以下拟合公式:

$$P = A \times \Delta\omega^B \tag{3-7}$$

其中, P 为膨胀力, $\Delta\omega$ 为含水率增量, A、B 均为系数。

统计学中一般认为超过 0.8 的模型拟合度比较高。中膨胀土模拟降雨时静止挡墙后膨胀土与含水率增量关系采用式 (3-7) 拟合的回归平方和与总离差平方和的比值 R^2 为 0.96; 模拟地下水位上升时静止挡墙后膨胀土与含水率增量关系采用式 (3-7) 拟合时的 R^2 为 0.91, 式 (3-7) 的拟合度较高。

当重塑中膨胀土初始含水率为最优含水率 14.08% 时, 密实度为 88% 时, 膨胀力与含水率增量关系的拟合公式如下。

降雨引起的膨胀力:

$$P = 4.920 \times \Delta\omega^{0.381}$$

根据公式计算得当膨胀土饱和时 (即含水率达到 37.7% 时) 膨胀力:

$$P = 16.41 \text{kPa}$$

地下水位上升引起的膨胀力:

$$P = 6.759 \times \Delta\omega^{0.441}$$

式中, $\Delta\omega =$ 饱和含水率 − 初始含水率。

根据公式计算得当膨胀土饱和时 (即含水率达到 37.7% 时) 膨胀力:

$$P = 27.25 \text{kPa}$$

2) 弱膨胀土侧向膨胀力与含水率关系

通过分析无砂垫层的静止挡墙墙后膨胀力变化，分析膨胀力与含水率增量的关系。从图 3-29 可以看出，弱膨胀土膨胀力总体趋势是随土体含水率增大而增大，膨胀力与含水率增量呈线性关系。

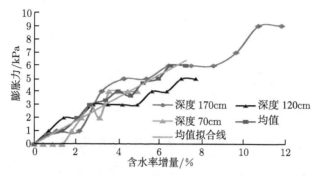

图 3-29　弱膨胀土模拟地下水上升时静止挡墙膨胀力与含水率增量关系

弱膨胀土膨胀力增大速率随含水率增大并没有明显的衰减，膨胀力 – 含水率增量关系曲线基本呈线性，因此作者认为在膨胀土含水率小于胀限含水率时采用式 (3-6) 计算更为合理。

弱膨胀土静止挡墙后膨胀土与含水率增量关系采用式 (3-6) 得到 R^2 值为 0.99，拟合度较高。

当重塑弱膨胀土初始含水率为 14.8%，密实度为 85% 时。拟合公式系数 A 的取值为 0.890。即在该情况下公式如下：

$$P = 0.890 \times \Delta\omega$$

式中，$\Delta\omega$= 饱和含水率 – 初始含水率。

根据公式计算得当膨胀土饱和时 (即含水率达到 38.7% 时) 膨胀力：

$$P = 21.27\text{kPa}$$

4. 侧向膨胀力减胀效果分析

膨胀土遇水膨胀，在极端情况下，如果完全受约束而不产生膨胀，则产生最大膨胀力；如果完全不受约束，则膨胀力为零，而产生最大膨胀量。因此给予膨胀土一定的膨胀空间，有助于消减膨胀力。

通过可动挡墙和静止挡墙所受的侧向膨胀力对比，以及同种挡墙在有、无砂垫层情况下，对比分析允许挡墙位移和设置砂垫层这两种情形的减胀效果。

由表 3-19～ 表 3-21 可知如下四项。

表 3-19　　中膨胀土模拟降雨膨胀力试验结果

挡墙类型	无砂静止	有砂静止	无砂可动	有砂可动	初始含水率/%	试验后含水率/%
深度/cm	最大值/kPa	最大值/kPa	最大值/kPa	最大值/kPa		
120	17	6	10	4	15.8	27.2
70	13	8	9	2	15.8	24
20	18	8	11	5	15.8	29.9
有砂垫层的可动挡墙上部位移			12.82mm			
有砂垫层的可动挡墙下部位移			2.93mm			
无砂垫层的可动挡墙上部位移			23.76mm			
无砂垫层的可动挡墙下部位移			7.71mm			
干密度			1.73 g/cm³			

表 3-20　　中膨胀土模拟地下水位上升膨胀力试验结果

挡墙类型	静止	可动	初始含水率/%	试验后含水率/%
深度/cm	最大值/kPa	最大值/kPa		
170	23	14	15.1	29.10
120	27	18	15.1	26.88
70	14	7	15.1	26.16
20	10	1	15.1	20.27
可动挡墙上部位移				19.35mm
可动挡墙下部位移				15.51mm
干密度		1.75 g/cm³		

表 3-21　　弱膨胀土模拟地下水位上升膨胀力试验结果列表

挡墙类型	无砂静止	有砂静止	无砂可动	有砂可动	初始含水率/%	试验后含水率/%
深度/cm	最大值/kPa	最大值/kPa	最大值/kPa	最大值/kPa		
170	9	8	—	—	14.8	26.6
120	5	3	4	2	14.8	22.5
70	4	2	2	1	14.8	19.7
有砂垫层的可动挡墙上部位移			3.079mm			
有砂垫层的可动挡墙下部位移			0.191mm			
无砂垫层的可动挡墙上部位移			4.842mm			
无砂垫层的可动挡墙下部位移			1.904mm			
干密度			1.61 g/cm³			

(1) 砂垫层对于侧向膨胀力的减胀效果非常明显,尤其是中膨胀土;因此建议中膨胀土地段和弱膨胀土地段的挡墙后应设置砂垫层,膨胀力在计算时取一定的折减系数,弱膨胀土地段膨胀力折减比例较中膨胀土小。

(2) 当允许挡墙出现少量位移或变形时,挡墙后的膨胀力会大大降低,因此用桩板墙结构形式处理膨胀土边坡时较传统的不允许产生侧向变形的挡墙更为合理。

(3) 砂垫层和桩板墙能削弱膨胀力是因为容许膨胀土体发生一定量的变形,因此传统的"以刚制胀"的手段不适合处理膨胀土问题,柔性挡墙才是更为经济实用的手段,应以柔制胀。

(4) 有砂垫层挡墙所受的膨胀力要明显小于无砂垫层挡墙所受的膨胀力。据对比试验得出如下结论:

中膨胀土的挡墙,桩板墙受到的侧向膨胀力的最大值,无砂垫层是有砂垫层的 2.0~2.5 倍,静止挡墙受到的侧向膨胀力的最大值,无砂垫层是有砂垫层 1.6~1.8 倍。

弱膨胀土的挡墙,桩板墙受到的侧向膨胀力的最大值,无砂垫层是有砂垫层的 2.0 倍,静止挡墙受到的侧向膨胀力的最大值,无砂垫层是有砂垫层 1.1~2.0 倍。

3.3.2 侧向膨胀力原位试验研究

1. 试验简介

1) 试验目的

现场原位测试模拟降雨时膨胀土的侧向平膨胀力,结合室内模型试验结果为膨胀土地区支挡结构提供侧向膨胀力的设计参数。

2) 试验场地情况

试验分为中膨胀土侧向膨胀力试验和弱膨胀土侧向膨胀力试验两部分,每部分试验 2 组,共 4 组。

中膨胀土侧向膨胀力试验选取百色田阳县中膨胀土进行试验研究。试验工点选在 DK200+80。中膨胀土试验点清表后发现,土体为膨胀土 (Q_4^{dl+el}),以第三系泥岩残积层及右江阶地网纹状黏性土为主,土体呈棕红、棕黄色,坚硬至硬塑状,含铁锰质结核,局部富集成层,且微含泥质角砾,具有中-强膨胀性,分布于丘包缓坡地表范围内,土层厚 0~6m。中膨胀土物理力学参数见表 3-22。土体情况见图 3-30。

表 3-22 DK200 中膨胀土 (原状样) 的物理力学参数

岩土名称	天然含水率/%	天然密度 $\rho/(g/cm^3)$	液限/%	自由膨胀率/%	塑限/%
中膨胀土	14.16	2.096	43.7	70~79	20.8

弱膨胀土侧向膨胀力试验选取百色田阳县弱膨胀土进行试验研究。试验工点选在 DK168+640 处。弱膨胀土试验点清表后发现,土体为膨胀土 (Q_4^{dl+pl}),其母岩红色岩组膨胀泥岩,土体呈褐红、褐黄色、硬塑状;土体黏性较差,土质黏性较差,土质不均,局部含少量砂岩碎石及角砾,具有弱-中膨胀性,分布于整个测区地表,土层厚 2~6m 量砂岩弱膨胀土物理力学参数见表 3-23,土体情况见图 3-31。

图 3-30　中膨胀土原位侧向膨胀力测试布置图

表 3-23　DK168 弱膨胀土 (原状) 的物理力学参数

岩土名称	天然含水率/%	天然密度 $\rho/(\mathrm{g/cm^3})$	液限/%	自由膨胀率/%	塑限/%
弱膨胀土	13.68	2.162	41.2	26~42	22.4

图 3-31　弱原位侧向膨胀力测试布置图

2. 试验方案

1) 试验场地准备工作

(1) 清表整平

在开挖试验坑前，将试验工点的地表土清除，平整地面。

(2) 开挖大试验坑

在开挖试验坑前，先在初步平整的场地上搭建长 6m× 宽 3m× 高 2m 试验棚，避免大气降雨对试验的影响。开始开挖 3m×6m 的矩形坑 (为了便于试验工作，两端设坡度，在其四周距坑边 1m 左右外挖一深 20cm，宽 20cm 的排水沟渠)，用水准仪或全站仪确定试验工点高程。

2) 仪器设备及其试验构件准备

试验用 10t 螺旋千斤顶 8 个，16t 螺旋千斤顶 2 个，30mm、50mm 大量程式百分表 5 个, 磁性表座 5 个, JMZX-5006A 型土压力盒 10 个, JMZX-3001 综合测试仪 1 台。

3) 试验步骤

(1) 开孔

在距试验坑侧壁分别为 30cm、60cm、90cm、120cm 处开四排 (等间距每排布置四个孔, 孔中心距 30cm, 共 4×4=16 个孔) 直径为 5~6cm 深 1.5m 的孔, 孔中填满中粗砂并用木棒填筑夯密。

(2) 开挖试坑

开挖净空尺寸, 长 2.6m× 宽 0.8m× 深 1.5m 的试验坑, 将试验侧壁和支撑侧壁用硬塑土抹平 (图 3-32)。

图 3-32 试验场地开挖平整过程

(3) 安放土压力盒

将 5 组 (每组两个) 土压力盒分别内嵌于由下而上 15cm、45cm、75cm、105cm、135cm 位置处的侧壁上, 并用砂土填实。紧贴侧壁依次安放五块长 1.5m× 宽 0.3m× 厚 0.12m 钢筋混凝土板。

(4) 安装顶力装置

紧贴支撑侧壁安放 1.5m×1.5m×0.12m 的钢筋混凝土板, 距两边缘各 50cm 处对称放置两个 0.25m×0.25m×1.5m 钢筋混凝土梁。在梁前面安放角钢支架, 将千斤顶依次架设在支架上, 使千斤顶的底座与活塞杆分别在钢筋混凝土梁和钢筋混凝土板上, 先给千斤顶施加约 1kPa 的力, 使各部分均紧密接触, 记录土压力盒的初始读数。

(5) 布置百分表

在每块混凝土板的中点及试验侧壁渗水面安装百分表并调节至一中间数值。

(6) 向坑壁施加预压力

用千斤顶向试验侧壁分级加载, 每级加荷 2kPa, 记录百分表读数, 直到土压力盒读数为 10kPa 为止。

(7) 注水并记录试验数据

往钻孔内缓慢注水，让水渗入到土体中。初始阶段每隔 10 分钟记录一次各钢筋混凝土板处的百分表读数和土压力盒的读数。若百分表变化较为显著，说明土体膨胀产生变形，此时给千斤顶增加一定荷载，使百分表稳定在初读数 10kPa 处，即坑壁挡土板侧向无变形，此时，记录土压力盒读数随含水率增加的变化情况；当坑壁完全湿透，一天内土压力盒的读数变化很微小时，认为试验过程结束，土体水平膨胀力不再增加，达到最大值。

(8) 测试含水率

试验完成后开挖测试各部位的含水率。

(9) 试验布置如图 3-33 和图 3-34。试验过程如图 3-35。

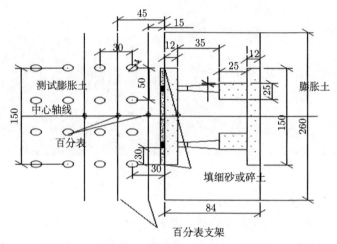

图 3-33 水平膨胀力现场原位测试平面布置图 (单位：cm)

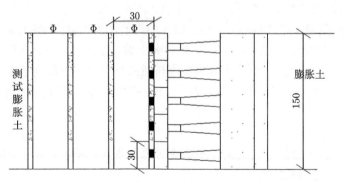

图 3-34 水平膨胀力现场原位测试立面布置图 (单位：cm)

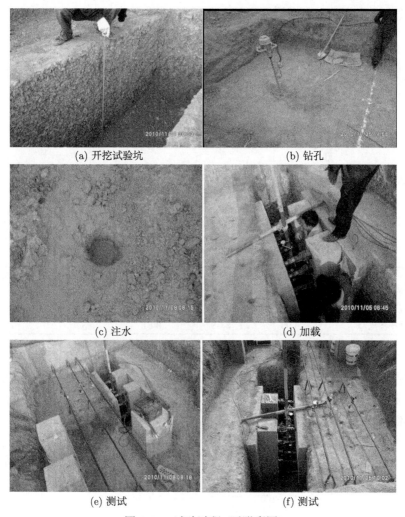

(a) 开挖试验坑   (b) 钻孔

(c) 注水   (d) 加载

(e) 测试   (f) 测试

图 3-35 试验过程 (后附彩图)

3. 原位侧向膨胀力分析

1) 膨胀力与时间关系

图 3-36 为模拟降雨时含水率与时间的变化关系曲线。从图中可以看出。土体在吸水的初始阶段，膨胀力增加较快，膨胀力曲线较陡。随着土体的吸水饱和，膨胀力增速减慢，逐渐趋于稳定。从膨胀曲线上可以反映出膨胀土浸水后，初期吸水膨胀变形急剧增大，土体基本饱和后，膨胀增加缓慢并逐渐趋于稳定。由表 3-24 可知，含水率增量随深度增加而减小，这是因为在膨胀土表层，风化作用强烈，裂隙发育，同时土体密实度相对较小，所以土层中水分变化较显著；在底层，初始含水率较高，所以此层中水分变化较小。不同深度的膨胀力呈现出表层大底层小的规

律，这是由于土体含水率增量也呈现上大下小。

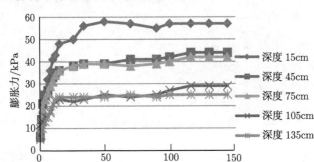

图 3-36　中膨胀土膨胀力与时间的关系

表 3-24　不同深度处的含水率大小

深度	15cm	45cm	75cm	105cm	135cm
初始含水率/%	13.53	13.68	13.79	14.35	14.47
试验后含水率/%	17.46	17.06	17.6	17.75	16.41
含水率增量/%	3.93	3.38	3.81	3.4	1.94

2) 中膨胀土侧向膨胀力与含水率关系

膨胀土膨胀力与土体含水率变化密切相关，但是由于测试手段限制，目前很难测得膨胀力与质量含水率的直接关系。作者通过单位时间加水量与含水率增量的关系，推算出膨胀力与含水率增量的关系。

试验中，因为粗砂的渗透率远高于膨胀土，所以在试验加水过程中砂孔会迅速充满水，水能通过砂孔较为均匀地渗入不同深度的膨胀土内，如图 3-37 所示。

$$\Delta\omega_{\mathrm{T}} = \frac{\Delta W_{\mathrm{T}}}{\Delta W_{总}} \times (\omega_{终} - \omega_{初}) \tag{3-8}$$

式中：$\Delta\omega_{\mathrm{T}}$ 为单位时间某层膨胀土含水率增量；ΔW_{T} 为单位时间加水量；$\Delta W_{总}$ 为试验总加水量；$\omega_{终}$ 为某层膨胀土试验后含水率；$\omega_{初}$ 为某层膨胀土初始含水率。

图 3-38 和表 3-25 描述了各层膨胀力随含水率的变化。

从图 3-38 可以看出，中膨胀土膨胀力的总体趋势是随土体含水率增大而增大，但膨胀力增大的速率会随含水率增大而减小。

建议采用侧向膨胀力室内模型试验中提出的式 (3-7) 对测试结果进行拟合。

$$P = A \times \Delta\omega^{B}$$

式中：P 表示膨胀力；$\Delta\omega$ 表示含水率增量；A 和 B 表示系数。

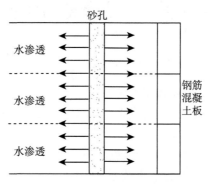

图 3-37 注水的渗透示意图

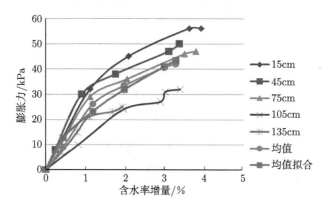

图 3-38 DK200+80 中膨胀力与含水率增量的关系曲线

表 3-25 DK200+80 试坑不同深度膨胀力随含水率增量的变化

深度 15cm	含水率增量/%	0.35	1.11	2.09	3.63	3.93
	膨胀力/kPa	10	32	45	56	56
深度 45cm	含水率增量/%	0.24	0.9	1.76	3.11	3.38
	膨胀力/kPa	8	30	38	47	50
深度 75cm	含水率增量/%	0.38	1.11	2.05	3.51	3.8
	膨胀力/kPa	10	29	36	46	47
深度 105cm	含水率增量/%	0.82	1.97	2.9	3.02	3.4
	膨胀力/kPa	10	24	27	31	32
深度 135cm	含水率增量/%	0.40	0.79	1.09	1.69	1.94
	膨胀力/kPa	7	15	21	23	25

中膨胀土与含水率增量关系采用式 (3-7) 拟合的回归平方和与总离差平方和的比值 R^2 为 0.978，拟合度较高。

天然状态下的中膨胀土原状土拟合公式系数 A 的取值为 20.95；B 的取值为 0.611，即在该情况下公式如下：

$$P = 20.95 \times \Delta\omega^{0.611}$$

式中：$\Delta\omega =$ 饱和含水率 − 初始含水率。

根据公式计算得当膨胀土从初始平均含水率 (即 13.96%) 吸水饱和后 (即含水率达到 37.7% 时) 膨胀力

$$P = 145.08\text{kPa}$$

3) 弱膨胀土侧向膨胀力与含水率关系

图 3-39 和表 3-26 描述了各层膨胀力随含水率的变化。从图 3-39 可以看出，弱膨胀土膨胀力总体趋势是随土体含水率增大而增大，膨胀力与含水率增量呈线性关系。

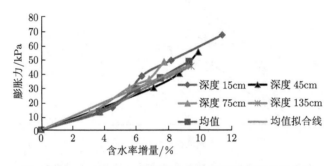

图 3-39   DK168+650 弱膨胀力与含水率增量的关系曲线

表 3-26   DK168+650 试坑不同深度膨胀力随含水率增量的变化

深度 15cm	含水率增量/%	4.56	6.38	8.20	11.40
	膨胀力/kPa	16	38	49	67
深度 45cm	含水率增量/%	3.96	7.13	8.71	9.89
	膨胀力/kPa	16	30	40	55
深度 75cm	含水率增量/%	3.12	5.61	6.84	7.77
	膨胀力/kPa	12	30	36	48
深度 105cm	含水率增量/%	3.21	4.50	5.80	8.04
	膨胀力/kPa	8	16	21	26
深度 135cm	含水率增量/%	3.78	6.80	8.12	9.45
	膨胀力/kPa	13	31	38	45

建议采用侧向膨胀力室内模型试验中提出的式 (3-6) 对测试结果进行拟合。

$$P = A \times \Delta\omega$$

式中：P 表示膨胀力；$\Delta\omega$ 表示含水率增量；A 表示系数。

弱膨胀土与含水率增量关系采用式 (3-6) 得到的 R^2 为 0.958，拟合度较高。

天然条件下弱膨胀土原状土，拟合公式系数 A 的取值为 4.89，即在该情况下公式如下：

$$P = 4.89 \times \Delta\omega$$

式中：$\Delta\omega =$ 饱和含水率 − 初始含水率。

根据公式计算得当膨胀土从初始平均含水率 (即 16.87%) 吸水饱和后 (即含水率达到 38.7% 时) 膨胀力

$$P = 106.75\text{kPa}$$

弱膨胀土原状土饱和膨胀力为中膨胀土的 73.58%。

中膨胀土和弱膨胀土原状土的 A 值远大于重塑土的 A 值，这是由于试验用重塑土在开挖和运输过程中应力得到释放，因此与原状土存在差异，膨胀力减小。

4) 原位侧向膨胀力建议值

表 3-27~ 表 3-30 为模拟降雨时水平膨胀力最大值。从表中可以看出：

表 3-27　DK200+80 试坑中膨胀土侧向膨胀力原位试验结果列表

深度	15cm	45cm	75cm	105cm	135cm
初始含水率/%	13.22	13.52	13.61	13.87	14.18
试验后含水率/%	16.71	15.8	15.43	15.85	15.6
最大膨胀力/kPa	56	50	47	32	25

表 3-28　DK200+100 试坑中膨胀土侧向膨胀力原位试验结果列表

深度	15cm	45cm	75cm	105cm	135cm
初始含水率/%	9.76	11.13	-	12.12	10.93
试验后含水率/%	15.71	15.55	-	14.51	12.86
最大膨胀力/kPa	51	31	-	39	35

表 3-29　DK168+640 试坑弱膨胀土侧向膨胀力原位试验结果列表

深度	15cm	45cm	75cm	105cm	135cm
初始含水率/%	19.15	20.01	15.45	15.05	14.7
试验后含水率/%	22.99	25.96	22.35	18.98	16.34
最大膨胀力/kPa	29	76	53	56	45

DK200+80 处从上往下分别增大了 56kPa，52kPa，47kPa，32kPa，25Pa；DK200+100 处从上往下分别增大了 51kPa，31kPa，39kPa，35kPa，侧向土压力变化最大值在试坑顶面附近；DK168+640 处从上往下分别增大了 26kPa，76kPa，53kPa，

56kPa、45kPa，15cm 处只有 26kPa 是因为试坑表面还有大量卵石，膨胀土含量较小；DK168+650 试坑处从上往下分别增大了 67kPa，76kPa，46kPa，26kPa，45kPa。

表 3-30　　DK168+650 试坑弱膨胀土侧向膨胀力原位试验结果列表

深度	15cm	45cm	75cm	105cm	135cm
初始含水率/%	7.49	5.04	5.4	5.7	5.13
试验后含水率/%	15.87	12.31	11.11	11.61	12.08
最大膨胀力/kPa	67	61	48	26	45

3.3.3　膨胀力取值

膨胀土与支挡结构的相互作用情况除了与其他各类黏土具有共性外，还包括一些特殊性质。主要表现为受水的影响大，力学参数变化异常剧烈，工程性质更为复杂。尤其是在干湿循环过后，膨胀土体受支挡结构的限制时，将产生明显的膨胀压力，这是其他非膨胀土所不具有的。至于该膨胀力的大小、分布规律以及边坡支护结构设计计算时是否需要考虑，尚无定论。

Moza 等分别对饱和前后的砂土、非膨胀性黏土以及膨胀土的主动土压力进行了对比研究，分析认为：砂土和非膨胀性黏土饱和后的主动土压力较饱和前增加不大；但膨胀土的主动土压力却在饱和后发生了十多倍的增长。主要原因是膨胀土富含强亲水性矿物，土体含水率的变化对膨胀土的土压力产生了明显的影响。关于膨胀土侧向土压力的计算方法，学者们提出许多很有价值的计算方法，以下列举几种。

1) 张颖钧法

张颖钧在针对多个试验工点的路堑边坡挡墙的进行了现场监测，根据实测数据分析，总结出了墙后膨胀土体侧向土压力的沿深度方向的分布规律。

$$P_{\delta-a} = D_f \cdot \frac{P_{xp}P_{zp}}{\sqrt{\left[P_{zp}\cos(\delta-a)\right]^2 + \left[P_{xp}\sin(\delta-a)\right]^2}} \tag{3-9}$$

式中：$P_{\delta-a}$ 表示作用在挡土墙缓冲层上的土压力；P_{xp} 表示用平衡加压法计算得到的侧向膨胀力；P_{zp} 表示用平衡加压法计算得到的竖向膨胀力；D_f 表示膨胀变形折减系数，一般取 0.2~0.6。

2) 邹越强法

邹越强等为了了解膨胀土的胀缩变形规律进行了试验研究。给出了膨胀土在限制侧向变形的条件下，土体增湿而引起侧向土压力变化的表达式：

$$\sigma_x = \sigma_y = \frac{1}{1-\mu}\left[\mu\sigma_z + (1-2\mu)P_p\right] \tag{3-10}$$

式中: μ 表示泊松比; σ_z 表示竖向压力; P_p 表示室内实测土体膨胀力。

3) 王年香法

王年香等给出了墙背竖直, 坡面水平膨胀土挡土墙, 在考虑挡土墙的水平位移情况下, 墙背任一深度 Z 处的侧向膨胀压力计算公式为

$$P_z = \beta \frac{1-2\mu}{1-\mu} \sqrt{2P_e \frac{Z_w - Z}{Z_w} (q + \gamma Z) - (q + \gamma Z)^2} \tag{3-11}$$

式中: β 表示膨胀土的膨胀系数; P_e 表示含水率增量产生的膨胀力; q 表示附加应力; Z 表示深度; Z_w 表示大气影响深度。

4) 陈铁林法

陈铁林等认为膨胀土体的静止土压力除了和土体的上覆压力相关以外, 同时也受到土体应力历史上的基质吸力的影响。认为可以使用折减基质吸力来近似模拟真实吸力, 并给出了计算膨胀土静止土压力系数的公式:

$$K_0 = \frac{\mu}{1-\mu} \left(1 + \frac{\bar{S}_{\max}}{\sigma_v}\right) - \frac{1}{1-\mu} \frac{\bar{S}}{\mu_v - \mu_s} \tag{3-12}$$

式中: μ 为土体泊松比; μ_v 和 μ_s 分别为竖向、水平净应力; $\bar{S}$ 和 $\bar{S}_{\max}$ 分别为应力历史上的折减吸力及最大值; σ_v 为上覆荷载引起的压力。

以上方法中邹越强法采用室内实测土体膨胀力计算侧向膨胀力, 而工程中侧向膨胀力与深度有一定关系, 公式中得不到体现; 王年香法反应了深度与侧向含水率的关系, 但该方法计算公式十分复杂, 不利于在膨胀土边坡稳定性分析中的推广运用; 陈铁林法中所用到的基质吸力等参数, 在工程中测试困难, 难以推广。

本书参考张颖钧法, 即通过实测数据确定侧向膨胀力。

室内模型实验、原位试验、桩板墙后实测膨胀力对比如图 3-40 所示。由图中可知: 中膨胀土原位试验膨胀力与中膨胀土实测结果拟合值相近; 重塑膨胀土水平膨胀力均小于原位试验结果; 中膨胀土模拟地下水影响时测得膨胀力结果为中间大两头小是因为地下水没有上升至膨胀土上层, 上层膨胀土含水率改变小; 弱膨胀土实测拟合值较小, 主要由于弱膨胀土桩板墙墙顶砂浆封面未遭膨胀力破坏, 墙背膨胀土浸水较少, 固膨胀力较小。

郑健龙等对宁明膨胀土三向不等荷膨胀试验表明: 竖向线膨胀系数从 0.31% 降至 0.24%, 水平向从 0.35% 增到 0.36%; 水平向从 0.36% 降到 0.31%, 竖向从 0.24% 提高到 0.25%。因此可以认为竖向膨胀和水平膨胀关联不大, 上覆荷载对水平膨胀力影响较小。

膨胀力沿深度分布主要由初始含水率和含水率变化控制, 通常 2m 至 3m 内膨胀土初始含水率差异不大, 因此含水率变化成为决定水平膨胀力竖向分布的主要因素, 由于裂隙影响, 在大气影响显著范围内不同深度含水率变化幅度相近, 而

范围外随深度增加含水率变化幅度逐渐减小。所以可以假定膨胀土在大气影响深度内呈梯形分布，深度超过 1m 后膨胀力衰减，南宁膨胀土地区的大气影响深度为 2.5～3m，取 3m 最不利情况作为设计时的参考值。护坡在受膨胀力影响时有一定的变形量，能够减小膨胀力的影响，起到减胀的作用，因此考虑膨胀力时应取适当的折减系数。

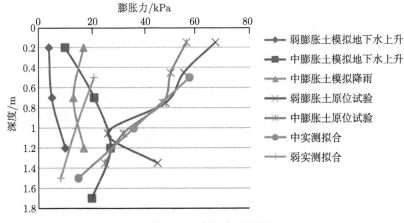

图 3-40　膨胀力对比图

折减膨胀力试验取值可通过减胀效果试验得到折减系数 a，则折减后的膨胀力：

$$\begin{cases} P' = aP & Z < Z'_w \\ P' = aP\left(\dfrac{Z_w - Z}{Z_w - Z'_w}\right) & Z'_w \leqslant Z < Z_w \\ P' = 0 & Z \geqslant Z_w \end{cases} \tag{3-13}$$

式中：P 表示实测值；Z 表示深度；Z_w 表示大气影响深度；Z'_w 表示大气影响显著范围。

通过侧向膨胀力试验中膨胀土侧向膨胀力 $P=60\text{kPa}$，极限膨胀力 $P_{\max}=145.08\text{kPa}$；弱膨胀土侧向膨胀力 $P=45\text{kPa}$，极限膨胀力 $P_{\max}=106.75\text{kPa}$。根据侧向膨胀力减胀效果试验结果，$a$ 值可取 0.67。

3.4　本 章 小 结

1) 通过室内直剪试验和原位推剪试验，得到以下结论。

(1) 含水率对弱膨胀土强度影响小于中膨胀土。其中弱膨胀土 c 的衰减率是中膨胀土的 83%；弱膨胀土 ϕ 的衰减率是中膨胀土的 54%。

(2) 中、弱两种膨胀土样的直剪试验结果均表明，黏聚力 c 和内摩擦角 ϕ 与饱和度均有很好的线性相关性；黏聚力 c 受饱和度的影响比内摩擦角 ϕ 明显。

(3) 原位试验结果表明，原状膨胀土的黏聚力 c 和内摩擦角 ϕ 与饱和度有很好的线性相关性，可以通过拟合公式推算原状膨胀土饱和强度。

(4) 膨胀土抗剪强度指标随饱和度增加而降低；在相同饱和度时原状膨胀土的黏聚力 c 大于扰动土，但是饱和度增大时，原状膨胀土黏聚力 c 衰减速率大于扰动土，衰减速率是扰动土的 122%；在相同饱和度时原状膨胀土的内摩擦角 ϕ 和扰动土相近，但是饱和度增大时，原状膨胀土内摩擦角 ϕ 衰减速率小于扰动土，衰减速率是扰动土的 23%。

2) 通过侧向膨胀力室内模型试验，可得到以下结论。

(1) 当重塑中膨胀土初始含水率为最优含水率 14.08%，密实度为 88% 时，膨胀力与含水率增量关系的拟合公式如下：

降雨引起的膨胀力

$$P = 4.920 \times \Delta\omega^{0.381}$$

地下水位上升引起的膨胀力

$$P = 6.759 \times \Delta\omega^{0.441}$$

式中，$\Delta\omega=$ 饱和含水率 − 初始含水率。

(2) 当重塑弱膨胀土初始含水率为 14.8%，密实度为 85% 时。膨胀力与含水率增量关系的拟合公式如下：

$$P = 0.890 \times \Delta\omega$$

式中，$\Delta\omega=$ 饱和含水率 − 初始含水率。

(3) 容许侧向变形能显著减少膨胀力，砂垫层和柔性挡墙是处理膨胀土问题的有效手段。

中膨胀土的挡墙，桩板墙受到的侧向膨胀力的最大值，无砂垫层是有砂垫层的 2.0~2.5 倍；静止挡墙受到的侧向膨胀力的最大值，无砂垫层是有砂垫层 1.6~1.8 倍。

弱膨胀土的挡墙，桩板墙受到的侧向膨胀力的最大值，无砂垫层是有砂垫层的 2.0 倍；静止挡墙受到的侧向膨胀力的最大值，无砂垫层是有砂垫层 1.1~2.0 倍。

3) 通过侧向膨胀力原位试验可得到以下结论。

(1) 天然状态下中膨胀土原状土的膨胀力与含水率增量关系的拟合公式如下：

$$P = 20.95 \times \Delta\omega^{0.611}$$

式中，$\Delta\omega=$ 饱和含水率 − 初始含水率。

(2) 天然状态下弱膨胀土原状土的膨胀力与含水率增量关系的拟合公式如下：

$$P = 6.629 \times \Delta\omega$$

式中，$\Delta\omega =$ 饱和含水率 − 初始含水率。

(3) 无侧向变形条件下膨胀土的极限侧向膨胀力：中膨胀土取 150kPa，弱膨胀土取 110kPa。针对云桂铁路膨胀土实际情况，即采用柔性支护或设减胀层，以及有完善的排水措施能避免膨胀土饱和时，实际工程设计中建议膨胀土的侧向膨胀力取值范围为 45~60 kPa，中膨胀土取上限，弱膨胀土取下限。

第4章　膨胀土高边坡稳定性分析

目前常用的膨胀土边坡分析方法有如下四种。

(1) 极限平衡分析法

极限平衡分析法是边坡稳定分析最基本、最常用的一种方法,其中包括通用条分法等假设不同的多种条分法。极限平衡方法的基本特点是只考虑静力平衡条件,土的强度采用莫尔–库仑破坏准则,也就是说通过分析土体在被破坏那一刻力的平衡来求得问题的解。当然在大多数情况下问题是静不定的。极限平衡方法处理这个问题的对策是引入一些简化假定,使问题变得静定可解。这种处理使方法的严密性受到了损害,但是对计算结果的精度损害并不大,由此而带来的好处是使分析计算工作大为简化因而在工程中获得广泛应用。极限平衡法经过近百年的发展,其计算分析过程已经相当成熟,而且随着计算机技术的发展,相应的各种边坡计算软件也很丰富,在工程实践中得到大量应用。基于此,本章亦采用极限平衡法进行边坡稳定分析。

(2) 极限分析法

它是以 Drucker 和 Prager 等提出的塑性极限分析理论的上限定理和下限定理为基础所建立的力学分析方法。用塑性力学上限、下限定理分析边坡稳定问题,就是从下限和上限两个方向逼近真实解。这一求解方法最大的好处是回避了在工程中最不易弄清的本构关系表达式,因而具有物理概念清晰、应用简单且在很多情况下可给出问题的严密解等优点。自 20 世纪 70 年代以来,广泛应用于求解土体的稳定性问题。

(3) 数值分析方法

可以考虑土的应力–应变关系,分析整个土体中各点的应力和变形情况及其变化过程的一种分析方法。可以考虑地质条件与降雨入渗等多种复杂因素对边坡稳定的影响,是比较适合的边坡稳定分析方法。但常规数值法不能直接求得土坡的安全系数,可以通过强度折减法求安全系数。

(4) 统计比较判别法或工程地质对比法

对现有类似或相近工程地质条件下的土坡进行统计分析,求得稳定边坡坡比的大致范围、可能坡型等,是一种经验方法,可用于中小型边坡设计。此类方法的优点是综合考虑各种影响边坡稳定的因素,迅速地对边坡稳定性及其发展趋势作出估计和预测;缺点是类比条件因地而异,经验性强,没有数量界限。

4.1　膨胀土常规物理力学特性试验

在已有工程勘察资料的基础上，根据云桂线膨胀土的分布情况，对中—弱、中—强膨胀土试验路段，选取原状土样和重塑土样，进行室内试验。依据《铁路工程土工试验规程》(TB 10102—2010)，对中—强 (云桂铁路 DK221 附近) 膨胀土进行常规室内土工试验，测定其基本物理力学参数，试验统计结果见表 4-1。

表 4-1　膨胀土常规物理力学参数

里程	天然密度/(g·cm^{-3})	干密度/(g·cm^{-3})	含水率/%	孔隙比	塑性指数	自由膨胀率/%
DK221	1.60~1.96	1.51~2.82	13.0~26.9	0.74~0.82	22.0~38.3	65~100

4.1.1　膨胀土直剪试验

DK221 试验段膨胀土为红色、黄色和灰白色三种，对此三种不同的颜色的膨胀土进行强度对比试验。

1) 红色膨胀土

选取红色膨胀土进行直剪试验，得到剪切位移与剪应力关系曲线，试验结果如图 4-1~ 图 4-5 所示。图 4-1 为含水率为 11%，密实度为 90% 的重塑膨胀土；图 4-2 为含水率 17%，密实度 90% 的重塑膨胀土；图 4-3 为含水率 14%，密实度 90% 的重塑膨胀土；图 4-4 为含水率 14%，密实度 85% 的重塑膨胀土；图 4-5 为含水率 14%，密实度 80% 的重塑膨胀土。由图 4-1~ 图 4-5 可知，红膨胀土在剪切过程中，发生应变硬化，属于正常固结土。

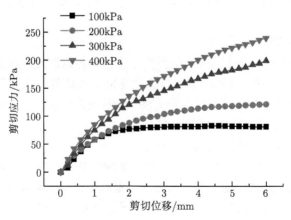

图 4-1　含水率为 11%，密实度为 90%

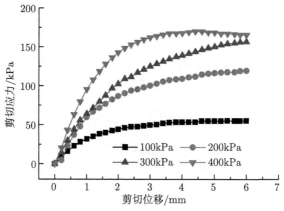

图 4-2　含水率 17%，密实度 90%

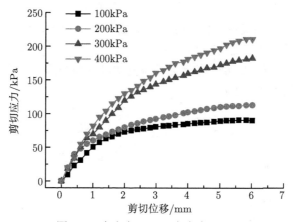

图 4-3　含水率 14%，密实度 90%

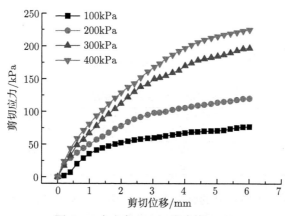

图 4-4　含水率 14%，密实度 85%

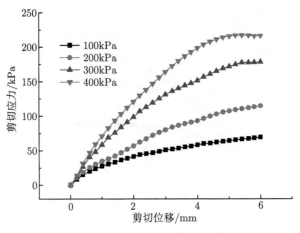

图 4-5　含水率 14%，密实度 80%

　　图 4-6 为不同密实度影响的强度曲线。由图 4-6 和表 4-2 可知，密实度对土体黏聚力和内摩擦角均有影响，密实度为 85% 的红膨胀土的内摩擦角最大，最大值为 27.47°，最小值为 20.86°，黏聚力随着密实度的减少而减少，黏聚力最大值为 40.75kPa，最小值为 19.2kPa。

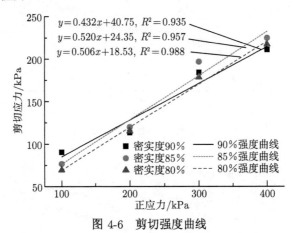

图 4-6　剪切强度曲线

表 4-2　红膨胀土试验结果

项目	11%含水率，90%密实度	17%含水率，90%密实度	14%含水率，90%密实度	14%含水率，85%密实度	14%含水率，80%密实度
内摩擦角 $\phi/(°)$	29.68	20.86	23.31	27.47	26.84
黏聚力 c/kPa	19.2	30.10	40.75	24.35	18.53

　　图 4-7 为不同含水率影响的强度曲线。由图 4-7 和表 4-2 可知，内摩擦角随着含水率的增大而减少，原因在于水分在较粗颗粒之间起到了润滑作用，从而使得摩

阻力降低。

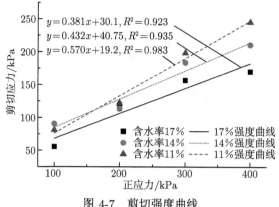

图 4-7 剪切强度曲线

2) 黄膨胀土

选取黄色膨胀土进行直剪试验，得到剪切位移与剪应力关系曲线，试验结果如图 4-8～图 4-13 所示。图 4-8 为含水率为 13%，密实度为 90% 的重塑膨胀土；图 4-9 为含水率 16%，密实度 90% 的重塑膨胀土；图 4-10 为含水率 10%，密实度 90% 的重塑膨胀土；图 4-11 为含水率 13%，密实度 90% 的重塑膨胀土；图 4-12 为含水率 13%，密实度 85% 的重塑膨胀土；图 4-13 为含水率 13%，密实度 80% 的重塑膨胀土。由图 4-8～图 4-12 可知，黄膨胀土在剪切过程中，会发生不同程度的应变软化现象，由此可知，黄膨胀土是一种超固结土。

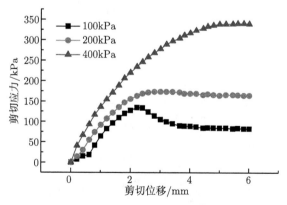

图 4-8 含水率 13%，密实度 90%

图 4-14 为不同密实度影响的强度曲线。由图 4-14 和表 4-3 可知，密实度对土体黏聚力和内摩擦角均有影响，内摩擦角随着密实度的降低而增大，最大值为 35.87°，最小值为 30.24°，黏聚力随着密实度的减少而减少，最小值为 17.7kPa。

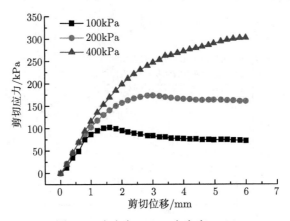

图 4-9   含水率 16%，密实度 90%

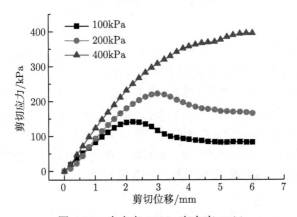

图 4-10   含水率 10%，密实度 90%

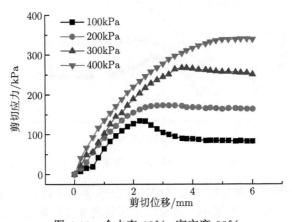

图 4-11   含水率 13%，密实度 90%

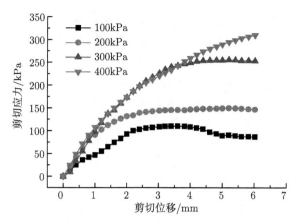

图 4-12 含水率 13%，密实度 85%

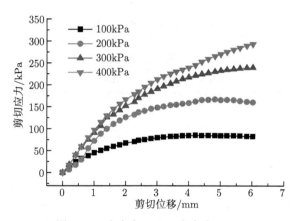

图 4-13 含水率 13%，密实度 80%

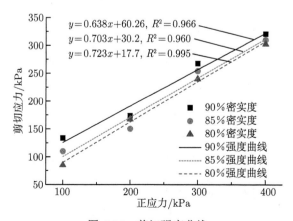

图 4-14 剪切强度曲线

图 4-15 为不同含水率的强度曲线。由图 4-15 和表 4-3 可知,含水率对内摩擦角的影响较小,含水率为 13% 黄膨胀土的黏聚力最大,最大值为 60.26kPa。

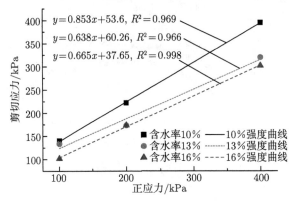

图 4-15 剪切强度曲线

表 4-3 黄膨胀土试验结果

项目	10%含水率, 90%密实度	16%含水率, 90%密实度	13%含水率, 90%密实度	13%含水率, 85%密实度	13%含水率, 80%密实度
内摩擦角 $\phi/(°)$	30.24	33.63	32.53	35.10	35.87
黏聚力 c/kPa	53.6	37.65	60.26	30.2	17.7

3) 灰白色膨胀土

一共进行四组灰白色膨胀土样试验,其含水率分别为 13%,16%,19%,22%,其中施加正应力分别为 100kPa,200kPa,300kPa,400kPa,试验结果如表 4-4 所示,采用最小二乘法拟合各试样强度曲线,其对应抗剪强度曲线如下图 4-16 所示。

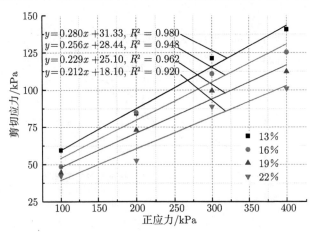

图 4-16 直剪强度曲线

由图 4-16 和表 4-4 可知，对于灰白色膨胀土来说，含水率对抗剪强度影响较大，含水率的增高会导致土体的抗剪强度降低，水分主要通过两方面对土的抗剪强度产生影响：一是水分使较粗颗粒之间变得润滑，从而摩阻力降低；二是黏土颗粒表面结合水膜增厚使得原始黏聚力减小。

表 4-4 灰白色膨胀土直剪试验结果

含水率 ω	13%	16%	19%	22%
内摩擦角 $\phi/(°)$	15.650	14.356	12.911	11.992
黏聚力 c/kPa	31.331	28.438	25.102	18.097

现场试验段处的天然含水率约为 19%，则依据直剪试验结果，自然状态下现场试验段处的膨胀土黏聚力约为 25kPa，内摩擦角约为 12.9°。

4.1.2 膨胀土三轴试验

对三组灰白色膨胀土试样进行三轴试验，其中各组试样参数如表 4-5 所示，其配置稳定后的含水率分别 15.2%、17.1% 及 20%，试样按 90% 压实度进行制样，试样制备基本参数如表 4-5 所示，试验前后的试样分别如图 4-17 所示：

表 4-5 三轴试验重塑样基本参数表

编号	直径 D/mm	高度 h/mm	含水率/%	干密度/(g/cm^3)	质量/g
1	39.1	80	15.2	1.575	174.29
2	39.1	80	17.1	1.575	177.17
3	39.1	80	20	1.575	181.56

图 4-17 试验前后的试样

1) 含水量 15.2% 试样

试验结果如图 4-18 和图 4-19 所示，由图 4-18 可知，在整个试验过程中，试样的主应力差值随轴向应变增加而变大，当轴向应变大于 5% 时，主应力差值增长速率变缓,最后趋于稳定,试样达到承载能力极限状态。由于未有峰值点,则按照试验规程规定取轴向应变对应 15% 的主应力差作为峰值。分别为 60kPa(围压 40kPa)、70.6kPa(围压 60kPa)、79.9kPa(围压 80kPa)、96.7kPa(围压 100kPa)。

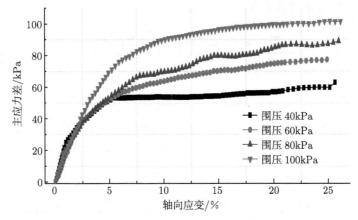

图 4-18　主应力差–轴向应变关系

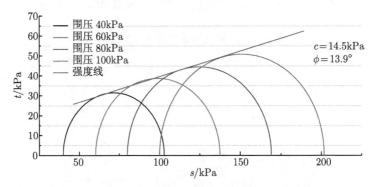

图 4-19　固结不排水剪切强度包线

2) 含水量 17.1% 试样

试验结果如图 4-20 和图 4-21 所示,由图 4-20 可知,围压 40kPa、60kPa、80kPa 的试样在试验过程中,主应力差随轴向应变增大而增大,因而取轴向应变对应 15% 的主应力差作为峰值,分别为 74.1kPa、89.3kPa 和 103.7kPa。围压 100kPa 试样在轴向应变为 21.96% 时取得峰值 120.7kPa。

3) 含水量 20% 试样

试验结果如图 4-22 和图 4-23 所示,由图 4-22 可知,围压 40kPa 与围压 60kPa 试样在轴向应变 0~1.67% 之间出现一段水平线段,主应力差并未增加,可能是因为试样与顶部传感器之间、仪器传感器之间存在空隙,未能及时调整而导致的。20%

试样主应力差峰值分别为 77kPa(围压 40kPa)、96kPa(围压 60kPa)、111.6kPa(围压 80kPa)、134.9kPa(围压 100kPa)。

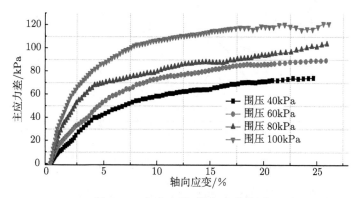

图 4-20　主应力差–轴向应变关系

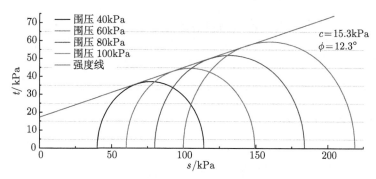

图 4-21　固结不排水剪切强度包线

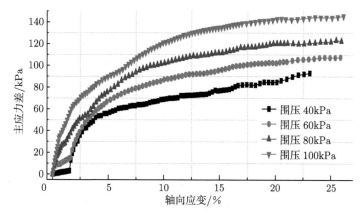

图 4-22　主应力差–轴向应变关系

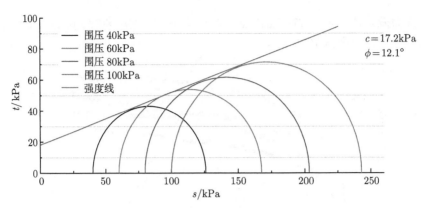

图 4-23 固结不排水剪切强度包线

　　膨胀土三轴试验强度参数如表 4-6 所示。由表 4-6 可知,试样的黏聚力随含水率增加而变大,内摩擦角随含水率增加而减小。

表 4-6 膨胀土三轴试验强度参数

含水率 ω	15.2%含水量	17.1%含水量	20%含水量
内摩擦角 $\phi/(°)$	13.9	12.3	12.1
黏聚力 c/kPa	14.5	15.3	17.2

4.1.3 膨胀土膨胀力试验

1) 灰白色膨胀土

　　由地勘资料可知,灰白色膨胀土具有中-强膨胀性,因此对灰白色膨胀土进行膨胀力试验,试验结果如图 4-24 所示。由图 4-24 可知,当时间为 0.04~0.5h 时,膨胀力迅速增加,当时间为 0.5~3.5h 时,膨胀力增加变缓,当时间大于 3.5h 后,膨胀力趋于稳定,试样的膨胀力最大值为 89.64kPa。

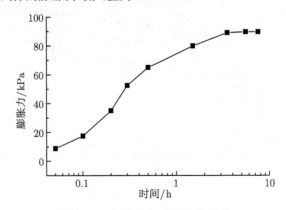

图 4-24 膨胀力与时间变化关系

2) 黄膨胀土

由地勘资料可知，黄膨胀土的膨胀性最强，因此，对黄膨胀土进行室内膨胀力试验。将含水率 19%，密实度 90%黄膨胀土进行两组膨胀力试验，结果如图 4-25 所示，由图 4-25 可知，膨胀力随时间的增加逐渐增加，增加的速率先大后小，当时间为 2h，膨胀力达到最大值，当时间大于 2h，膨胀力基本不变，第一组膨胀力的最大值为 65.73kPa，第二组膨胀力的最大值为 62.9 kPa。对比两组试验可知，两组膨胀力随时间变化曲线规律一致，且大小相近。

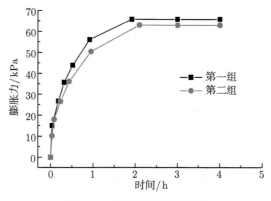

图 4-25 膨胀力随时间变化

对含水率 13%，密实度 90%黄膨胀土进行两组膨胀力试验，结果如图 4-26 所示，由图 4-26 可知，膨胀力随时间的增加逐渐增加，在 0.3h 之前，膨胀力迅速增加，在 0.3~1.8h 之间，膨胀力增加逐渐变缓，当时间为 1.8h，膨胀力达到最大值，当时间大于 1.8h，膨胀力基本不变，第一组膨胀力的最大值为 98.15kPa，第二组膨胀力的最大值为 101.26 kPa。对比两组试验可知，两组膨胀力随时间变化曲线规律一致，且曲线重合较好。

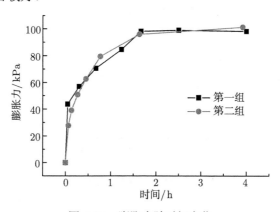

图 4-26 膨胀力随时间变化

对含水率为 19%，三组密实度 (90%, 85%, 80%) 的黄膨胀土进行膨胀力试验，每一组密实度取两个土样，最后取平均值，结果如图 4-27 所示，由图 4-27 可知，三组重塑样的膨胀力随时间的变化规律基本一致，重塑膨胀土密实度越大，膨胀力越大，90%密实度的膨胀力最大值为 63.43 kPa，85%密实度的膨胀力最大值为 60.15 kPa，80%密实度的膨胀力最大值为 55.68 kPa。

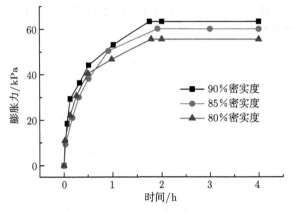

图 4-27　膨胀力随时间变化

对密实度为 90%，三组不同含水率 (13%, 16%, 19%) 的黄膨胀土进行膨胀力试验，结果如图 4-28 所示，由图 4-28 可知，三组重塑样的膨胀力随时间的变化规律基本一致，重塑膨胀土含水率越小，膨胀力越大，原因在于，含水率越小，土体越干燥，膨胀势能越大。13%含水率的膨胀力最大值为 101.26 kPa，16%含水率的膨胀力最大值为 73.78kPa，19%含水率的膨胀力最大值为 63.43kPa。

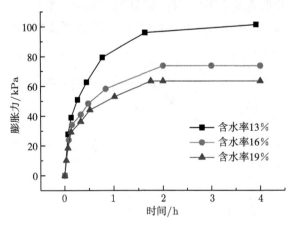

图 4-28　膨胀力随时间变化

4.2 极限平衡法分析多级边坡稳定性

费伦纽斯 (W.Fellenius) 在 1927 年最先提出了黏性土土坡稳定分析的条分法。由于此法最先在瑞典使用,又称为瑞典条分法。目前,极限平衡条分法主要有 Fellenius 条分法,Bishop 条分法,Janbu 条分法。Janbu 条分法主要用来计算非圆弧滑动面边坡。Fellenius 的简单条分法不考虑土条间的作用力,而实际土条间是存在水平作用力的。Bishop 则考虑土条间的作用力,这样给求解带来了麻烦,两个方程,其中有 5 个未知数,Bishop 在求解时补充两个假设条件:忽略土体间的竖向剪切力,且对滑动面上的切应力的大小做了规定。极限平衡方法计算较为方便,应用比较广泛,是边坡稳定性分析的首选方法。

4.2.1 膨胀土单级边坡稳定性分析

路堑边坡开挖后,按照不同的时间阶段,可分为三种边坡滑塌形式:第一种滑坡,开挖后一段时间内,由于应力释放而发生滑塌,这种滑坡方式与边坡的几何形状等因素有关,与黏土边坡类似,由非饱和土的强度决定;第二种滑坡,第一次降雨后,边坡表层吸湿膨胀,土受雨水浸润导致强度降低,边坡发生滑塌,此种滑坡受水的影响较大,由饱和土的强度决定;第三种滑坡,开挖后若干年,土体经历过若干个干湿循环后,土体裂隙充分发展,土的强度降至更低,在受雨水侵袭的条件下,边坡发生滑塌,此种情况下,土的强度受裂隙、水等因素决定。根据上述边坡滑坡阶段,单级边坡稳定性分析可分为三种工况:

工况一,开挖后自然状态下边坡稳定性分析,即路堑边坡开挖一段时间后,表面未受干湿循环影响形成胀缩裂缝,此时的膨胀土边坡与一般非饱和黏土的边坡很相似,边坡的稳定性主要受边坡的几何形状、膨胀土黏聚力、内摩擦角等因素的影响;

工况二,考虑膨胀变形的分析,即在降雨条件下,膨胀土吸湿产生膨胀变形,膨胀土产生膨胀变形,c 和 ϕ 取饱和土的实验值,其他参数未发生明显变化;

工况三,考虑裂隙发育的膨胀土边坡稳定性分析,即土体经过若干次干湿循环后,膨胀土体表层产生裂隙,裂隙的存在影响膨胀土的黏聚力、内摩擦角等相关参数的变化,c 和 ϕ 取残余强度值。

1. 工况一条件

工况一条件下,膨胀土是非饱和土,理应按照非饱和土力学理论公式计算膨胀土边坡的安全系数,然而,非饱和土安全系数公式中,考虑了基质吸力的影响,而测试基质吸力比较困难,因此,本文采用的试验参数由现场原位非饱和土大型直剪试验确定。此方法简单有效。所以,非饱和膨胀土边坡同样可以采用经典的简化

Bishop 法分析边坡的稳定性，滑裂面假设为圆弧滑裂面，计算简图如图 4-29 所示。由于膨胀土的超固结性和基质吸力的存在，原位非饱和膨胀土测试得到的 c 和 ϕ 值大于饱和膨胀土室内试验值。

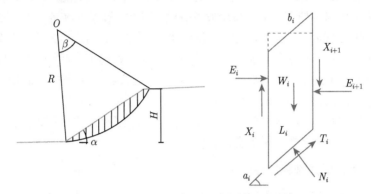

图 4-29   工况一，Bishop 条分法计算简图

土条 i 的竖向平衡条件可得

$$W_i - X_i + X_{i+1} - T_i \sin\alpha_i - N_i \cos\alpha_i = 0 \tag{4-1}$$

即 $N_i \cos\alpha_i = W_i - X_i + X_{i+1} - T_i \sin\alpha_i$。

若土坡的稳定安全系数为 K，则土条 i 滑动面上的抗剪强度 τ 也只发挥了部分作用，假设 τ 与滑动面上的切向力 T_i 相平衡，则

$$T_i = \tau l_i = \frac{1}{K}(N_i \tan\phi_i + c_i l_i) \tag{4-2}$$

其中，W_i 表示土条 i 的重度；X_i、X_{i+1} 表示土条 i 两侧的竖向剪切力；T_i 表示土条 i 滑动面切向反力；N_i 表示土条 i 滑动面法向力；E_i、E_{i+1} 表示土条 i 两侧的法向力；l_i 表示土条 i 滑动面的弧长；b_i 表示土条 i 的宽度；α_i 表示土条 i 滑动面的法线与竖直线的夹角；c 表示膨胀土黏聚力；ϕ 表示膨胀土内摩擦角。

将式 (4-2) 代入 (4-1) 得

$$N_i = \frac{W_i - X_i + X_{i+1} - \dfrac{c_i l_i}{K}\sin\alpha_i}{\cos\alpha_i + \dfrac{1}{K}\tan\phi_i \sin\phi_i} \tag{4-3}$$

因此，土坡的安全系数 K 定义为

$$K = \frac{M_r}{M_s} = \frac{\sum [N_i \tan\phi_i + c_i l_i]}{\sum W_i \sin\alpha_i} \tag{4-4}$$

将式 (4-4) 代入式 (4-3) 整理得安全系数公式为

$$K = \frac{\sum\limits_{i=1}^{n} \left\{ \dfrac{[W_i + (X_{i+1} - X_i)] \tan \phi_i + c_i l_i \cos \alpha_i}{m_i} \right\}}{\sum\limits_{i=1}^{n} W_i \sin \alpha_i} \tag{4-5}$$

$$m_i = \cos \alpha_i + \frac{1}{K} \tan \phi_i \sin \alpha_i \tag{4-6}$$

Bishop 认为土条间的竖向剪切力对稳定系数的求解影响不大, 安全系数公式 (4-5) 简化为

$$K = \frac{\sum\limits_{i=1}^{n} \left(\dfrac{W_i \tan \phi_i + c_i l_i \cos \alpha_i}{m_i} \right)}{\sum\limits_{i=1}^{n} W_i \sin \alpha_i} \tag{4-7}$$

2. 工况二条件

工况二, 考虑变形力的边坡稳定性分析, 即在降雨条件下, 膨胀土吸湿产生膨胀变形, 膨胀土浸水饱和后, 膨胀土发生膨胀变形隆起, 可以用一种变形力等效, 边坡稳定性分析采用饱和土理论公式。为计算简便, 此处假设整个土条三个面都受膨胀变形力的影响, 其作用点与滑裂面法向力相同, 由于大气变化对膨胀土的影响范围有限, 一般不超过 4m, 本文中能产生变形力的膨胀土的深度取值为 4m。此种情况下, 膨胀土的黏聚力和内摩擦角由饱和土的实验值确定。

1) 条分法

本文仍然采用历史比较长的、有广泛使用经验的条分法, 如 Bishop 法等。此方法有安全系数的确定标准。

2) 强度指标

膨胀土边坡多数处于非饱和状态, 其含水率、饱和度和吸力随天气等因素而变化, 在降雨条件下, 应选取饱和强度指标。强度指标的试验确定, 采用膨胀土作饱和固结不排水剪三轴试验确定强度参数 c 和 ϕ, 详见前述膨胀土室内试验。

3) 渗透力

由于未存在裂隙的膨胀土渗透系数比较低, 因此, 此处边坡稳定性分析中忽略渗透力的影响。

4) 膨胀变形力 (广义膨胀力)

膨胀土受雨水浸入过程中产生膨胀, 膨胀土在膨胀过程中, 发生体积胀大变形, 致使这种变形的原因就在于膨胀变形力的作用, 简称变形力, 变形力亦可称作广义膨胀力。

5) 变形力产生机理

由图 4-30(a) 土中一点的应力状态可知，假设土体各向同性，土体中大小主力分别为 σ_1 和 σ_3(即 $\sigma_1 > \sigma_3$)，膨胀土在吸湿过程中产生膨胀势能，使得土体有向四周膨胀的趋势，由于受到大小主应力的约束，产生变形力 p，在吸湿的过程中可能会出现以下三种情况：① 若变形力 $p < \sigma_3$，变形力太小，未能产生体积变形；② 若变形力 $\sigma_3 < p < \sigma_1$，土体发生水平向膨胀变形；③ 若变形力 $p > \sigma_1$，一般不会发生，原因在于，当 $\sigma_3 < p < \sigma_1$，土体发生水平向膨胀变形，变形力做负功，膨胀势能逐渐减少，因此，变形力是逐渐减少；由此可以说明，土体膨胀变形的方向与小主应力 σ_3 方向一致。如图 4-31 所示，边坡在水平变形力 (侧向膨胀力) 的作用下发生鼓胀变形。

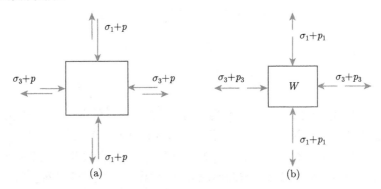

图 4-30   土中一点的应力状态

图 4-31   膨胀土边坡鼓胀变形

由图 4-30(b) 可知，由于土的各向异性，各个方向的变形力存在差异，竖向变形力 p_1 与水平向变形力 p_3 大小不等，若假设竖向变形力 $p_1 > \sigma_1$，土体发生竖向膨胀变形，对于膨胀土边坡而言，竖向变形仅使得滑坡体向上抬升，对边坡稳定性影响较小，边坡稳定性分析时可以忽略竖向变形力的影响；而水平向变形力则使得滑坡体向临空面移动或转动,增加了边坡滑坡的风险,对边坡稳定性不利,应重点考虑。综上所述,本文考虑水平变形力对边坡稳定性的影响。

以边坡上某一滑动土体作为研究对象,水平变形力沿坡面向内逐渐增大,呈三角形分布,为计算方便,按照面积相等原则,把三角形分布等效为矩形分布,如图 4-32 所示,土体所受水平向变形力,用 P_h 表示,则

$$P_h = \beta_h V \tag{4-8}$$

式中,P_h 为水平向变形力;V 为膨胀土体积;β_h 为水平向变形力系数,水平变形力由模型试验确定。

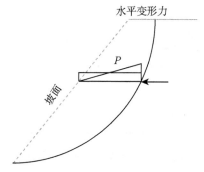

图 4-32　水平变形力的作用

6) 水平变形力 (广义侧向膨胀力) 室内模型试验

(1) 试验简介

选用云桂高速铁路路堑边坡有代表性的中—弱膨胀土作为填料,模拟大气降水条件下膨胀土吸水发生水平向膨胀变形,产生水平变形力,模型箱尺寸为 4m×2.1m×1.5m。

(2) 试验方案

试验元器件布置如图 4-33 所示,在模型箱内填筑膨胀土,在膨胀土与桩板间,填充减胀层和埋设土压力盒,采用减胀层可以使膨胀土发生水平体积变形,同时桩板墙亦可以发生一定的水平向位移。在进行膨胀土填筑时,填料顶部设置砂孔,以达到模拟天然裂隙及加快渗透的作用。4 个砂孔的布置如图 4-33 所示。填筑结束后,在土体顶面洒水并使填土表面积水,模拟大气降水条件下,膨胀土吸水发生水平向膨胀变形,产生水平变形力。通过观测土压力盒、百分表、含水量探头等元器件的读数,得到不同深度处水平变形力的值 (含水量变化下土压力的增量)。

(3) 试验结果如表 4-7 所示,由表 4-7 可知,土压力增量的平均值为 3.67kPa,垂直平面方向取单位长度,因此,水平变形力的平均值为 3.67kN,代入式 (4-8) 可得 β_h=1.22kN/m^3。

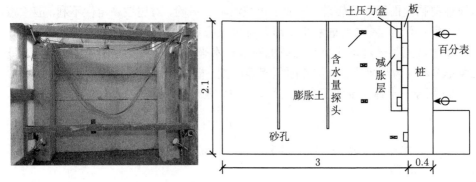

图 4-33   膨胀土水平变形力试验图 (单位: m)

表 4-7   降水条件下，变形力试验结果

深度/cm	土压力增量/kPa	含水率增量/%
120	4	11.4
70	2	8.2
20	5	14.1
平均值	3.67	−

如图 4-34 所示，考虑膨胀力后，土条 i 的竖向平衡条件可得

$$W_i - X_i + X_{i+1} - T_i \sin \alpha_i - N_i \cos \alpha_i = 0 \tag{4-9}$$

$$T_i = W_i \sin \alpha_i + P_{hi} \cos \alpha_i l_i \tag{4-10}$$

$$N_i = W_i \cos \alpha_i - P_{hi} \sin \alpha_i l_i \tag{4-11}$$

其中，

$$P_{hi} = \beta_h V_i \tag{4-12}$$

此处边坡稳定性分析可看作平面应变问题考虑，垂直于平面方向取单位长度。因此，

$$V_i = b_i \times h_i \tag{4-13}$$

若土坡的稳定安全系数为 K，则土条 i 滑动面上的抗剪强度 τ 也只发挥了部分作用，假设 τ 与滑动面上的切向力 T_i 相平衡，则

$$T_i = \tau l_i = \frac{1}{K} [N_i \tan \phi_i + c_i l_i] \tag{4-14}$$

将式 (4-14) 代入 (4-9) 得

$$N_i = \frac{W_i - X_i + X_{i+1} - \dfrac{c_i l_i}{K} \sin \alpha_i}{\cos \alpha_i + \dfrac{1}{K} \tan \phi_i \sin \phi_i} \tag{4-15}$$

又土坡的安全系数 K 定义为

$$K = \frac{M_r}{M_s} = \frac{\sum[N_i \tan\phi_i + c_i l_i]}{\sum[W_i \sin\alpha_i + P_{hi}l_i \cos\alpha_i]} \tag{4-16}$$

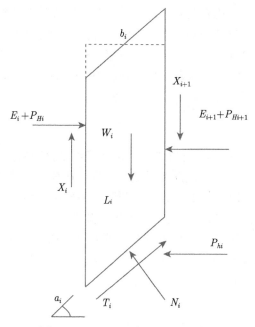

图 4-34 工况二,条分法计算简图

将式 (4-15) 代入式 (4-16) 整理得安全系数公式为

$$K = \frac{\sum\limits_{i=1}^{n}\left\{\dfrac{[W_i + (X_{i+1} - X_i)]\tan\phi_i + c_i l_i \cos\alpha_i}{m_i}\right\}}{\sum\limits_{i=1}^{n}[W_i \sin\alpha_i + P_{hi}l_i \cos\alpha_i]} \tag{4-17}$$

$$m_i = \cos\alpha_i + \frac{1}{K}\tan\phi_i \sin\alpha_i \tag{4-18}$$

由于土条间的竖向剪切力对稳定系数的求解影响不大,上式简化为

$$K = \frac{\sum\limits_{i=1}^{n}\left[\dfrac{W_i \tan\phi_i + c_i l_i \cos\alpha_i}{m_i}\right]}{\sum\limits_{i=1}^{n}[W_i \sin\alpha_i + P_{hi}l_i \cos\alpha_i]} \tag{4-19}$$

式 (4-19) 是建立在简化 Bishop 法基础之上,考虑变形力的安全系数计算公式。

3. 工况三条件

开挖若干年后，土体经历过若干个干湿循环后，浅层土体裂隙充分发展，浅层土的强度降至更低，在受雨水侵袭的条件下，边坡可能会发生浅层滑塌。

① 采用 Bishop 条分法；②强度指标，采用残余强度指标；③ 考虑裂隙中的渗透力，渗透力的影响可用替代重度法计算，浸润线以下的裂隙区，饱和重度计算滑动力矩，浮重度计算抗滑力矩，考虑整个坡面都处于饱和状态，取浸润线为坡面线；④ 变形力，若干次干湿循环后，由于裂隙的存在，膨胀土的强度降低，但膨胀土的变形力依然存在，因此变形力不可忽略。此种工况下安全系数的公式与工况二相同，但是各参数取值有差异，应遵循以上要点。

4. 工程算例

云桂铁路 DK221+800 断面图如图 4-35 所示，线路的右侧边坡高 8m，倾角为 34°。此边坡岩层为泥岩夹泥质粉砂岩、褐煤，具有中-强膨胀性。现场试验得相关参数可分为三种工况：工况一条件下膨胀土为原状非饱和试样，$\gamma=19\mathrm{kN/m^3}$、$c=20\mathrm{kPa}$、$\phi=35°$；工况二条件下膨胀土为饱和试样，$\gamma=19\mathrm{kN/m^3}$、$c=10\mathrm{kPa}$、$\phi=25°$；工况三条件下膨胀土为饱和试样，且需考虑裂隙、渗流等因素，饱和重度 $\gamma_1=19\mathrm{kN/m^3}$、浮重度 $\gamma_2=9\mathrm{kN/m^3}$、$c=5\mathrm{kPa}$、$\phi=15°$。边坡安全系数的计算如表 4-8、表 4-9 和表 4-10 所示。

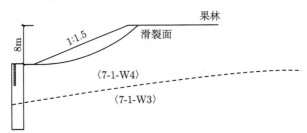

图 4-35　DK 221+800 断面图

由表 4-8 可知，自然非饱和状态下，土坡安全系数 $K=2.57$。若采用 Fellenius 简化条分法计算，安全系数 $K=2.516$，比 Bishop 简化条分法小 0.061，两者之间误差较小，仅为 2.37%。

由表 4-9 可知，土体吸水饱和后，土坡安全系数 $K=1.516$。考虑变形力的影响时，土坡安全系数 $K=1.379$。考虑变形力的影响比不考虑变形力影响的安全系数约降低 10%，变形力对边坡稳定性的影响不容忽视。若采用 Fellenius 简化条分法计算，吸水饱和下土坡的安全系数 $K=1.465$，比 Bishop 简化条分法小 0.051，两者之间误差仅为 3.4%。

表 4-8 工况一条件下边坡安全系数计算表

土条编号	α_i /(°)	L_i /m	W_i /kN	$W_i \sin\alpha_i$ /kN	$P_{hi}L_i\cos\alpha_i$ /kN	$W_i\tan\alpha_i$ /kN	m_i		$\dfrac{W_i\tan\phi_i + c_il_i\cos\alpha_i}{m_i}$	
							2.5	2.55	K=2.57	K=2.58
1	55	1.75	16.72	13.69	11.70	20.09	0.73	0.72	43.75	43.93
2	50	1.54	40.48	31.00	28.33	19.81	0.79	0.78	61.25	61.47
3	45	1.40	49.50	34.99	34.64	19.81	0.84	0.84	64.88	65.08
4	40	1.30	55.00	35.34	38.49	19.92	0.89	0.88	65.92	66.10
5	36	1.23	57.64	33.87	40.33	19.91	0.92	0.92	65.57	65.72
6	32	1.17	57.42	30.41	40.18	19.85	0.95	0.95	63.39	63.52
7	28	1.13	55.44	26.02	38.79	19.96	0.97	0.97	60.53	60.64
8	24	1.09	51.48	20.93	36.02	19.92	0.99	0.99	56.54	56.62
9	21	1.06	46.20	16.55	32.33	19.79	1.00	1.00	52.10	52.17
10	17	1.04	38.72	11.32	27.09	19.89	1.01	1.01	46.48	46.53
11	14	1.03	30.14	7.29	21.09	19.99	1.02	1.01	40.46	40.49
12	10	1.02	19.80	3.44	13.85	20.09	1.02	1.02	33.37	33.39
13	7	1.18	9.86	1.20	6.90	23.42	1.02	1.01	29.87	29.88
合计				266.03					684.11	685.55
K									2.572	2.577

表 4-9 工况二条件下边坡安全系数计算表

土条编号	α_i /(°)	L_i /m	W_i /kN	$W_i\sin\alpha_i$ /kN	$P_{hi}L_i\cos\alpha_i$ /kN	$W_i\tan\alpha_i$ /kN	$c_iL_i\cos\alpha_i$ /kN	$\dfrac{W_i\tan\phi_i + c_il_i\cos\alpha_i}{m_i}$			
								K=1.516	K=1.515	K=1.379	K=1.378
1	55	1.75	14.44	11.82	0.60	6.73	10.04	20.31	20.31	19.72	19.71
2	50	1.54	34.96	26.77	1.44	16.29	9.90	29.82	29.81	29.05	29.04
3	45	1.40	42.75	30.22	1.76	19.92	9.90	32.26	32.25	31.52	31.51
4	40	1.30	47.50	30.52	1.97	22.14	9.96	33.30	33.30	32.64	32.63
5	36	1.23	49.78	29.25	2.06	23.20	9.95	33.49	33.49	32.90	32.89
6	32	1.17	49.59	26.27	2.05	23.11	9.92	32.67	32.67	32.16	32.16
7	28	1.13	47.88	22.47	1.99	22.31	9.98	31.43	31.43	31.00	31.00
8	24	1.09	44.46	18.07	1.84	20.72	9.96	29.54	29.54	29.19	29.19
9	21	1.06	39.90	14.29	1.64	18.59	9.90	27.30	27.30	27.01	27.01
10	17	1.04	33.44	9.77	1.38	15.58	9.95	24.40	24.40	24.20	24.20
11	14	1.03	26.03	6.29	1.08	12.13	9.99	21.18	21.18	21.03	21.03
12	10	1.02	17.10	2.97	0.71	7.97	10.05	17.35	17.35	17.26	17.26
13	7	1.18	8.52	1.04	0.41	3.97	11.71	15.23	15.23	15.17	15.17
合计				229.7	18.9	212.6	131.2	348.2	348.2	342.8	342.8
K								1.516	1.516	1.379	1.379

由表 4-10 可知, 考虑裂隙、渗流和变形力的影响的土坡安全系数 $K=0.527<1$, 若采用 Fellenius 简化条分法计算, 考虑裂隙与渗流的影响的土坡安全系数 $K=0.501$,

比 Bishop 简化条分法小 0.026，两者之间误差为 4.9%。对比三种工况可知，水平变形力的作用使得安全系数降低约 10%，考虑裂隙、渗流和变形力三种因素影响的边坡安全系数降低了约 67%，非饱和土 (岩) 边坡比饱和状态边坡更稳定，裂隙的发展和渗流的影响会明显降低边坡的安全性，使得原本安全的边坡变得不安全。

表 4-10　工况三条件下边坡安全系数计算表

土条编号	α_i /(°)	L_i /m	W_i /kN	$W_i \sin \alpha_i$ /kN	$P_{hi} L_i \cos \alpha_i$ /kN	$W_i \tan \alpha_i$ /kN	$c_i L_i \cos \alpha_i$ /kN	m_i		$\dfrac{W_i \tan \phi_i + c_i l_i \cos \alpha_i}{m_i}$	
								0.527	0.526	K=0.527	K=0.526
1	55	1.75	14.44	11.82	0.6	3.19	5.02	1.3	1.3	6.32	6.32
2	50	1.54	34.96	26.77	1.44	7.72	4.95	1.32	1.32	9.60	9.59
3	45	1.40	42.75	30.22	1.76	9.44	4.95	1.33	1.33	10.80	10.79
4	40	1.30	47.5	30.52	1.97	10.49	4.98	1.33	1.34	11.59	11.58
5	36	1.23	49.78	29.25	2.06	10.99	4.98	1.33	1.33	12.02	12.01
6	32	1.17	49.59	26.27	2.05	10.95	4.96	1.32	1.32	12.08	12.08
7	28	1.13	47.88	22.47	1.99	10.57	4.99	1.3	1.3	11.99	11.98
8	24	1.09	44.46	18.07	1.84	9.81	4.98	1.27	1.27	11.62	11.61
9	21	1.06	39.9	14.29	1.64	8.81	4.95	1.25	1.25	11.00	11.00
10	17	1.04	33.44	9.77	1.38	7.38	4.97	1.21	1.22	10.17	10.17
11	14	1.03	26.03	6.29	1.08	5.75	5	1.18	1.18	9.07	9.07
12	10	1.02	17.1	2.97	0.71	3.77	5.02	1.14	1.14	7.73	7.73
13	7	1.18	8.52	1.04	0.41	1.88	5.86	1.10	1.10	7.03	7.03
合计				229.75	18.94					131.02	130.94
K										0.527	0.527

4.2.2　膨胀土双级边坡稳定性分析

由于工况三条件下对边坡安全最不利，因此，本节直接以工况三作为研究对象，考虑最不利的工况，研究平台宽度、上下两级边坡倾角、强度参数等单因素对边坡稳定性的影响，然后进行正交试验设计，通过多参数对比分析得到影响安全系数最敏感因素及影响因素的排列顺序。

1. 单因素的影响

1) 黏聚力的影响

选取第一、二级边坡高度 8m，第一、二级边坡倾角为 33.7°(坡率 1:1.5)，分别选取平台宽度为 3m，黏聚力取值分别为 10kPa, 20kPa, 30kPa, 40kPa，内摩擦角为 25°，土的重度为 20.83kN/m³。如图 4-36 所示，由图可知，其他因素不变的条件下，边坡的安全系数与黏聚力呈线性递增关系。

2) 内摩擦角的影响

选取第一、二级边坡高度 8m，第一、二级边坡倾角为 33.7°(坡率 1:1.5)，分别选取平台宽度为 3m，黏聚力取值为 20kPa，内摩擦角分别为 20°, 25°, 30°, 35°。如

图 4-37 所示，由图可知，其他条件不变，边坡的安全系数与内摩擦角呈线性递增关系。

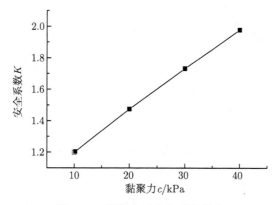

图 4-36 黏聚力对安全系数影响

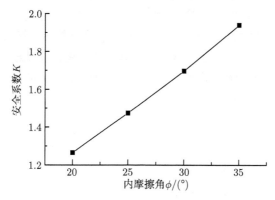

图 4-37 内摩擦角对安全系数影响

3) 平台宽度的影响

选取第一、二级边坡高度 8m，第一、二级边坡倾角为 33.7°(坡率为 1:1.5)，分别选取平台宽度为 1m, 2m, 3m, 4m, 5m，取 4.2.1.4 中算例，工况二条件下，饱和膨胀土强度参数 c=10kPa，ϕ=25°。通过计算得到边坡的安全系数如图 4-38 所示，由图 (a) 可知，平台宽度在 4m 以下时，边坡安全系数与平台宽度呈线性递增关系；平台宽度大于 5m，安全系数不发生变化，原因在于，当两级边坡平台宽度大于 5m 时，两级边坡稳定性分析按照单级边坡计算，其安全系数则为第一级边坡的安全系数，因此不发生变化。由图 (b) 可知，两级边坡平台宽度的分界点为 4.5m 处，当平台宽度小于 4.5m，二级边坡安全系数随着边坡宽度呈线性递增，当平台宽度大于 4.5m，两级边坡安全系数不发生变化，此二级边坡安全系数可按单级边坡计算。

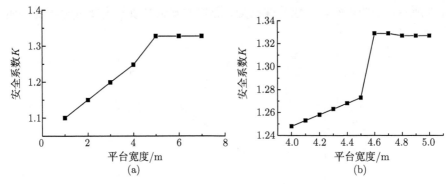

图 4-38   边坡安全系数随平台宽度变化

4) 第一级边坡倾角的影响

选取第一、二级边坡高度 8m，第一级边坡倾角分别为 30°(1:1.75), 33.7°(1:1.5), 40°(1:1.25), 45°(1:1), 50°(1:0.8), 55°(1:0.7), 60°(1:0.6), 65°(1:0.5), 70°(1:0.4)，第二级边坡倾角为 33.7°(1:1.5)。选取平台宽度为 3m，饱和膨胀土强度参数 c=10kPa, φ=25°。结果如图 4-39 所示，由图可知，安全系数随着第一级边坡的倾角的增加而减小，在 55°~60° 之间，安全系数减小速率增大。在计算过程中，当边坡倾角为 30°~55° 时，滑动面为整体式滑动面 (贯穿两级边坡)，当边坡倾角大于 60° 时，滑动面为局部滑动面，滑裂面仅发生在第一级边坡。

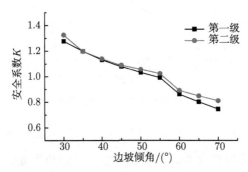

图 4-39   两级边坡倾角对安全系数影响

5) 第二级边坡倾角的影响

选取第一、二级边坡高度 8m，第二级边坡坡率分别为 30°(1:1.8), 33.7°(1:1.5), 40°(1:1.2), 45°(1:1), 50°(1:0.8), 55°(1:0.7), 60°(1:0.6), 65°(1:0.5)、70°(1:0.4)，第一边坡倾角为 33.7°(1:1.5)。选取平台宽度为 3m，饱和膨胀土强度参数 c=10kPa, ϕ=25°，其他参数不变。计算结果如图 4-39 所示，由图可知，安全系数随着第二级边坡的倾角的增加而减小，30°~55° 时，滑裂面为整体式滑裂面。当第二级边坡大于 60° 时，滑动面仅发生在第二级边坡上，属于局部滑裂面。对比图中两条曲线可知，第一级边坡安全系数小于第二级。

6) 第一级边坡高度的影响

选取第一级边坡高度分别为 5m, 6m, 7m, 8m, 第二级边坡高度为 8m, 第一、二级边坡倾角为 33.7°(1:1.5), 平台宽度为 3m, 饱和膨胀土强度参数 $c=10$kPa, $\phi=25°$, 其他参数不变。计算结果如图 4-40 所示, 由图可知, 安全系数随第一级边坡高度增加而减小。

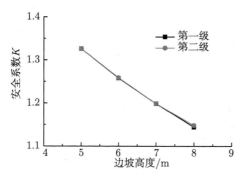

图 4-40 边坡高度对安全系数的影响

7) 第二级边坡高度的影响

选取第二级边坡高度分别为 5m, 6m, 7m, 8m, 第一级边坡高度为 8m, 第一、二级边坡倾角为 33.7°(1:1.5), 平台宽度为 3m, 饱和膨胀土强度参数 $c=10$kPa, $\phi=25°$, 其他参数不变。计算结果如图 4-40 所示, 由图可知, 安全系数随边坡第二级边坡高度增加而减小。第一级和第二级边坡高度对安全系数的影响的规律相同。

2. 正交试验设计

正交试验设计是研究多因素和多水平的一种设计方法, 它是根据正交性从全面试验中挑选出部分有代表性的点进行试验, 这些有代表性的点具备均匀分散、齐整可比的特点, 正交试验设计是分析因式设计的主要方法, 是一种高效率、快速、经济的试验设计方法。

双级边坡中, 影响土坡稳定的因素有 5 个, 如第一级边坡倾角, 第一级边坡高度, 平台宽度, 第二级边坡倾角, 第二级边坡高度。采用考虑变形力的条分法计算安全系数。参考相关规范, 第一、二级边坡倾角的取值范围为 15°~55°, 取每 10° 为一水平; 第一、二级边坡高度取 4~8m, 取每 1m 为一水平; 平台宽度取 2~4m, 取每 0.5m 为一水平。因此, 正交表为 5 因素 5 水平, 如表 4-11 所示。

对于膨胀土而言, 非饱和土的强度远大于饱和土的强度, 在此, 取饱和膨胀土的强度参数比较合适, 饱和膨胀土强度参数 $c=10$kPa, $\phi=25°$, 水平向变形力系数 $\beta_h=1.22$kN/m^3。土的自重 $\gamma=19$kN/m^3, 匀质边坡, 其他参数如表 4-5 所示, 试验

号为 1 表示：第一级边坡高度 8m，第一级边坡倾角 15°，平台宽度为 1m，第二级
边坡高度 8m，第二级边坡倾角 15°。

表 4-11　边坡参数选取

因素		水平				
		1	2	3	4	5
A	第一级边坡高度/m	4	5	6	7	8
B	第一级边坡倾角/(°)	15	25	35	45	55
C	平台宽度/m	2	2.5	3	3.5	4
D	第二级边坡高度/m	4	5	6	7	8
E	第二级边坡倾角/(°)	15	25	35	45	55

1) 选表

本试验是由 5 水平组成，因此要选用 $L_n(5^t)$ 型表。本实验共有 5 个因素，且
不考虑各因素之间的交互作用，所以要选择一张 $t \geqslant 5$ 的表，选择 $L_{25}(5^6)$ 型表，故
选用正交表 $L_{25}(5^6)$ 安排试验。

2) 表头设计

本试验不考虑因素之间的交互作用，只需将各因素分别填写在所选用的正交
表的上方与列号对应的位置上，一个因素占有一列，不同因素占有不同列，就得到
所谓的表头设计，第七列为空白列，即误差列。

3) 明确试验方案

完成表头设计后，只要把表中各列的数字 1, 2, 3 分别看成各个试验中的水平数，
表中的每一行就是一个试验方案。本正交试验总共有 18 组方案，如表 4-12 所示。

4) 按规定的方案试验

按正交表的各试验号中规定的水平组合进行试验，采用考虑变形力的条分法，
计算安全系数 K (最小值)，计算简图如图 4-41 所示，即 $y_1, y_2, \cdots, y_{25}$ 的值，填写
在表的最后一列中。如表 4-12 所示 (产量值 = 安全系数 K)：

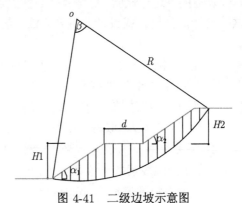

图 4-41　二级边坡示意图

表 4-12 正交设计表

试验号	A	B	C	D	E	空列	安全系数
1	1(4)	1(15)	1(2)	1(4)	1(15)	1	$y_1=3.605$
2	1	2(25)	2(2.5)	2(6)	2(25)	2	$y_2=3.342$
3	1	3(35)	3(3)	3(8)	3(35)	3	$y_3=3.002$
4	1	4(45)	4(3.5)	4(10)	4(45)	4	$y_4=2.574$
5	1	5(55)	5(4)	5(12)	5(55)	5	$y_5=2.049$
6	2(5)	1(15)	2(2.5)	3(8)	4(45)	5	$y_6=2.998$
7	2	2(25)	3(3)	4(10)	5(55)	1	$y_7=2.283$
8	2	3(35)	4(3.5)	5(12)	1(15)	2	$y_8=3.176$
9	2	4(45)	5(4)	1(4)	2(25)	3	$y_9=3.43$
10	2	5(55)	1(2)	2(6)	3(35)	4	$y_{10}=2.44$
11	3(6)	1(15)	3(3)	5(12)	2(25)	4	$y_{11}=2.958$
12	3	2(25)	4(3.5)	1(4)	3(35)	5	$y_{12}=3.272$
13	3	3(35)	5(4)	2(6)	4(45)	1	$y_{13}=2.99$
14	3	4(45)	1(2)	3(8)	5(55)	2	$y_{14}=1.957$
15	3	5(55)	2(2.5)	4(10)	1(15)	3	$y_{15}=2.621$
16	4(7)	1(15)	4(3.5)	2(6)	5(55)	3	$y_{16}=3.182$
17	4	2(25)	5(4)	3(8)	1(15)	4	$y_{17}=3.189$
18	4	3(35)	1(2)	4(10)	2(25)	5	$y_{18}=2.471$
19	4	4(45)	2(2.5)	5(12)	3(35)	1	$y_{19}=2.056$
20	4	5(55)	3(3)	1(4)	4(45)	2	$y_{20}=2.272$
21	5(8)	1(15)	5(4)	4(10)	3(35)	2	$y_{21}=3.001$
22	5	2(25)	1(2)	5(12)	4(45)	3	$y_{22}=2.157$
23	5	3(35)	2(2.5)	1(4)	5(55)	4	$y_{23}=2.427$
24	5	4(45)	3(3)	2(6)	1(15)	5	$y_{24}=2.318$
25	5	5(55)	4(3.5)	3(8)	2(25)	1	$y_{25}=2.031$
K_{1j}	14.572	15.744	12.63	15.58	14.909	12.965	
K_{2j}	14.327	14.243	13.444	14.272	14.232	13.748	
K_{3j}	13.798	14.066	12.942	13.177	13.771	14.392	
K_{4j}	13.17	12.335	14.235	12.95	12.991	13.588	
K_{5j}	11.934	11.413	14.659	12.396	11.898	13.108	
L_{1j}	2.9144	3.1488	2.526	3.116	2.9818	2.593	
L_{2j}	2.8654	2.8486	2.6888	2.8544	2.8464	2.7496	
L_{3j}	2.7596	2.8132	2.5884	2.6354	2.7542	2.8784	
L_{4j}	2.634	2.467	2.847	2.59	2.5982	2.7176	
L_{5j}	2.3868	2.2826	2.9318	2.4792	2.3796	2.6216	
R_j	0.5276	0.8662	0.4058	0.6368	0.6022	0.2854	
因素主次			B-D-E-A-C				
最优方案 1			$A_1B_1C_5D_1E_1$				
最优方案 2			$A_5B_5C_1D_5E_5$				

5) 计算极差、确定主次因素及顺序

K_{ij} 表示第 j 列上水平号为 i 的各试验结果之和，如

$$K_{11} = y_1 + y_2 + y_3 + y_4 + y_5$$

$$K_{21} = y_6 + y_7 + y_8 + y_9 + y_{10}$$

$$K_{12} = y_1 + y_6 + y_{11} + y_{16} + y_{21}$$

其他各式略。

$L_{ij} = (1/5)K_{ij}$，表示为第 j 列的因素取水平 i 时，进行试验所得试验结果的平均值，如

$$L_{11} = \frac{1}{5}K_{11}$$

其他各式略。

$R_j = \max\{K_{ij}\} - \min\{K_{ij}\}$，$R_j$ 称为第 j 列的极差或其所在因素的极差。

如表 4-12 中所示，各列中的极差是不相等的，这说明各因素的水平改变时对试验结果的影响是不相同的，极差越大，说明这个因素的水平改变对试验结果的影响越大，极差最大的那一列的因素就是因素的水平改变对试验结果影响最大的因素，也就是最主要的因素。此处，$R_2 > R_4 > R_5 > R_1 > R_3$。因此，影响安全因素的主次顺序为 B-D-E-A-C，即第一级边坡的倾角 > 第二级边坡的高度 > 第二级边坡的倾角 > 第一级边坡的高度 > 平台的宽度。第一级边坡的倾角和平台宽度分别是 5 因素当中对稳定性影响最大和最小的因素。

6) 最优方案

挑选因素的优水平与所要求的指标有关，若指标越大越好，则应选取该指标大的水平，即各列中 L_{1j}, L_{2j}, L_{3j} 中最大的那个水平；反之，若指标越小越好，则应取使指标最小的那个水平。表中最优方案 1 为安全系数取大值，即当取第一级边坡高度 4m，第一级边坡倾角 15°，平台宽度为 5m，第二级边坡高度 4m，第二级边坡倾角 15° 时，安全系数 $K=3.644$，此时安全系数最大，边坡最稳定。最优方案 2 为安全系数的最小值，即当第一级边坡高度 12m，第一级边坡倾角 55°，平台宽度为 2 米，第二级边坡高度 12m，第二级边坡倾角 55° 时，边坡的稳定系数最低，此时，安全系数 $K = 1.447 > 1$，边坡开挖最不利条件下仍然稳定，此种情况下，边坡开挖土方量最小，最经济。

7) 分别考虑三级和四级边坡的正交试验设计

同理，采用正交试验设计对三级边坡和四级边坡进行分析，得到各级边坡影响因素的主次顺序，如表 4-13 所示。

表 4-13 影响因素主次顺序表

安全系数	影响因素										
边坡类型	第一级边坡			第二级边坡			第三级边坡			第四级边坡	
	倾角	高度	平台宽度	倾角	高度	平台宽度	倾角	高度	平台宽度	倾角	高度
二级边坡	5	2	1	3	4	—	—	—	—	—	—
三级边坡	4	3	2	8	7	1	6	5	—	—	—
四级边坡	7	5	2	10	8	3	9	11	1	4	6

注: 表中数字大小仅表示影响因素的主次关系, 数值越大表明影响越大

由表 4-13 可知, 对于三级边坡而言, 影响安全系数的因素主次顺序为第二级边坡倾角 > 第二级边坡高度 > 第三级边坡倾角 > 第三级边坡高度 > 第一级边坡倾角 > 第一级边坡高度 > 第一级平台宽度 > 第二级平台宽度。对于四级边坡而言, 影响安全系数的因素主次顺序为第三级边坡高度 > 第二级边坡倾角 > 第三级边坡倾角 > 第二级边坡高度 > 第一级边坡倾角 > 第四级边坡高度 > 第一级坡高度 > 第四级边坡倾角 > 第二级平台宽度 > 第一级平台宽度 > 第三级平台宽度。

3. 膨胀土多级边坡稳定性分析

极限平衡条分法是先确定一个潜在滑裂面, 再把边坡土体划分成许多条, 对每一土条进行受力分析, 把土条的抗滑力和下滑力求和得到整体抗滑力和下滑力, 抗滑力与下滑力的比值即为边坡的潜在滑裂面的安全系数。在进行土条划分时, 倘若将土条的宽度划分得无限小, 土条的数量就无限多, 那么下滑力和抗滑力求和就可用积分表述, 因此, 可以运用积分的方法求解安全系数。

1) 理论推导

费伦纽斯的简单条分法比简化 Bishop 法的计算结果偏小, 由上述 (4.2.1 节) 研究结果可知, 两者之间误差小于 5%。因此, 采用费伦纽斯条分法与简化 Bishop 法差别不大。费伦纽斯条分法计算得到的安全系数偏小, 采用较小值设计支挡结构, 边坡更安全。

如图 4-42 所示, 费伦纽斯简化公式为 (式中各参数含义见 4.2.1 节)

$$K = \frac{\sum_{i=1}^{n} (W_i \tan \phi_i \cos \alpha_i + c_i l_i)}{\sum_{i=1}^{n} (W_i \sin \alpha_i + P_{hi} l_i \cos \alpha_i)} \tag{4-20}$$

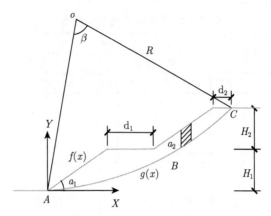

图 4-42 边坡分析简图

将式 (4-14) 代入式 (4-20)，再变换为

$$K = \frac{\sum\limits_{i=1}^{n} l_i \left(\dfrac{W_i}{l_i} \tan \phi_i \cos \alpha_i + c_i \right)}{\sum\limits_{i=1}^{n} (W_i \sin \alpha_i + \beta_h V_i l_i \cos \alpha_i)} \tag{4-21}$$

其中，内摩擦角 ϕ 和黏聚力 c 为定值，又

$$\frac{W_i}{b_i} = \gamma h_i \tag{4-22}$$

$$V_i = b_i h_i = h_i l_i \cos \alpha \tag{4-23}$$

将式 (4-22) 和 (4-23) 代入式 (4-21)，再变换为

$$K = \frac{\sum\limits_{i=1}^{n} l_i (\gamma h_i \tan \phi \cos^2 \alpha_i + c)}{\sum\limits_{i=1}^{n} b_i (\gamma h_i \sin \alpha_i + \beta_h h_i b_i)} \tag{4-24}$$

当 n 趋近于无穷大时，上式可用积分表示为

$$K = \frac{\int_{\widehat{AC}} (\gamma h \tan \phi \cos^2 \alpha + c) \mathrm{d}s}{\int_{x_A}^{x_C} (\gamma h \sin \alpha + \beta_h h x) \mathrm{d}x} \tag{4-25}$$

式中，ds 表示对弧长 ABC 积分，s 表示 ABC 弧长。又

$$\cos^2 \alpha = \frac{1}{1 + \tan^2 \alpha} = \frac{1}{1 + g'^2(x)} \qquad (4\text{-}26)$$

$$ds = \frac{1}{\cos \alpha_i} dx \qquad (4\text{-}27)$$

因此，

$$K = \frac{\int_{x_A}^{x_C} \left(\gamma h \cdot \dfrac{\tan \phi}{1 + g'^2(x)} + c \right) \sqrt{1 + g'^2(x)}\, dx}{\int_{x_A}^{x_C} \left(\gamma h \cdot \dfrac{g'(x)}{\sqrt{1 + g'^2(x)}} + \beta_h h x \right) dx} \qquad (4\text{-}28)$$

式中，$g(x)$ 表示圆弧滑裂面在坐标系中的几何函数表示，式中 γh 表示在滑裂面上一点 $(x, g(x))$ 处的竖向应力。又

$$h = f(x) - g(x) \qquad (4\text{-}29)$$

式中，$f(x)$ 表示坡面在坐标系中的几何函数，由图 4-42 可知，$f(x)$ 为分段函数。

将式 (4-29) 代入式 (4-28) 中，得

$$K = \frac{\int_{x_A}^{x_C} \left(\dfrac{\gamma \tan \phi [f(x) - g(x)]}{1 + g'^2(x)} + c \right) \sqrt{1 + g'^2(x)}\, dx}{\int_{x_A}^{x_C} \dfrac{\gamma g'(x)[f(x) - g(x)]}{\sqrt{1 + g'^2(x)}} + \beta_h [f(x) - g(x)] x\, dx} \qquad (4\text{-}30)$$

式 (4-30) 即为考虑变形力的安全系数的一般表达式，即为两个定积分的比值。不管是单级边坡、双级边坡或多级边坡，都可以用函数 $f(x)$ 表示，$f(x)$ 函数为分段函数，根据边坡的分级而定；且不管滑裂面是什么形状，如圆弧、折线或对数螺旋，都可以用函数 $g(x)$ 表示，$g(x)$ 是未知函数，根据滑裂面的形状而定。x_A 和 x_C 为函数 $f(x)$ 和 $g(x)$ 交点的横坐标。若假设 x_A 处坐标点为坐标的起始点，定值 $(0, 0)$。x_C 为积分上限未知变量 $(x_C > 0)$，根据 $f(x)$ 和 $g(x)$ 的交点来确定。

$$K = \frac{\int_0^{x_C} \left(\dfrac{\gamma \tan \phi [f(x) - g(x)]}{1 + g'^2(x)} + c \right) \sqrt{1 + g'^2(x)}\, dx}{\int_0^{x_C} \dfrac{\gamma g'(x)[f(x) - g(x)]}{\sqrt{1 + g'^2(x)}} + \beta_h [f(x) - g(x)] x\, dx} \qquad (4\text{-}31)$$

若该边坡为四级边坡，假设滑裂面为通过坡脚 A 点的圆弧滑裂面，圆心为 $(x_0,$

y_0), 半径为 R, 圆心与半径均未知, 则

$$f(x) = \begin{cases} x\tan\alpha_1; \ \ 0 < x \leqslant H_1\cot\alpha_1 \\ H_1; \ \ H_1\cot\alpha_1 < x \leqslant H_1\cot\alpha_1 + d_1 \\ H_1 + (x - d_1 - H_1\cot\alpha_1)\tan\alpha_2; \\ \quad H_1\cot\alpha_1 + d_1 < x \leqslant H_1\cot\alpha_1 + d_1 + H_2\cot\alpha_2 \\ H_1 + H_2; \ \ \cot\alpha_1 + d_1 + H_2\cot\alpha_2 < x \leqslant H_1\cot\alpha_1 + d_1 + H_2\cot\alpha_2 + d_2 \\ H_1 + H_2 + (x - d_1 - H_1\cot\alpha_1 - d_2 - H_2\cot\alpha_2)\tan\alpha_3; \\ \quad H_1\cot\alpha_1 + d_1 + H_2\cot\alpha_2 + d_2 < x \leqslant H_1\cot\alpha_1 + d_1 + H_2\cot\alpha_2 + d_2 \\ \quad + H_3\cot\alpha_3 \\ H_1 + H_2 + H_3; \\ \quad H_1\cot\alpha_1 + d_1 + H_2\cot\alpha_2 + d_2 + H_3\cot\alpha_3 < x \\ \quad \leqslant H_1\cot\alpha_1 + d_1 + H_2\cot\alpha_2 + d_2 + H_3\cot\alpha_3 + d_3 \\ H_1 + H_2 + H_3 + (x - d_1 - H_1\cot\alpha_1 - d_2 - H_2\cot\alpha_2 - H_3\cot\alpha_3 \\ \quad - d_3)\tan\alpha_4; \\ \quad H_1\cot\alpha_1 + d_1 + H_2\cot\alpha_2 + d_2 + H_3\cot\alpha_3 + d_3 < x \\ \quad \leqslant H_1\cot\alpha_1 + d_1 + H_2\cot\alpha_2 + d_2 + H_3\cot\alpha_3 + d_3 + H_4\cot\alpha_4 \\ H_1 + H_2 + H_3 + H_4; \\ \quad H_1\cot\alpha_1 + d_1 + H_2\cot\alpha_2 + d_2 + H_3\cot\alpha_3 + d_3 + H_4\cot\alpha_4 < x \leqslant x_C \end{cases}$$

(4-32)

$$g(x) = -\sqrt{R^2 - (x - x_0)^2} + y_0 \quad 0 \leqslant x \leqslant x_C \tag{4-33}$$

可知式 (4-32) 为分段函数, 根据边坡的分级而定。式中, H_1, H_2, H_3, H_4 分别为第一级、第二级、第三级、第四级边坡高度; $\alpha_1, \alpha_2, \alpha_3, \alpha_4$ 分别为第一级、第二级、第三级边坡的倾角; d_1, d_2, d_3 分别为第一级、第二级、第三级边坡的平台宽度。式 (4-33) 中, $g(x)$ 为圆弧滑裂面的函数。由式 (4-31) 可知, 式 (4-32) 和式 (4-33) 可以推广到 n 级边坡。

2) 程序设计

利用 MATLAB 编辑程序, 计算膨胀土多级边坡安全系数。程序计算流程图如图 4-43 所示, 考虑变形力的 MATLAB 边坡计算程序见附录 1。

3) 工程算例

匀质边坡高度 H_1, H_2, H_3, H_4 都为 8m, 四级边坡倾角都为 35°, 平台宽度为 3m, 一般情况下, 膨胀土 (岩) 的强度值比较高, 但是考虑裂隙的影响, 取膨胀土残余强度 $c=10$kPa, $\phi=25°$, 土的自重 $\gamma=18.85$kN/m^3。计算结果如表 4-14 所示。

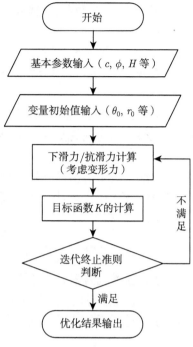

图 4-43 程序计算流程图

表 4-14 边坡安全系数计算结果对比

方法对比	滑动圆心	滑动半径	安全系数 K	百分比	变形力
传统条分法	(0.78m, 72.65m)	72.6(m)	1.123	1	无
传统条分法	(0.78m, 72.65m)	72.6(m)	1.005	10.5%	有
本文积分法	(0.78m, 72.65m)	72.6(m)	1.005	10.5%	有

由表 4-14 可知，传统条分法计算四级边坡的安全系数为 1.123，考虑变形力后，此边坡的安全系数为 1.005，安全系数降低了 10.5%，变形力对边坡安全系数的影响不可忽视，在边坡稳定性分析时，应当考虑变形力的作用；极限平衡积分法和条分法的基本原理相同，两种方法计算得到的安全系数结果一致，由此可以说明积分法可以很好地计算膨胀土多级边坡的安全系数以及该程序设计的正确性。

4.3 极限分析上限法分析四级边坡稳定性

与极限平衡法不同，极限分析以一种理想的方式考虑了土的应力-应变关系。这种理想化叫做流动法则，据此建立了成为极限分析基础的极限定理。在这一范围内，极限分析法是严密的，解题手续也相当简便，某些情况下比极限平衡法还要简便。Drucker 等 (1952) 的塑性极限定理，可以很方便地用来确定稳定问题中破坏荷载的上、下限法。

下限定理：如果能找到静力许可应力分布 (满足平衡方程、应力边界条件、处处都不违背屈服条件)，则自由塑流就不会在下限荷载下发生。可见，下限法只考虑平衡和屈服，而不考虑土体运动学。

上限定理：如果能找到运动许可速度场 (速度边界条件、外功率等于消耗的内功率)，则自由塑流必将发生。上限法只考虑速度模式和能量消耗，应力分布并不要求满足平衡条件。

塑性极限分析的上限法可以给出极限平衡法一般不能给出的明确解，且实施方便，广泛应用于岩土体的稳定性分析中。上限法认为在任何机动容许的破坏机构中，能量耗损率一定不小于外力功率，即

$$\int_v F_i v_i \mathrm{d}v + \int_s T_i v_i \mathrm{d}s \leqslant \int_v \sigma_{ij}^* \varepsilon_{ij}^* \mathrm{d}v \tag{4-34}$$

对于膨胀土高边坡而言，其失稳模式有多种，即滑裂面的形式有多种，如圆弧滑裂面、折线滑裂面、螺旋对数滑裂面等。当这些失稳模式满足破坏机构条件，作用在滑动体上的外力功率等于塑性耗散的内功率时，此外荷载即为极限荷载的上限。

采用上限法求解膨胀土高边坡的稳定性问题时，一般先假设一种机动容许的破坏机构，即膨胀土边坡按假设的失稳模式破坏；再计算能量耗散率和外力功率，令两者相等，从而获得膨胀土高边坡的极限高度或极限承载力或安全系数。视所采用的失稳模式不同，有时需借助优化法才能得到目标值的上限解。

采用上限法分析膨胀土高边坡稳定性也需要作一些必要的假设：

(1) 膨胀土边坡稳定性分析可按平面问题处理，且滑动体为刚塑形体；

(2) 土体材料满足 Mohr-Coulomb 破坏准则，土体破坏时服从关联流动法则；

(3) 土坡内各点的内摩擦角和黏聚力分布均匀，且各向同性，实施强度折减时仅对抗剪强度指标进行折减；

(4) 采用变形力等效为土体变形，因此，不考虑边坡土体膨胀的影响，把滑动体视为刚塑形体。

极限分析的上限定理可以陈述为：对于任意假想破坏机构，如果土重力做功的功率超过内部能量耗损率，边坡就会因自重而发生破坏。针对本文所说的膨胀土边坡而言，边坡失稳的外力不仅仅来源于重力做功，还来源于水平膨胀变形力做的功，因此本节采用极限分析上限定理分析高边坡的稳定性时，亦需考虑水平变形力对边坡稳定性的影响。如图 4-44 所示，膨胀土四级高边坡断面，平台宽度由上往下分别为 d_1, d_2, d_3，坡面每级边坡倾角由上往下分别为 $\alpha, \beta_1, \beta_2, \beta_3, \beta_4$，各级边坡高度由上往下为 H_1, H_2, H_3, H_4，可以表示为 $\alpha_1 H, \alpha_2 H, \alpha_3 H, \alpha_4 H$，其中 $\alpha_1, \alpha_2, \alpha_3$

和 α_4 为高度系数；以上参数可根据具体边坡尺寸而确定。BJ 连线的倾角为 β。假设破坏面 OJ 为对数螺旋面，破坏面通过坡脚，滑动体 ABJ 绕旋转中心 O 相对对数螺旋面 AJ 以下的稳定体做旋转运动。因此，AJ 面是一个薄层的速度间断面。弦 OA 长为 r_0，弦 OA 与 OJ 的倾角分别为 θ_0 和 θ_h；边坡高度 H。假想机构可以由 θ_0, θ_h 和 H 三个变量确定，对数螺旋面的方程是

$$r(\theta) = r_0 e^{(\theta - \theta_0) \tan \phi} \tag{4-35}$$

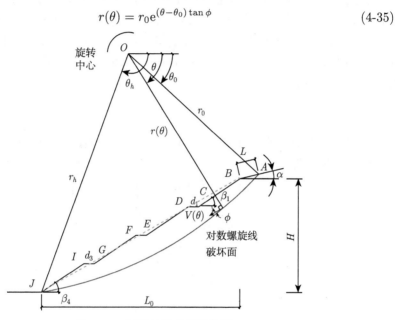

图 4-44　四级边坡破坏机构图

因此，OJ 的长度为

$$r_h = r(\theta_h) = r_0 e^{(\theta_h - \theta_0) \tan \phi} \tag{4-36}$$

4.3.1　边坡的临界高度

如图 4-44 所示，利用坐标变换，从几何关系可以看出，H/r_0 和 L/r_0 的比值可以用角 θ_0 和 θ_h 表示。

$$\frac{H}{r_0} = \frac{\sin \beta}{\sin(\beta - \alpha)} \left(e^{(\theta_h - \theta_0) \tan \phi} \sin(\theta_h + \alpha) - \sin(\theta_0 + \alpha) \right) \tag{4-37}$$

所以，

$$\frac{L}{r_0} = \frac{\left(\cos \theta_0 - e^{(\theta_h - \theta_0) \tan \phi} \cos \theta_h - \dfrac{H}{r_0} \cot \beta \right)}{\cos \alpha} \tag{4-38}$$

其中，$\cot \beta = \dfrac{L_0}{H} = \dfrac{\alpha_1}{\tan \beta_1} + d_1 + \dfrac{\alpha_2}{\tan \beta_2} + d_2 + \dfrac{\alpha_3}{\tan \beta_3} + d_3 + \dfrac{\alpha_4}{\tan \beta_4} + d_4$

4.3.2　外功率

外功率一般可分为重力外功率和变形力外功率两种, 在地震影响区域, 应考虑地震荷载外功率。

1) 重力外功率

直接从 ABJ 区域积分求出土重做的外功率相当麻烦, 可以利用一种比较简单的间接方法计算, 即分别求出 OAJ, OAB, OBC, OCD, ODE, OEF, OFG, OGI 和 OIJ 区域由于土重力做功的功率 $W_1, W_2, W_3, W_4, W_5, W_6, W_7, W_8, W_9$, 再通过简单叠加 W_1-W_2-W_3-W_4-W_5-W_6-W_7-W_8-W_9, 求出 ABJ 区域的重力外功率。ABJ 区域的重力外功率可表示为

$$W_{ABJ} = W_1 - W_2 - W_3 - W_4 - W_5 - W_6 - W_7 - W_8 - W_9 \tag{4-39}$$

首先考虑对数螺旋 OAJ 区域, 其中一个微元体如图 4-45 所示, 该微元体重力所作的外功率为

$$\mathrm{d}W_1 = \left(\Omega \frac{2}{3} r \cos \theta \right) \left(\gamma \frac{1}{2} r^2 \mathrm{d}\theta \right) \tag{4-40}$$

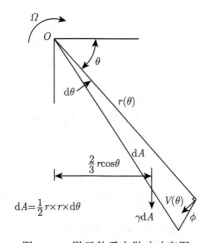

图 4-45　微元体重力做功功率图

沿整个面积积分, 得

$$W_1 = \frac{1}{3} \Omega \gamma \int_{\theta_0}^{\theta_h} r^3 \cos \theta \mathrm{d}\theta = \gamma r_0^3 \Omega \int_{\theta_0}^{\theta_h} \frac{1}{3} \mathrm{e}^{3(\theta - \theta_0) \tan \phi} \cos \theta \mathrm{d}\theta \tag{4-41}$$

令,

$$f_1 = f_1(\theta_h, \theta_0) = \int_{\theta_0}^{\theta_h} \frac{1}{3} \mathrm{e}^{3(\theta - \theta_0) \tan \phi} \cos \theta \mathrm{d}\theta$$

$$= \frac{(3\tan\phi\cos\theta_h + \sin\theta_h)\mathrm{e}^{3(\theta_h - \theta_0)\tan\phi} - 3\tan\phi\cos\theta_0 - \sin\theta_0}{3 + 27\tan^2\phi} \tag{4-42}$$

因此，

$$W_1 = \gamma r_0^3 \Omega f_1(\theta_h, \theta_0) \tag{4-43}$$

同理，式 (4-39) 可表示为

$$W_{ABJ} = \gamma r_0^3 \Omega (f_1 - f_2 - f_3 - f_4 - f_5 - f_6 - f_7 - f_8 - f_9) \tag{4-44}$$

其中，

$$f_2 = \frac{1}{3}\frac{L}{r_0}\left(\cos\theta_0 - \frac{L}{2r_0}\cos\alpha\right)\sin(\theta_0 + \alpha) \tag{4-45}$$

$$f_3 = \frac{1}{3}\frac{H\alpha_1}{r_0}\left[\cos\theta_0 - \frac{L}{r_0}\cos\alpha + \left(\sin\theta_0 + \frac{L}{r_0}\sin\alpha\right)\cot\beta_1\right]$$
$$\times \left(\cos\theta_0 - \frac{L}{r_0}\cos\alpha - \frac{1}{2}\frac{H\alpha_1}{r_0}\cot\beta_1\right) \tag{4-46}$$

$$f_4 = \frac{1}{3}\frac{d_1}{r_0}\left(\sin\theta_0 + \frac{L}{r_0}\sin\alpha + \frac{H\alpha_1}{r_0}\right)\left(\cos\theta_0 - \frac{L}{r_0}\cos\alpha - \frac{H\alpha_1}{r_0}\cot\beta_1 - \frac{d_1}{2r_0}\right) \tag{4-47}$$

$$f_5 = \frac{1}{3}\frac{H\alpha_2}{r_0}\left[\cos\theta_0 - \frac{L}{r_0}\cos\alpha - \frac{H\alpha_1}{r_0}\cot\beta_1 - \frac{d_1}{r_0} + \left(\sin\theta_0 + \frac{L}{r_0}\sin\alpha \right.\right.$$
$$\left.\left. + \frac{H\alpha_1}{r_0}\right)\cot\beta_2\right] \times \left(\cos\theta_0 - \frac{L}{r_0}\cos\alpha - \frac{H\alpha_1}{r_0}\cot\beta_1 - \frac{d_1}{r_0} - \frac{H\alpha_2}{2r_0}\cot\beta_2\right) \tag{4-48}$$

$$f_6 = \frac{1}{3}\frac{d_2}{r_0}\left(\sin\theta_0 + \frac{L}{r_0}\sin\alpha + \frac{H\alpha_1}{r_0} + \frac{H\alpha_2}{r_0}\right)$$
$$\times \left(\cos\theta_0 - \frac{L}{r_0}\cos\alpha - \frac{H\alpha_1}{r_0}\cot\beta_1 - \frac{d_1}{r_0} - \frac{H\alpha_2}{r_0}\cot\beta_2 - \frac{d_2}{2r_0}\right) \tag{4-49}$$

$$f_7 = \frac{1}{3}\frac{H\alpha_3}{r_0}\left[\cos\theta_0 - \frac{L}{r_0}\cos\alpha - \frac{H\alpha_1}{r_0}\cot\beta_1 - \frac{d_1}{r_0} - \frac{H\alpha_2}{r_0}\cot\beta_2 - \frac{d_2}{r_0}\right.$$
$$\left. + \left(\sin\theta_0 + \frac{L}{r_0}\sin\alpha + \frac{H\alpha_1}{r_0} + \frac{H\alpha_2}{r_0}\right)\cot\beta_3\right]$$
$$\times \left(\cos\theta_0 - \frac{L}{r_0}\cos\alpha - \frac{H\alpha_1}{r_0}\cot\beta_1 - \frac{d_1}{r_0} - \frac{H\alpha_2}{r_0}\cot\beta_2 - \frac{d_2}{r_0} - \frac{H\alpha_3}{2r_0}\cot\beta_3\right) \tag{4-50}$$

$$f_8 = \frac{1}{3}\frac{d_3}{r_0}\left(\sin\theta_0 + \frac{L}{r_0}\sin\alpha + \frac{H\alpha_1}{r_0} + \frac{H\alpha_2}{r_0} + \frac{H\alpha_3}{r_0}\right)$$
$$\times \left(\cos\theta_0 - \frac{L}{r_0}\cos\alpha - \frac{H\alpha_1}{r_0}\cot\beta_1 - \frac{d_1}{r_0} - \frac{H\alpha_2}{r_0}\cot\beta_2\right)$$

$$-\frac{d_2}{r_0} - \frac{H\alpha_3}{r_0}\cot\beta_3 - \frac{d_3}{2r_0}\Bigg) \tag{4-51}$$

$$
\begin{aligned}
f_9 = \frac{1}{3}\frac{H_4}{r_0}\Bigg[&\cos\theta_0 - \frac{L}{r_0}\cos\alpha - \frac{H\alpha_1}{r_0}\cot\beta_1 - \frac{d_1}{r_0} - \frac{H\alpha_2}{r_0}\cot\beta_2 - \frac{d_2}{r_0} \\
&-\frac{H\alpha_3}{r_0}\cot\beta_3 - \frac{d_3}{r_0} + \left(\sin\theta_0 + \frac{L}{r_0}\sin\alpha + \frac{H\alpha_1}{r_0} + \frac{H\alpha_2}{r_0} + \frac{H\alpha_3}{r_0}\right)\cot\beta_4\Bigg] \\
&\times\Bigg(\cos\theta_0 - \frac{L}{r_0}\cos\alpha - \frac{H\alpha_1}{r_0}\cot\beta_1 - \frac{d_1}{r_0} - \frac{H\alpha_2}{r_0}\cot\beta_2 - \frac{d_2}{r_0} \\
&-\frac{H\alpha_3}{r_0}\cot\beta_3 - \frac{d_3}{r_0} - \frac{H\alpha_4}{2r_0}\cot\beta_4\Bigg)
\end{aligned}
\tag{4-52}
$$

由于计算 f_3 较复杂，此处列出求解 f_3 的详细计算过程。同理，$f_4 \sim f_9$ 均可以依次得到。如图 4-46 所示，过 O 点做水平辅助线 OM 与 CB 的延长线相交于 M 点，做 OB 的水平投影 OK，做 OA 的水平投影 OP，做 ON 的水平投影 OT。U 点是三角形 OBC 的重心，因此，$OU:ON=3:2$。

$$W_3 = W_{OBC} = \Omega\gamma S_{OBC}\cdot L_{UV} \tag{4-53}$$

式 (4-53) 中，$S_{OBC} = \dfrac{1}{2}L_{BC}L_{ON}$

又，$L_{BC} = \dfrac{H_1}{\sin\beta_1}$

$L_{ON} = L_{OM}\sin\beta_1 = (L_{OK} + L_{KM})\sin\beta_1$

而，$L_{OK} = L_{OP} - L_{KP} = r_0\cos\theta_0 - L\cos\alpha$

$L_{KM} = L_{BK}\cot\beta_1 = (r_0\sin\theta_0 + L\sin\alpha)\cot\beta_1$

因此，$S_{OBC} = \dfrac{1}{2}L_{BC}L_{ON} = \dfrac{1}{2}H_1[(r_0\sin\theta_0 + L\sin\alpha)\cot\beta_1 + r_0\cos\theta_0 - L\cos\alpha]$

式 (4-53) 中，$L_{UV} = \dfrac{2}{3}L_{ZN}$

又，$L_{ZN} = L_{OT} = L_{OK} - L_{TK} = r_0\cos\theta_0 - L\cos\alpha - \dfrac{1}{2}H_1\cot\beta_1$

因此，$L_{UV} = \dfrac{2}{3}\left(r_0\cos\theta_0 - L\cos\alpha - \dfrac{1}{2}H_1\cot\beta_1\right)$

因此，
$$
\begin{aligned}
W_3 = W_{OBC} &= \Omega\gamma\frac{1}{3}H_1[(r_0\sin\theta_0 + L\sin\alpha)\cot\beta_1 + r_0\cos\theta_0 - L\cos\alpha] \\
&\quad\times\left(r_0\cos\theta_0 - L\cos\alpha - \frac{1}{2}H_1\cot\beta_1\right) \\
&= \Omega\gamma r_0^3 f_3
\end{aligned}
$$

$$f_3 = \frac{1}{3}\frac{H_1}{r_0}\left[\left(\sin\theta_0 + \frac{L}{r_0}\sin\alpha\right)\cot\beta_1 + \cos\theta_0 - \frac{L}{r_0}\cos\alpha\right]$$

$$\times \left(\cos \theta_0 - \frac{L}{r_0} \cos \alpha - \frac{1}{2} \frac{H_1}{r_0} \cot \beta_1 \right)$$

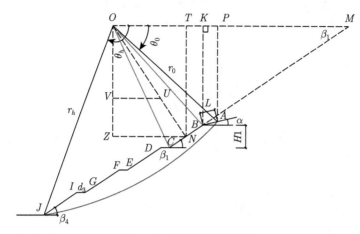

图 4-46 边坡几何尺寸图

2) 变形力外功率

由于膨胀土变形力也是体力，膨胀土膨胀方向与小主应力相同，小主应力方向与重力方向垂直，示意图如图 4-47 所示，虽然变形力的方向水平向左，但是其作用效果与重力相同。

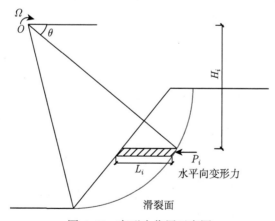

图 4-47 变形力作用示意图

选取一个微元体作为研究对象，变形力所做的外功率为

$$\mathrm{d}F_i = \Omega P_i \times H_i = \Omega \beta_h V_i H_i \tag{4-54}$$

$$V_i = L_i \times r \mathrm{d}\theta \tag{4-55}$$

其中，F_i 表示变形力功率；P_i 表示微元体水平变形力；V_i 表示微元体体积；L_i 表示微元体宽度。

对于四级高边坡而言，直接从 ABJ 区域积分求出变形力做的外功率相当麻烦。同理，可采用间接方法求得变形力所做外功率。ABJ 区域的变形力外功率可表示为

$$F_{ABJ} = F_1 - F_2 - F_3 - F_4 - F_5 - F_6 - F_7 - F_8 - F_9 \tag{4-56}$$

$$\mathrm{d}F_1 = \left(\Omega \frac{2}{3} r \sin\theta \right) \left(\beta_h \frac{1}{2} r^2 \mathrm{d}\theta \right) \tag{4-57}$$

$$F_1 = \frac{1}{3}\Omega\beta_h \int_{\theta_0}^{\theta_h} r^3 \sin\theta \mathrm{d}\theta = \beta_h r_0^3 \Omega \int_{\theta_0}^{\theta_h} \frac{1}{3} e^{3(\theta-\theta_0)\tan\phi} \sin\theta \mathrm{d}\theta = \beta_h r_0^3 \Omega \times g_1 \tag{4-58}$$

其中，

$$g_1 = g_1(\theta_h, \theta_0) = \int_{\theta_0}^{\theta_h} \frac{1}{3} e^{3(\theta-\theta_0)\tan\phi} \sin\theta \mathrm{d}\theta$$

$$= \frac{(3\tan\phi\sin\theta_h - \cos\theta_h)e^{3(\theta_h-\theta_0)\tan\phi} - 3\sin\theta_0\tan\phi + \cos\theta_0}{3 + 27\tan^2\phi} \tag{4-59}$$

同理可得 $F_2, F_3, F_4, F_5, F_6, F_7, F_8$ 和 F_9 的表达式，因此，式 (4-56) 可表示为

$$F_{ABJ} = \beta_h r_0^3 \Omega(g_1 - g_2 - g_3 - g_4 - g_5 - g_6 - g_7 - g_8 - g_9) \tag{4-60}$$

其中，

$$g_2 = \frac{1}{3}\frac{L}{r_0}\sin(\theta_0 + \alpha)\left(\sin\theta_0 + \frac{L}{2r_0}\sin\alpha\right) \tag{4-61}$$

$$g_3 = \frac{1}{3}\frac{H\alpha_1}{r_0}\left[\cos\theta_0 - \frac{L}{r_0}\cos\alpha + \left(\sin\theta_0 + \frac{L}{r_0}\sin\alpha\right)\cot\beta_1\right]$$
$$\times \left(\sin\theta_0 + \frac{L}{r_0}\sin\alpha + \frac{1}{2}\frac{H\alpha_1}{r_0}\right) \tag{4-62}$$

$$g_4 = \frac{1}{3}\frac{d_1}{r_0}\left(\sin\theta_0 + \frac{L}{r_0}\sin\alpha + \frac{H\alpha_1}{r_0}\right)^2 \tag{4-63}$$

$$g_5 = \frac{1}{3}\frac{H\alpha_2}{r_0}\left[\cos\theta_0 - \frac{L}{r_0}\cos\alpha - \frac{H\alpha_1}{r_0}\cot\beta_1 - \frac{d_1}{r_0}\right.$$
$$\left. + \left(\sin\theta_0 + \frac{L}{r_0}\sin\alpha + \frac{H\alpha_1}{r_0}\right)\cot\beta_2\right]$$
$$\times \left(\sin\theta_0 + \frac{L}{r_0}\sin\alpha + \frac{H\alpha_1}{r_0} + \frac{H\alpha_2}{2r_0}\right) \tag{4-64}$$

$$g_6 = \frac{1}{3}\frac{d_2}{r_0}\left(\sin\theta_0 + \frac{L}{r_0}\sin\alpha + \frac{H\alpha_1}{r_0} + \frac{H\alpha_2}{r_0}\right)^2 \tag{4-65}$$

$$g_7 = \frac{1}{3}\frac{H\alpha_3}{r_0}\left[\cos\theta_0 - \frac{L}{r_0}\cos\alpha - \frac{H\alpha_1}{r_0}\cot\beta_1\right.$$
$$- \frac{d_1}{r_0} - \frac{H\alpha_2}{r_0}\cot\beta_2 - \frac{d_2}{r_0}$$
$$\left.+ \left(\sin\theta_0 + \frac{L}{r_0}\sin\alpha + \frac{H\alpha_1}{r_0} + \frac{H\alpha_2}{r_0}\right)\cot\beta_3\right]$$
$$\times \left(\sin\theta_0 + \frac{L}{r_0}\sin\alpha + \frac{H\alpha_1}{r_0} + \frac{H\alpha_2}{r_0} + \frac{H\alpha_3}{2r_0}\right) \qquad (4\text{-}66)$$

$$g_8 = \frac{1}{3}\frac{d_3}{r_0}\left(\sin\theta_0 + \frac{L}{r_0}\sin\alpha + \frac{H\alpha_1}{r_0} + \frac{H\alpha_2}{r_0} + \frac{H\alpha_3}{r_0}\right)^2 \qquad (4\text{-}67)$$

$$g_9 = \frac{1}{3}\frac{H\alpha_4}{r_0}\left[\cos\theta_0 - \frac{L}{r_0}\cos\alpha - \frac{H\alpha_1}{r_0}\cot\beta_1\right.$$
$$- \frac{d_1}{r_0} - \frac{H\alpha_2}{r_0}\cot\beta_2 - \frac{d_2}{r_0} - \frac{H\alpha_3}{r_0}\cot\beta_3 - \frac{d_3}{r_0}$$
$$\left.+ \left(\sin\theta_0 + \frac{L}{r_0}\sin\alpha + \frac{H\alpha_1}{r_0} + \frac{H\alpha_2}{r_0} + \frac{H\alpha_3}{r_0}\right)\cot\beta_4\right]$$
$$\times \left(\sin\theta_0 + \frac{L}{r_0}\sin\alpha + \frac{H\alpha_1}{r_0} + \frac{H\alpha_2}{r_0} + \frac{H\alpha_3}{r_0} + \frac{H\alpha_4}{2r_0}\right) \qquad (4\text{-}68)$$

3) 地震荷载外功率

地震发生后, 产生的能量是以地震波的形式向四周传递, 地震波对结构的作用可以分为两部分, 水平波使得结构左右振动, 垂直波使得结构上下振动。根据拟静力法 (通过反应谱理论将地震对建筑物的作用以等效荷载的方法来表示, 然后根据这一等效荷载用静力分析的方法对结构进行内力和位移计算), 作用在潜在破坏土体上的地震效果可以用水平 (或垂直) 作用在土体重心的一个力去表征, 这个力是地震强度系数与潜在滑移土体重量的乘积。采用 k_h 表示为水平地震影响系数, k_v 为竖直向地震影响系数。k_h 按照设计资料选取; k_v 按照《建筑抗震设计规范》(GB 5001—2001) 或《铁路工程抗震设计规范》(GB 50111—2006) 选取; 取 k_h 的 2/3。根据设计资料可知, 本地区水平地震动峰值加速度为 0.10g。

$$W_{kv} = D_z k_v r_0^3 \Omega(f_1 - f_2 - f_3 - f_4 - f_5 - f_6 - f_7 - f_8 - f_9) \qquad (4\text{-}69)$$

$$W_{kh} = D_z k_h r_0^3 \Omega(g_1 - g_2 - g_3 - g_4 - g_5 - g_6 - g_7 - g_8 - g_9) \qquad (4\text{-}70)$$

4.3.3 内能损耗率

内部能量损耗发生在间断面 AJ 上, 能量损耗率 C_{AJ} 的微分可以由该面的微分面积 $r\mathrm{d}\theta/\cos\phi$ 与黏聚力和速度的乘积计算, 可表示为

$$C_{AJ} = \int_{\theta_0}^{\theta_h} c(V\cos\phi)\frac{r\mathrm{d}\theta}{\cos\phi} = \frac{cr_0^2\Omega}{2\tan\phi}\left(\mathrm{e}^{2(\theta-\theta_0)\tan\phi} - 1\right) \qquad (4\text{-}71)$$

4.3.4　稳定性分析

根据上限法进行能耗计算, 使外荷载所做的功率等于内能耗散功率, 即

$$F_{ABJ} + W_{ABJ} = C_{AJ} \tag{4-72}$$

若将极限分析与拟静力法相结合, 可考虑地震荷载对膨胀土高边坡稳定性影响, 上式表示为

$$F_{ABJ} + W_{ABJ} + W_k = C_{AJ} \tag{4-73}$$

因此, 可求得边坡的临界高度 $H_{\mathrm{cr}}(\theta_h, \theta_0)$。

$$H_{\mathrm{cr}} = \frac{c}{\gamma} f(\theta_0, \theta_h) + \frac{c}{\beta_h} g(\theta_0, \theta_h) \tag{4-74}$$

其中,

$$f(\theta_0, \theta_h) = \frac{(\mathrm{e}^{2(\theta - \theta_0)\tan\phi} - 1)(\mathrm{e}^{(\theta_h - \theta_0)\tan\phi}\sin(\theta_h + \alpha) - \sin(\theta_0 + \alpha))}{2\tan\phi(f_1 - f_2 - f_3 - f_4 - f_5 - f_6 - f_7 - f_8 - f_9)} \frac{\sin\beta}{\sin(\beta - \alpha)} \tag{4-75}$$

$$g(\theta_0, \theta_h) = \frac{(\mathrm{e}^{2(\theta - \theta_0)\tan\phi} - 1)(\mathrm{e}^{(\theta_h - \theta_0)\tan\phi}\sin(\theta_h + \alpha) - \sin(\theta_0 + \alpha))}{2\tan\phi(g_1 - g_2 - g_3 - g_4 - g_5 - g_6 - g_7 - g_8 - g_9)} \frac{\sin\beta}{\sin(\beta - \alpha)} \tag{4-76}$$

在工程实践中, 需计算出边坡的安全系数 K, 此处采用强度折减法确定安全系数。

强度折减技术最早由毕肖普 (Bishop) 于 1955 年提出。Lyness (1975) 把抗剪强度折减系数定义为在外荷载保持不变的情况下, 边坡内土体所发挥的最大抗剪强度与外荷载在边坡内所产生的实际剪应力之比。强度折减原理就是将土体参数 (c, ϕ) 值同时除以一个折减系数 K, 得到一组新的 (c, ϕ) 值, 然后作为新的材料参数进行试算, 当边坡处于临界状态时, 也即 K 再稍大一些, 边坡将发生破坏, 对应的 K 被称为边坡的稳定性系数, 此时, 土体即将发生剪切破坏。如式 (4-77) 所示:

$$\begin{cases} c_f = \dfrac{c}{K} \\ \phi_f = \arctan\left(\dfrac{\tan\phi}{K}\right) \end{cases} \tag{4-77}$$

式中, K 为剪切强度折减系数; c 和 ϕ 为原始抗剪强度参数; c_f 和 ϕ_f 为折减后的抗剪强度参数。K 常以隐式出现在方程式中, 求解 K 时, 常常需要进行迭代运算。

把式 (4-77) 代入式 (4-74), 可得

$$K = \frac{c}{H_{\mathrm{cr}}\gamma} f(\theta_0, \theta_h)_{\phi_f} + \frac{c}{H_{\mathrm{cr}}\beta_h} g(\theta_0, \theta_h)_{\phi_f} = \frac{c}{H_{\mathrm{cr}}\gamma} F(\theta_0, \theta_h)_{\phi_f} \tag{4-78}$$

其中,

$$F(\theta_0, \theta_h)_{\phi_f} = f(\theta_0, \theta_h)_{\phi_f} + \frac{\gamma}{\beta_h} g(\theta_0, \theta_h)_{\phi_f} \tag{4-79}$$

$$f(\theta_0, \theta_h)_{\phi_f} = \frac{(\mathrm{e}^{2(\theta - \theta_0) \tan \phi_f} - 1)(\mathrm{e}^{(\theta_h - \theta_0) \tan \phi_f} \sin(\theta_h + \alpha) - \sin(\theta_0 + \alpha))}{2 \tan \phi_f (f_1 - f_2 - f_3 - f_4 - f_5 - f_6 - f_7 - f_8 - f_9)} \frac{\sin \beta}{\sin(\beta - \alpha)} \tag{4-80}$$

$$g(\theta_0, \theta_h)_{\phi_f} = \frac{(\mathrm{e}^{2(\theta - \theta_0) \tan \phi_f} - 1)(\mathrm{e}^{(\theta_h - \theta_0) \tan \phi_f} \sin(\theta_h + \alpha) - \sin(\theta_0 + \alpha))}{2 \tan \phi_f (g_1 - g_2 - g_3 - g_4 - g_5 - g_6 - g_7 - g_8 - g_9)} \frac{\sin \beta}{\sin(\beta - \alpha)} \tag{4-81}$$

由式 (4-78) 可知, θ_h, θ_0 为未知变量, 其他的参数可根据实际边坡确定。根据极限分析上限定理, 式 (4-78) 即为给定实际边坡安全系数求解的上限方法表达式, 式中 K 是 θ_h, θ_0 两个未知变量的函数, 且隐含了折减系数 K。当 θ_h, θ_0 满足条件:

$$\frac{\partial F}{\partial \theta_h} = 0 \tag{4-82}$$

$$\frac{\partial F}{\partial \theta_0} = 0 \tag{4-83}$$

函数 $f(\theta_0, \theta_h)$ 有一个最小值。进而, 求得边坡安全系数 K, 一个上限解。

将式 (4-78) 中安全系数 K 作为目标函数, 寻求土坡稳定安全系数的数学规划表达式为

$$\min \quad K = K(\theta_0, \theta_h) \tag{4-84}$$

$$\mathrm{s.t.} \begin{cases} \theta_0 < \theta_h < \pi \\ 0 < \theta_0 < \dfrac{\pi}{2} \\ H_{cr} = H \end{cases} \tag{4-85}$$

H_{cr} 为一定条件 ($\alpha, \beta_1, \beta_2, \beta_3, \beta_4, H_1, H_2, H_3, H_4, c, \phi$ 为已知参数) 下边坡的临界高度, $H = H_{cr}$ 为获得特定边坡 ($\alpha, \beta_1, \beta_2, \beta_3, \beta_4, c, \phi, H$ 为已知参数) 安全系数 K 上限解答的一个约束条件。由于安全系数 K 实际上是个隐函数, 本文采用二次优化迭代方法 (或内点优化迭代方法) 对式 (4-78) 进行了优化迭代计算。

4.3.5 程序设计

利用 MATLAB 编辑程序, 计算膨胀土四级边坡安全系数。程序计算流程图如图 4-48 所示, 考虑变形力的 MATLAB 边坡计算程序见附录 2。

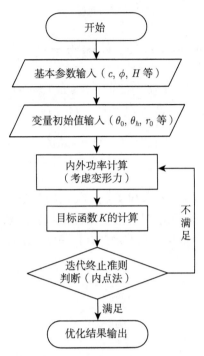

图 4-48　MATLAB 程序设计流程图

4.3.6　工程算例

匀质边坡高度 H_1, H_2, H_3, H_4 都为 8m，四级边坡倾角都为 33.7°(坡率 1:1.5)，平台宽度为 3m，饱和膨胀土强度参数 c=10kPa，ϕ=25°，土的自重 γ=19kN/m³，水平地震动峰值加速度为 0.10g。MATLAB 计算结果如表 4-15 所示，MATLAB 程序自动输出边坡及滑裂面图形如图 4-49 所示。

表 4-15　优化计算结果

θ_0	θ_h	K	初始半径 r_0	变形力	地震荷载	安全系数降低百分率
50.645	111.34	1.186	51.00	无	无	100%
51.614	113.28	1.054	48.31	有	无	11.13%
53.530	115.71	0.968	46.70	有	有	20.68%

由表 4-15 可知，未考虑变形力和地震荷载作用，边坡的安全系数 K=1.186；考虑变形力作用，边坡的安全系数 K=1.054，降低了 11.13%，因此，考虑变形力因素影响的支挡结构设计更加安全；考虑变形力和地震荷载共同作用，边坡的安全系数 K=0.968，降低了 20.68%，由此说明，采用极限分析与拟静力相结合的方法分析地震荷载下膨胀土高边坡稳定性简单有效。由图 4-49 可知，MATLAB 程序自动

输出边坡及滑裂面图形符合实际情况, 安全系数的计算结果是正确的; 由此说明该程序设计的合理性和正确性。

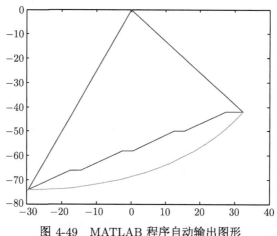

图 4-49 MATLAB 程序自动输出图形

两种方法的计算结果的对比见表 4-16, 由表可知, 极限分析上限法计算此四级边坡的安全系数为 1.186, 极限平衡法计算此四级边坡的安全系数为 1.123, 极限平衡法计算结果略小于极限分析法计算结果, 说明极限平衡法计算结果是极限分析的一个上限解; 由此说明, 采用极限分析方法计算得到的安全系数是有效可行的, 考虑膨胀变形的稳定性极限分析上限分析方法是合理实用的。

表 4-16 极限分析与极限平衡结果对比

方法对比	安全系数 K	变形力
条分法	1.123	无
极限分析上限法	1.186	无
条分法	1.018	有
极限分析上限法	1.054	有

对比可知, 极限平衡法和极限分析法计算结果误差较小, 未考虑变形力, 误差仅为 4.3%; 考虑变形力, 误差仅为 3.4%, 考虑变形力后, 两者计算结果更接近。

4.3.7 影响因素分析

1) 黏聚力的影响

边坡高度 H_1, H_2, H_3, H_4 都为 8m, 四级边坡倾角都为 33.7°, 平台宽度为 3m, 饱和膨胀土内摩擦角 $\phi=25°$, 土的自重 $\gamma=19\text{kN/m}^3$。黏聚力取值分别为 5kPa, 10kPa, 20kPa, 30kPa。考虑地震荷载的作用, 计算结果如图 4-50 所示, 由图 4-50 可知, 其他因素不变的条件下, 安全系数随着黏聚力的增加而增大。

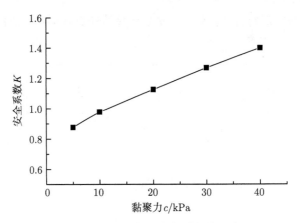

图 4-50 黏聚力对安全系数的影响

2) 内摩擦角的影响

边坡高度 H_1, H_2, H_3, H_4 都为 8m,四级边坡倾角都为 33.7°(坡率 1:1.5),各级平台宽度为 3m,饱和膨胀土黏聚力 c=10kPa,土的自重 γ=19kN/m³。内摩擦角取值分别为 15°,20°,25°,30°,35°。考虑地震荷载的作用,计算结果如图 4-51 所示,由图 4-51 可知,安全系数随着内摩擦角的增加呈线性增长。

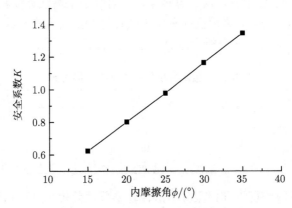

图 4-51 内摩擦角对安全系数的影响

3) 平台宽度的影响

边坡高度 H_1, H_2, H_3, H_4 都为 8m,四级边坡倾角都为 33.7°(1:1.5),饱和膨胀土黏聚力 c=10kPa,土的自重 γ=19kN/m³,内摩擦角取值为 25°。选取各级平台宽度的值分别为 1m,2m,3m,4m,考虑地震荷载的作用,通过计算得到边坡的安全系数,如图 4-52 所示。由图 4-52 可知,平台宽度在 4 米以下时,边坡的安全系数随着平台宽度的增加缓慢增大,相对于其他的参数而言,平台宽度对边坡安全系数影响较小。

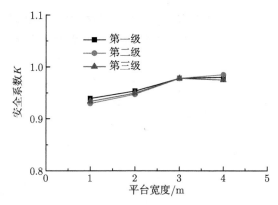

图 4-52 平台宽度对安全系数的影响

4) 边坡倾角的影响

边坡高度 H_1, H_2, H_3, H_4 都为 8m，各级平台宽度为 3m，饱和膨胀土黏聚力 $c=10$kPa，土的自重 $\gamma=19$kN/m^3，内摩擦角取值为 25°，考虑地震荷载的作用。第一级 (由上往下的顺序) 边坡的倾角分别取 15°(1:3.7)，25°(1:2.2)，33.7°(1:1.5)，45°(1:1)，55°(1:0.7)，其他各级边坡的倾角取 33.7°(1:1.5)，如此可得到第一级边坡倾角对边坡安全系数的影响。同理，可得到第二级、第三级、第四级边坡的倾角对边坡安全系数的影响，结果如图 4-53 所示，由图 4-53 可知，安全系数随着各级边坡的倾角的增加而减小，第一级边坡对边坡安全系数的影响最小，其他三级对边坡的安全系数影响较大。在计算过程中，当边坡倾角为 30°～55° 时，滑动面为整体式滑动面 (贯穿四级边坡)。

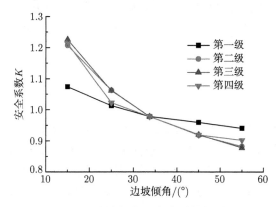

图 4-53 边坡倾角对安全系数的影响

5) 边坡高度的影响

各级边坡高度 H_1, H_2, H_3, H_4 相等，边坡总高度分别取 28m，32m，36m，40m，四级边坡倾角都为 33.7°(1:1.5)，各级平台宽度为 3m，饱和膨胀土黏聚力 $c=10$kPa，

土的自重 $\gamma=19\mathrm{kN/m^3}$，内摩擦角取值为 $25°$。考虑地震荷载的作用，计算结果如图 4-54 所示，由图 4-54 可知，安全系数随边坡高度增加非线性减小。

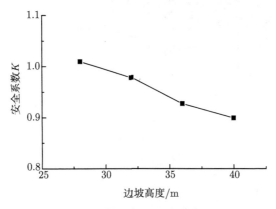

图 4-54　边坡高度对安全系数的影响

4.4　FLAC3D 强度折减法分析四级边坡稳定性

FLAC3D 通过有限差分程序可以很好地模拟岩土体的物理力学特性，且对大变形问题有良好的分析能力。它本身提供了多种本构模型及计算模式，再加上内嵌的 FISH 语言及完善的后处理功能，使得 FLAC3D 可以解决许多岩土方面的仿真分析问题。FLAC3D 计算最小安全系数采用的是强度折减法进行计算，强度折减法的基本原理是将坡体填料的强度参数进行折减，即把黏聚力 c 和内摩擦角 ϕ 同时除以一个折减系数 K，得到一组新的强度参数，把新的强度参数输入再进行计算，反复分析边坡，直至达到临界破坏状态，此时的折减系数 K 即为安全系数。

4.4.1　模型建立

以云桂铁路 DK221+760 断面边坡为工程背景建立数值模型，土体的本构关系选用莫尔-库仑模型，边坡模型在路线长度方向取单位长度1m，边坡基础深取 50m、宽 130m，坡顶平台和坡脚平台宽 20m。模型边界条件：基础底部约束了 y 方向节点位移，模型左右端约束了 x 方向节点位移。相关参数如下：高度 H_1, H_2, H_3, H_4 都为 8m，四级边坡倾角都为 $33.7°(1:1.5)$，平台宽度均为 3m，饱和膨胀土强度参数 $c=10\mathrm{kPa}$，$\phi=25°$，土的重度 $\gamma=19\mathrm{kN/m^3}$，其中膨胀土相关参数由土工试验确定，膨胀土的弹性模量和泊松比参考设计资料取值；FLAC3D 数值分析模型如图 4-55 所示。

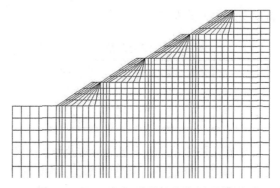

图 4-55　FLAC3D 膨胀土四级边坡模型

4.4.2　考虑变形力的作用

变形力的施加：由于降雨的影响，在坡体 3m 范围内，土坡施加水平膨胀荷载，荷载在坡面上为零，沿水平方向向坡体内逐渐增大，变形力沿坡面向内呈梯度变化，见图 4-56。在 FLAC 建模过程中，坡面体 3m 范围内统一命名为 group2，变形力按梯度变化施加于 group2 上。

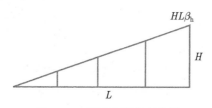

图 4-56　变形力梯度变化图

4.4.3　结果分析及对比

采用极限平衡法、极限分析法和数值分析法对高边坡的稳定性进行分析，计算结果如表 4-17 所示，由表 4-17 可知，强度折减法计算的安全系数为 1.24，计算结果与极限平衡法和极限分析法存在差异，原因在于：① 网格划分不够精细，导致计算结果精度不够；② FLAC 数值强度折减法 (以下简称强度折减法) 与前两种方法的计算原理不同，极限平衡方法求解的安全系数是基于条块间力假设的解析解，强度折减法求解的安全系数则为基于应力–应变分析的近似解，因此其计算结果相互间的校核从数学意义上来说并不严格。

考虑变形力后，强度折减法计算边坡的安全系数为 1.19，减少了 4.3%，极限平衡法减少了 10.5%，极限分析方法减少了 11.13%，考虑变形力影响后，安全系数降低百分率存在差异。原因在于：采用极限平衡法计算安全系数时，变形力施加于滑裂面上；极限分析法和数值分析法，变形力施加于一定范围的滑动土体上，但二者施加的范围不同，变形力的分布方式也有差异。

表 4-17　安全系数对比

计算方法	无变形力	有变形力	降低百分率
强度折减法	1.24	1.19	4.20%
极限平衡法	1.12	1.00	10.5%
极限分析法	1.18	1.05	11.13%

　　强度折减法计算得到安全系数、剪应变增量云图及速度矢量图如图 4-57 所示，由图 4-57 可知，边坡的滑裂面上下贯通，为整体滑动，坡脚的应力最大，坡脚为最不利位置。由速度矢量图可知，边坡下滑的运动轨迹为弧形，与圆弧滑动面或对数螺旋滑动面类似。

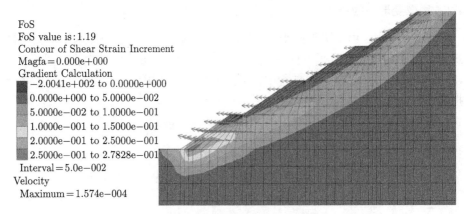

图 4-57　安全系数、剪应变增量云图及速度矢量图

　　采用极限平衡法分析膨胀土高边坡的稳定性时，变形力施加于滑裂面上；极限分析法，变形力施加在滑动土体上；采用强度折减法时，变形力施加在沿坡面向内一定范围内土体上；由变形力施加方式可知，极限分析方法与强度折减法更接近真实情况，而极限分析方法得到的安全系数小于强度折减法得到的安全系数，极限分析结果偏安全，上述三种应用于膨胀土边坡稳定性均有效可行，但极限分析方法更为合适。

4.5　坡脚圆弧顺接对多级边坡局部稳定性的影响

　　对于高边坡而言，一般需开挖成多级台阶状，边坡整体下滑力减少，对边坡整体稳定有利，一般未考虑平台的存在对边坡内力重分布的影响，特别是各级边坡的坡脚处，此处是应力集中的地方，对边坡局部稳定不利，如图 4-58 所示，应力集中处的浆砌片石支挡结构易发生破坏，若采用圆弧顺接的方式，如图 4-59 所示，坡脚处有起拱作用,有利于应力的扩散,不利于坡脚处应力集中。

图 4-58 坡脚平台处浆砌片石护坡开裂

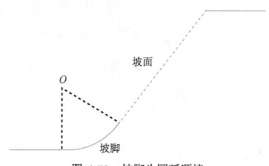

图 4-59 坡脚为圆弧顺接

  采用 ANSYS 有限元软件,建立两种坡脚模型,折线坡脚 (Ⅰ型) 边坡和圆弧坡脚 (Ⅱ型) 边坡,两种模型尺寸及参数取值相同,如表 4-18 所示,当安全系数 $K=1$ 时,塑性区变形图如图 4-60 和图 4-61 所示,当 $K=1.2$ 时,塑性区变形图如图 4-62 和图 4-63 所示。对比图 4-60 和图 4-61 可知,Ⅰ型边坡的最大位移、最大塑性应变都大于Ⅱ型边坡,Ⅰ型边坡的坡面的塑性区域小于Ⅱ型边坡。对比图 4-62 和图 4-63 可知,Ⅰ型边坡的塑性区完全贯通,而Ⅱ型边坡的塑性区域还未完全贯通,Ⅰ型边坡最大位移 (0.85mm) 大于Ⅱ型边坡最大位移 (0.82mm),Ⅰ型边坡应力最大值为Ⅱ型边坡应力最大值的 1.6 倍,由此说明,圆形坡脚的边坡的安全系数大于折线坡脚边坡,坡脚处采用圆弧顺接方式有利于应力的扩散,能够提高边坡的稳定性。

表 4-18 基本参数

动弹模量/MPa	泊松比	密度/(kg/m³)	黏聚力/kPa	内摩擦角/(°)
3	0.45	1860	10	25

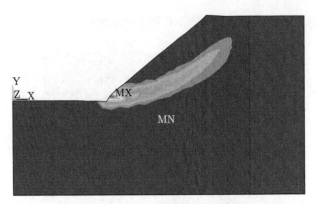

图 4-60　$K=1$ 时塑性区变形图

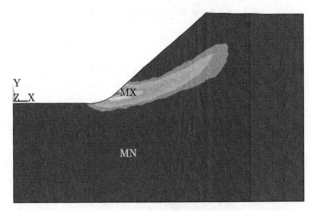

图 4-61　$K=1$ 时塑性区变形图

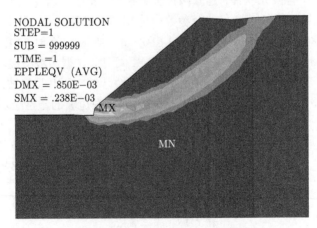

图 4-62　$K=1.2$ 时塑性区变形图

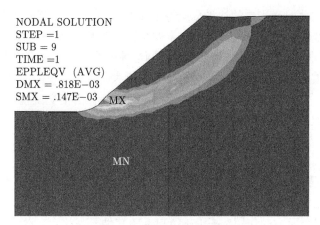

图 4-63　$K=1.2$ 时塑性区变形图

4.6　本章小结

研究自然条件下、降雨条件下、干湿循环条件下单级膨胀土边坡的稳定性,研究影响双级、多级膨胀土边坡稳定性的敏感因素;针对膨胀土吸湿产生膨胀变形的特点,引入变形力,通过室内模型试验确定变形力参数,并结合极限平衡理论、极限分析上限理论、有限差分强度折减法对膨胀土边坡进行稳定性分析,研究成果进一步完善了膨胀土边坡稳定性理论,主要结论如下所述。

(1) 红膨胀土是正常固结土,其内摩擦角最大值为 27.47°,最小值为 20.86°;红膨胀土的黏聚力随着密实度的减少而减少,黏聚力最大值 40.75kPa,最小值为 19.2kPa。

(2) 黄膨胀土是一种超固结土,其内摩擦角随着密实度的降低而增大,最大值为 35.87°,最小值为 30.24°;含水率对其内摩擦角的影响较小,黏聚力最大值为 60.26kPa,最小值为 17.7kPa。含水率对灰白色膨胀土抗剪强度影响较大,内摩擦角和黏聚力都随着含水率的增加而减少,内摩擦角最大值为 30.62°,最小值为 16.98°,黏聚力最大值为 28.41kPa,最小值为 17.12kPa。

(3) 灰白色膨胀土具有中–强膨胀性,膨胀力最大为 89.64kPa。黄膨胀土膨胀性最强,膨胀力的最大值为 101.26kPa。黄膨胀土密实度越大,膨胀力越大;含水率越小,膨胀力越大。

(4) 采用极限平衡方法,以单级边坡为例,计算得到非饱和膨胀土边坡安全系数 $K=2.57$;饱和膨胀土边坡安全系数 $K=1.516$;考虑变形力的影响,边坡安全系数 $K=1.379$,变形力使该单级边坡的安全系数减少了约 10%,变形力对边坡稳定性的影响不容忽视;考虑裂隙与渗流的影响,边坡安全系数 $K=0.501$;考虑裂隙、渗流和变形力三种因素影响的边坡安全系数降低了约 67%，裂隙的发展和渗流的影响会明显降低边坡的安全性，使得原本安全的边坡变得不安全。

(5) 以两级典型膨胀土边坡为例，对影响边坡安全的因素进行分析，研究表明，边坡的安全系数随黏聚力、内摩擦角的增加而增大，随着边坡的倾角、边坡高度增加而减小，随着平台宽度的增加先增大而后趋于稳定；由正交试验可知，影响安全系数因素的主次顺序为第一级边坡的倾角 > 第二级边坡的高度 > 第二级边坡的倾角 > 第一级边坡的高度 > 平台的宽度；同理，推广得到了三级、四级边坡的影响安全系数因素的主次顺序。

(6) 采用极限平衡方法，以四级高边坡为例，计算得到的安全系数为 1.123，考虑变形力后，边坡的安全系数为 1.005，安全系数降低了 10.5%，在边坡稳定性分析时，应当考虑变形力的作用。基于 MATLAB 软件开发平台，设计了一款基于极限平衡法并考虑变形力的膨胀土边坡稳定性计算程序，并通过实例验证该程序设计的合理性和正确性。

(7) 采用极限分析方法计算得到四级高边坡的安全系数 $K=1.186$，考虑变形力后，边坡的安全系数 $K=1.054$，安全系数降低了 11.13%，采用极限分析方法计算膨胀土边坡稳定性是有效可行的；基于 MATLAB 软件开发平台，设计了一款基于极限分析上限理论并考虑变形力的膨胀土边坡稳定性的计算程序，并通过实例验证该程序设计的合理性和正确性。极限平衡法计算结果略小于极限分析法计算结果，说明极限平衡法计算结果是极限分析的一个上限解。

(8) 采用强度折减法计算的安全系数为 1.24，考虑变形力后，边坡的安全系数为 1.19，安全系数降低了 4.3%，采用强度折减法计算膨胀土边坡是有效可行的。极限平衡法、极限分析上限法、有限差分强度折减法应用于膨胀土边坡稳定性均有效可行；但由变形力施加方式和安全系数的大小确定极限分析方法更为合适。

(9) 采用极限分析方法，考虑变形力和地震荷载共同作用，得到边坡的安全系数 $K=0.968$，结合极限分析与拟静力法分析地震荷载下膨胀土高边坡稳定性简单有效。该方法既能反映边坡的稳定和变形力之间的关系，又能用工程界所熟悉的安全系数来评价边坡的稳定性，具有较广泛的应用前景。

(10) 通过数值分析方法验证：各级边坡坡脚处应开挖成圆弧顺接形式，有利于坡脚应力的扩散，对各级边坡局部稳定有利。

第5章 不同服役环境下膨胀土多级边坡支挡结构设计理论

膨胀土路堑边坡支挡问题和其他边坡有所不同，其特殊性在于：① 土体存在一定的膨胀荷载，路堑边坡中不同位置土体所处状态的不尽相同，因而导致相应位置膨胀荷载作用规律亦存在差异性，在进行膨胀土边坡稳定分析时，为了准确地反映实际的情况，应当充分考虑膨胀荷载对边坡稳定性的影响；② 土体在干湿循环的条件下，裂隙发育明显，强度迅速降低，对边坡稳定性影响不利；③ 裂隙的发育给雨水入渗提供良好的通道，孔隙水压力迅速上升，对边坡稳定性影响不利。因此，膨胀土边坡稳定性分析和支挡结构设计时应充分考虑膨胀荷载 (变形力)、裂隙、孔隙水压力等因素的影响，才能保证边坡的长期稳定性。

5.1 锚杆加固膨胀土边坡的稳定性分析及锚杆拉力计算

5.1.1 计算模型的建立

新建云桂铁路沿线存在大量的双级膨胀土 (岩) 边坡，均采用锚杆框架梁支护；如 DK221+790 右侧两级边坡，采用锚杆框架梁进行支护；基于极限分析上限理论，研究锚杆 (索) 加固 DK221+790 右侧两级边坡的稳定性，如图 5-1 所示 (垂直断面方向取单位长度)，边坡破坏模式为对数螺旋线。膨胀土两级级高边坡断面，平台宽度由上往下分别为 $d_0 = L$ 和 $d_1, d_2 = 0$，坡面由上往下每级边坡倾角分别为 β_1, β_2，各级边坡高度由上往下为 $\alpha_1 H, \alpha_2 H$，其中 α_1, α_2 为高度系数；以上参数可根据具体边坡尺寸而确定。假设破坏面 AC 为对数螺旋面，破坏面通过坡脚，滑动体 ABC 绕旋转中心 O 相对对数螺旋面 AC 以下的稳定体做旋转运动。因此，AC面是一个薄层的速度间断面。弦 OA 长为 r_0，弦 OA 与 OC 的倾角分别为 θ_0 和θ_h，两级边坡高度 H。破坏机构由三个变量确定，即边坡高度 H, θ_0 和 θ_h，方形框架梁间距 D_L。匀质边坡高度 H_1, H_2 都为 8m，边坡倾角都为 33.5°(坡率 1:1.5)。

1) 边坡的几何关系

如图 5-1 所示，利用坐标变换，从几何关系可以看出，H/r_0 和 L/r_0 的比值可

以用 θ_0 和 θ_h 表示。

$$\frac{H}{r_0} = e^{(\theta_h - \theta_0) \tan \phi} \sin \theta_h - \sin \theta_0 \tag{5-1}$$

所以，$\dfrac{L}{r_0} = \cos \theta_0 - e^{(\theta_h - \theta_0) \tan \phi} \cos \theta_h - \dfrac{1}{r_0} \sum \left(\dfrac{\alpha_i H}{\tan \beta_i} + d_i \right) \quad i = 1, 2 \tag{5-2}$

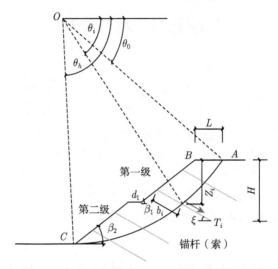

图 5-1　DK221+790 右侧两级边坡对数螺旋滑裂面

2) 外功率

(1) 重力外功率

利用叠加法计算 ABC 区域土重做的外功率，因此，ABC 区域重力外功率可表示为

$$W_{ABJ} = S_x \cdot \gamma r_0^3 \Omega (f_1 - f_2 - f_3 - f_4 - f_5) \tag{5-3}$$

式中，S_x 为锚杆 (索) 的横向间距 (m)；γ 为土的重度 $(\mathrm{kN \cdot m^{-3}})$；

$$f_1 = \frac{(3 \tan \phi \cos \theta_h + \sin \theta_h) e^{3(\theta_h - \theta_0) \tan \phi} - 3 \tan \phi \cos \theta_0 - \sin \theta_0}{3 + 27 \tan^2 \phi} \tag{5-4}$$

$$f_2 = \frac{1}{3} \frac{L}{r_0} \left(\cos \theta_0 - \frac{L}{2r_0} \right) \sin \theta_0 \tag{5-5}$$

$$f_3 = \frac{1}{3} \frac{H \alpha_1}{r_0} \left[\cos \theta_0 - \frac{L}{r_0} + \sin \theta_0 \cot \beta_1 \right] \times \left(\cos \theta_0 - \frac{L}{r_0} - \frac{1}{2} \frac{H \alpha_1}{r_0} \cot \beta_1 \right) \tag{5-6}$$

$$f_4 = \frac{1}{3} \frac{d_1}{r_0} \left(\sin \theta_0 + \frac{H \alpha_1}{r_0} \right) \left(\cos \theta_0 - \frac{L}{r_0} - \frac{H \alpha_1}{r_0} \cot \beta_1 - \frac{d_1}{2r_0} \right) \tag{5-7}$$

$$f_5 = \frac{1}{3} \frac{H \alpha_2}{r_0} \left[\cos \theta_0 - \frac{L}{r_0} - \frac{H \alpha_1}{r_0} \cot \beta_1 - \frac{d_1}{r_0} + \left(\sin \theta_0 + \frac{H \alpha_1}{r_0} \right) \cot \beta_2 \right]$$

$$\times \left(\cos\theta_0 - \frac{L}{r_0} - \frac{H\alpha_1}{r_0}\cot\beta_1 - \frac{d_1}{r_0} - \frac{H\alpha_2}{2r_0}\cot\beta_2\right) \tag{5-8}$$

(2) 由环境变化引起的膨胀变形外功率

针对膨胀土边坡而言, 由于外部环境变化引起膨胀土体膨胀变形的外功率, 用水平变形力功率表示。水平变形力作用方向与小主应力相同, 虽然水平变形力的方向水平向左, 但是其作用效果与重力相同。ABC 区域的水平变形力外功率可表示为

$$F_{ABC} = S_x \cdot \beta_h r_0^3 \Omega(g_1 - g_2 - g_3 - g_4 - g_5) \tag{5-9}$$

式中, S_x 为锚杆 (索) 的横向间距 (m); β_h 为水平变形力 (kN·m^{-3});

$$g_1 = \frac{(3\tan\phi\sin\theta_h - \cos\theta_h)e^{3(\theta_h - \theta_0)\tan\phi} - 3\sin\theta_0\tan\phi + \cos\theta_0}{3 + 27\tan^2\phi} \tag{5-10}$$

$$g_2 = \frac{1}{3}\frac{L}{r_0}\sin^2\theta_0 \tag{5-11}$$

$$g_3 = \frac{1}{3}\frac{H\alpha_1}{r_0}\left[\cos\theta_0 - \frac{L}{r_0} + \sin\theta_0\cot\beta_1\right] \times \left(\sin\theta_0 + \frac{1}{2}\frac{H\alpha_1}{r_0}\right) \tag{5-12}$$

$$g_4 = \frac{1}{3}\frac{d_1}{r_0}\left(\sin\theta_0 + \frac{H\alpha_1}{r_0}\right)^2 \tag{5-13}$$

$$g_5 = \frac{1}{3}\frac{H\alpha_2}{r_0}\left[\cos\theta_0 - \frac{L}{r_0} - \frac{H\alpha_1}{r_0}\cot\beta_1 - \frac{d_1}{r_0} + \left(\sin\theta_0 + \frac{H\alpha_1}{r_0}\right)\cot\beta_2\right]$$
$$\times \left(\sin\theta_0 + \frac{H\alpha_1}{r_0} + \frac{H\alpha_2}{2r_0}\right) \tag{5-14}$$

(3) 锚杆 (索) 的拉力外功率

锚杆 (索) 提供的抗力所做的功率计算公式如下:

$$W_m = -r_0 \cdot \Omega \cdot T_i \cdot \sum\left[e^{(\theta_i - \theta_0)\tan\phi} \cdot \sin(\theta_i - \xi)\right] \tag{5-15}$$

式中, T_i 为第 i 根锚杆所提供的抗力荷载; θ_i 为第 i 根锚杆与滑裂面交点位置与原点连线的水平夹角, 见图 5-1; 可根据式 (5-16) 和式 (5-17) 得到; ξ 为锚杆的倾角。

由图 5-1 可知, 存在以下几何关系:

$$b_i\sin\xi + z_i = r_i\sin\theta_i - r_0\sin\theta_0 \tag{5-16}$$

$$L + z_i\cot\beta_1 - b_i\cos\xi = r_0\cos\theta_0 - r_i\cos\theta_i \tag{5-17}$$

式中, b_i 表示第 i 根锚杆自由段长度; z_i 表示第 i 根锚杆与坡面的交点处距坡顶的竖向高度, 如图 5-1 所示。

由式 (5-16) 和式 (5-17) 两式消去 b_i 后得到 θ_i 的相关表达式，如式 (5-18) 所示。对位于第一级边坡上的锚杆 (索) 来说，式 (5-15) 中 θ_i 由下式确定：

$$\mathrm{e}^{(\theta_i - \theta_0)\tan\phi}(\sin\theta_i\cot\xi - \cos\theta_i) = \frac{L}{r_0} + \frac{z_i}{H_1} \cdot \frac{H_1}{r_0}(\cot\beta_1 + \cot\xi) + \sin\theta_0\cot\xi - \cos\theta_0$$

$$(5\text{-}18)$$

对位于第二级边坡以下的锚杆 (索) 来说，式 (5-15) 中 θ_i 由下式确定：

$$\mathrm{e}^{(\theta_i - \theta_0)\tan\phi}(\sin\theta_i\cot\xi - \cos\theta_i) = \frac{L}{r_0} + \frac{d_1}{r_0} + \frac{\alpha_1 H}{r_0}(\cot\beta_1 + \cot\xi)$$

$$+ \frac{z_i}{H} \cdot \frac{H}{r_0}(\cot\beta_2 + \cot\xi) + \sin\theta_0\cot\xi - \cos\theta_0$$

$$(5\text{-}19)$$

(4) 地震荷载外功率

$$W_{kv} = k_v r_0^3 \Omega(f_1 - f_2 - f_3 - f_4 - f_5) \tag{5-20}$$

$$W_{kh} = k_h r_0^3 \Omega(g_1 - g_2 - g_3 - g_4 - g_5) \tag{5-21}$$

$$W_k = W_{kh} + W_{kv} \tag{5-22}$$

3) 内部损耗率

内部能量损耗发生在间断面 AC 上，能量损耗率 C_{AC} 的微分可以由该面的微分面积 $r\mathrm{d}\theta/\cos\phi$ 与黏聚力 c 和速度 V_s 的乘积计算，可表示为

$$C_{AC} = S_x \cdot D \int_{\theta_0}^{\theta_h} c(V_s\cos\phi)\frac{r\mathrm{d}\theta}{\cos\phi} = \frac{S_x \cdot cr_0^2\Omega}{2\tan\phi}(\mathrm{e}^{2(\theta_h - \theta_0)\tan\phi} - 1) \tag{5-23}$$

5.1.2　安全系数

(1) 仅考虑重力因素，由外功率与内能耗散功率相等，可得

$$W_{ABC} = C_{AC} \tag{5-24}$$

由上述式 (5-3)(5-23) 代入 (5-24)，因此，可求得边坡的临界高度 $H_{\mathrm{cr}}(\theta_h, \theta_0)$。

$$H_{\mathrm{cr}} = \frac{c}{\gamma}f(\theta_0, \theta_h) \tag{5-25}$$

其中，

$$f(\theta_0, \theta_h) = \frac{(\mathrm{e}^{2(\theta - \theta_0)\tan\phi} - 1)(\mathrm{e}^{(\theta_h - \theta_0)\tan\phi}\sin\theta_h - \sin\theta_0)}{2\tan\phi(f_1 - f_2 - f_3 - f_4 - f_5)} \tag{5-26}$$

如前所述，采用强度折减法确定安全系数 K。

$$K = \frac{c_f}{H_{\mathrm{cr}}\gamma}f(\theta_0, \theta_h)_{\phi_f} \tag{5-27}$$

其中,

$$f(\theta_0, \theta_h)_{\phi_f} = \frac{(e^{2(\theta-\theta_0)\tan\phi_f} - 1)(e^{(\theta_h-\theta_0)\tan\phi_f}\sin\theta_h - \sin\theta_0)}{2\tan\phi_f(f_1 - f_2 - f_3 - f_4 - f_5)} \qquad (5\text{-}28)$$

(2) 考虑变形力作用, 由外功率与内能耗散功率相等, 可得

$$W_{ABJ} + F_{ABJ} = C_{AC} \qquad (5\text{-}29)$$

把式 (5-3)(5-9)(5-23) 代入式 (5-29), 可得安全系数

$$K = \frac{c}{H_{\mathrm{cr}}\gamma} f(\theta_0, \theta_h)_{\phi_f} + \frac{c}{H_{\mathrm{cr}}\beta_f} g(\theta_0, \theta_h)_{\phi_f} \qquad (5\text{-}30)$$

$$g(\theta_0, \theta_h)_{\phi_f} = \frac{(e^{2(\theta-\theta_0)\tan\phi_f} - 1)(e^{(\theta_h-\theta_0)\tan\phi_f}\sin(\theta_h+\alpha) - \sin(\theta_0+\alpha))}{2\tan\phi_f(g_1 - g_2 - g_3 - g_4 - g_5)} \frac{\sin\beta}{\sin(\beta-\alpha)}$$
$$(5\text{-}31)$$

(3) 考虑地震荷载, 由外功率与内能耗散功率相等, 可得

$$W_{ABJ} + F_{ABJ} + W_k = C_{AC} \qquad (5\text{-}32)$$

把式 (5-3)(5-9)(5-21)(5-23) 代入式 (5-32), 可得安全系数:

$$K = \frac{c}{H_{\mathrm{cr}}(\gamma+\gamma k_v)} f(\theta_0, \theta_h)_{\phi_f} + \frac{c}{H_{\mathrm{cr}}(\beta_h+\gamma k_h)} g(\theta_0, \theta_h)_{\phi_f} \qquad (5\text{-}33)$$

由式 (5-28) 可知, θ_h, θ_0 为未知变量, 其他的参数可根据实际边坡几何尺寸确定。根据极限分析上限定理, 式 (5-28) 即为给定实际边坡安全系数求解的上限方法表达式, 式中 K 是 θ_h, θ_0 两个未知变量的函数, 且隐含了折减系数 K。当 θ_h, θ_0 满足条件:

$$\begin{cases} \dfrac{\partial K}{\partial \theta_h} = 0 \\[2mm] \dfrac{\partial K}{\partial \theta_0} = 0 \end{cases} \qquad (5\text{-}34)$$

函数 $f(\theta_0, \theta_h)$ 有一个最小值。进而, 求得边坡安全系数 K, 一个上限解。将安全系数 K 作为目标函数, 寻求土坡稳定安全系数的数学规划表达式为

$$\min \quad K = K(\theta_0, \theta_h) \qquad (5\text{-}35)$$

$$\mathrm{s.t.} \begin{cases} \theta_0 < \theta_h < \pi \\[2mm] 0 < \theta_0 < \dfrac{\pi}{2} \\[2mm] H_{\mathrm{cr}} = H \end{cases} \qquad (5\text{-}36)$$

H_{cr} 为一定条件 $(\alpha, \beta_1, \beta_2, H_1, H_2, c, \phi$ 为已知参数$)$ 下边坡的临界高度，$H = H_{cr}$ 为获得特定边坡 $(\alpha, \beta_1, \beta_2, c, \phi, H$ 为已知参数$)$ 安全系数 K 上限解答的一个约束条件。由于安全系数 K 实际上是个隐函数，本文采用二次优化迭代方法计算得到 r_0、θ_0 和 θ_h。土体相关参数见表 5-1，三种工况下的优化计算结果如表 5-2 和图 5-2 所示。采用极限分析上限法和 Bishop 条分法分别进行稳定性计算，结果如表 5-3 所示。

表 5-1　两级膨胀土边坡参数

d_1/m	α_1	α_2	β_1/(°)	β_2/(°)	H/m	γ/(kN/m³)	c/kPa	ϕ/(°)	β_h/(kN/m³)	k_h	k_v
3	1/2	1/2	33.7	33.7	16	18.85	10	15	1.22	0.1	0.2/3

表 5-2　滑裂面优化结果

工况	θ_0	θ_h	r_0	L	备注
1	41.37	112.01	23.67	3.55	自重
2	35.71	116.93	26.9	2.68	自重 + 变形力
3	43.78	116.65	20.60	3.05	自重 + 变形力 + 地震

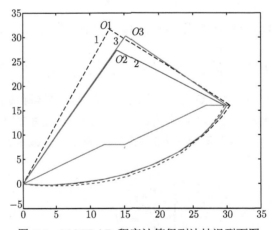

图 5-2　MATLAB 程序计算得到边坡滑裂面图

表 5-3　安全系数对比表

工况	1	2	3
简化 Bishop 法	0.901	0.830	0.684
极限分析法	0.903	0.833	0.686

由表 5-3 可知，对比两种不同方法的计算结果发现，两者计算结果吻合较好，由此说明极限分析上限法计算结果的正确性，采用极限分析法能够较好地计算边坡的安全系数。若该边坡为仅考虑重力影响的自然边坡，其安全系数为 0.903；若

该边坡为膨胀土边坡，其安全系数为 0.833，变形力的作用使得边坡安全系数减少 7.8%；若该边坡为有抗震要求的膨胀土边坡，其安全系数为 0.686，地震荷载使得安全系数减少 17.6%，由此说明，地震荷载对边坡稳定性影响较大；变形力和地震荷载共同作用使得安全系数减少约 25%。由图 5-2 可知，三种工况下，滑裂面都通过坡脚，且位置比较接近，但坡顶长度 $L1 > L3 > L2$。

(4) 体积力增量法确定安全系数

对于边坡而言，按照极限分析理论构建虚功方程的前提条件是要满足极限破坏状态，使得边坡达到极限状态的常用方法除了强度折减法之外，还有体积力增量法。同理可采用体积力增量法确定边坡的安全系数 [131]，其原理为：改变重力使得边坡处于极限状态，安全系数表示为改变后重力与初始重力的比值。因此，式 (5-24) 可以表示为

$$K \cdot W_{ABC} = D_{AC} \tag{5-37}$$

将式 (5-9) 和式 (5-23) 代入式 (5-37)，可得

$$K = \frac{c}{H_{cr}\gamma} \frac{(e^{2(\theta-\theta_0)\tan\phi} - 1)(e^{(\theta_h-\theta_0)\tan\phi}\sin\theta_h - \sin\theta_0)}{2\tan\phi(f_1 - f_2 - f_3 - f_4 - f_5)} \tag{5-38}$$

而采用强度折减法计算得到安全系数：

$$K = \frac{c_f}{H_{cr}\gamma} \frac{(e^{2(\theta-\theta_0)\tan\phi_f} - 1)(e^{(\theta_h-\theta_0)\tan\phi_f}\sin\theta_h - \sin\theta_0)}{2\tan\phi_f(f_1 - f_2 - f_3 - f_4 - f_5)}$$

对比可以发现，$c, \tan\phi$ 与 $c_f, \tan\phi_f$ 均为输入参数，因此，公式 (5-38) 和上式完全相同。对于安全系数计算而言，体积力增量法与强度折减法是等效的。

5.1.3 锚杆 (索) 拉力的计算

该算例在考虑变形力作用、地震荷载效应下，边坡不稳定 (安全系数小于 1)，需要采用加固方案提高边坡的稳定性，采用锚杆框架梁对边坡进行加固处理。隐式方程给计算带来了困难，为了避免在计算过程中出现隐式方程，此处选用体积力增量法确定安全系数，考虑变形力、地震荷载、锚索拉力等因素，由外功率与内能耗散功率相等，可得

$$K \cdot W_{ABJ} + F_{ABJ} + W_m + W_k = C_{AJ} \tag{5-39}$$

由上述式 (5-3)(5-9)(5-15)(5-22)(5-23) 代入式 (5-39)，化简后可得考虑变形力和地震作用下，锚杆 (索) 的拉力可表示为

$$T = \frac{S_x \cdot r_0^2 \cdot [(\beta_h + k_h\gamma \cdot K)g + (\gamma + k_v\gamma \cdot K) \cdot f] - S_x \cdot \dfrac{c \cdot r_0}{2\tan\phi} \cdot [e^{2(\theta_h-\theta_0)\cdot\tan\phi} - 1]}{\sum [e^{(\theta_i-\theta_0)\cdot\tan\phi} \cdot \sin(\theta_i - \xi)]}$$

$$\tag{5-40}$$

单级边坡坡高 8m，倾角 33.7°，边坡长度 14.4m，坡面框架梁的尺寸为 2m×2m，锚杆的横向间距 S_x=2m，锚杆沿坡面间距取 2m；单级边坡沿坡面可布置 7 根锚杆，锚杆倾角 20°。采用锚固力、地震荷载和变形力三个影响安全系数的因素组合，采用极限分析上限法对边坡稳定性进行计算，计算结果如表 5-4、图 5-4 所示，MATLAB 程序自动输出锚杆加固边坡图形如图 5-3 所示，由图 5-3 可知，该图形符合实际情况，计算结果是正确的。

表 5-4   锚杆拉力与安全系数的关系

安全系数 K	1	1.2	1.4	1.6	1.8	2.0	备注
	7.81	22.33	35.86	51.39	65.92	80.45	工况 1
单根锚杆 (索) 拉力/kN	27.1	41.63	56.16	70.69	85.22	99.75	工况 2
	70.63	93.87	117.11	140.35	163.58	186.82	工况 3

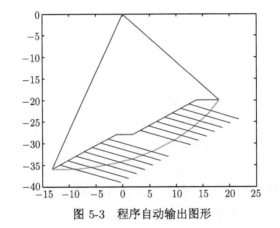

图 5-3   程序自动输出图形

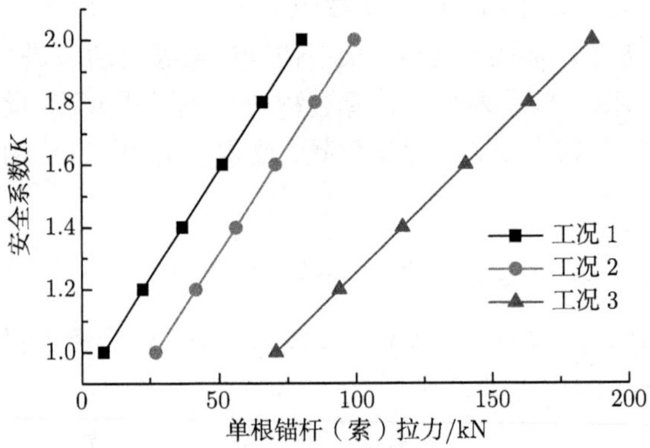

图 5-4   锚杆拉力与安全系数的关系

图 5-4 为锚杆拉力与安全系数的关系，由图 5-4 可知，锚杆的拉力与安全系数

呈线性关系，锚杆拉力越大，安全系数也越大，采用单根拉力为 140.35kN 的锚杆加固后，安全系数可提高至 1.6。根据规范可知，在进行锚杆 (索) 设计时，边坡的安全系数取 1.2~1.6 之间，工况 1 条件下，单根锚杆 (索) 的拉力介于 22.33~51.39kN；工况 2 条件下，单根锚杆 (索) 的拉力介于 41.63~70.69kN，工况 3 条件下 (最不利条件)，单根锚杆 (索) 的拉力介于 93.87~140.35kN，锚杆可采用单根直径为 25mm 的 HRB335 钢筋 (T=147.1kN) 进行设计。

5.1.4 安全系数的影响因素分析

$$K = \frac{T \cdot \sum \left[e^{(\theta_i - \theta_0) \cdot \tan \phi} \cdot \sin(\theta_i - \xi) \right] + S_x \cdot \dfrac{c \cdot r_0}{2 \tan \phi} \cdot \left[e^{2(\theta_h - \theta_0) \tan \phi} - 1 \right] - S_x \cdot r_0^2 \cdot \beta_h g}{S_x \cdot r_0^2 \cdot \left[k_h \gamma g + (\gamma + k_v \gamma) \cdot f \right]}$$

$$(5\text{-}41)$$

1) 水平变形力对安全系数的影响

由水平变形力模型试验测试结果可知，水平膨胀变形力最大值不超过 $4\,\mathrm{kN/m^3}$，选取水平变形力分别为 $0.5\mathrm{kN/m^3}$, $1.22\mathrm{kN/m^3}$, $1.5\mathrm{kN/m^3}$, $2\mathrm{kN/m^3}$, $3\mathrm{kN/m^3}$, $4\mathrm{kN/m^3}$，锚杆拉力 T=0kN，其他参数不变，对该边坡稳定性进行计算，结果如图 5-5 所示。由图 5-5 可知，安全系数随着水平变形力增大而近似线性减少；相同水平变形力条件下，考虑地震作用的安全系数比不考虑地震作用的安全系数小。

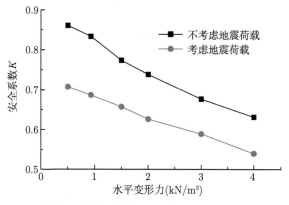

图 5-5 安全系数与水平变形力之间关系

2) 地震荷载对安全系数的影响

文献 [132] 对水平地震系数 k_h 进行统计，当地震烈度为Ⅶ, Ⅷ, Ⅸ时，对应水平地震系数 k_h 分别为 0.1g, 0.2g, 0.4g，锚杆拉力 T=0kN，其他参数不变，对该边坡稳定性进行计算，结果如图 5-6 所示。由图 5-6 可知，安全系数随着地震烈度的增大而非线性减少。随着水平地震力系数的增大，变形力对安全系数的影响逐渐变小。

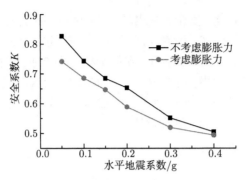

图 5-6　安全系数与地震荷载之间关系

3) 锚杆水平间距对安全系数的影响

研究锚杆水平间距对安全系数的影响，锚杆拉力 T 取值分别为 50kN、100kN、150kN，锚杆横向间距 S_x 分别为 1m, 2m, 3m, 4m，锚杆倾角 20°，其他参数不变，计算结果如表 5-5 和图 5-7 所示，由表 5-5 可知，当锚杆拉力等于 50kN 时，锚杆水平间距取值为 1m 时，边坡安全系数大于 1.2，边坡稳定可靠；当锚杆拉力等于 100kN 时，锚杆间距取值小于 2m，边坡稳定可靠；当锚杆拉力等于 150kN 时，锚杆间距取值小于 3m，边坡稳定可靠。由图 5-7 可知，锚杆拉力相同情况下，安全系数随锚杆横向间距的增大而减少，减少的速率先大后小。

表 5-5　安全系数与锚杆水平间距之间关系

拉力/ kN ＼ 间距/m	1	2	3	4
50	1.25	0.82	0.67	0.60
100	2.11	1.25	0.96	0.82
150	2.97	1.68	1.25	1.04

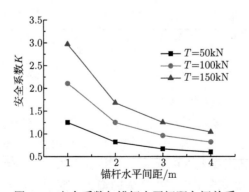

图 5-7　安全系数与锚杆水平间距之间关系

4) 锚杆的倾角对安全系数的影响

研究锚杆倾角对安全系数的影响, 锚杆拉力 T 取值分别为 50, 100, 150kN, 锚杆倾角 S_x 为 2m, 锚杆倾角分别为 0°, 10°, 20°, 30°, 40°, 其他参数不变, 计算结果如表 5-6 和图 5-8 所示。由表 5-6 可知, 当锚杆拉力等于 100kN 时, 锚杆倾角取值为 10°∼20°, 边坡稳定可靠 ($K > 1.2$); 当锚杆拉力等于 150kN 时, 锚杆倾角取值为 10°∼40°, 边坡稳定可靠。由图 5-8 可知, 锚杆拉力相同情况下, 安全系数随锚杆倾角的增大先增大后减少, 当锚杆倾角介于 10°∼40° 时, 安全系数减少比较缓慢。由此说明, 锚杆的倾角的取值介于 10°∼30° 是比较合理。

表 5-6　安全系数与锚杆倾角之间关系

拉力/kN ＼ 倾角/(°)	0	10	20	30	40
50	0.39	0.84	0.82	0.78	0.73
100	0.40	1.30	1.25	1.17	1.08
150	0.41	1.75	1.68	1.57	1.42

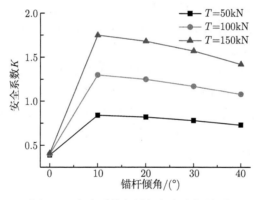

图 5-8　安全系数与锚杆倾角之间关系

5) 边坡高度对安全系数的影响

边坡高度选取 6m, 7m, 8m, 锚杆间距 2m, 对应的锚杆根数分别为 5, 7, 9, 锚杆拉力 T 取值分别为 0kN, 50kN, 100kN, 150kN, 边坡倾角 33.5°, 锚杆的倾角 20°, 其他各参数不变, 计算结果如表 5-7 和图 5-9 所示。由表 5-7 可知, 当锚杆拉力等

表 5-7　安全系数与边坡高度之间关系

拉力/kN ＼ 高度/m	6	7	8
0	0.45	0.39	0.31
50	0.99	0.82	0.68
100	1.54	1.25	1.04
150	2.08	1.68	1.41

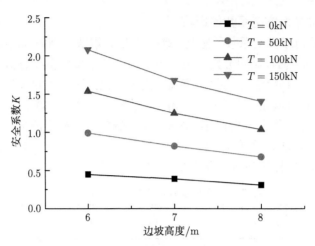

图 5-9　安全系数与边坡高度之间关系

于 100kN 时，边坡高度小于 7m，边坡稳定可靠 $(K > 1.2)$；当锚杆拉力等于 150kN 时，边坡高度介于 6~8m，边坡稳定可靠。由图 5-9 可知，边坡的安全系数随着边坡高度的增加而越小；锚杆拉力越大，边坡安全系数减少的斜率越大。

　　6) 边坡倾角对安全系数的影响

　　边坡倾角为 45°，33.5°，26.6°，分别对应边坡坡率为 1:1，1:1.5，1:2，锚杆拉力 T 取值分别为 0kN，50kN，100kN，150kN，其他各参数不变，计算结果如表 5-8、图 5-10 所示。由表 5-8 可知，当锚杆拉力等于 50kN 时，边坡坡率可设计为 1:2，边坡稳定可靠 $(K > 1.2)$；当锚杆拉力等于 100kN 时，边坡坡率可设计为 1:1.5，边坡稳定可靠；当锚杆拉力等于 150kN 时，边坡坡率可以设计为 1:1，边坡依然

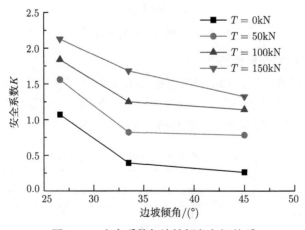

图 5-10　安全系数与边坡倾角之间关系

稳定可靠。由图 5-10 可知，边坡的安全系数随着边坡倾角的增加而越小；当边坡坡率介于 1:1~1:1.5 时，安全系数减少较快；锚杆拉力越大，边坡安全系数减少越平缓。

7) 平台宽度对安全系数的影响

第一级边坡与第二级边坡中间的平台宽度取值为 2m, 3m, 4m，锚杆拉力 T 取值分别为 0kN, 50kN, 100kN, 150kN，其他各参数不变，计算结果如表 5-9、图 5-11所示。由表 5-9 可知，当锚杆拉力等于 100kN 时，边坡平台宽度可取值为 3m，边坡稳定可靠。当锚杆拉力等于 150kN 时，边坡平台宽度可取值为 2m，边坡稳定可靠。由图 5-11 可知，边坡的安全系数随着平台宽度的增加而增大；锚杆拉力越大，安全系数增加的斜率越大。

表 5-8　安全系数与边坡倾角之间关系

倾角/(°)　　拉力/kN	26.6	33.5	45
0	1.07	0.39	0.26
50	1.56	0.82	0.78
100	1.84	1.25	1.14
150	2.13	1.68	1.32

表 5-9　安全系数与平台宽度之间关系

宽度/m　　拉力/kN	2	3	4
0	0.35	0.39	0.44
50	0.75	0.82	0.91
100	1.14	1.25	1.38
150	1.54	1.68	1.85

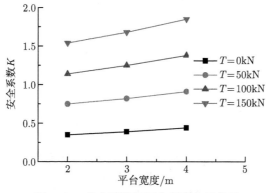

图 5-11　安全系数与平台宽度之间关系

5.1.5　锚杆拉力的影响因素分析

1) 地震烈度对锚杆拉力的影响

选取水平地震系数 k_h 为 0.1, 0.2, 0.3, 0.4，其他参数不变，计算结果如图 5-12 所示，由图 5-12 可知，锚杆拉力随着地震烈度的增加而线性增大；地震烈度为Ⅸ时，考虑变形力，锚杆拉力最大值为 201.24kN，不考虑变形力，锚杆拉力最大值为 181.95kN；地震烈度为Ⅶ时，锚杆拉力最小值为 50.34kN。

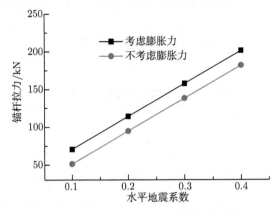

图 5-12　锚杆拉力与地震荷载之间关系

2) 平台宽度对锚杆拉力的影响

两级边坡中间的平台宽度取值为 2m, 3m, 4m，其他各参数不变，计算结果如图 5-13 所示。由图 5-13 可知，锚杆拉力随着平台宽度的增加而减少；且三种工况下安全系数减少的斜率相同。当平台宽度为 4m，工况 1 下，锚杆的拉力为 0kN，表明此时自然边坡的安全系数大于 1，不需要进行锚杆支护设计。

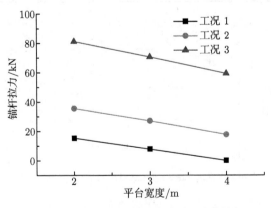

图 5-13　锚杆拉力与平台宽度之间关系

3) 锚杆横向间距对锚杆拉力的影响

锚杆横向间距 S_x 分别为 1m, 2m, 3m, 4m, 锚杆倾角 20°, 其他参数不变, 计算结果如图 5-14 所示, 由图 5-14 可知, 锚杆拉力随锚杆横向间距的增大而增大, 工况 3 下, 锚杆拉力增加的斜率最大。当锚杆水平间距取值为 4m 时, 工况 3 下, 锚杆拉力最大值为 141.27kN<147.1kN, 可依然采用直径为 25mm 的 HRB335 钢筋用作锚杆设计。

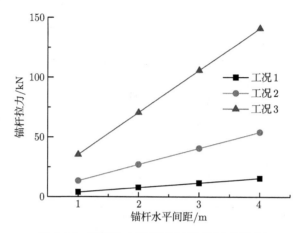

图 5-14　锚杆拉力与锚杆水平间距之间关系

4) 锚杆的倾角对锚杆拉力的影响

锚杆倾角分别为 0°, 10°, 20°, 30°, 40°, 其他参数不变, 计算结果如图 5-15 所示, 由图 5-15 可知, 锚杆拉力随着锚杆倾角的增大先增大后趋于稳定; 当锚杆倾角为 0°~10° 时, 锚杆拉力迅速增大, 当锚杆倾角介于 10°~40° 时, 锚杆拉力增加比较缓慢。当锚杆的倾角等于 0° 时, 锚杆的拉力值最小, 但是, 由图 5-15 可知, 锚杆的倾角等于 0° 时, 边坡的安全系数不能满足要求, 因此, 锚杆的倾角介于 10°~30° 比较合理。

5) 边坡高度对锚杆拉力的影响

边坡高度选取 6m, 7m, 8m, 锚杆间距 2m, 对应的锚杆根数分别为 5, 7, 9, 考虑三种不同的工况, 边坡倾角 33.5°, 锚杆的倾角 20°, 其他各参数不变, 计算结果图 5-16 所示。由图 5-16 可知, 锚杆拉力随着边坡高度的增加而增大; 边坡高度 6m 时, 工况 1 下, 锚杆拉力为 0kN, 该自然边坡处于稳定状态, 不需锚杆支护。边坡高度 8m 时, 工况 3 下, 锚杆拉力最大值为 93.38kN。

6) 边坡倾角对锚杆拉力的影响

边坡倾角为 45°, 33.5°, 26.6°, 分别对应的坡率为 1:1, 1:1.5, 1:2, 锚杆拉力 T 取值分别为 0kN, 50kN, 100kN, 150kN, 其他各参数不变, 计算结果如图 5-17 所示。

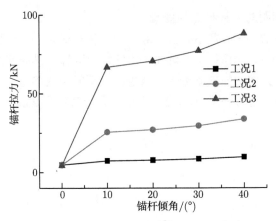

图 5-15　锚杆拉力与锚杆倾角之间关系

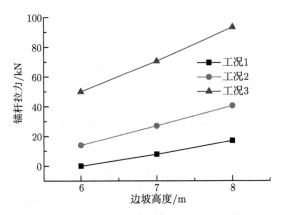

图 5-16　锚杆拉力与边坡高度之间关系

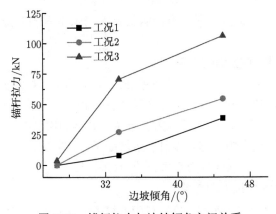

图 5-17　锚杆拉力与边坡倾角之间关系

由图 5-17 可知，锚杆拉力随着边坡倾角的增加而增大；当边坡坡率介于 1:1.5~1:2 时，工况 3 下锚杆拉力增加的斜率最大；当边坡坡率介于 1:1~1:1.5 时，锚杆拉力增加的斜率相近。当边坡坡率较缓 (坡率小于 1:2) 时，锚杆拉力接近于 0kN。

5.1.6 锚杆＋框架梁共同作用的锚杆拉力计算

锚杆 (索) 的外功率，主要来自于锚杆 (索) 的拉力，锚杆 (索) 的拉力传递给坡面框架梁，框架梁给滑坡体施加一个反力使得滑动体稳固，因此，在计算锚杆拉力时，必须考虑锚杆＋框架梁的共同作用，即把锚杆 (索) 的拉力作为体力施加于滑动体上，锚杆 (索) 的拉力 T 可分解为水平向和竖向分力，水平向分力与膨胀力的方向相反，竖向分力与重力方向相同，因此，锚杆 (索) 的外功率为

$$W_m = -\frac{T}{V_t} \cos\alpha \times r_0^3 \Omega\, g + \frac{T}{V_t} \sin\alpha \times r_0^3 \Omega\, f \tag{5-42}$$

式中，W_m 表示锚杆 (索) 的外功率；T 表示锚杆 (索) 总拉力；α 表示锚杆 (索) 的水平角 (锚杆 (索) 与其水平投影的夹角)；V_t 表示滑坡体的体积，纵向取单位长度。

$$V_t = S_t \times 1 \tag{5-43}$$

$$S_t = S_1 - S_2 - S_3 - S_4 - S_5 \tag{5-44}$$

$$S_1 = \frac{r_0^2 (\mathrm{e}^{2(\theta_h - \theta_0)\tan\phi} - 1)}{4\tan\phi} \tag{5-45}$$

$$S_2 = \frac{1}{2}L \cdot r_0 \sin\theta_0 \tag{5-46}$$

$$S_3 = \frac{1}{2}r_0 \times H\alpha_1 \left[\cos\theta_0 - \frac{L}{r_0} + \sin\theta_0 \cot\beta_1\right] \tag{5-47}$$

$$S_4 = \frac{1}{2}d_1 \times r_0 \left(\sin\theta_0 + \frac{H\alpha_1}{r_0}\right) \tag{5-48}$$

$$S_5 = \frac{1}{3}r_0 \times H\alpha_2 \times \left[\cos\theta_0 - \frac{L}{r_0} - \frac{H\alpha_1}{r_0}\cot\beta_1 - \frac{d_1}{r_0} + \left(\sin\theta_0 + \frac{H\alpha_1}{r_0}\right)\cot\beta_2\right] \tag{5-49}$$

将式 (5-43) 代入式 (5-42)，化简后可得锚杆 (索) 的拉力为

$$T = \frac{S_x \cdot V_t}{r_0(f \cdot \sin a - g \cdot \cos a)} \times \left[\frac{c}{2\tan\phi}(\mathrm{e}^{2(\theta_h - \theta_0)\tan\phi} - 1) \right.$$
$$\left. - K \cdot (\gamma - k_v)r_0 f - (\beta_h + K \cdot k_h)r_0 g\right] \tag{5-50}$$

单级边坡坡高 8m，倾角 33.7°，边坡长度 14.4m，坡面框架梁的尺寸为 2m×2m，锚杆 (索) 的横向间距 S_x=2m，锚杆 (索) 沿坡面间距取 2m，锚杆 (索) 倾角 20°，

单级边坡沿坡面可布置 7 根锚杆 (索)，两级边坡共 14 根，因此可以计算得到单根锚杆 (索) 的拉力。锚杆 (索) 拉力计算结果如表 5-10 所示。考虑锚杆 (索)+ 框架梁共同作用，单根锚杆 (索) 拉力与安全系数的关系如图 5-18 所示。

表 5-10　锚杆 (索) 拉力与安全系数的关系

安全系数 K	1	1.2	1.4	1.6	1.8	2.0	备注
	118.69	339.65	560.61	781.57	1002.53	1223.49	工况 1
总拉力/kN	412.11	633.07	854.03	1074.99	1295.95	1515.91	工况 2
	926.88	1250.79	1574.71	1898.61	2222.52	2546.44	工况 3
	8.48	24.26	40.04	55.83	71.61	87.39	工况 1
单根拉力/kN	29.44	45.22	61.00	76.79	92.57	108.35	工况 2
	66.21	89.34	112.48	135.62	158.75	181.89	工况 3

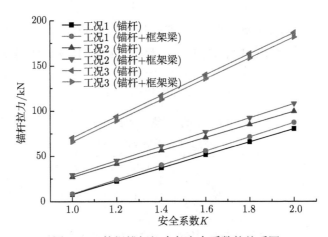

图 5-18　单根锚杆拉力与安全系数的关系图

对于锚杆拉力而言，仅考虑锚杆作用的计算方法为传统方法，而考虑锚杆 + 框架梁共同作用为本节提出的新计算方法，由图 5-18 可知，对比传统方法和本文新方法，锚杆拉力的大小比较接近，最大误差仅为 7.9%，由此说明，计算结果是正确的，本文提出的新锚杆拉力计算方法是有效的；相比于传统方法，本文计算方法简便快捷，更符合实际情况。由图 5-18 可知，考虑锚杆 + 框架梁共同作用，三种工况下，锚杆的拉力随着边坡安全系数呈线性增长关系，锚杆拉力越大，边坡越安全；工况 1 条件下，采用本文提出的新方法确定锚杆拉力比传统方法计算的值略大，两者误差最大值为 6.2%；工况 2 和工况 3 条件下，仅考虑锚杆作用比考虑锚杆 (索)+ 框架梁共同作用计算得到的锚杆拉力略小。

根据规范可知，在进行锚杆 (索) 设计时，边坡的安全系数取 1.2~1.6，工况 1 条件下，单根锚杆 (索) 的拉力介于 24.26~55.83kN；工况 2 条件下，单根锚杆 (索)

的拉力介于 45.22~76.79kN，工况 3 条件下 (最不利条件)，单根锚杆 (索) 的拉力介于 89.34~135.62kN，表 3-10 为边坡的设计和施工提供有益参考。

5.2　考虑孔隙水压力影响的边坡稳定性分析及锚杆拉力计算

5.2.1　计算模型的建立

孔隙水压力是边坡稳定性分析中必须考虑的影响因素之一，此处采用与 Michalowski 类似的方法 [133]，即将孔隙水压力功率等效为外力功率，代入能量平衡方程。滑裂面上某点的孔隙水压力与滑裂面在该点处的法线方向一致，其水头值等于该点至浸润线 (坡面) 铅直距离差。如图 5-19 所示，考虑最不利条件下，浸润线与坡面线重合。

$$U_i = \gamma_w z_{wi} l_i \tag{5-51}$$

$$W_{\text{water}} = \sum_{i=1}^{n} V_i U_i \sin \phi \tag{5-52}$$

式中，γ_w 表示水的重度，10kN/m^3；z_{wi} 表示土条 i 的高度；l_i 表示土条 i 下底面长度；U_i 表示土条 i 的孔隙水压力；V_i 表示土条 i 的速度。

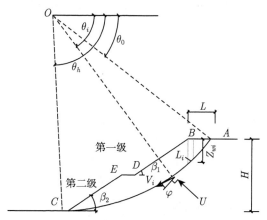

图 5-19　孔隙水压力对边坡影响示意图

将式 (5-51) 代入式 (5-52) 得

$$W_{\text{water}} = \sum_{i=1}^{n} \gamma_w z_{wi} l_i \cdot r_i \Omega \cdot \sin \phi \tag{5-53}$$

$$l_i = r_i d_\theta \tag{5-54}$$

$$z_{wi} = \begin{cases} r_i \sin\theta - r_0 \sin\theta_0, & \theta_0 \leqslant \theta < \theta_b \\ r_i \sin\theta - r_0 \sin\theta_0 - (r_b \cos\theta_b - r_i \cos\theta)\tan\beta_1, & \theta_b \leqslant \theta < \theta_d \\ r_i \sin\theta - r_0 \sin\theta_0 - \alpha_2 H, & \theta_d \leqslant \theta < \theta_e \\ r_i \sin\theta - r_0 \sin\theta_0 - \alpha_2 H - (r_e \cos\theta_e - r_i \cos\theta)\tan\beta_2, & \theta_e \leqslant \theta \leqslant \theta_h \end{cases} \tag{5-55}$$

由于坡面 ABC 为折线, 因此 z_{wi} 为分段函数, 分段点为 B, D, E 点, 其中, $\theta_b, \theta_d, \theta_e$ 分别可由下式 (5-56)(5-67)(5-47) 求得

$$r_b \cos\theta_b = r_0 \cos\theta_0 - L \tag{5-56}$$

$$r_d \cos\theta_d = r_0 \cos\theta_0 - L - \alpha_1 H \cot\beta_1 \tag{5-57}$$

$$r_e \cos\theta_e = r_0 \cos\theta_0 - L - \alpha_1 H \cot\beta_1 - d_1 \tag{5-58}$$

将式 (5-54)(5-55) 代入 (5-53) 得

$$\begin{aligned} W_{\text{water}} =& S_x \cdot \gamma_w \Omega \sin\phi \bigg(\int_{\theta_0}^{\theta_h} r_i^3 \sin\theta - r_i^2 r_0 \sin\theta_0 \mathrm{d}\theta \\ &+ \int_{\theta_b}^{\theta_d} r_i^3 \cos\theta \tan\beta_1 - r_i^2 r_b \cos\theta_b \tan\beta_1 \mathrm{d}\theta - \int_{\theta_d}^{\theta_h} r_i^2 \alpha_2 H \mathrm{d}\theta \\ &+ \int_{\theta_e}^{\theta_h} r_i^3 \cos\theta \tan\beta_2 - r_i^2 r_e \cos\theta_e \tan\beta_2 \mathrm{d}\theta \bigg) \\ =& r_0^3 \gamma_w \Omega \sin\phi \times w \end{aligned} \tag{5-59}$$

其中,

$$w = w_1 + w_2 + w_3 + w_4 + w_5 + w_6 + w_7 \tag{5-60}$$

$$w_1 = \frac{(3\tan\phi\sin\theta_h - \cos\theta_h)\mathrm{e}^{3(\theta_h-\theta_0)\tan\phi} - 3\tan\phi\sin\theta_0 + \cos\theta_0}{1 + 9\tan^2\phi} \tag{5-61}$$

$$w_2 = -\frac{\sin\theta_0(\mathrm{e}^{2(\theta_h-\theta_0)\tan\phi} - 1)}{2\tan\phi} \tag{5-62}$$

$$w_3 = \tan\beta_1 \frac{(3\tan\phi\cos\theta_d + \sin\theta_d)\mathrm{e}^{3(\theta_d-\theta_0)\tan\phi} - (3\tan\phi\cos\theta_b + \sin\theta_b)\mathrm{e}^{3(\theta_b-\theta_0)\tan\phi}}{1 + 9\tan^2\phi} \tag{5-63}$$

$$w_4 = -\frac{\tan\beta_1\cos\theta_b(\mathrm{e}^{(2\theta_d+\theta_b-3\theta_0)\tan\phi} - \mathrm{e}^{3(\theta_b-\theta_0)\tan\phi})}{2\tan\phi} \tag{5-64}$$

$$w_5 = -\alpha_1 \frac{H}{r_0} \frac{(\mathrm{e}^{2(\theta_h-\theta_0)\tan\phi} - \mathrm{e}^{2(\theta_d-\theta_0)\tan\phi})}{2\tan\phi} \tag{5-65}$$

$$w_6 = \tan\beta_2 \frac{(3\tan\phi\cos\theta_h + \sin\theta_h)e^{3(\theta_h-\theta_0)\tan\phi} - (3\tan\phi\cos\theta_e + \sin\theta_e)e^{3(\theta_e-\theta_0)\tan\phi}}{1 + 9\tan^2\phi}$$

(5-66)

$$w_7 = -\frac{\tan\beta_2\cos\theta_e(e^{(2\theta_h+\theta_e-3\theta_0)\tan\phi} - e^{3(\theta_e-\theta_0)\tan\phi})}{2\tan\phi}$$

(5-67)

5.2.2 安全系数

(1) 考虑重力和孔隙水压力影响, 由外功率与内能耗散功率相等, 可得

$$W_{ABC} + W_{\text{water}} = C_{AC}$$

(5-68)

(2) 考虑重力、孔隙水压力和变形力影响, 由外功率与内能耗散功率相等, 可得

$$W_{ABC} + W_{\text{water}} + F_{ABC} = C_{AC}$$

(5-69)

(3) 考虑重力、孔隙水压力、变形和地震的影响, 由外功率与内能耗散功率相等, 可得

$$W_{ABC} + W_{\text{water}} + F_{ABC} + W_k = C_{AC}$$

(5-70)

采用强度折减法或体积力增量法计算边坡的安全系数, 相关参数的选取见表 5-1。考虑孔隙水压力作用, 边坡的安全系数计算结果如表 5-11 所示, 三种工况下, 计算得到滑裂面图形如图 5-20 所示。由表 5-11 可知, 考虑自重和孔隙水压力的作用, 边坡安全系数为 0.757, 安全系数降低了 16.17%; 考虑自重、变形力和孔隙水压力的作用, 边坡安全系数为 0.699; 考虑自重、地震力和孔隙水压力的作用, 边坡安全系数为 0.647; 考虑自重、变形力、地震力和孔隙水压力的作用, 边坡安全系数为 0.606。孔隙水压力使得安全系数降低了 16.17%, 说明孔隙水压力对边坡的稳定极其不利, 对比可知, 孔隙水压力对边坡的影响小于地震作用 (降低 17.65%), 大于变形力 (降低 7.8%)。

表 5-11 安全系数对比表

工况	不考虑孔隙水压力	考虑孔隙水压力	降低百分比
自重	0.903	0.757	16.17%
自重 + 变形力	0.833	0.699	16.09%
自重 + 地震	0.742	0.647	11.66%
自重 + 变形力 + 地震	0.686	0.606	12.80%

由图 5-20 可知, 工况 1 下, 滑裂面上端通过坡顶, 为整体滑动, 而考虑孔隙水压力的作用后 (工况 4、工况 5、工况 6), 滑裂面上端则通过坡腰, 为局部浅层滑动, 由此说明, 孔隙水压力对边坡滑裂面的型式影响较大; 由于膨胀土裂隙较发育, 给雨水入渗提供通道, 降雨条件下孔隙水压力增大, 导致膨胀土边坡发生浅层滑坡。对比工况 4、工况 5、工况 6 的滑裂面可知, 考虑的不利因素越多, 浅层滑裂面高度越低, 浅层滑坡越容易发生。

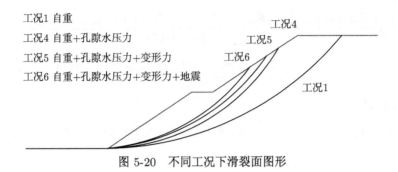

图 5-20　不同工况下滑裂面图形

5.2.3　锚杆 (索) 拉力的计算

考虑变形力、地震荷载、锚索拉力，由外功率与内能耗散功率相等，可得

$$W_{ABC} + W_{\text{water}} + F_{ABC} + W_m + W_k = C_{AC} \tag{5-71}$$

由上述式 (5-3) (5-59) (5-9) (5-15) (5-22) (5-23) 代入式 (5-71)，化简后可得考虑变形力、孔隙水压力和地震作用下，锚杆 (索) 的拉力与安全系数之间的关系为

$$T = \frac{S_x \cdot r_0^2 \cdot [(\beta_h + k_h \gamma \cdot K)g + (\gamma + k_v \gamma \cdot K) \cdot f + w\gamma_w \sin\phi] - S_x \cdot \dfrac{c \cdot r_0}{2\tan\phi} \cdot [e^{2(\theta_h - \theta_0)\tan\phi} - 1]}{\sum [e^{(\theta_i - \theta_0)\tan\phi} \cdot \sin(\theta_i - \xi)]} \tag{5-72}$$

代入相关参数，计算结果如表 5-12、图 5-21 所示。由表 5-12、图 5-21 可知，各种工况下锚杆的拉力与安全系数呈线性关系，锚杆拉力越大，安全系数也越大。工况 3 下，锚杆拉力值最小，说明，孔隙水压力对锚杆拉力的影响较大；工况 5 下，锚杆拉力增加的斜率最小，说明地震荷载对锚杆拉力随安全系数增加的斜率影响较大；工况 6 下，锚杆拉力最大，工况 5 下，锚杆拉力次之。

表 5-12　锚杆拉力与安全系数之间的关系

安全系数 K	1	1.2	1.4	1.6	1.8	2	备注
单根锚杆 (索) 拉力 /kN	70.63	93.87	117.11	140.35	163.58	186.82	自重 + 地震 + 变形力 (工况 3)
	128.23	142.76	157.29	171.82	186.35	200.88	自重 + 孔隙水压力 + 变形力 (工况 5)
	171.77	195.00	218.24	241.48	264.72	287.79	自重 + 孔隙水压力 + 地震 + 变形力 (工况 6)
	152.47	175.71	198.94	222.18	245.42	268.66	自重 + 孔隙水压力 + 地震 (工况 7)

　　根据规范可知，在进行锚杆 (索) 设计时，边坡的安全系数取 1.2~1.6，对于不考虑孔隙水压力作用的膨胀土边坡而言，单根锚杆的拉力设计值可取 93.87~140.35kN；对于不考虑抗震作用的膨胀土边坡而言，单根锚杆的拉力设计值可取 142.73~171.82kN；对于一般土边坡而言，单根锚杆的拉力设计值可取 175.71~222.18kN；对于考虑自重、孔隙水压力、地震和变形力作用的膨胀土边坡而言，单根锚杆的拉力设计值可取 195.00~241.48kN。

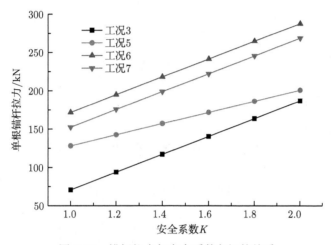

图 5-21　锚杆拉力与安全系数之间的关系

　　对比表 5-12 和表 5-4 可知，锚杆拉力最大值由最初的 186.82kN 增加到 286.66kN，因此，考虑孔隙水压力后，锚杆拉力最大增加了 53.44%。

5.3　考虑裂隙影响的边坡稳定性分析及锚杆拉力计算

　　裂隙是边坡稳定性分析中非常重要的影响因素。膨胀土本身的渗透率较小，雨水入渗量有限，而裂隙的存在给雨水入渗提供了良好的通道，因此，必须考虑裂隙对膨胀土边坡稳定性的影响。如图 5-22 所示，本文考虑连通滑裂面的裂隙，裂隙深度为 h_w，裂隙静水压力为 P_w(降雨条件下)，则

$$h_w = n_1 H \quad 0 \leqslant n_1 \leqslant 1 \tag{5-73}$$

$$P_w = \frac{1}{2}\gamma_w h_w^2 \tag{5-74}$$

其中，h_w 表示裂隙开展深度；P_w 表示静水压力；n_1 表示裂隙深度与边坡高度的比例系数；当 $n_1=0$ 时，表明裂隙深度为 0，当 $n_1=1$ 时，表明裂隙深度为边坡高度 H。

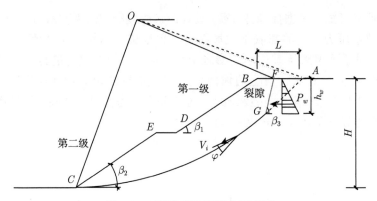

图 5-22　裂隙对边坡影响示意图

5.3.1　计算模型的建立

1) 边坡的几何关系

如图 5-1 所示，利用坐标变换，从几何关系可以看出，H/r_0 和 L/r_0 的比值可以用 θ_0 和 θ_h 表示。

$$\frac{H}{r_0} = \mathrm{e}^{(\theta_h - \theta_0)\tan\phi}\sin\theta_h - \sin\theta_0 \tag{5-75}$$

$$\frac{L}{r_0} = \cos\theta_0 - \mathrm{e}^{(\theta_h - \theta_0)\tan\phi}\cos\theta_h - \frac{1}{r_0}\sum\left(\frac{\alpha_i H}{\tan\beta_i} + d_i\right) \quad i = 1,2 \tag{5-76}$$

$$\frac{n_1 H}{r_0} = \mathrm{e}^{(\theta_g - \theta_0)\tan\phi}\sin\theta_g - \sin\theta_0 \tag{5-77}$$

$$\frac{L_{AF}}{r_0} = \cos\theta_0 - \mathrm{e}^{(\theta_g - \theta_0)\tan\phi}\cos\theta_g - \frac{n_1 H}{r_0}\cot\beta_3 \tag{5-78}$$

$$\begin{cases} r_g\sin\theta_g - r_0\sin\theta_0 = n_1 H \\ r_0\cos\theta_0 - r_g\cos\theta_g = L_{AF} + n_1 H\cot\beta_3 \end{cases} \tag{5-79}$$

式中，θ_g 表示线 OG 与水平线的夹角；β_3 表示裂隙 FG 的水平倾角；当裂隙为垂直裂隙时，$\beta_3 = 90°$，当裂隙为水平裂隙。$\beta_3 = 0°$ 时；L_{AF} 表示线段 AF 的长度。

2) 外功率

(1) 重力外功率

如图 5-17 所示，由于裂隙的存在，滑裂面未能通过 A 点，滑动土体的区域为 $FBCG$，可利用叠加法计算 $FBCG$ 区域土重做的外功率，$FBCG$ 区域 $=ABC$ 区域 $-AFG$ 区域，其中 ABC 区域和 AFG 区域较易计算，因此重力外功率可表示为

$$W_{FBCG} = W_{ABC} - W_{AFG} \tag{5-80}$$

$$W_{ABC} = S_x \cdot \gamma r_0^3 \Omega(f_1 - f_2 - f_3 - f_4 - f_5) \tag{5-81}$$

$$W_{AFG} = S_x \cdot \gamma r_0^3 \Omega (f_6 - f_7 - f_8) \tag{5-82}$$

$$W_{FBCG} = S_x \cdot \gamma r_0^3 \Omega (f_1 - f_2 - f_3 - f_4 - f_5 - f_6 + f_7 + f_8) \tag{5-83}$$

$$f_1 = \frac{(3\tan\phi\cos\theta_h + \sin\theta_h)e^{3(\theta_h - \theta_0)\tan\phi} - 3\tan\phi\cos\theta_0 - \sin\theta_0}{3 + 27\tan^2\phi}$$

$$f_2 = \frac{1}{3}\frac{L}{r_0}\left(\cos\theta_0 - \frac{L}{2r_0}\right)\sin\theta_0 \tag{5-84}$$

$$f_3 = \frac{1}{3}\frac{H\alpha_1}{r_0}\left[\cos\theta_0 - \frac{L}{r_0} + \sin\theta_0\cot\beta_1\right] \times \left(\cos\theta_0 - \frac{L}{r_0} - \frac{1}{2}\frac{H\alpha_1}{r_0}\cot\beta_1\right) \tag{5-85}$$

$$f_4 = \frac{1}{3}\frac{d_1}{r_0}\left(\sin\theta_0 + \frac{H\alpha_1}{r_0}\right)\left(\cos\theta_0 - \frac{L}{r_0} - \frac{H\alpha_1}{r_0}\cot\beta_1 - \frac{d_1}{2r_0}\right) \tag{5-86}$$

$$f_5 = \frac{1}{3}\frac{H\alpha_2}{r_0}\left[\cos\theta_0 - \frac{L}{r_0} - \frac{H\alpha_1}{r_0}\cot\beta_1 - \frac{d_1}{r_0} + \left(\sin\theta_0 + \frac{H\alpha_1}{r_0}\right)\cot\beta_2\right]$$
$$\times \left(\cos\theta_0 - \frac{L}{r_0} - \frac{H\alpha_1}{r_0}\cot\beta_1 - \frac{d_1}{r_0} - \frac{H\alpha_2}{2r_0}\cot\beta_2\right) \tag{5-87}$$

$$f_6 = \frac{(3\tan\phi\cos\theta_g + \sin\theta_g)e^{3(\theta_g - \theta_0)\tan\phi} - 3\tan\phi\cos\theta_0 - \sin\theta_0}{3 + 27\tan^2\phi} \tag{5-88}$$

$$f_7 = \frac{1}{3}\frac{L_{AF}}{r_0}\left(\cos\theta_0 - \frac{L_{AF}}{2r_0}\right)\sin\theta_0 \tag{5-89}$$

$$f_8 = \frac{1}{3}\frac{Hn_1}{r_0}\left[\cos\theta_0 - \frac{L_{AF}}{r_0} + \sin\theta_0\cot\beta_3\right] \times \left(\cos\theta_0 - \frac{L_{AF}}{r_0} - \frac{1}{2}\frac{Hn_1}{r_0}\cot\beta_3\right)$$
$$\tag{5-90}$$

(2) 由环境变化引起的膨胀变形外功率

同理，水平变形力外功率可表示为

$$F_{FBCG} = F_{ABC} - F_{AFG} \tag{5-91}$$

$$F_{ABC} = S_x \cdot \beta_h r_0^3 \Omega (g_1 - g_2 - g_3 - g_4 - g_5) \tag{5-92}$$

$$F_{AFG} = S_x \cdot \beta_h r_0^3 \Omega (g_6 - g_7 - g_8) \tag{5-93}$$

$$F_{FBCG} = S_x \cdot \beta_h r_0^3 \Omega (g_1 - g_2 - g_3 - g_4 - g_5 - g_6 + g_7 + g_8) \tag{5-94}$$

$$g_1 = \frac{(3\tan\phi\sin\theta_h - \cos\theta_h)e^{3(\theta_h - \theta_0)\tan\phi} - 3\sin\theta_0\tan\phi + \cos\theta_0}{3 + 27\tan^2\phi} \tag{5-95}$$

$$g_2 = \frac{1}{3}\frac{L}{r_0}\sin^2\theta_0 \tag{5-96}$$

$$g_3 = \frac{1}{3}\frac{H\alpha_1}{r_0}\left[\cos\theta_0 - \frac{L}{r_0} + \sin\theta_0\cot\beta_1\right] \times \left(\sin\theta_0 + \frac{1}{2}\frac{H\alpha_1}{r_0}\right) \tag{5-97}$$

$$g_4 = \frac{1}{3}\frac{d_1}{r_0}\left(\sin\theta_0 + \frac{H\alpha_1}{r_0}\right)^2 \tag{5-98}$$

$$g_5 = \frac{1}{3}\frac{H\alpha_2}{r_0}\left[\cos\theta_0 - \frac{L}{r_0} - \frac{H\alpha_1}{r_0}\cot\beta_1 - \frac{d_1}{r_0} + \left(\sin\theta_0 + \frac{H\alpha_1}{r_0}\right)\cot\beta_2\right]$$
$$\times\left(\sin\theta_0 + \frac{H\alpha_1}{r_0} + \frac{H\alpha_2}{2r_0}\right) \tag{5-99}$$

$$g_6 = \frac{(3\tan\phi\sin\theta_g - \cos\theta_g)e^{3(\theta_g-\theta_0)\tan\phi} - 3\sin\theta_0\tan\phi + \cos\theta_0}{3 + 27\tan^2\phi} \tag{5-100}$$

$$g_7 = \frac{1}{3}\frac{L_{AF}}{r_0}\sin^2\theta_0 \tag{5-101}$$

$$g_8 = \frac{1}{3}\frac{Hn_1}{r_0}\left[\cos\theta_0 - \frac{L_{AF}}{r_0} + \sin\theta_0\cot\beta_3\right]\times\left(\sin\theta_0 + \frac{1}{2}\frac{Hn_1}{r_0}\right) \tag{5-102}$$

(3) 静水压力外功率

静水压力的合力作用点离点 G 的高度为 $\frac{h_w}{3}$ 位置处, 则静水压力外功率:

$$W_p = P_w V\sin\phi = \gamma_w\varOmega r_0^3 w_2\sin\phi \tag{5-103}$$

$$w_2 = \frac{1}{2}n_1^2\left(\frac{H}{r_0}\right)^2$$
$$\times\sqrt{\left(e^{3(\theta_g-\theta_0)\tan\phi}\cos\theta_g + n_1\frac{H}{r_0}\cot\beta_3\right)^2 + \left(e^{3(\theta_g-\theta_0)\tan\phi}\cos\theta_g - \frac{n_1 H}{3r_0}\right)^2}$$
$$\tag{5-104}$$

3) 内部损耗率

$$C_{AC} = \frac{S_x\cdot cr_0^2\varOmega}{2\tan\phi}[(e^{2(\theta_h-\theta_0)\tan\phi} - 1) - (e^{2(\theta_g-\theta_0)\tan\phi} - 1)] \tag{5-105}$$

5.3.2　安全系数

(1) 考虑裂隙的影响, 由外功率与内能耗散功率相等, 可得

$$W_{ABCD} = C_{AD} \tag{5-106}$$

(2) 考虑裂隙及裂隙静水压力的影响, 由外功率与内能耗散功率相等, 可得

$$W_{ABCD} + W_p = C_{AD} \tag{5-107}$$

(3) 考虑裂隙、水压力 (裂隙和孔隙) 和变形力影响, 由外功率与内能耗散功率相等, 可得

$$W_{ABCD} + F_{ABCD} = C_{AD} \tag{5-108}$$

(4) 考虑裂隙和地震影响，由外功率与内能耗散功率相等，可得

$$W_{ABCD} + W_k = C_{AD} \tag{5-109}$$

(5) 考虑裂隙和地震影响，由外功率与内能耗散功率相等，可得

$$W_{ABCD} + F_{ABCD} + W_k = C_{AD} \tag{5-110}$$

(6) 考虑裂隙、水压力 (裂隙和孔隙)、变形力和地震的影响，由外功率与内能耗散功率相等，可得

$$W_{ABCD} + W_p + W_{water} + F_{ABCD} + W_k = C_{AD} \tag{5-111}$$

(7) 计算结果分析

选取裂隙倾角 $\beta_3 = 90°$，$n_1 = 0.1(1.6\text{m})$，其他相关参数的选取见表 5-1。考虑孔隙水压力作用，边坡的安全系数计算结果如表 5-13 所示，三种工况下，软件自动输出边坡滑裂面图形如图 5-23 所示。

由表 5-13 可知，考虑自重的作用，边坡安全系数为 0.903；考虑自重和裂隙的作用，边坡安全系数为 0.828，裂隙的存在使得安全系数降低了 8.31%；考虑自重、裂隙和裂隙静水压力的作用，边坡安全系数为 0.825，说明裂隙静水压力对边坡安全系数影响较小；考虑自重、变形力和裂隙的作用，边坡安全系数为 0.772；考虑自重、地震力和裂隙的作用，边坡安全系数为 0.688；考虑自重、变形力、地震力和裂隙的作用，边坡安全系数为 0.620；考虑自重、变形力、地震力和裂隙的作用，边坡安全系数为 0.492，裂隙使得安全系数有所降低，降低百分比最大值为 11.83%，说明裂隙对边坡的稳定不利，对比可知，裂隙静水压力对安全系数的影响较小；裂隙对边坡安全的影响小于地震作用 (降低 17.65%) 和孔隙水压力 (降低 16.17%)，大于变形力 (降低 7.8%)。

表 5-13 安全系数对比表

工况	安全系数		降低百分比
	不考虑裂隙	考虑裂隙	
自重	0.903	0.828	8.31%
自重 + 裂隙静水压力	0.895	0.825	7.82%
自重 + 变形力	0.833	0.757	9.12%
自重 + 地震	0.742	0.696	6.20%
自重 + 变形力 + 地震	0.686	0.664	3.21%
自重 + 变形力 + 地震 + 水压力	0.558	0.492	11.83%

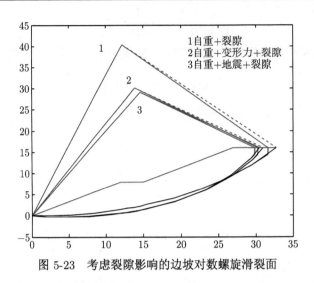

图 5-23　考虑裂隙影响的边坡对数螺旋滑裂面

由图 5-23 可知，考虑裂隙的影响后，边坡的滑裂面长度变短，且与裂隙连通，对比三种工况可知，对于对数螺旋滑裂面初始半径而言：考虑自重 + 裂隙最大，考虑自重 + 变形力 + 裂隙次之，考虑自重 + 地震 + 裂隙最小。

5.3.3　锚杆 (索) 拉力的计算

考虑裂隙、静水压力、孔隙水压力、变形力、地震荷载、锚索拉力，由外功率与内能耗散功率相等，可得

$$W_{ABCD} + W_p + W_{\text{water}} + F_{ABCD} + W_k + W_m = C_{AD} \tag{5-112}$$

由上述式 (5-80) (5-103) (5-59) (5-91) (5-22) (5-15) (5-105) 代入式 (5-112)，化简后可得考虑变形力和地震作用下，锚杆 (索) 的拉力与安全系数之间的关系为

$$T = \frac{1}{\sum \left[e^{(\theta_i - \theta_0) \cdot \tan\phi} \cdot \sin(\theta_i - \xi) \right]} S_x \cdot r_0^2 \cdot \left[(\beta_h + k_h \gamma \cdot K) g + (\gamma + k_v \gamma \cdot K) \cdot f \right.$$
$$\left. + w \gamma_w \sin\phi + \gamma_w w_2 \sin\phi \right] - S_x \cdot \frac{c \cdot r_0}{2 \tan\phi} \cdot \left[e^{2(\theta_h - \theta_0) \cdot \tan\phi} - 1 \right] \tag{5-113}$$

锚杆拉力的计算结果如表 5-14、图 5-24。由表 5-13、图 5-24 可知，各种工况下锚杆的拉力与安全系数呈线性关系，锚杆拉力越大，安全系数也越大。对比工况 3 和工况 9 锚杆拉力结果可知，裂隙 (深 1m) 的存在使得锚杆拉力略有增长，增长值约 2kN；工况 8 下，锚杆拉力增加的斜率最小；工况 10 下，锚杆拉力最大。根据规范可知，在进行锚杆 (索) 设计时，边坡的安全系数取 1.2~1.6，对于考虑自重、裂隙、孔隙水压力、地震和变形力作用的膨胀土边坡而言，单根锚杆的拉力设计值可取 203.70~248.79kN。

对比表 5-14 和表 5-4 可知，锚杆拉力最大值由最初的 185.82kN 增加到 189.41kN，因此，考虑裂隙 (深 1m) 的影响，锚杆拉力最大值增加了 1.39%。

表 5-14　　锚杆拉力与安全系数之间的关系

安全系数	1	1.2	1.4	1.6	1.8	2	备注
单根锚杆 (索) 拉力/kN	70.63	93.87	117.11	140.35	163.58	186.82	自重＋地震＋变形力 (工况 3)
	36.25	50.00	63.76	77.51	91.27	105.03	自重＋裂隙＋变形力 (工况 8)
	72.63	95.99	119.34	142.70	166.05	189.41	自重＋裂隙＋地震＋变形力 (工况 9)
	181.19	203.70	226.22	248.79	271.26	293.61	自重＋裂隙＋地震＋变形力 ＋水压力 (工况 10)

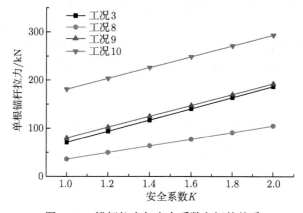

图 5-24　锚杆拉力与安全系数之间的关系

5.3.4　影响因素分析

1) 裂隙深度对锚杆拉力的影响

裂隙倾角为 90°，裂隙深度分别选取 0m, 1m, 2m, 3m, 4m，分别考虑地震和不考虑地震的影响，不考虑水压力作用，安全系数取 1.2，其他各参数不变，计算结果如表 5-15、图 5-25 所示。由图 5-25 可知，锚杆拉力随着裂隙深度的增加而增大，由图表 5-15 可知，当裂隙深度达到 4m 时，考虑地震作用，锚杆拉力为 157.14kN；不考虑地震作用，锚杆拉力为 106.61kN。

表 5-15　　裂隙深度与锚杆拉力之间的关系

裂隙深度/m	0	1	2	3	4	备注
锚杆 (索) 拉力/kN	70.63	88.94	108.91	131.16	157.14	考虑地震
	27.1	43.36	61.35	81.85	106.61	不考虑地震

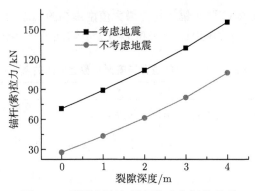

图 5-25　裂隙深度与锚杆拉力之间的关系

2) 裂隙深度对安全系数的影响

裂隙倾角为 90°，裂隙深度分别选取 1m, 2m, 3m, 4m，分别选取 3 种不同工况，其他各参数不变，计算结果如表 5-16、图 5-26 所示。由图 5-26 可知，安全系数随着裂隙深度的增加而减少；由表 5-16 可知，当裂隙深度为 4m 时，安全系数为 0.71，考虑变形力的影响，安全系数为 0.651，考虑地震和变形力的影响，安全系数降为 0.569.

表 5-16　　裂隙深度与安全系数之间的关系

裂隙深度/m	0	1	2	3	4	工况
	0.903	0.868	0.800	0.754	0.710	自重 + 裂隙
安全系数	0.833	0.781	0.739	0.702	0.651	自重 + 裂隙 + 变形力
	0.688	0.662	0.638	0.621	0.569	自重 + 裂隙 + 地震 + 变形力

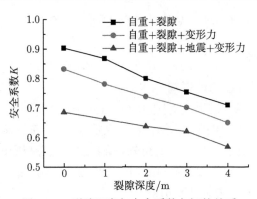

图 5-26　裂隙深度与安全系数之间的关系

3) 裂隙倾角对锚杆拉力的影响

裂隙深度为 1.6m，裂隙倾角分别选取 110°, 100°, 90°, 80°, 70°，分别考虑抗震和不抗震的影响，不考虑水压力作用，安全系数取 1.2，其他各参数不变，计算结果如表 5-17 和图 5-27 所示。由图 5-27 可知，裂隙倾角的变化对锚杆拉力的影响较小，锚杆拉力随着裂隙倾角的减少而缓慢增大；由表 5-17 可知，当裂隙倾角为 70° 时，锚杆拉力较大，考虑地震影响，锚杆拉力为 101.55kN，不考虑地震影响，锚杆拉力为 54.69kN。

表 5-17　裂隙倾角与锚杆拉力之间的关系

裂隙倾角/(°)	110	100	90	80	70	备注
锚杆 (索) 拉力/kN	99.91	100.33	100.73	101.12	101.55	考虑地震
	53.16	53.55	53.92	54.29	54.69	不考虑地震

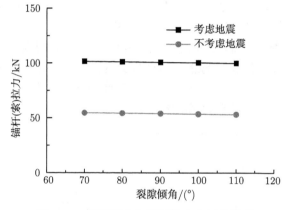

图 5-27　裂隙倾角与锚杆拉力之间的关系

4) 裂隙倾角对安全系数的影响

裂隙深度为 1.6m，裂隙倾角分别选取 110°，100°，90°，80°，70°，锚杆的拉力分别取 0kN，50kN，100kN，150kN，其他各参数不变，计算结果如表 5-18 和图 5-28 所示。由图 5-28 可知，裂隙倾角的变化对安全系数的影响较小；在一定范围内，裂隙倾角的变化对锚杆拉力的影响较小；由表 5-18 可知，当裂隙倾角为 70° 时，安全系数较小，当边坡不做锚杆支护时，安全系数为 0.649，当锚杆拉力为 50kN 时，安全系数为 0.809；当锚杆拉力为 100kN 时，安全系数为 1.223，边坡安全稳定。

表 5-18　裂隙倾角与安全系数之间的关系

裂隙倾角/(°)	110	100	90	80	70	拉力 T/kN
安全系数	0.665	0.664	0.664	0.648	0.649	0
	0.825	0.824	0.823	0.807	0.809	50
	1.24	1.239	1.238	1.222	1.223	100
	1.655	1.654	1.653	1.637	1.639	150

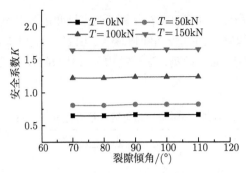

图 5-28　裂隙倾角与安全系数之间的关系

　　图 5-29 和图 5-30 分别为不同裂隙倾角和不同裂隙深度的边坡滑裂面图形。由图 5-29 可知，5 种裂隙倾角条件下，对数螺旋滑裂面 $\theta_h, \theta_0, r_0, L$ 均未发生变化，边坡倾角仅对边坡滑裂面上部产生较小影响，由此可知，裂隙倾角对边坡安全系数的影响较小。由图 5-30 可知，裂隙的深度分别为 1m, 2m, 3m, 4m，各种裂隙深度条件下，对数螺旋滑裂面 θ_0, r_0, L 均发生不同程度的变化，因此，相对于裂隙倾角而言，裂隙深度对边坡安全系数的影响较大。

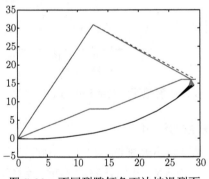

图 5-29　不同裂隙倾角下边坡滑裂面

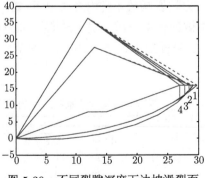

图 5-30　不同裂隙深度下边坡滑裂面

5.4 考虑坡顶超载的边坡稳定性分析及锚杆拉力计算

影响边坡失稳的因素众多而且繁杂，超载作用是诱发边坡失稳的主要因素之一。对于路基边坡而言，边坡顶部存在交通荷载 (超载) 的作用，因此，必须考虑超载对路基边坡稳定性的影响。

5.4.1 计算模型建立

如图 5-31 所示，坡顶存在超载 q，则 q 对坡顶的合力为 F_{overload}，作用点位于 $G(AB$ 的中点)：

$$F_{\text{overload}} = qL \tag{5-114}$$

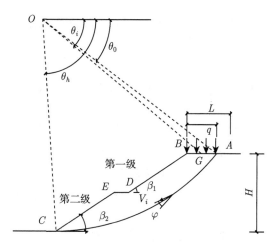

图 5-31　坡顶超载对边坡影响示意图

坡顶超载的外功率

$$W_{\text{overload}} = F_{\text{overload}} V_G \cos \phi = qL r_G \varOmega \cos \phi \tag{5-115}$$

r_G 可由式 (5-116)(5-117) 求得

$$r_G \sin \theta_G - r_0 \sin \theta_0 = 0 \tag{5-116}$$

$$r_0 \cos \theta_0 - r_G \cos \theta_G = \frac{L}{2} \tag{5-117}$$

因此，

$$r_G = \sqrt{\left(r_0 \cos \theta_0 - \frac{L}{2}\right)^2 + (r_0 \sin \theta_0)^2} \tag{5-118}$$

将式 (5-118) 代入式 (5-115) 可得

$$W_{\text{overload}} = q\Omega r_0^2 \cos\phi \frac{L}{r_0} \sqrt{\left(\cos\theta_0 - \frac{L}{2r_0}\right)^2 + (\sin\theta_0)^2} \qquad (5\text{-}119)$$

5.4.2　安全系数

(1) 考虑重力和超载的影响, 由外功率与内能耗散功率相等, 可得

$$W_{ABC} + W_{\text{water}} = C_{AC} \qquad (5\text{-}120)$$

(2) 考虑重力、超载和变形力影响, 由外功率与内能耗散功率相等, 可得

$$W_{ABC} + W_{\text{overload}} + F_{ABC} = C_{AC} \qquad (5\text{-}121)$$

(3) 考虑重力、超载和地震影响, 由外功率与内能耗散功率相等, 可得

$$W_{ABC} + W_{\text{overload}} + W_k = C_{AC} \qquad (5\text{-}122)$$

(4) 考虑重力、地震、超载和变形力影响, 由外功率与内能耗散功率相等, 可得

$$W_{ABC} + W_{\text{overload}} + F_{ABC} + W_k = C_{AC} \qquad (5\text{-}123)$$

(5) 参数选取及计算结果分析

选取 $q=10\text{kN/m}$, 其他相关参数的选取见表 5-1。不考虑孔隙水压力、裂隙的影响, 边坡的安全系数计算结果如表 5-19 所示, 软件自动输出边坡滑裂面图形如图 5-32 所示。

由表 5-19 可知: (a) 考虑自重的作用, 不考虑超载作用的边坡安全系数为 0.903; 当坡顶超载为 10kN/m, 边坡安全系数降为 0.880, 安全系数降低了 2.55%; (b) 对于膨胀土边坡, 考虑变形力的影响, 当坡顶超载为 10kN/m, 边坡安全系数降为 0.821, 安全系数降低了 1.44%; (c) 对于有抗震要求的自然边坡, 当坡顶超载为 10kN/m, 边坡安全系数降为 0.728, 安全系数降低了 1.89%; (d) 对于有抗震要求的膨胀土边坡, 当坡顶超载为 10kN/m, 边坡安全系数为降 0.676, 安全系数降低了 1.46%。

表 5-19　各工况下边坡安全系数对比表

工况	不考虑超载	考虑超载	降低百分比
自重	0.903	0.880	2.55%
自重 + 变形力	0.833	0.821	1.44%
自重 + 地震	0.742	0.728	1.89%
自重 + 变形力 + 地震	0.686	0.676	1.46%

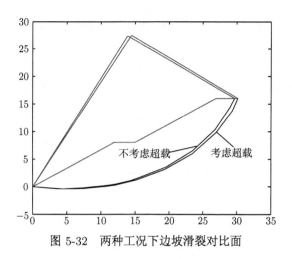

图 5-32 两种工况下边坡滑裂对比面

由图 5-32 可知，对于滑裂面而言，考虑超载比不考虑超载的长；对于滑动土体积而言，考虑超载比不考虑超载的大。

5.4.3 锚杆 (索) 拉力的计算

考虑超载、变形力、地震荷载、锚索拉力，由外功率与内能耗散功率相等，可得

$$W_{ABC} + W_{\text{overload}} + F_{ABC} + W_k + W_m = C_{AC} \tag{5-124}$$

由上述式 (5-3) (5-119) (5-9) (5-15) (5-22) (5-23) 代入式 (5-124)，化简后可得考虑变形力和地震作用下，锚杆 (索) 的拉力与安全系数之间的关系为

$$T = \frac{1}{\sum \left[e^{(\theta_i - \theta_0) \cdot \tan\phi} \cdot \sin(\theta_i - \xi) \right]} \left\{ S_x \cdot r_0^2 \cdot \left[(\beta_h + k_h \gamma \cdot K) g + (\gamma + k_v \gamma \cdot K) \cdot f \right] \right.$$
$$\left. + S_x \cdot qLr_G \cos\phi - S_x \cdot \frac{c \cdot r_0}{2\tan\phi} \cdot \left[e^{2(\theta_h - \theta_0) \cdot \tan\phi} - 1 \right] \right\} \tag{5-125}$$

$W_{ABDEC} + F_{ABDEC} + W_k = C_{AC}$ 锚杆拉力的计算结果如表 5-20、图 5-33。由图 5-33 可知，各种工况下锚杆的拉力与安全系数呈线性关系，锚杆拉力越大，安全系数越大。工况 11 和工况 12 锚杆拉力增加的斜率相同，工况 13 和工况 14 锚杆拉力增加的斜率相同。

根据规范可知，在进行锚杆 (索) 设计时，边坡的安全系数取 1.2～1.6，当坡顶超载为 10kN/m，(a) 对于一般边坡，单根锚杆的拉力设计值可取 103.63～131.88kN；(b) 对于膨胀土边坡，考虑变形力的影响，单根锚杆的拉力设计值可取 123.09～165.44kN；(c) 对于有抗震要求的自然边坡，单根锚杆的拉力设计值可取 156.08～201.80kN；(d) 对于有抗震要求的膨胀土边坡，单根锚杆的拉力设计值可取 175.53～221.24kN。

表 5-20　　锚杆拉力与安全系数之间的关系

安全系数	1	1.2	1.4	1.6	1.8	2	备注
	89.53	103.65	117.76	131.88	146.00	160.12	自重 + 超载 (工况 11)
单根锚杆 (索) 拉力/kN	108.97	123.09	137.21	151.33	165.44	179.56	自重 + 超载 + 变形力 (工况 12)
	132.22	156.08	178.94	201.80	224.66	247.51	自重 + 超载 + 地震 (工况 13)
	152.67	175.53	198.38	221.24	244.10	266.96	自重 + 超载 + 地震 + 变形力 (工况 14)

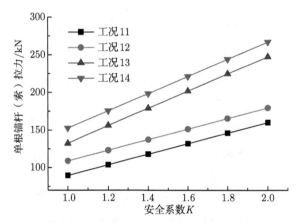

图 5-33　锚杆拉力与安全系数之间的关系

对比表 5-20 和表 5-4 可知,锚杆拉力最大值由最初的 186.82kN 增加到 266.96kN,因此,当坡顶超载为 10kN/m,锚杆拉力最大值增加了 42.90%,相比于安全系数而言,坡顶超载对锚杆拉力的影响大于对安全系数的影响。

5.4.4　影响因素分析

1) 坡顶超载对边坡安全系数的影响

根据《铁路路基支挡结构设计规范》可知,特重型列车及轨道荷载强度为 60.2kPa,分布宽度为 3.7m。因此,坡顶超载 q 可取 10kN/m, 20kN/m, 30kN/m, 40kN/m, 50kN/m, 60.2kN/m。结果见图 5-34 和表 5-21,由图 5-34 所示,安全系数随着坡顶超载的增大而非线性减少,原因在于超载越大,坡顶荷载宽度越小 (< 3.7m),如图 5-31 所示;由表 5-21 所示,当坡顶超载为 60.2kPa 时,考虑自重工况,边坡安全系数为 0.781,对于膨胀土边坡,安全系数为 0.711,对于有抗震要求的一般边坡,安全系数为 0.680,对于有抗震要求的膨胀土边坡,安全系数为 0.611。

2) 坡顶超载对锚杆拉力的影响

坡顶超载 q 可取 10kN/m, 20kN/m, 30kN/m, 40kN/m, 50kN/m, 60.2kN/m。

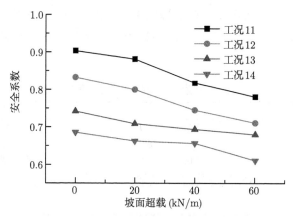

图 5-34　坡顶超载与安全系数之间的关系

表 5-21　坡顶超载与安全系数之间的关系

坡顶超载 (kN/m)	0	20	40	60.2	备注
安全系数	0.903	0.881	0.818	0.781	自重 (工况 11)
	0.833	0.800	0.745	0.711	自重 + 变形力 (工况 12)
	0.742	0.709	0.694	0.680	自重 + 地震 (工况 13)
	0.686	0.663	0.657	0.611	自重 + 地震 + 变形力 (工况 14)

结果见图 5-35 和表 5-22，由图 5-35 所示，锚杆拉力随着坡顶超载的增大而线性增大，且四种工况下，锚杆拉力增大的斜率均相同；由表 5-22 所示，当坡顶超载为 60.2kPa 时，考虑自重工况，锚杆拉力为 325.08kN，对于膨胀土边坡，锚杆拉力为 345.05kN，对于有抗震要求的一般边坡，锚杆拉力为 369.97kN，对于有抗震要求的膨胀土边坡，锚杆拉力为 389.94kN；由此可知，当坡顶超载为 60.2kPa 时，由于单

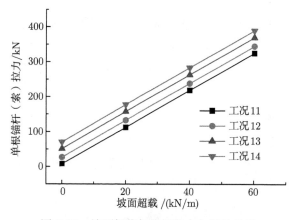

图 5-35　坡顶超载与锚杆拉力之间的关系

孔锚杆拉力较大 (大于 300kN)，此边坡应采用抗滑桩或预应力锚索框架梁等其他支护型式。由图 5-36 可知，在一定范围内，边坡滑裂面长度、初始半径和 L 随着超载的增大而减少。

表 5-22　　坡顶超载与锚杆拉力之间的关系

坡顶超载/(kN/m)	0	20	40	60.2	备注
	7.81	112.28	218.94	325.08	自重 (工况 11)
单根锚杆 (索) 拉力/kN	27.1	132.77	238.91	345.05	自重 + 变形力 (工况 12)
	51.55	157.69	263.83	369.97	自重 + 地震 (工况 13)
	70.63	177.66	283.8	389.94	自重 + 地震 + 变形力 (工况 14)

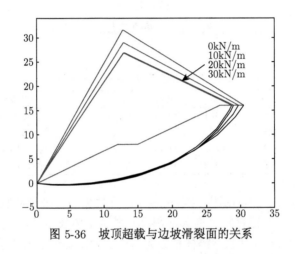

图 5-36　坡顶超载与边坡滑裂面的关系

5.5　考虑土体分层的边坡稳定性分析及锚杆拉力计算

实际工程中，众多边坡并非匀质边坡，边坡土体都可分为若干层，各层土体物理力学性质存在差异，因此，结合实际情况，考虑土体分层对边坡稳定性的影响。假设土体分层线为水平方向，且忽略土层体分界处的影响，不考虑土层间的速度间断面。

5.5.1　计算模型建立

1) 边坡的几何关系

如图 5-37 所示，利用坐标变换，从几何关系可以看出，H/r_0 和 L/r_0 的比值可以用 θ_0 和 θ_h 表示：

$$\frac{H}{r_0} = e^{(\theta_h - \theta_0)\tan\phi_1}\sin\theta_h - \sin\theta_0 \tag{5-126}$$

$$\frac{L}{r_0} = \cos\theta_0 - e^{(\theta_h - \theta_0)\tan\phi_1}\cos\theta_h - \frac{1}{r_0}\sum\left(\frac{\alpha_i H}{\tan\beta_i} + d_i\right) \quad i = 1, 2 \tag{5-127}$$

$$\frac{H_I}{r_I} = \frac{(\alpha_4 + \alpha_2)H}{r_I} = e^{(\theta_h - \theta_I)\tan\phi_1}\sin\theta_h - \sin\theta_I \tag{5-128}$$

$$\frac{L_{FI}}{r_I} = \cos\theta_I - e^{(\theta_h - \theta_I)\tan\phi_1}\cos\theta_h - \frac{\alpha_4 H}{r_I}\cot\beta_1 - d_1 - \frac{\alpha_2 H}{r_I}\cot\beta_2 \tag{5-129}$$

$$\begin{cases} r_I\sin\theta_I - r_0\sin\theta_0 = \alpha_3 H \\ r_0\cos\theta_0 - L - \alpha_3 H\cot\beta_1 + L_{FI} = r_I\cos\theta_I \end{cases} \tag{5-130}$$

式中，θ_I 表示线 OI 与水平线的夹角；L_{FI} 表示线段 FI 的长度。

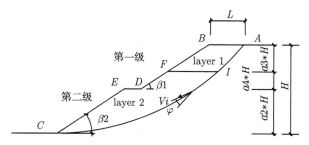

图 5-37 考虑土体分层的边坡破坏机构示意图

2) 外功率

(1) 重力外功率

如图 5-37 所示，可利用叠加法计算 $ABDEC$ 区域土重所做的外功率:

$$W_{ABDEC} = W^1_{ABFI} + W^2_{IFDEC} \tag{5-131}$$

$$W^1_{ABFI} = W^1_{ABDEC} - W^1_{IFDEC} \tag{5-132}$$

结合式 (5-131) 和 (5-132) 可得

$$W_{ABDEC} = W^1_{ABDEC} - W^1_{IFDEC} + W^2_{IFDEC} \tag{5-133}$$

其中，W^1_{ABFI} 表示当 $ABFI$ 区域土体参数取 layer1 时，$ABFI$ 区域重力外功率；W^2_{IFDEC} 表示当 $IFDEC$ 区域土体参数取 layer2 时，$IFDEC$ 区域重力外功率；W^1_{ABDEC} 表示当 $ABDEC$ 区域土体参数取 layer1 时，$ABDEC$ 区域重力外功率；W^1_{IFDEC} 表示当 $IFDEC$ 区域土体参数取 layer1 时，$IFDEC$ 区域重力外功率。

$$W^1_{ABDEC} = S_x \cdot \gamma_1 r_0^3 \Omega(f_1^1 - f_2^1 - f_3^1 - f_4^1 - f_5^1) \tag{5-134}$$

$$W^1_{IFDEC} = S_x \cdot \gamma_1 r_I^3 \Omega(f_6^1 - f_7^1 - f_8^1 - f_9^1 - f_{10}^1) \tag{5-135}$$

$$W^2_{IFDEC} = S_x \cdot \gamma_2 r_I^3 \Omega(f_6^2 - f_7^2 - f_8^2 - f_9^2 - f_{10}^2) \tag{5-136}$$

因此，W_{ABDEC} 可表示为

$$W_{ABDEC} = S_x \cdot \gamma_1 r_0^3 \Omega (f_1^1 - f_2^1 - f_3^1 - f_4^1 + f_5^1) - S_x \cdot \gamma_1 r_I^3 \Omega (f_6^1 - f_7^1 - f_8^1 - f_9^1 - f_{10}^1)$$
$$+ S_x \cdot \gamma_2 r_I^3 \Omega (f_6^2 - f_7^2 - f_8^2 - f_9^2 - f_{10}^2) \tag{5-137}$$

$$f_1^1 = \frac{(3\tan\phi\cos\theta_h + \sin\theta_h)e^{3(\theta_h - \theta_0)\tan\phi} - 3\tan\phi\cos\theta_0 - \sin\theta_0}{3 + 27\tan^2\phi} \tag{5-138}$$

$$f_2^1 = \frac{1}{3}\frac{L}{r_0}\left(\cos\theta_0 - \frac{L}{2r_0}\right)\sin\theta_0 \tag{5-139}$$

$$f_3^1 = \frac{1}{3}\frac{H\alpha_1}{r_0}\left[\cos\theta_0 - \frac{L}{r_0} + \sin\theta_0\cot\beta_1\right] \times \left(\cos\theta_0 - \frac{L}{r_0} - \frac{1}{2}\frac{H\alpha_1}{r_0}\cot\beta_1\right) \tag{5-140}$$

$$f_4^1 = \frac{1}{3}\frac{d_1}{r_0}\left(\sin\theta_0 + \frac{H\alpha_1}{r_0}\right)\left(\cos\theta_0 - \frac{L}{r_0} - \frac{H\alpha_1}{r_0}\cot\beta_1 - \frac{d_1}{2r_0}\right) \tag{5-141}$$

$$f_5^1 = \frac{1}{3}\frac{H\alpha_2}{r_0}\left[\cos\theta_0 - \frac{L}{r_0} - \frac{H\alpha_1}{r_0}\cot\beta_1 - \frac{d_1}{r_0} + \left(\sin\theta_0 + \frac{H\alpha_1}{r_0}\right)\cot\beta_2\right]$$
$$\times \left(\cos\theta_0 - \frac{L}{r_0} - \frac{H\alpha_1}{r_0}\cot\beta_1 - \frac{d_1}{r_0} - \frac{H\alpha_2}{2r_0}\cot\beta_2\right) \tag{5-142}$$

$$f_6^1 = \frac{(3\tan\phi_1\cos\theta_h + \sin\theta_h)e^{3(\theta_h - \theta_I)\tan\phi_1} - 3\tan\phi_1\cos\theta_I - \sin\theta_I}{3 + 27\tan^2\phi_1} \tag{5-143}$$

$$f_7^1 = \frac{1}{3}\frac{L_{FI}}{r_I}\left(\cos\theta_I - \frac{L_{FI}}{2r_I}\right)\sin\theta_I \tag{5-144}$$

$$f_8^1 = \frac{1}{3}\frac{H\alpha_4}{r_I}\left[\cos\theta_I - \frac{L_{FI}}{r_I} + \sin\theta_I\cot\beta_1\right]\left(\cos\theta_I - \frac{L_{FI}}{r_I} - \frac{1}{2}\frac{H\alpha_4}{r_I}\cot\beta_1\right) \tag{5-145}$$

$$f_9^1 = \frac{1}{3}\frac{d_1}{r_I}\left(\sin\theta_I + \frac{H\alpha_4}{r_I}\right)\left(\cos\theta_I - \frac{L_{FI}}{r_I} - \frac{H\alpha_4}{r_I}\cot\beta_1 - \frac{d_1}{2r_I}\right) \tag{5-146}$$

$$f_{10}^1 = \frac{1}{3}\frac{H\alpha_2}{r_I}\left[\cos\theta_I - \frac{L_{FI}}{r_I} - \frac{H\alpha_4}{r_I}\cot\beta_1 - \frac{d_1}{r_I} + \left(\sin\theta_I + \frac{H\alpha_4}{r_I}\right)\cot\beta_2\right]$$
$$\times \left(\cos\theta_I - \frac{L_{FI}}{r_I} - \frac{H\alpha_1}{r_I}\cot\beta_1 - \frac{d_1}{r_I} - \frac{H\alpha_2}{2r_I}\cot\beta_2\right) \tag{5-147}$$

$$f_6^2 = \frac{(3\tan\phi_2\cos\theta_h + \sin\theta_h)e^{3(\theta_h - \theta_I)\tan\phi_2} - 3\tan\phi_1\cos\theta_I - \sin\theta_I}{3 + 27\tan^2\phi_2} \tag{5-148}$$

$$f_7^2 = \frac{1}{3}\frac{L_{FI}}{r_I}\left(\cos\theta_I - \frac{L_{FI}}{2r_I}\right)\sin\theta_I \tag{5-149}$$

$$f_8^2 = \frac{1}{3}\frac{H\alpha_4}{r_I}\left[\cos\theta_I - \frac{L_{FI}}{r_I} + \sin\theta_I\cot\beta_1\right]\left(\cos\theta_I - \frac{L_{FI}}{r_I} - \frac{1}{2}\frac{H\alpha_4}{r_I}\cot\beta_1\right) \tag{5-150}$$

$$f_9^2 = \frac{1}{3}\frac{d_1}{r_I}\left(\sin\theta_I + \frac{H\alpha_4}{r_I}\right)\left(\cos\theta_I - \frac{L_{FI}}{r_I} - \frac{H\alpha_4}{r_I}\cot\beta_1 - \frac{d_1}{2r_I}\right) \tag{5-151}$$

$$f_{10}^2 = \frac{1}{3}\frac{H\alpha_2}{r_I}\left[\cos\theta_I - \frac{L_{FI}}{r_I} - \frac{H\alpha_4}{r_I}\cot\beta_1 - \frac{d_1}{r_I} + \left(\sin\theta_I + \frac{H\alpha_4}{r_I}\right)\cot\beta_2\right]$$
$$\times\left(\cos\theta_I - \frac{L_{FI}}{r_I} - \frac{H\alpha_1}{r_I}\cot\beta_1 - \frac{d_1}{r_I} - \frac{H\alpha_2}{2r_I}\cot\beta_2\right) \tag{5-152}$$

倘若边坡有 $n(n > 2)$ 层不同土体, 同理可采用叠加法计算, 此处不做详述。

(2) 由环境变化引起的膨胀变形外功率

$ABDEC$ 区域的水平变形力外功率可表示为

$$F_{ABDEC} = S_x \cdot \beta_h r_0^3 \Omega(g_1 - g_2 - g_3 - g_4 - g_5)$$
$$- S_x \cdot \beta_h r_i^3 \Omega(g_1^1 - g_2^1 - g_3^1 - g_4^1 - g_5^1)$$
$$+ S_x \cdot \beta_h r_i^3 \Omega(g_1^2 - g_2^2 - g_3^2 - g_4^2 - g_5^2) \tag{5-153}$$

$$g_1 = \frac{(3\tan\phi_1\sin\theta_h - \cos\theta_h)e^{3(\theta_h - \theta_0)\tan\phi_1} - 3\sin\theta_0\tan\phi_1 + \cos\theta_0}{3 + 27\tan^2\phi_1} \tag{5-154}$$

$$g_2 = \frac{1}{3}\frac{L}{r_0}\sin^2\theta_0 \tag{5-155}$$

$$g_3 = \frac{1}{3}\frac{H\alpha_1}{r_0}\left[\cos\theta_0 - \frac{L}{r_0} + \sin\theta_0\cot\beta_1\right]\left(\sin\theta_0 + \frac{1}{2}\frac{H\alpha_1}{r_0}\right) \tag{5-156}$$

$$g_4 = \frac{1}{3}\frac{d_1}{r_0}\left(\sin\theta_0 + \frac{H\alpha_1}{r_0}\right)^2 \tag{5-157}$$

$$g_5 = \frac{1}{3}\frac{H\alpha_2}{r_0}\left[\cos\theta_0 - \frac{L}{r_0} - \frac{H\alpha_1}{r_0}\cot\beta_1 - \frac{d_1}{r_0} + \left(\sin\theta_0 + \frac{H\alpha_1}{r_0}\right)\cot\beta_2\right]$$
$$\times\left(\sin\theta_0 + \frac{H\alpha_1}{r_0} + \frac{H\alpha_2}{2r_0}\right) \tag{5-158}$$

$$g_1^1 = \frac{(3\tan\phi_1\sin\theta_h - \cos\theta_h)e^{3(\theta_h - \theta_I)\tan\phi_1} - 3\sin\theta_I\tan\phi_1 + \cos\theta_I}{3 + 27\tan^2\phi_1} \tag{5-159}$$

$$g_2^1 = \frac{1}{3}\frac{L_{FI}}{r_I}\sin^2\theta_I \tag{5-160}$$

$$g_3^1 = \frac{1}{3}\frac{H\alpha_4}{r_I}\left[\cos\theta_I - \frac{L}{r_I} + \sin\theta_I\cot\beta_1\right]\times\left(\sin\theta_I + \frac{1}{2}\frac{H\alpha_4}{r_I}\right) \tag{5-161}$$

$$g_4^1 = \frac{1}{3}\frac{d_1}{r_I}\left(\sin\theta_I + \frac{H\alpha_4}{r_I}\right)^2 \tag{5-162}$$

$$g_5^1 = \frac{1}{3}\frac{H\alpha_2}{r_I}\left[\cos\theta_I - \frac{L}{r_I} - \frac{H\alpha_4}{r_I}\cot\beta_1 - \frac{d_1}{r_I} + \left(\sin\theta_I + \frac{H\alpha_4}{r_I}\right)\cot\beta_2\right]$$
$$\times\left(\sin\theta_I + \frac{H\alpha_4}{r_I} + \frac{H\alpha_2}{2r_I}\right) \tag{5-163}$$

$$g_1^2 = \frac{(3\tan\phi_2\sin\theta_h - \cos\theta_h)e^{3(\theta_h - \theta_I)\tan\phi_2} - 3\sin\theta_I\tan\phi_2 + \cos\theta_I}{3 + 27\tan^2\phi_2} \tag{5-164}$$

$$g_2^2 = \frac{1}{3}\frac{L_{FI}}{r_I}\sin^2\theta_I \tag{5-165}$$

$$g_3^2 = \frac{1}{3}\frac{H\alpha_4}{r_I}\left[\cos\theta_I - \frac{L}{r_I} + \sin\theta_I\cot\beta_1\right]\times\left(\sin\theta_I + \frac{1}{2}\frac{H\alpha_4}{r_I}\right) \tag{5-166}$$

$$g_4^2 = \frac{1}{3}\frac{d_1}{r_I}\left(\sin\theta_I + \frac{H\alpha_4}{r_I}\right)^2 \tag{5-167}$$

$$g_5^2 = \frac{1}{3}\frac{H\alpha_2}{r_I}\left[\cos\theta_I - \frac{L}{r_I} - \frac{H\alpha_4}{r_I}\cot\beta_1 - \frac{d_1}{r_I} + \left(\sin\theta_I + \frac{H\alpha_4}{r_I}\right)\cot\beta_2\right]$$
$$\times\left(\sin\theta_I + \frac{H\alpha_4}{r_I} + \frac{H\alpha_2}{2r_I}\right) \tag{5-168}$$

3) 内部损耗率

$$C_{AC} = \frac{S_x \cdot c_1 r_0^2 \Omega}{2\tan\phi_1}(e^{2(\theta_h - \theta_0)\tan\phi_1} - 1) - \frac{S_x \cdot c_1 r_I^2 \Omega}{2\tan\phi_1}(e^{2(\theta_h - \theta_0)\tan\phi_1} - e^{2(\theta_I - \theta_0)\tan\phi_1})$$
$$+ \frac{S_x \cdot c_2 r_I^2 \Omega}{2\tan\phi_2}(e^{2(\theta_h - \theta_I)\tan\phi_2} - 1) \tag{5-169}$$

5.5.2　安全系数

(1) 考虑分层的影响，由外功率与内能耗散功率相等，可得

$$W_{ABDEC} = C_{AC} \tag{5-170}$$

(2) 考虑变形力影响，由外功率与内能耗散功率相等，可得

$$W_{ABDEC} + F_{ABDEC} = C_{AC} \tag{5-171}$$

(3) 考虑重力和地震的影响，由外功率与内能耗散功率相等，可得

$$W_{ABDEC} + W_k = C_{AC} \tag{5-172}$$

(4) 考虑重力、变形力和地震的影响，由外功率与内能耗散功率相等，可得

$$W_{ABDEC} + F_{ABDEC} + W_k = C_{AC} \tag{5-173}$$

(5) 参数选取及计算结果分析。

边坡土体分为两层，相关参数取值见表 5-23 和表 5-1。

表 5-23   两级膨胀土边坡参数

α_1	α_2	α_3	α_4	$\gamma_1/(\mathrm{kN/m^3})$	c_1/kPa	$\phi_1/(°)$	$\gamma_2/(\mathrm{kN/m^3})$	c_2/kPa	$\phi_2/(°)$
1/2	1/2	1	0	18.85	10	15	20	15	20

不考虑孔隙水压力、裂隙和超载的影响，边坡的安全系数计算结果如表 5-24 所示。软件自动输出分层前后的边坡滑裂面图形如图 5-38 所示。

表 5-24   各工况下边坡安全系数对比表

工况	极限平衡	极限分析	误差百分比
自重	1.042	1.046	0.38%
自重 + 变形力	0.948	0.951	0.32%
自重 + 地震	0.905	0.911	0.66%
自重 + 变形力 + 地震	0.842	0.855	1.54%

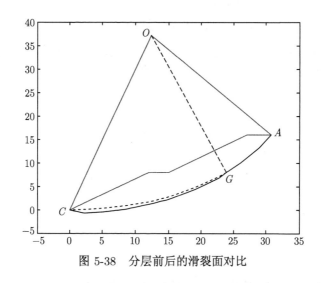

图 5-38   分层前后的滑裂面对比

由表 5-24 可知：(a) 考虑自重，采用极限分析得到的边坡安全系数为 1.046；采用极限平衡法得到的边坡安全系数为 1.042；两者之间误差仅为 0.38%，由此说明，采用极限分析方法计算分层土体边坡的安全系数是可靠的；(b) 对于膨胀土边坡，考虑变形力的影响，安全系数为 0.951；(c) 对于有抗震要求的自然边坡，边坡安全系数为 0.911；(d) 对于有抗震要求的膨胀土边坡，边坡安全系数为 0.855；(e) 四种工况下，采用极限平衡法与极限分析方法计算分层土边坡的安全系数误差较小 (最大误差仅为 1.54%)，进一步说明极限分析方法分析分层土边坡安全系数是可靠的。

由图 5-38 可知，若边坡为匀质土体，滑裂面为实线 AG 和虚线 GC，若边坡土体为非匀质土体，即下层土体的内摩擦角、黏聚力和重度与上层土体不同，边坡滑裂面为实线 AGC，滑裂面斜率在土层交界处 G 点发生变化，当下层土体的内摩擦角大于上层土体，下层滑裂面斜率大于上层滑裂面斜率。

5.5.3　锚杆 (索) 拉力的计算

考虑超载、变形力、地震荷载、锚索拉力，由外功率与内能耗散功率相等，可得

$$W_{ABC} + W_{\text{overload}} + F_{ABC} + W_k + W_m = C_{AC} \tag{5-174}$$

由上述式 (5-137) (5-9) (5-153) (5-22) (5-23) (5-169) 代入式 (5-174)，化简后可得考虑变形力和地震作用下，锚杆 (索) 的拉力与安全系数之间的关系为

$$
\begin{aligned}
T = {} & \frac{1}{r_0 \sum \left[e^{(\theta_i - \theta_0) \cdot \tan\phi_i} \cdot \sin(\theta_i - \xi) \right]} \times \left\{ (1 + k_v \cdot K)(\gamma_1 r_0^3 F_1 - \gamma_1 r_I^3 F_2 + \gamma_2 r_I^3 F_3) \right. \\
& + (r_0^3 (\beta_h + k_h \gamma_1 \cdot K) G_1 - (\beta_h + k_h \gamma_1 \cdot K) r_i^3 G_2 + (\beta_h + k_h \gamma_2 \cdot K) r_i^3 G_3) \\
& - \frac{S_x \cdot c_1 r_0^2}{2\tan\phi_1} (e^{2(\theta_h - \theta_0)\tan\phi_1} - 1) + \frac{S_x \cdot c_1 r_I^2 \Omega}{2\tan\phi_1} (e^{2(\theta_h - \theta_0)\tan\phi_1} - e^{2(\theta_I - \theta_0)\tan\phi_1}) \\
& \left. - \frac{S_x \cdot c_2 r_I^2}{2\tan\phi_2} (e^{2(\theta_h - \theta_I)\tan\phi_2} - 1) \right\}
\end{aligned}
\tag{5-175}
$$

$$
\begin{cases}
F_1 = f_1^1 - f_2^1 - f_3^1 - f_4^1 - f_5^1 \\
F_2 = f_6^1 - f_7^1 - f_8^1 - f_9^1 - f_{10}^1 \\
F_3 = f_6^2 - f_7^2 - f_8^2 - f_9^2 - f_{10}^2
\end{cases}
\tag{5-176}
$$

$$
\begin{cases}
G_1 = g_1 - g_2 - g_3 - g_4 - g_5 \\
G_2 = g_1^1 - g_2^1 - g_3^1 - g_4^1 - g_5^1 \\
G_3 = g_1^2 - g_2^2 - g_3^2 - g_4^2 - g_5^2
\end{cases}
\tag{5-177}
$$

锚杆拉力的计算结果如表 5-25 和图 5-39。由图 5-39 可知，各种工况下锚杆的拉力与安全系数呈线性关系，锚杆拉力越大，安全系数越大。工况 11 和工况 12 锚杆拉力增加的斜率较小，工况 13 和工况 14 锚杆拉力增加的斜率较大，由此说明，地震对锚杆拉力的影响较大。

表 5-25　　锚杆拉力与安全系数之间的关系

安全系数	1.2	1.4	1.6	1.8	2	备注
单根锚杆 (索) 拉力/kN	6.69	21.75	36.82	51.88	66.94	自重 (工况 11)
	28.77	43.83	58.89	73.96	89.02	自重 + 变形力 (工况 12)
	65.85	90.77	115.69	140.61	165.53	自重 + 地震 (工况 13)
	87.92	112.85	137.77	162.69	187.61	自重 + 地震 + 变形力 (工况 14)

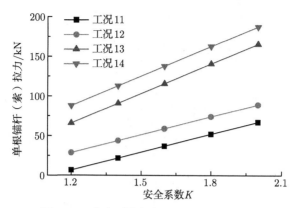

图 5-39 安全系数与锚杆拉力之间的关系

根据规范可知, 在进行锚杆 (索) 设计时, 边坡的安全系数取 1.2~1.6, 由表 5-25 可知, 当边坡土体分为上下两层时: (a) 对于一般边坡, 单根锚杆的拉力设计值可取 6.69~36.82kN; (b) 对于膨胀土边坡, 考虑变形力的影响, 单根锚杆的拉力设计值可取 28.77~58.89kN; (c) 对于有抗震要求的自然边坡, 单根锚杆的拉力设计值可取 65.83~115.69kN; (d) 对于有抗震要求的膨胀土边坡, 单根锚杆的拉力设计值可取 87.92~137.77kN。

5.6 地震作用下抗滑桩的抗力计算

5.6.1 计算模型的建立

本文研究的高边坡组合式支挡结构断面图如图 5-40 所示 (垂直断面方向取 1 个桩间距), 边坡破坏模式为对数螺旋线。膨胀土多级高边坡断面, 平台宽度由上往下分别为 $d_0 = L, d_1, d_2, d_3, d_4$, 坡面由上往下每级边坡倾角分别为 $\beta_1, \beta_2, \beta_3, \beta_4$, 各级边坡高度由上往下分别为 $\alpha_1 H, \alpha_2 H, \alpha_3 H, \alpha_4 H$, 其中 $\alpha_1, \alpha_2, \alpha_3$ 和 α_4 为高度系数; 以上参数可根据具体边坡尺寸而确定。假设破坏面 OJ 为对数螺旋面, 破坏面通过坡脚, 滑动体 ABJ 绕旋转中心 O 相对对数螺旋面 AJ 以下的稳定体做旋转运动。因此, AJ 面是一个薄层的速度间断面。弦 OA 长为 r_0, 弦 OA 与 OJ 的倾角分别为 θ_0 和 θ_h, 边坡高度 H。破坏机构由三个变量确定, 即边坡高度 H, θ_0 和 θ_h。抗滑桩间距 D_z, 方形框架梁间距 S_x。

1) 边坡几何关系

如图 5-40 所示, 利用坐标变换, 从几何关系可以看出, H/r_0 和 L/r_0 的比值可以用 θ_0 和 θ_h 表示。

$$\frac{H}{r_0} = e^{(\theta_h - \theta_0)\tan\phi}\sin\theta_h - \sin\theta_0 \tag{5-178}$$

所以，

$$\frac{L}{r_0} = \cos\theta_0 - \mathrm{e}^{(\theta_h - \theta_0)\tan\phi}\cos\theta_h - \sum\left(\frac{\alpha_i H}{\tan\beta_i} + d_i\right) \quad i = 1, 2, 3, 4 \tag{5-179}$$

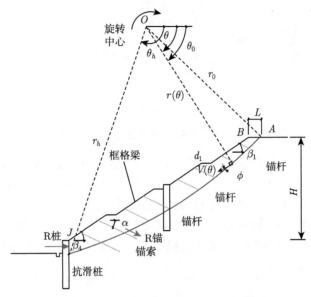

图 5-40　组合式支挡结构下边坡破坏模式

2) 外功率

(1) 重力外功率

利用叠加法计算 ABJ 区域土重做的外功率，虽然钢筋混凝土的重度 $(25\mathrm{kN/m^3})$ 大于土体的重度 $(19\mathrm{kN/m^3})$，由于框架梁和锚杆的数量相对较少，可以近似把框架梁的重度等效为土体的重度来考虑，因此，ABJ 区域重力外功率可表示为

$$W_{ABJ} = D_z\gamma r_0^3\Omega(f_1 - f_2 - f_3 - f_4 - f_5 - f_6 - f_7 - f_8 - f_9 - f_{10}) \tag{5-180}$$

其中，D_z 表示抗滑桩的间距。

$$f_1 = \frac{(3\tan\phi\cos\theta_h + \sin\theta_h)\mathrm{e}^{3(\theta_h - \theta_0)\tan\phi} - 3\tan\phi\cos\theta_0 - \sin\theta_0}{3 + 27\tan^2\phi} \tag{5-181}$$

$$f_2 = \frac{1}{3}\frac{L}{r_0}\left(\cos\theta_0 - \frac{L}{2r_0}\right)\sin\theta_0 \tag{5-182}$$

$$f_3 = \frac{1}{3}\frac{H\alpha_1}{r_0}\left[\cos\theta_0 - \frac{L}{r_0} + \sin\theta_0\cot\beta_1\right] \times \left(\cos\theta_0 - \frac{L}{r_0} - \frac{1}{2}\frac{H\alpha_1}{r_0}\cot\beta_1\right) \tag{5-183}$$

$$f_4 = \frac{1}{3}\frac{d_1}{r_0}\left(\sin\theta_0 + \frac{H\alpha_1}{r_0}\right)\left(\cos\theta_0 - \frac{L}{r_0} - \frac{H\alpha_1}{r_0}\cot\beta_1 - \frac{d_1}{2r_0}\right) \tag{5-184}$$

$$f_5 = \frac{1}{3}\frac{H\alpha_2}{r_0}\left[\cos\theta_0 - \frac{L}{r_0} - \frac{H\alpha_1}{r_0}\cot\beta_1 - \frac{d_1}{r_0} + \left(\sin\theta_0 + \frac{H\alpha_1}{r_0}\right)\cot\beta_2\right]$$
$$\times\left(\cos\theta_0 - \frac{L}{r_0} - \frac{H\alpha_1}{r_0}\cot\beta_1 - \frac{d_1}{r_0} - \frac{H\alpha_2}{2r_0}\cot\beta_2\right) \tag{5-185}$$

$$f_6 = \frac{1}{3}\frac{d_2}{r_0}\left(\sin\theta_0 + \frac{H\alpha_1}{r_0} + \frac{H\alpha_2}{r_0}\right)$$
$$\times\left(\cos\theta_0 - \frac{L}{r_0} - \frac{H\alpha_1}{r_0}\cot\beta_1 - \frac{d_1}{r_0} - \frac{H\alpha_2}{r_0}\cot\beta_2 - \frac{d_2}{2r_0}\right) \tag{5-186}$$

$$f_7 = \frac{1}{3}\frac{H\alpha_3}{r_0}\left[\cos\theta_0 - \frac{L}{r_0} - \frac{H\alpha_1}{r_0}\cot\beta_1 - \frac{d_1}{r_0} - \frac{H\alpha_2}{r_0}\cot\beta_2 - \frac{d_2}{r_0}\right.$$
$$\left.+ \left(\sin\theta_0 + \frac{H\alpha_1}{r_0} + \frac{H\alpha_2}{r_0}\right)\cot\beta_3\right]$$
$$\times\left(\cos\theta_0 - \frac{L}{r_0} - \frac{H\alpha_1}{r_0}\cot\beta_1 - \frac{d_1}{r_0} - \frac{H\alpha_2}{r_0}\cot\beta_2 - \frac{d_2}{r_0} - \frac{H\alpha_3}{2r_0}\cot\beta_3\right) \tag{5-187}$$

$$f_8 = \frac{1}{3}\frac{d_3}{r_0}\left(\sin\theta_0 + \frac{H\alpha_1}{r_0} + \frac{H\alpha_2}{r_0} + \frac{H\alpha_3}{r_0}\right)$$
$$\times\left(\cos\theta_0 - \frac{L}{r_0} - \frac{H\alpha_1}{r_0}\cot\beta_1 - \frac{d_1}{r_0} - \frac{H\alpha_2}{r_0}\cot\beta_2 - \frac{d_2}{r_0} - \frac{H\alpha_3}{r_0}\cot\beta_3 - \frac{d_3}{2r_0}\right) \tag{5-188}$$

$$f_9 = \frac{1}{3}\frac{H_4}{r_0}\left[\cos\theta_0 - \frac{L}{r_0} - \frac{H\alpha_1}{r_0}\cot\beta_1 - \frac{d_1}{r_0} - \frac{H\alpha_2}{r_0}\cot\beta_2 - \frac{d_2}{r_0} - \frac{H\alpha_3}{r_0}\cot\beta_3 - \frac{d_3}{r_0}\right.$$
$$\left.+ \left(\sin\theta_0 + \frac{H\alpha_1}{r_0} + \frac{H\alpha_2}{r_0} + \frac{H\alpha_3}{r_0}\right)\cot\beta'\right]$$
$$\times\left(\cos\theta_0 - \frac{L}{r_0} - \frac{H\alpha_1}{r_0}\cot\beta_1 - \frac{d_1}{r_0} - \frac{H\alpha_2}{r_0}\cot\beta_2\right.$$
$$\left.- \frac{d_2}{r_0} - \frac{H\alpha_3}{r_0}\cot\beta_3 - \frac{d_3}{r_0} - \frac{H\alpha_4}{2r_0}\cot\beta'\right) \tag{5-189}$$

$$f_{10} = \frac{\alpha_4}{6}\cdot\frac{d_4}{r_0}\cdot\frac{H}{r_0}\left(3\cos\theta_h\cdot e^{(\theta_h-\theta_0)\tan\phi} + \frac{d_4}{r_0} + \frac{H\alpha_4}{r_0}\cot\beta'\right) \tag{5-190}$$

若膨胀土高边坡为 n 级，断面图如图 5-41 所示，平台宽度由上往下分别为 $d_1, d_2, d_3, \cdots, d_{n-1}, d_{n=0}$(表示 n 级边坡只有 $n-1$ 级台阶，最后一级等于零)，坡面每级边坡倾角由上往下分别为 $\beta_1, \beta_2, \beta_3, \cdots, \beta_n$，各级边坡高度由上往下分别为

$\alpha_1 H, \alpha_2 H, \alpha_3 H, \cdots, \alpha_n H$, 其中 $\alpha_1, \alpha_2, \alpha_3, \cdots, \alpha_n$ 为高度系数; 由此, 推广到 n 级边坡的重力外功率的表达式为

$$W_{ABJ} = D_z \gamma r_0^3 \Omega \left(f_1 - \sum_{i=2}^{2n+2} f_i \right) \tag{5-191}$$

其中,

$$f_1 = \frac{(3\tan\phi\cos\theta_h + \sin\theta_h)\mathrm{e}^{3(\theta_h - \theta_0)\tan\phi} - 3\tan\phi\cos\theta_0 - \sin\theta_0}{3 + 27\tan^2\phi} \tag{5-192}$$

$$f_2 = \frac{1}{3}\frac{L}{r_0}\left(\cos\theta_0 - \frac{L}{2r_0}\right)\sin\theta_0 \tag{5-193}$$

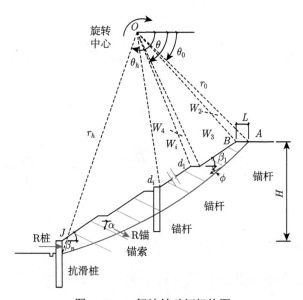

图 5-41 n 级边坡破坏机构图

当 $n > 2$ 时,

$$\begin{aligned}
f_{2n+1} ={}& \frac{1}{3}\frac{H\alpha_n}{r_0}\left[\cos\theta_0 - \frac{L}{r_0} - \sum_{i=1}^{n-1}\frac{H\alpha_i}{r_0\tan\beta_i} - \sum_{i=1}^{n-1}\frac{d_i}{r_0} - \frac{H\alpha_n}{2r_0\tan\beta_n}\right. \\
&\left. + \left(\sin\theta_0 + \sum_{i=1}^{n-1}\frac{H\alpha_i}{r_0}\right)\cot\beta_n\right] \\
&\times \left(\cos\theta_0 - \frac{L}{r_0} - \sum_{i=1}^{n-1}\frac{H\alpha_i}{r_0\tan\beta_i} - \sum_{i=1}^{n-1}\frac{d_i}{r_0} - \frac{H\alpha_n}{2r_0\tan\beta_n}\right)
\end{aligned} \tag{5-194}$$

其中, $i = 1, 2, 3, \cdots, n-1, n$

$$f_{2n+2} = \frac{1}{3}\frac{d_n}{r_0}\left(\cos\theta_0 - \frac{L}{r_0} - \sum_{i=1}^{n}\frac{H\alpha_i}{r_0\tan\beta_i} - \sum_{i=1}^{n-1}\frac{d_i}{r_0} - \frac{d_n}{2r_0}\right)$$

$$\times\left(\sin\theta_0 + \sum_{i=1}^{n}\frac{H\alpha_i}{r_0}\right) \quad 其中,\ i = 1, 2, 3, \cdots, n-1, n \quad (5\text{-}195)$$

(2) 由环境变化引起的膨胀变形外功率

ABJ 区域的水平变形力外功率可表示为

$$F_{ABJ} = D_z\beta_h r_0^3\Omega(g_1 - g_2 - g_3 - g_4 - g_5 - g_6 - g_7 - g_8 - g_9 - g_{10}) \quad (5\text{-}196)$$

其中,

$$g_1 = \frac{(3\tan\phi\sin\theta_h - \cos\theta_h)e^{3(\theta_h-\theta_0)\tan\phi} - 3\sin\theta_0\tan\phi + \cos\theta_0}{3 + 27\tan^2\phi} \quad (5\text{-}197)$$

$$g_2 = \frac{1}{3}\frac{L}{r_0}\sin^2\theta_0 \quad (5\text{-}198)$$

$$g_3 = \frac{1}{3}\frac{H\alpha_1}{r_0}\left[\cos\theta_0 - \frac{L}{r_0} + \sin\theta_0\cot\beta_1\right]\times\left(\sin\theta_0 + \frac{1}{2}\frac{H\alpha_1}{r_0}\right) \quad (5\text{-}199)$$

$$g_4 = \frac{1}{3}\frac{d_1}{r_0}\left(\sin\theta_0 + \frac{H\alpha_1}{r_0}\right)^2 \quad (5\text{-}200)$$

$$g_5 = \frac{1}{3}\frac{H\alpha_2}{r_0}\left[\cos\theta_0 - \frac{L}{r_0} - \frac{H\alpha_1}{r_0}\cot\beta_1 - \frac{d_1}{r_0} + \left(\sin\theta_0 + \frac{H\alpha_1}{r_0}\right)\cot\beta_2\right]$$

$$\times\left(\sin\theta_0 + \frac{H\alpha_1}{r_0} + \frac{H\alpha_2}{2r_0}\right) \quad (5\text{-}201)$$

$$g_6 = \frac{1}{3}\frac{d_2}{r_0}\left(\sin\theta_0 + \frac{H\alpha_1}{r_0} + \frac{H\alpha_2}{r_0}\right)^2 \quad (5\text{-}202)$$

$$g_7 = \frac{1}{3}\frac{H\alpha_3}{r_0}\left[\cos\theta_0 - \frac{L}{r_0}\cos\alpha - \frac{H\alpha_1}{r_0}\cot\beta_1 - \frac{d_1}{r_0} - \frac{H\alpha_2}{r_0}\cot\beta_2 - \frac{d_2}{r_0}\right.$$

$$\left. + \left(\sin\theta_0 + \frac{H\alpha_1}{r_0} + \frac{H\alpha_2}{r_0}\right)\cot\beta_3\right]\times\left(\sin\theta_0 + \frac{H\alpha_1}{r_0} + \frac{H\alpha_2}{r_0} + \frac{H\alpha_3}{2r_0}\right) \quad (5\text{-}203)$$

$$g_8 = \frac{1}{3}\frac{d_3}{r_0}\left(\sin\theta_0 + \frac{H\alpha_1}{r_0} + \frac{H\alpha_2}{r_0} + \frac{H\alpha_3}{r_0}\right)^2 \quad (5\text{-}204)$$

$$g_9 = \frac{1}{3}\frac{H\alpha_4}{r_0}\left[\cos\theta_0 - \frac{L}{r_0} - \frac{H\alpha_1}{r_0}\cot\beta_1 - \frac{d_1}{r_0} - \frac{H\alpha_2}{r_0}\cot\beta_2 - \frac{d_2}{r_0} - \frac{H\alpha_3}{r_0}\cot\beta_3 - \frac{d_3}{r_0}\right.$$

$$+ \left(\sin\theta_0 + \frac{H\alpha_1}{r_0} + \frac{H\alpha_2}{r_0} + \frac{H\alpha_3}{r_0} \right) \cot\beta' \Big]$$
$$\times \left(\sin\theta_0 + \frac{H\alpha_1}{r_0} + \frac{H\alpha_2}{r_0} + \frac{H\alpha_3}{r_0} + \frac{H\alpha_4}{2r_0} \right) \tag{5-205}$$

$$g_{10} = \frac{H\alpha_4}{2r_0} \cdot \frac{d_4}{r_0} \cdot \left(\sin\theta_h \cdot \mathrm{e}^{(\theta_h - \theta_0)\tan\phi} - \frac{H\alpha_4}{3r_0} \right) \tag{5-206}$$

若膨胀土高边坡为 n 级，断面图如图 5-41 所示，平台宽度由上往下分别为 $d_1, d_2, d_3, \cdots\cdots d_{n-1}, d_{n=0}$（表示 n 级边坡只有 $n-1$ 级台阶，最后一级等于 0），坡面每级边坡倾角由上往下分别为 $\beta_1, \beta_2, \beta_3, \cdots, \beta_n$，各级边坡高度由上往下为 $\alpha_1 H, \alpha_2 H, \alpha_3 H, \cdots, \alpha_n H$，其中 $\alpha_1, \alpha_2, \alpha_3, \cdots, \alpha_n$ 为高度系数；由此，可推广到 n 级高边坡变形力外功率的表达式为

$$F_{ABJ} = D_z \beta_h r_0^3 \Omega \left(g_1 - \sum_{i=2}^{2n+2} g_i \right) \tag{5-207}$$

$$g_1 = \frac{(3\tan\phi\sin\theta_h - \cos\theta_h)\mathrm{e}^{3(\theta_h-\theta_0)\tan\phi} - 3\sin\theta_0\tan\phi + \cos\theta_0}{3 + 27\tan^2\phi} \tag{5-208}$$

$$g_2 = \frac{1}{3}\frac{L}{r_0}\sin^2\theta_0 \tag{5-209}$$

当 $n > 2$ 时，

$$
\begin{aligned}
g_{2n+1} = {}& \frac{1}{3}\frac{H\alpha_n}{r_0}\left[\cos\theta_0 - \frac{L}{r_0} - \sum_{i=1}^{n-1}\frac{H\alpha_i}{r_0\tan\beta_i} - \sum_{i=1}^{n-1}\frac{d_i}{r_0} \right.\\
& \left. - \frac{H\alpha_n}{2r_0\tan\beta_n} + \left(\sin\theta_0 + \sum_{i=1}^{n-1}\frac{H\alpha_i}{r_0} \right)\cot\beta_n \right]\\
& \times \left(\sin\theta_0 + \sum_{i=1}^{n-1}\frac{H\alpha_i}{r_0} + \frac{H\alpha_n}{2r_0} \right) \quad \text{其中，} i = 1,2,3,\cdots,n-1,n
\end{aligned} \tag{5-210}
$$

$$g_{2n+2} = \frac{1}{3}\frac{d_n}{r_0}\left(\sin\theta_0 + \sum_{i=1}^{n}\frac{H\alpha_i}{r_0} \right)^2 \quad \text{其中，} i = 1,2,3,\cdots,n-1,n \tag{5-211}$$

(3) 桩抗力外功率

抗滑桩抗力所做的功率为

$$W_z = -P_{上}V_{上}\sin\theta_{上} - P_{下}V_{下}\sin\theta_{下} \tag{5-212}$$

式中，W_z 表示抗滑桩外功率；$P_{上}$、$P_{下}$ 表示上、下级抗滑桩所提供的抗力，作用点位于桩悬臂段的中点处。

令 $\lambda = P_{上}/P_{下}$，代入上式得 $W_z = -P_{下}(\lambda V_{上}\sin\theta_{上} + V_{下}\sin\theta_{下})$；

则 λ 为上、下级桩的抗力比例系数，由于上级抗滑桩支挡边坡的高度与下级抗滑桩支挡高度相当 (约为 16m)；可以判断上级抗滑桩的抗力不大于下级桩抗力的 1 倍，同理，下级抗滑桩的抗力不大于上级桩抗力的 1 倍，因此，可确定 λ 的取值范围 $0.5 \leqslant \lambda \leqslant 2$。$V_\text{上}$、$V_\text{下}$ 表示上、下级抗滑桩处间断面的速度；$\theta_\text{上}$、$\theta_\text{下}$ 表示上、下级抗滑桩处对数螺旋线与水平面的夹角；$\theta_\text{上}$ 可由式 (5-213) 求解，$\theta_\text{下}$ 可近似等于 θ_h。

$$r_h \cos\theta_h + H_4 \cot\beta_4 + d_3 + H_3 \cot\beta_3 = r_i \cos\theta_i \tag{5-213}$$

上式可推广到 m 级抗滑桩的土压力外功率：

$$W_z = \sum_{i=1}^{m} P_i V_i \sin\theta_i \tag{5-214}$$

式中，P_i 表示第 i 级抗滑桩所提供的抗力；V_i 表示第 i 级抗滑桩处间断面的速度；θ_i 表示第 i 级抗滑桩处对数螺旋线水平角 (对数螺旋线与水平面的夹角)。

$$V_i = \Omega \cdot r_i \tag{5-215}$$

(4) 锚杆 (索) 的拉力外功率

锚杆 (索) 的外功率，主要来自于锚固段的拉力。

$$W_m = -\frac{D_z}{S_x} r_0 \cdot \Omega \cdot T_i \cdot \sum \left[e^{(\theta_i - \theta_0)\tan\phi} \cdot \sin(\theta_i - \xi) \right] \tag{5-216}$$

(5) 地震荷载外功率

$$W_{kv} = D_z k_v r_0^3 \Omega (f_1 - f_2 - f_3 - f_4 - f_5 - f_6 - f_7 - f_8 - f_9) \tag{5-217}$$

$$W_{kh} = D_z k_h r_0^3 \Omega (g_1 - g_2 - g_3 - g_4 - g_5 - g_6 - g_7 - g_8 - g_9) \tag{5-218}$$

$$W_k = W_{kh} + W_{kv} \tag{5-219}$$

3) 滑面上的内能耗散功率

内部能量损耗发生在间断面 AJ 上，能量损耗率 C_{AJ} 的微分可以由该面的微分面积 $rd\theta/\cos\phi$ 与黏聚力和速度的乘积计算，可表示为

$$C_{AJ} = D_z \int_{\theta_0}^{\theta_h} c(V\cos\phi)\frac{rd\theta}{\cos\phi} = D_z \frac{cr_0^2 \Omega}{2\tan\phi}(e^{2(\theta_h - \theta_0)\tan\phi} - 1) \tag{5-220}$$

5.6.2 安全系数

(1) 考虑自重的影响，由外功率与内能耗散功率相等，可得

$$W_{ABDEC} = C_{AC} \tag{5-221}$$

(2) 考虑自重和变形力影响，由外功率与内能耗散功率相等，可得

$$W_{ABDEC} + F_{ABDEC} = C_{AC} \tag{5-222}$$

(3) 考虑重力和地震的影响，由外功率与内能耗散功率相等，可得

$$W_{ABDEC} + W_k = C_{AC} \tag{5-223}$$

(4) 考虑重力、变形力和地震的影响，由外功率与内能耗散功率相等，可得

$$W_{ABDEC} + F_{ABDEC} + W_k = C_{AC} \tag{5-224}$$

相关参数取值见表 5-26 参数取值，不考虑孔隙水压力、裂隙的影响，边坡的安全系数计算结果如表 5-27 所示。

表 5-26　　参数取值

c/kPa	ϕ/(°)	γ/(kN/m³)	α_1	α_2	α_3	α_4	β_1/(°)	β_2/(°)	β_3/(°)	β_4/(°)	H/m	D_z/m	S_x/m
10	15	18.85	1/4	1/4	1/4	1/4	33.7	33.7	33.7	33.7	38	6	4

由表 5-27 可知：(a) 考虑自重的作用，多级边坡安全系数为 0.709；(b) 对于膨胀土边坡，考虑变形力的影响，边坡安全系数为 0.646，降低了约 8.8%；(c) 对于有抗震要求的自然边坡，边坡安全系数为 0.597，降低了约 12%；(d) 对于有抗震要求的膨胀土边坡，边坡安全系数为 0.557，降低了约 21.4%；(e) 当工况 1 变化至工况 4 时，θ_h 和 r_0 均逐渐减少，θ_0 逐渐增加，滑裂面长度相应减少。

表 5-27　　计算结果

工况	θ_h	θ_0	K	r_0	备注
1	56.17	106.8	0.709	75.16	自重
2	50.25	113.03	0.646	55.83	自重 + 变形力
3	45.65	117.54	0.597	45.18	自重 + 地震
4	43.35	120.57	0.557	39.61	自重 + 变形力 + 地震

5.6.3　抗滑桩抗力计算

外荷载所做的功率等于内能耗散功率，即

$$F_{ABJ} + W_{ABJ} + W_z + W_m + W_k = C_{AJ} \tag{5-225}$$

把上式 (5-180) (5-196) (5-212) (5-216) (5-219) (5-220) 代入式 (5-225) 得

$$P_{\text{下}} = \frac{1}{\lambda \sin \theta_{\text{上}} + \sin \theta_{\text{下}}} \left\{ D_z r_0^2 [(\beta_h + k_h \gamma \cdot K)g + (\gamma + k_v \gamma \cdot K) \cdot f] \right.$$

$$\left. - \frac{D_z}{S_x} T_i \cdot \sum [\mathrm{e}^{(\theta_i - \theta_0) \tan \phi} \cdot \sin(\theta_i - \xi)] - \frac{D_z c r_0}{2 \tan \phi} (\mathrm{e}^{2(\theta - \theta_0) \tan \phi} - 1) \right\} \tag{5-226}$$

拟定预应力锚索拉力，每孔布置 4 束 ϕ15.2 预应力锚索，设计的总拉应力值为 690MPa，因此，$T_i = 690 \times 10^6 \times 4 \times \pi \left(\dfrac{15.2 \times 10^{-3}}{2} \right)^2 = 500.57 \mathrm{kN}$。

若假设 $\lambda = 1$；预加锚固力 $T_i = 500.57$kN；计算得到桩的抗力结果见表 5-28 和图 5-42。由图 5-42 可知，安全系数随着桩身抗力的增加而增大，工况 1 和工况 2 桩身抗力增加的斜率较小，工况 3 和工况 4 桩身抗力增加的斜率较大，由此说明，地震对桩身抗力的影响较大。

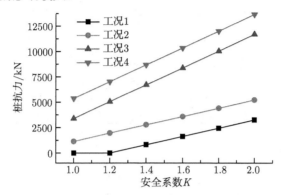

图 5-42 安全系数与桩抗力之间关系

表 5-28 桩抗力 P 与安全系数之间的关系 （单位：kN）

工况＼安全系数	1	1.2	1.4	1.6	1.8	2
1	0	120.43	814.73	1632.3	2450.06	3267.73
2	1148.24	1965.91	2783.58	3601.25	4418.92	5236.59
3	3400.12	5061.94	6723.75	8385.57	10047.39	11709.2
4	5368.97	7030.79	8692.61	10354.42	12016.24	13678.06

根据规范可知，一般情况下，当桩的设计荷载为滑坡推力时，永久荷载分项系数可采用 1.35；当桩的设计荷载为土压力时，附加安全系数为 1.1~1.2；当预应力锚索拉力为 500kN 时，安全系数取 1.4 为宜，因此，不考虑变形力，膨胀土边坡桩身抗力设计值可取 814.73kN，考虑地震作用，桩身抗力设计值可取 6723.75kN，其作用点位于抗滑桩悬臂段的中点处。

若边坡的安全系数取 1.2~1.6，由表 5-28 可知：(a) 对于不考虑变形力的边坡，桩身抗力设计值可取 120.43~1632.3kN；(b) 对于膨胀土边坡，考虑变形力的影响，桩身抗力设计值可取 1965.91~3601.25kN；(c) 对于有抗震要求的自然边坡，桩身抗力设计值可取 5061.94~8385.57kN；(d) 对于有抗震要求的膨胀土边坡，桩身抗力设计值可取 7030.79~10354.42kN；(e) 桩身抗力为零表示边坡自稳。

5.6.4 影响因素分析

1) 锚索拉力的影响

研究锚索的拉力对桩抗力的影响，其他各参数不变，取 $\lambda = 1$，令安全系数

$K=1$，预加拉力的取值范围 [0kN, 500kN]，计算结果如表 5-29、图 5-43 所示。由图 5-43 可知，桩身抗力随着预应力锚索拉力的增加线性减少，四种工况下桩身抗力减少的斜率相同。

表 5-29　桩抗力 P 与锚杆拉力之间的关系

工况 \ T/kN	0	100	200	300	400	500
1	1478.73	1018.86	558.91	99.12	0	0
2	3447.58	2987.72	2527.85	2067.98	1608.11	1148.24
3	5699.47	5239.60	4779.73	4319.86	3859.99	3400.12
4	7668.32	7208.4	6748.5	6288.71	5828.47	5368.97

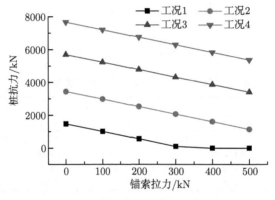

图 5-43　锚索拉力与桩身抗力之间关系

由表 5-29 可知，当预应力锚索拉力为 0 时：(a) 对于一般边坡，桩身抗力设计值可取 1478.73kN；(b) 对于膨胀土边坡，考虑变形力的影响，桩身抗力设计值可取 3447.58kN；(c) 对于有抗震要求的自然边坡，桩身抗力设计值可取 5699.47kN；(d) 对于有抗震要求的膨胀土边坡，桩身抗力设计值可取 7668.32kN。

由表 5-29 可知，当预应力锚索拉力为 500kN 时：(a) 对于普通边坡，可不做抗滑桩设计，边坡可自稳；(b) 对于考虑变形力影响的膨胀土边坡，桩身抗力设计值可取 1148.24kN；(c) 对于有抗震要求的自然边坡，桩身抗力设计值可取 3400.12kN；(d) 对于有抗震要求的膨胀土边坡，桩身抗力设计值可取 5368.97kN。

2) 上下级抗滑桩之间的相互影响

研究上、下级桩的抗力比例系数 λ 对桩抗力的影响，其他各参数不变，令安全系数 $K=1$，$T_i = 0$kN，λ 的取值范围 $0.5 \leqslant \lambda \leqslant 2$，计算结果如表 5-30，图 5-44 所示。

由图 5-44 可知，下级桩抗力随着上下级桩抗力比例系数 λ 的增加非线性减少，工况 1 下，下级桩抗力减少幅度最小；工况 4 下，下级桩抗力减少幅度最大。

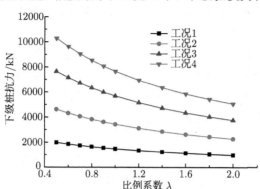

图 5-44 比例系数 λ 与桩抗力之间的关系

由表 5-30 可知，当 λ=0.5，即下级桩抗力为上级桩抗力的 2 倍时：(a) 对于普通边坡，下级桩身抗力设计值可取 1985.9kN；(b) 对于膨胀土边坡，考虑变形力的影响，下级桩身抗力设计值可取 4630.2kN；(c) 对于有抗震要求的自然边坡，下级桩身抗力设计值可取 7654.6kN；(d) 对于有抗震要求的膨胀土边坡，下级桩身抗力设计值可取 10298.8kN。

表 5-30　　桩抗力计算结果　　（单位：kN）

工况 \ λ 系数	0.5	0.6	0.7	0.8	0.9	1.0	1.2	1.6	1.8	2.0
1	1985.9	1858.4	1746.4	1647.0	1558.3	1478.4	1341.7	1131.8	1049.7	978.8
2	4630.2	4333.0	4071.6	3839.9	3633.2	3447.6	3128.0	2638.8	2447.4	2281.3
3	7654.6	7163.2	6731.0	6348.0	6006.3	5699.5	5171.1	4362.3	4046.0	3772.4
4	10298.8	9637.6	9056.2	8540.9	8081.1	7668.3	6957.5	5869.4	5443.7	5075.5

由表 5-30 可知，当 λ=2，即上级桩抗力为下级桩抗力的 2 倍时：(a) 对于普通边坡，下级桩身抗力设计值可取 978.8kN；(b) 对于膨胀土边坡，考虑变形力的影响，下级桩身抗力设计值可取 2281.3kN；(c) 对于有抗震要求的自然边坡，下级桩身抗力设计值可取 3772.4kN；(d) 对于有抗震要求的膨胀土边坡，下级桩身抗力设计值可取 5075.5kN。

5.7　地震作用下桩板墙后主动土压力分布

桩板墙上的动土压力计算是挡土结构抗震设计的主要内容。上述极限分析理论仅能计算得到桩板墙后土压力的合力及作用点，而基于极限平衡理论的水平条分法能很好地解决土压力强度分布的问题。水平条分法不需要事先假定土压力合力作用点的位置，通过选取墙后水平土体微元建立力和力矩的静力平衡方程即可得到墙后土压力的强度分布规律、土压力合力及作用点位置表达式，因此水平条分法受到了很多研究者的青睐 [124,125]。

　　本文在已有研究成果的基础上，采用水平条分法推导地震条件下主动土压力强度分布、土压力合力及其作用点位置的表达式，并运用图解法得到临界破裂角的显式解答。公式考虑水平和垂直地震加速度、墙背与土体存在黏结力和外摩擦角、有均布超载等诸多因素的影响，可以适用于黏性土 (膨胀土) 的主动土压力计算。

　　在公式推导时，地震作用采用拟静力法考虑。拟静力法是采用静力分析法近似解决动力学问题的一种简易方法。若地震时水平地震系数为 k_h，垂直地震系数为 k_v，则产生的水平地震加速度和垂直地震加速度分别为 $k_h g$ 和 $k_v g$。考虑到垂直地震加速度的方向是向上的，因此地震时垂直方向的加速度为 $(1-k_v)g$。水平加速度和垂直加速度的合成加速度与竖直线的夹角定义为地震角 η，满足

$$\tan \eta = \frac{k_h}{1-k_v} \tag{5-227}$$

　　对桩板墙和墙后土体作如下假定：① 桩板墙为刚性的；② 土体为匀质材料；③ 墙后滑动土楔体发生平动；④ 墙背黏结力 c' 和黏聚力 c 分别沿墙背面和破裂面均匀分布；⑤ 土的性质不变。

5.7.1　主动土压力公式推导

1) 建立平衡方程

考虑土体黏聚力 c 和内摩擦角 ϕ、土体与墙背黏结力 c' 和外摩擦角 δ、均布超载 q_0 等因素，地震作用按最不利情况考虑，可建立计算图式，如图 5-45 所示。根据图 5-45 几何关系有

$$\left. \begin{array}{l} \overline{AB} = \dfrac{H}{\cos\alpha}, \overline{AC} = \dfrac{H\sin(\alpha+\theta)}{\cos\alpha\cos\theta}, \overline{BC} = \dfrac{H\cos\alpha}{\cos\alpha\cos\theta}, \overline{ad} = \dfrac{\mathrm{d}h}{\cos\alpha} \\[3mm] \overline{bc} = \dfrac{\mathrm{d}h}{\cos\theta}, \overline{ab} = \dfrac{(H-h)\sin(\alpha+\theta)}{\cos\alpha\cos\theta}, \overline{cd} = \dfrac{(H-h-\mathrm{d}h)\sin(\alpha+\theta)}{\cos\alpha\cos\theta} \end{array} \right\} \tag{5-228}$$

$$\mathrm{d}w = \gamma S_{abcd} = \frac{1}{2}\gamma(\overline{ab}+\overline{cd})\mathrm{d}h = \gamma(H-h)\frac{\sin(\alpha+\theta)}{\cos\theta\cos\alpha}\mathrm{d}h (省略高阶无穷小) \tag{5-229}$$

　　假设土楔体 ABC 处于主动土压力极限平衡状态，根据主动土压力的特点可对水平微元土体 $abcd$ 进行受力分析，如图 5-46。建立水平微元土体 $abcd$ 的静力平衡方程。由 x 方向静力平衡方程有

$$-p\cdot\overline{ad}\cdot\cos(\delta+\eta)+c'\cdot\overline{ad}\cdot\sin(\eta)-c\cdot\overline{bc}\cdot\sin(\theta-\eta)+r\cdot\overline{bc}\cdot\cos(\theta+\phi-\eta) = 0 \tag{5-230}$$

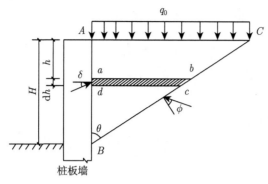

图 5-45 地震作用下桩板墙主动土压力计算图式

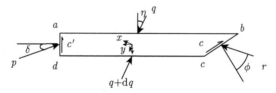

图 5-46 地震主动土压力微元体受力分析

将式 (3-228) 代入式 (3-230) 可得

$$r = \frac{\cos(\delta + \eta)\cos\theta}{\cos(\theta + \phi - \eta)}p - \frac{\sin(\eta)\cos\theta}{\cos(\theta + \phi - \eta)}c' + \frac{\sin(\theta - \eta)}{\cos(\theta + \phi - \eta)}c \tag{5-231}$$

建立 y 方向静力平衡方程，有

$$- p \cdot \overline{ad}\sin(\delta + \eta) - c' \cdot \overline{ad}\cos(\eta) - c \cdot \overline{bc}\cos(\theta - \eta) + q \cdot \overline{ab} - (q + \mathrm{d}q) \cdot \overline{cd}$$
$$+ \frac{(1 - k_v)}{\cos\eta}\mathrm{d}w - r \cdot \overline{bc}\sin(\theta + \phi - \eta) = 0 \tag{5-232}$$

将式 (5-228)、式 (5-229) 代入式 (5-232) 可得 (忽略二阶无穷小)

$$- p \cdot \sin(\delta + \eta)\mathrm{d}h - c' \cdot \cos(\eta)\mathrm{d}h - c \cdot \frac{\cos(\theta - \eta)}{\cos\theta}\mathrm{d}h$$
$$+ q \cdot \tan\theta\mathrm{d}h - \mathrm{d}q \cdot \tan\theta(H - h) + \frac{(1 - k_v)}{\cos\eta}(H - h)\sin\theta \cdot \gamma\mathrm{d}h$$
$$- r \cdot \frac{\sin(\theta + \phi - \eta)}{\cos\theta}\mathrm{d}h = 0 \tag{5-233}$$

对 bc 边中点取力矩平衡，以逆时针方向为正，有

$$- p \cdot \overline{ad}\sin\delta \cdot \frac{1}{2}(\overline{ab} + \overline{cd}) - c' \cdot \overline{ad}\frac{1}{2}(\overline{ab} + \overline{cd}) + q \cdot \overline{ab} \cdot \left[\frac{1}{2}\overline{ab}\cos\eta - \frac{1}{2}\overline{bc}\sin(\theta - \eta)\right]$$
$$- (q + \mathrm{d}q) \cdot \overline{cd} \cdot \left[\frac{1}{2}\overline{cd}\cos\eta + \frac{1}{2}\overline{bc}\sin(\theta - \eta)\right] + \frac{1 - k_v}{\cos\eta}\mathrm{d}w \cdot \frac{1}{4}(\overline{ab} + \overline{cd})\cos\eta = 0 \tag{5-234}$$

将式 (5-228) 和式 (5-229) 代入式 (5-234) 可得

$$-p \cdot \sin\delta \cdot \mathrm{d}h - c'\mathrm{d}h + q \cdot \sin\eta \cdot \mathrm{d}h - \frac{1}{2}\tan\theta \cdot \cos\eta(H-h)\mathrm{d}q$$

$$+\frac{1}{2}\frac{(1-k_v)}{\cos\eta}\cos\eta \cdot \tan\theta \cdot \gamma(H-h)\mathrm{d}h = 0 \tag{5-235}$$

2) 主动土压力分布

将式 (5-233) 乘以 $(-\cos\eta/2)$ 后与式 (5-235) 相加，并将式 (5-231) 代入，经化简可得

$$-p\cos\theta\left[2\sin\delta\cos(\theta+\phi-\eta) - \sin(\theta+\phi+\delta)\cos\eta\right]$$

$$-c'\cos\theta\left[2\cos(\theta+\phi-\eta) - \cos\eta\cos(\theta+\phi)\right] + c\cos\eta\cos\phi$$

$$+q\cos(\theta+\phi-\eta)\left[2\sin\eta\cos\theta - \cos\eta\sin\theta\right] = 0 \tag{5-236}$$

三角函数关系如下：

$$2\sin(\alpha+\delta)\cos(\theta+\phi-\eta) - \sin(\alpha+\theta+\phi+\delta)\cos\eta$$

$$= \sin(\alpha+\delta)\cos(\theta+\phi-\eta) - \sin(\theta+\phi)\cos(\alpha+\delta+\eta) \tag{5-237}$$

$$2\cos\alpha\cos(\theta+\phi-\eta) - \cos\eta\cos(\alpha+\theta+\phi)$$

$$= \cos\alpha\cos(\theta+\phi-\eta) + \sin(\theta+\phi)\sin(\alpha+\eta) \tag{5-238}$$

$$2\sin(\alpha+\eta)\cos\theta - \cos\eta\sin(\alpha+\theta) = \cos\theta\sin(\alpha+\eta) - \cos\alpha\sin(\theta-\eta) \tag{5-239}$$

三角函数变换后，式 (5-236) 可写成如下形式：

$$p = n_1 q - n_2 c' + n_3 c \tag{5-240}$$

其中，

$$n_1 = \frac{\cos(\theta+\phi-\eta)}{\cos\theta} \times \frac{\cos\theta\sin\eta - \sin(\theta-\eta)}{\sin\delta\cos(\theta+\phi-\eta) - \sin(\theta+\phi)\cos(\delta+\eta)} \tag{5-241}$$

$$n_2 = \frac{\cos(\theta+\phi-\eta) + \sin(\theta+\phi)\sin\eta}{\sin\delta\cos(\theta+\phi-\eta) - \sin(\theta+\phi)\cos(\delta+\eta)} \tag{5-242}$$

$$n_3 = \frac{\cos\eta\cos\phi}{\cos\theta \cdot [\sin\delta\cos(\theta+\phi-\eta) - \sin(\theta+\phi)\cos(\delta+\eta)]} \tag{5-243}$$

将式 (5-240) 代回式 (5-239) 经化简得

$$\frac{\mathrm{d}q}{\mathrm{d}h} - \frac{a}{H-h}q = \frac{b}{H-h} + \frac{1-k_v}{\cos\eta}\gamma \tag{5-244}$$

其中，

$$a = 1 - n_1\frac{\cot\theta\sin(\theta+\phi+\delta)}{\cos(\theta+\phi-\eta)} \tag{5-245}$$

$$b = \frac{2 \left[\sin(\theta + \phi)\cos\delta\cos\theta \cdot c' - \cos\phi\sin\delta \cdot c\right]}{\sin\theta \left[\sin\delta\cos(\theta + \phi - \eta) - \sin(\theta + \phi)\cos(\delta + \eta)\right]} \tag{5-246}$$

对于一般情况而言, $a \neq 0$ 且 $a \neq -1$, 因此, 微分方程 (5-244) 为非奇次线性微分方程。令

$$f(h) = -\frac{a}{H - h}, \quad g(h) = \frac{b}{H - h} + \gamma\frac{1 - k_v}{\cos\eta} \tag{5-247}$$

可求得微分方程 (5-244) 的通解为

$$q = e^{-\int f(h)\mathrm{d}h}\left[\int g(h)e^{\int f(h)\mathrm{d}h}\mathrm{d}h + C\right] = -\frac{b}{a} - \gamma\frac{1 - k_v}{\cos\eta}\frac{(H - h)}{1 + a} + \frac{C}{(H - h)^a} \tag{5-248}$$

利用边界条件当 $h = 0$ 时 $q = (1 - k_v)q_0/\cos\eta$, 由此可得

$$C = \left[\gamma\frac{1 - k_v}{\cos\eta}\frac{H}{1 + a} + \frac{b}{a} + \frac{1 - k_v}{\cos\eta}q_0\right]H^a \tag{5-249}$$

将式 (5-249) 代入式 (5-248) 可得

$$q = \left[\gamma\frac{1 - k_v}{\cos\eta}\frac{H}{1 + a} + \frac{b}{a} + \frac{1 - k_v}{\cos\eta}q_0\right]\left(\frac{H}{H - h}\right)^a - \gamma\frac{1 - k_v}{\cos\eta}\frac{H - h}{1 + a} - \frac{b}{a} \tag{5-250}$$

将式 (5-250) 代回式 (5-240) 可得主动土压力强度分布表达式:

$$p = m_1(H - h)^{-a} - m_2(H - h) - m_3 \tag{5-251}$$

其中,

$$m_1 = n_1\left[\gamma\frac{1 - k_v}{\cos\eta}\frac{H}{1 + a} + \frac{b}{a} + \frac{1 - k_v}{\cos\eta}q_0\right]H^a \tag{5-252}$$

$$m_2 = n_1\gamma\frac{1 - k_v}{\cos\eta}\frac{1}{(1 + a)} \tag{5-253}$$

$$m_3 = n_1\frac{b}{a} + n_2c' - n_3c \tag{5-254}$$

3) 主动土压力合力及其作用点位置

主动土压力合力为

$$\begin{aligned}
E &= \int_0^H p\,\mathrm{d}h \\
&= \int_0^H \left[m_1(H - h)^{-a} - m_2(H - h) - m_3\right]\mathrm{d}h \\
&= \left(\frac{m_1H^{1-a}}{1 - a} - \frac{m_2H^2}{2} - m_3H\right)
\end{aligned} \tag{5-255}$$

主动土压力合力作用点距墙底 z_0 为

$$z_0 = \frac{\int_0^H p(H-h)\mathrm{d}h}{\int_0^H p\,\mathrm{d}h} = \frac{\int_0^H \left[m_1(H-h)^{-a} - m_2(H-h) - m_3\right](H-h)\mathrm{d}h}{\int_0^H \left[m_1(H-h)^{-a} - m_2(H-h) - m_3\right]\mathrm{d}h}$$

$$= \frac{\dfrac{m_1 H^{-a}}{2-a} - \dfrac{m_2 H}{3} - \dfrac{m_3}{2}}{\dfrac{m_1 H^{-a}}{1-a} - \dfrac{m_2 H}{2} - m_3} H \tag{5-256}$$

将 $n_1, n_2, n_3, m_1, m_2, m_3, a, b$ 分别代回式 (5-255)，经化简可得

$$\begin{aligned}
E = {} & \frac{1}{2}\gamma H^2 \frac{1-k_v}{\cos\eta} \cdot \frac{\tan\theta\cos(\theta+\phi-\eta)}{\sin(\theta+\phi+\delta)} \\
& + q_0 H \frac{1-k_v}{\cos\eta} \cdot \frac{\tan\theta\cos(\theta+\phi-\eta)}{\sin(\theta+\phi+\delta)} \\
& - cH \frac{\cos\phi}{\cos\theta\sin(\theta+\phi+\delta)} - c'H \frac{\cos(\theta+\phi)}{\sin(\theta+\phi+\delta)}
\end{aligned} \tag{5-257}$$

4) 主动土压力临界破裂角的求解

欲求主动土压力合力的最大值 E_a 及相应的临界破裂角 θ_{cr}，只要令 $\mathrm{d}E/\mathrm{d}\theta = 0$ 即可，但这样很难得到显示的解答。为此，本文采用图解法对 θ 作相应变换，如图 5-47 所示。过点 B 作直线 BN 与水平线 BR 交 ϕ 角，且与 AC 延长线交于 D 点。过 B 点作 BQ，使之与 BA 交 $\phi+\delta$ 角。分别过 A, C 点作 AM, CN，满足 $BQ//AM//CN$。过 C, N 分别作 CR, NS，使得 $CR \perp BR, NS \perp BS$。过 N 作 NF 使得 $NF \perp CR$。如此，AB, BM, AM, BD, AD 和 DM 均为常量，即在 $\triangle ABD, \triangle ABM$ 和 $\triangle ADM$ 中，由正弦定理可得

$$\left.\begin{aligned}
& \overline{AD} = \overline{AB}\frac{\sin(90-\phi)}{\sin\phi} = H\cot\phi, \quad \overline{BD} = \frac{\overline{AB}}{\sin\phi} = \frac{H}{\sin\phi} \\
& \overline{AM} = \overline{AB}\frac{\sin(90-\phi)}{\sin(90-\delta)} = H\frac{\cos\phi}{\cos\delta} \\
& \overline{BM} = \overline{AB}\frac{\sin(\delta+\phi)}{\sin(90-\delta)} = H\frac{\sin(\delta+\phi)}{\cos\delta} \\
& \overline{DM} = \overline{AM}\frac{\sin(90-\phi-\delta)}{\sin\phi} = H\cot\phi\frac{\cos(\phi+\delta)}{\cos\delta}
\end{aligned}\right\} \tag{5-258}$$

在 $\triangle ABC$ 和 $\triangle BCN$ 中，由正弦定理可得

$$\left.\begin{array}{l} \sin\theta = \dfrac{\overline{AC}}{\overline{BC}}, \cos\theta = \dfrac{\overline{AB}}{\overline{BC}} \\[2mm] \cos(\theta+\phi) = \dfrac{\overline{CN}}{\overline{BC}}\cos\delta, \sin(\theta+\phi+\delta) = \dfrac{\overline{BN}}{\overline{BC}}\cos\delta \end{array}\right\} \qquad (5\text{-}259)$$

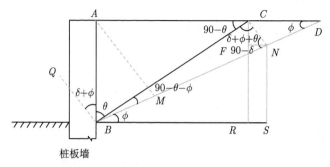

图 5-47 主动土压力临界破裂角的求解

在 $\triangle BCN$ 中，由余弦定理可得

$$\overline{BC}^2 = \overline{BN}^2 + \overline{CN}^2 - 2\overline{BN}\cdot\overline{CN}\cos(90+\delta) \qquad (5\text{-}260)$$

$$\sin(\theta+\phi) = \sqrt{1-\cos^2(\theta+\phi)} = \frac{\overline{BN}-\overline{CN}\sin\delta}{\overline{BC}} \qquad (5\text{-}261)$$

由 $\triangle CDN \backsim \triangle ADM$ 有

$$\left.\overline{CN} = \frac{\overline{AM}}{\overline{DM}}(\overline{BD}-\overline{BN}), \quad \overline{AC} = \frac{\overline{AD}}{\overline{DM}}(\overline{BN}-\overline{BM})\right\} \qquad (5\text{-}262)$$

其中，式 (5-257) 也可写为

$$\begin{aligned} E = &\frac{1}{2}\gamma H^2 \frac{1-k_v}{\cos\eta} \cdot \frac{\sin\theta\,[\cos(\theta+\phi)\cos\eta + \sin(\theta+\phi)\sin\eta]}{\cos\theta\sin(\theta+\phi+\delta)} \\[2mm] &+ q_0 H \frac{1-k_v}{\cos\eta} \cdot \frac{\sin\theta\,[\cos(\theta+\phi)\cos\eta + \sin(\theta+\phi)\sin\eta]}{\cos\theta\sin(\theta+\phi+\delta)} \\[2mm] &- cH\frac{\cos\phi}{\cos\theta\sin(\theta+\phi+\delta)} - c'H\frac{\cos(\theta+\phi)}{\sin(\theta+\phi+\delta)} \end{aligned} \qquad (5\text{-}263)$$

将式 (5-258)∼ 式 (5-263) 代入式 (5-263) 可得

$$E = -I_1\overline{BN} - I_2\frac{1}{\overline{BN}} + I_3 \qquad (5\text{-}264)$$

其中，

$$I_1 = \frac{\cos\delta}{\cos^2(\phi+\delta)} \times \left[\frac{1}{2}\gamma H \frac{1-k_v}{\cos\eta}\sin(\phi-\eta) + q_0\frac{1-k_v}{\cos\eta}\sin(\phi-\eta) + c\cos\phi\right] \quad (5\text{-}265)$$

$$I_2 = \frac{H^2}{\cos\delta\cos^2(\phi+\delta)}$$
$$\times \left[\begin{array}{l}\dfrac{1}{2}\gamma H\dfrac{1-k_v}{\cos\eta}\sin(\phi+\delta)\cos(\delta+\eta) + q_0\dfrac{1-k_v}{\cos\eta}\sin(\delta+\phi)\cos(\delta+\eta) \\[2mm] +c\cos\phi + c'\cos\delta\cos(\delta+\phi)\end{array}\right]$$
$$(5\text{-}266)$$

$$I_3 = \frac{H}{\cos^2(\phi+\delta)}$$
$$\times \left\{\left[\frac{1}{2}\gamma H\frac{1-k_v}{\cos\eta} + q_0\frac{1-k_v}{\cos\eta}\right] \times \left[\begin{array}{l}\sin(\phi+\delta)\sin(\phi-\eta) \\[1mm] +\cos(\delta+\eta)\end{array}\right] \atop +2c\cos\phi\sin(\phi+\delta) + c'\sin\phi\cos(\phi+\delta)\right\} \quad (5\text{-}267)$$

对式 (5-264) 求极值, 令 $\mathrm{d}E/\mathrm{d}\overline{BN} = 0$ 得

$$-I_1 + \frac{I_2}{\overline{BN}^2} = 0 \quad (5\text{-}268)$$

由此可得

$$\overline{BN} = \sqrt{\frac{I_2}{I_1}} \quad (5\text{-}269)$$

将式 (5-269) 代入式 (5-264) 可得

$$E_a = -2\sqrt{I_1 \cdot I_2} + I_3 \quad (5\text{-}270)$$

由 $\mathrm{d}^2E/\mathrm{d}\overline{BN}^2 = -2I_2/\overline{BN}^3 < 0$ 可知, E_a 为极大值。

另外, 由图 5-2 有

$$\left.\begin{array}{l}\overline{BR} = \overline{BS} - \overline{SR} = \overline{BN}\cos\phi - \overline{CN}\sin(\phi+\delta) \\[1mm] \overline{CR} = \overline{CF} + \overline{FR} = \overline{CN}\cos(\phi+\delta) + \overline{BN}\sin\phi\end{array}\right\} \quad (5\text{-}271)$$

$$\tan\theta_{\mathrm{cr}} = \frac{\overline{BR}}{\overline{CR}} = \frac{\overline{BN}\cos\delta - H\sin(\phi+\delta)}{H\cos(\phi+\delta)} \quad (5\text{-}272)$$

5.7.2　主动土压力公式与已知公式的比较

(1) 与 Coulomb 主动土压力公式的比较

当 $c = 0, c' = 0, q_0 = 0, k_v = 0, \eta = 0$ 时, 即处于理想的 Coulomb 无黏性土主动土压力状态, 式 (5-270) 可转化为

$$E_a = \frac{1}{2}\gamma H^2 \frac{1}{\cos^2(\phi+\delta)} \times \left[\begin{array}{c} \sin(\phi+\delta)\sin\phi + \cos\delta \\ -2\sqrt{\cos(\delta)\sin\phi\sin(\phi+\delta)} \end{array} \right]$$

$$= \frac{1}{2}\gamma H^2 \frac{\cos^2\phi}{\cos\delta\left[1 + \sqrt{\dfrac{\sin(\phi+\delta)\sin\phi}{\cos\delta}}\right]^2} \tag{5-273}$$

可以看出, 式 (5-273) 与 Coulomb 主动土压力公式完全一致。

(2) 当 $\delta=0, c'=0, q_0=0, k_v=0, \eta=0$ 时, 即处于理想 Rankine 主动土压力状态, 式 (2-270) 可转化为

$$E_a = \frac{1}{2}\gamma H^2 \left(\frac{1-\sin\phi}{\cos\phi}\right)^2 - 2cH\left(\frac{1-\sin\phi}{\cos\phi}\right)$$

$$= \frac{1}{2}\gamma H^2 \tan^2\left(45° - \frac{\phi}{2}\right) - 2cH\tan\left(45° - \frac{\phi}{2}\right) \tag{5-274}$$

由此可见, 式 (5-274) 与 Rankine 主动土压力公式完全一致。

5.7.3 工程算例

研究桩板墙后地震土压力的分布强度, 用于桩板墙抗震设计; 同时考虑不同的水平地震加速度系数, 分析地震强度对地震土压力分布的影响。相关计算参数如表 5-31 所示。计算结果如表 5-32 和图 5-48 所示。由表 5-32 和图 5-48 的算例中可看到, 当 $k_h=0.1$ 时, 桩板墙后土压力呈反 "C" 型分布, 最大值为 21.39kPa, 位于墙顶深 3.5m 处; 当 $k_h=0.2$、0.3 时, 桩板墙后土压力随着深度的增加而非线性增大, 呈 "C" 型分布; 由此可知, 当水平地震加速度系数增大时, 土压力强度分布曲线由反 "C" 型分布转化为 "C" 型分布, 并往增大的方向移动。此外, 表 5-32 可为桩板墙结构的抗震设计提供参考。

表 5-31　参数选取

H/m	$\gamma/(kN/m^3)$	q_0/kPa	c/kPa	c'/kPa	$\phi/(°)$	$\beta_h/(kN/m^3)$	$\theta/(°)$	$\eta/(°)$	$\delta/(°)$	k_h	k_v
4	18.85	10	10	20/3	15	1.22	37.5	6.12	10	0.1	0.2/3

表 5-32　地震土压力计算结果　(单位: kPa)

h/m	0	1	2	3	3.5	3.7	3.9	3.95	3.99
$k_h=0.1$	-7.23	2.61	11.80	19.44	21.39	20.92	17.32	14.21	6.19
$k_h=0.2$	-8.68	1.78	12.68	24.76	32.36	36.56	44.10	48.67	60.52
$k_h=0.3$	-12.70	1.12	16.19	34.64	48.49	57.58	77.22	90.97	130.47

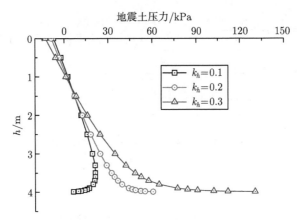

图 5-48　地震加速度系数对主动土压力强度的影响

5.8　本 章 小 结

基于极限分析上限理论, 对锚杆加固膨胀土两级边坡 (DK221+790 右侧) 和抗滑桩 + 锚杆 (索) 加固膨胀土多级边坡 (DK221+740 右侧) 的稳定性进行分析, 并考虑地震等因素的影响, 确定锚杆 (索) 拉力和抗滑桩抗力; 采用极限平衡水平条分法, 计算得到桩板墙后土压力的分布强度, 为膨胀土多级边坡组合式支挡结构设计提供理论支撑, 所列图表为边坡的设计与施工提供了有益参考, 主要结论如下所述。

(1) 仅考虑重力作用, 两级膨胀土边坡 (坡率 1:1.5) 的安全系数为 0.903; 变形力的作用和地震荷载分别使得边坡安全系数减少 7.8% 和 17.65%, 地震荷载对边坡稳定性影响较大。对于锚杆拉力计算而言, 传统方法仅考虑锚杆作用, 而本文新计算方法则考虑锚杆 + 框架梁共同作用, 即把锚杆 (索) 的拉力作为体力施加于滑动体上。

(2) 安全系数随着水平变形力、地震烈度、锚杆横向间距、边坡高度、边坡倾角的增大而减少, 随着边坡平台宽度的增加而增大, 随锚杆倾角的增大安全系数先增大后减少。

(3) 锚杆的拉力与安全系数呈线性关系, 锚杆拉力越大, 安全系数也越大。锚杆拉力随着平台宽度的增加而减少, 随着地震烈度、锚杆横向间距、边坡高度、边坡倾角的增大而增大, 随着锚杆倾角的增大先增大后趋于稳定; 锚杆的倾角介于10°～30° 比较合理。

(4) 本文提出一种新方法 (考虑锚杆 + 框架梁共同作用) 确定锚杆拉力, 通过与传统方法对比验证了本文新方法的正确性; 相比于传统方法, 本文计算方法更加快捷简便。

(5) 孔隙水压力对边坡安全系数和锚杆拉力的影响较大, 考虑孔隙水压力的作用, 两级膨胀土边坡安全系数为 0.757, 安全系数降低了 16.17%, 孔隙水压力对边坡的影响小于地震作用 (降低 17.65%), 大于变形力 (降低 7.8%), 孔隙水压力使得锚杆拉力最大增加了 53.44%。

(6) 考虑孔隙水压力的作用后, 滑裂面为局部浅层滑动, 孔隙水压力对边坡的稳定极其不利, 降雨条件下孔隙水压力增大, 导致膨胀土边坡发生浅层滑坡。

(7) 考虑裂隙的作用, 两级边坡安全系数为 0.828, 裂隙的存在使得安全系数降低了 8.31%; 裂隙对边坡的影响小于地震作用 (降低 17.65%) 和孔隙水压力 (降低 16.17%), 大于变形力 (降低 7.8%); 裂隙 (深 1m) 的存在使得锚杆拉力略有增长, 增长值约 2kN; 考虑裂隙的影响后, 边坡的滑裂面长度变短, 且与裂隙连通。

(8) 安全系数随着裂隙深度的增加而减少, 锚杆拉力随着裂隙深度的增加而增大, 裂隙倾角的变化对安全系数和锚杆拉力的影响较小;

(9) 当坡顶超载为 10kN/m, 两级边坡安全系数为 0.880, 安全系数降低了 2.55%; 锚杆拉力最大值增加了 42.90%; 坡顶超载对锚杆拉力的影响大于对安全系数的影响; 安全系数随着坡顶超载的增大而非线性减少, 锚杆拉力随着坡顶超载的增大而线性增大,

(10) 考虑边坡土体分层影响, 采用极限分析得到的边坡安全系数为 1.046; 采用极限平衡法得到的边坡安全系数为 1.042; 两者之间误差仅为 0.38%, 由此说明, 采用极限分析方法计算土体分层边坡的安全系数是可靠的; 由软件自动输出分层前后的边坡滑裂面图形可知, 滑裂面斜率在土层交界处发生变化。

(11) 考虑自重的作用, 多级膨胀土边坡安全系数为 0.709; 考虑变形力的影响, 边坡安全系数降为 0.646, 降低了 8.8%; 对于有抗震要求的膨胀土边坡, 边坡安全系数降为 0.557, 降低了 21.4%; 安全系数随着桩身抗力的增加而增大, 地震荷载对桩身抗力的影响较大, 桩身抗力随着预应力锚索拉力的增加线性减少; 下级桩抗力随着上下级桩抗力比例系数 λ 的增加非线性减少; 当预应力锚索拉力为 500kN 时, 膨胀土边坡桩身抗力设计值可取 814.73kN, 考虑地震作用, 桩身抗力设计值可取 6723.75kN, 其作用点位于抗滑桩悬臂段的中点处。

(12) 当预应力锚索拉力为 0~500kN 时, 膨胀土边坡抗滑桩抗力设计值可取 3447.58~1148.24kN; 对于有抗震要求的膨胀土边坡, 抗滑桩抗力设计值可取 7668.32~5368.97kN。

(13) 当 $\lambda=0.5\sim2$ 时, 膨胀土边坡下级抗滑桩抗力设计值可取 4630.2~2281.3kN; 对于有抗震要求的膨胀土边坡, 下级桩身抗力设计值可取 10298.8~5075.5kN。

(14) 基于 MATLAB 软件开发平台, 设计了一款基于极限分析上限理论的求解

膨胀土边坡锚杆拉力、抗滑桩抗力的计算程序，并通过实例验证该程序设计的合理性和正确性。

　　(15) 基于 Mononobe-Okabe 破裂面假定，采用水平条分法，推导了地震作用下桩板墙后主动土压力强度非线性分布公式，采用图解法得到了临界破裂角的显示解答，并计算得到地震土压力的分布强度，可为桩板墙结构的抗震设计提供参考。

第6章 膨胀土高边坡多级组合式支挡结构设计理论研究

6.1 概　述

当边坡滑体较长，滑坡推力较大，滑坡有可能从边坡的半腰剪出时，一般采用"桩-桩"组合结构，即由上而下在滑坡体上布置两排抗滑桩，上排桩抵抗上级滑坡推力，下排桩抵抗下级滑坡推力。如有浅层滑动的可能，可采用预应力锚索或锚杆框架进行综合加固。正是基于此种设计理念，在新建云桂铁路高边坡路段，均采用框架梁 + 桩板墙此种组合式支挡结构进行边坡支挡。如 DK221+679 ～ DK221+863 右侧中-强膨胀土高边坡，最高处挖深 38m，开挖成四级平台，采用双级板墙 + 一级预应力锚索框架梁 + 三级锚杆框架梁组合式支挡结构进行支挡，如图 6-1 所示；DK158+060～DK158+200 右侧中-弱膨胀土高边坡，开挖成三级平台，采用双级桩板墙 + 一级预应力锚索框架梁 + 一级锚杆框架梁组合式支挡结构进行支挡；昆明南站 DK78+340～DK78+500 右侧高边坡，开挖成七级平台，采用四级桩板墙 + 六级锚杆框架梁组合式支挡结构进行支挡。

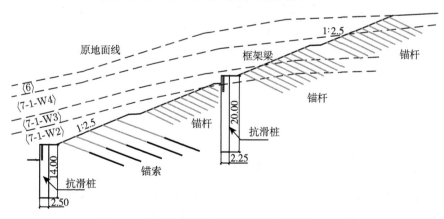

图 6-1　膨胀土高边坡设计断面图 (尺寸单位：m)

抗滑桩对滑坡体的作用是利用抗滑桩插入滑动面以下的稳定地层以桩的抗力 (锚固力) 平衡滑动体的推力，增加其稳定性。当滑坡体下滑时受到抗滑桩的阻抗，使桩前滑体达到稳定状态。在抗滑桩出现以后不久，桩板式挡土墙也就跟着出现，20

世纪 70 年代初,在枝柳线上首先将桩板式挡墙应用于路堑中,紧接着在南昆线上应用到路堤中,由于经验的不断积累,这项技术已经日趋成熟,因此,在 1992 年和 1993 年出现了路堑式、路肩式桩板挡土墙的通用图。多年来的实践证明,桩板墙是一种很好的支挡型式。桩板式挡土墙的作用机理与抗滑桩一样,区别仅仅在于桩板墙的桩间增设了挡土板。

框架梁 (又名格构梁) 加固技术是利用现浇钢筋混凝土进行边坡坡面防护,并利用锚杆或锚索加以固定的一种边坡加固技术。格构技术一般与公路环境美化相结合,利用框格护坡,同时在框格之内种植花草可以达到极其美观的效果,现浇钢筋混凝土格构有方形、菱形、人字形和弧形四种型式。这种技术在山区高速公路的高陡边坡加固中被广泛采用,其护坡达到了既美观又安全的良好效果。框格的主要作用是将边坡体的剩余下滑力或土压力、岩石压力分配给格构结点处的锚杆或锚索,然后通过锚索传递给稳定地层,从而使边坡体在由锚杆或锚索提供的锚固力的作用下处于稳定状态。因此,就框架梁本身来讲仅是一种传力结构,而加固的抗滑力主要由框格结点处的锚杆或锚索提供。

高路堑边坡支挡结构设计时,首先确定每级台阶高度,把高边坡划分为多级台阶边坡 (利于边坡自稳和方便施工),然后对多级台阶边坡进行支护结构设计。传统的方法是分别对各级边坡进行支挡设计,常采用锚杆 (索) 框架梁等,然后,在应力较大的部位 (边坡坡脚处) 进行局部加固设计,常采用抗滑桩等,其中,对于抗滑桩、锚杆 (索) 设计时,滑坡推力均采用极限平衡理论 (传递系数法) 计算;对于膨胀土多级边坡而言,利用传统方法进行抗滑桩和框架梁的设计时,未考虑膨胀力的影响,与实际情况存在差异;因此,本文对传统的边坡支挡结构设计方法不足之处进行改进,在此基础之上,尝试采用两种基于极限分析上限理论的新方法对膨胀土地区多级边坡组合式支挡结构进行设计计算,为设计部门提供理论支撑,以补充此方面研究之不足。

6.2　设计新方法

6.2.1　方法一:等效荷载＋逐级设计法

等效荷载法,即利用相应大小的荷载替代上级边坡土体,把荷载作用于下级边坡。吴进良 [125] 采用等效荷载法对多级高路堤边坡稳定性进行了研究。高礼 [126] 采用等效荷载法对多级加筋土边坡进行了研究。

根据《铁路路基支挡结构设计规范》和《建筑边坡工程技术规范》知,抗滑桩自由悬臂端长度一般不超过 15m,土质边坡分级高度一般不超过 10m,岩质边坡分级高度一般不超过 15m。

(1) 定义：Ⅰ型组合式支挡结构为两级锚杆 (索) 框架梁 (单级坡高 ≤10m)＋桩板墙 (悬臂端高 2m~6m)；Ⅱ型组合式支挡结构为一级锚杆 (索) 框架梁 (高 ≤10m)＋桩板墙 (悬臂端高 2m~6m)。根据边坡的高度可确定边坡的Ⅰ型组合式和Ⅱ型组合式支挡结构的组数，一组Ⅰ型组合式支挡结构可支护的边坡高度为 16~26m，一组Ⅱ型组合式支挡结构可支护的边坡高度为 10~16m。如边坡高度为 40m，则采用两组Ⅰ型组合式支挡结构进行支护，即桩板墙 (悬臂端高 4m)＋两级锚杆 (索) 框架梁 (高 16m) ＋ 桩板墙 (悬臂端高 4m)＋两级锚杆 (索) 框架梁 (高 16m)。若边坡高度为 35m，可采用一组Ⅱ型组合式支挡结构 (下)＋一组Ⅰ型组合式支挡结构 (上) 进行支护，即桩板墙 (悬臂端高 4m)＋两级锚杆 (索) 框架梁 (高 16m) ＋ 桩板墙 (悬臂端高 5m)＋一级锚杆 (索) 框架梁 (高 10m)。对Ⅰ型和Ⅱ型组合式支挡结构进行组合，可以对任意高度边坡进行支护设计。设计步骤如图 6-2 所示。

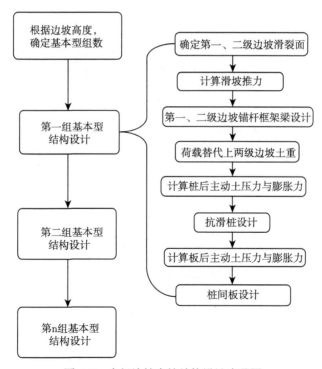

图 6-2　多级边坡支挡结构设计步骤图

(2) 第一组Ⅰ型 (Ⅱ型) 组合式支挡结构设计。

①确定第一、二级边坡滑裂面，计算边坡滑坡推力 (考虑膨胀力)，对第一、二级边坡锚杆 (索) 框架梁进行设计。在Ⅱ型组合式支挡结构设计中，确定第一级边坡滑裂面并计算滑坡推力 (考虑膨胀力)，如图 6-3 所示，对第一级边坡锚杆 (索)

框架梁进行设计，其他步骤与第 I 型组合式支挡结构设计相同。

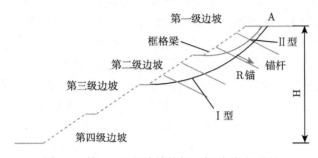

图 6-3　第一、二级边坡锚杆 (索) 框架梁设计

②采用荷载代替第一、二级边坡土重，如图 6-4 所示，计算上级抗滑桩后的土压力及膨胀力，进行抗滑桩设计。

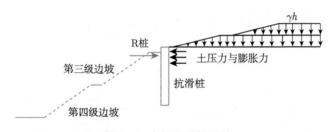

图 6-4　上级抗滑桩设计

③计算板后主动土压力和膨胀力的大小，采用材料力学理论对桩间挂板进行设计。

(3) 第二组 I 型组合式支挡结构设计。

①采用荷载代替第一、二级边坡土重，且不考虑抗滑桩的自重的影响，考虑桩的抗力，然后确定第三、四级边坡滑裂面，如图 6-5 所示，计算边坡滑坡推力 (考虑膨胀力)，设计第三、四级边坡锚杆 (索) 框架梁。

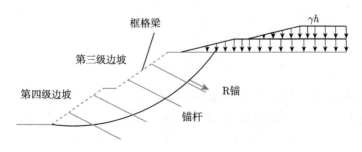

图 6-5　第三、四级锚杆 (索) 框架梁设计

②采用荷载代替第一、二、三、四级边坡土重,如图 6-6 所示,计算下级抗滑桩后的土压力及膨胀力,进行下级抗滑桩设计。

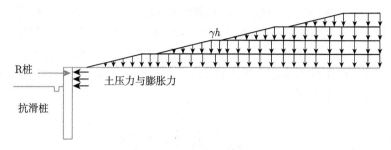

图 6-6　下级抗滑桩设计

③计算板后膨胀力的大小,采用材料力学理论对桩间挂板进行设计。

(4) 以此类推,对 $n(n > 2)$ 组 I 型组合式支挡结构进行设计。

由于 II 型组合式支挡结构与 I 型组合式支挡结构相同,此处不赘述。

6.2.2　方法二:极限理论整体设计法

由等效荷载 + 逐级设计法可知,该方法是对多级边坡进行逐级设计,考虑了上级边坡荷载对下级边坡的影响,但未充分考虑上下级抗滑桩之间的共同抵抗作

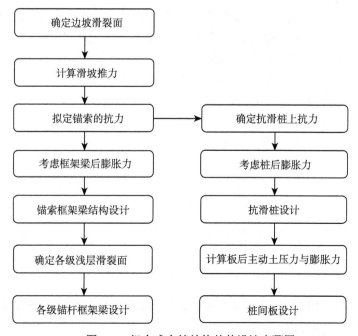

图 6-7　组合式支挡结构整体设计步骤图

用。因此，极限理论整体设计法则基于极限理论考虑上下级抗滑桩的共同作用，对多级边坡的支挡结构进行整体综合设计。由于此种组合式支挡结构的内力分布及其复杂，为简化计算，在此对边坡支挡结构进行必要假设。假设：①把整个边坡看作平面问题，取一个断面进行研究。②由于锚杆是为了防止边坡产生浅层滑坡，因此各级边坡锚杆布置一般较短，未必能通过整体滑裂面，因此在计算时，可以不考虑锚杆锚固力；但预应力锚索布置较长 (25m)，应予以考虑。组合式支挡结构整体设计流程图如图 6-7 所示。

6.3　抗滑桩设计计算

采用本文提出的两种组合式支挡结构设计新方法对抗滑桩的内力进行设计计算，再与现场监测结果进行对比分析，尝试验证此两种新方法的正确性和适用性。

《铁路路基支挡结构设计规范》规定了桩板式挡土墙适用地区和一般设计方法。但是，针对膨胀土边坡桩板墙的设计计算，采用传统的计算方法往往是未将膨胀力考虑进来，因而与实际情况有所差别。抗滑桩设计计算通常将抗滑桩分为悬臂段与锚固段两部分进行考虑。

6.3.1　桩身悬臂段内力计算

抗滑桩的悬臂段上所受外荷载主要是桩后滑坡推力与桩前土抗力组成，这两者的合力通常按照三角形、梯形和矩形分布进行简化，如图 6-8 所示。视土压力为外荷载时，土压力可参照库仑土压力的分布形式，一般是不考虑桩的自重产生的影响。外荷载在桩身的有效作用宽度可取两桩的中心间距的一半进行计算。在对桩进行计算时，可将悬臂段简化成底端固支的悬臂梁。当外荷载沿深度方向呈梯形分布时，此时抗滑桩地面以上部分的弯矩和剪力公式如式 (6-1) 和 (6-2)。

当忽略膨胀力作用时，锚固点处桩身弯矩、剪力为

$$\begin{cases} M_0 = E_x Z_x \\ Q_0 = E_x \end{cases} \tag{6-1}$$

$$\begin{cases} T_1 = \dfrac{6M_0 - 2E_x L}{L^2} \\ T_2 = \dfrac{6E_x L - 12M_0}{L^2} \end{cases} \tag{6-2}$$

当 $T_1 = 0$ 时，滑坡推力 (土压力) 为三角形分布形式，当 $T_2 = T_1$ 时，滑坡推力 (土压力) 为矩形分布形式。

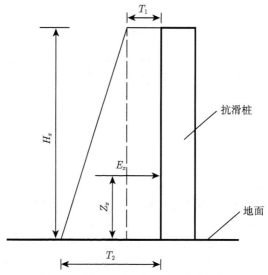

图 6-8 滑坡推力 (土压力) 分布图形

锚固点以上桩身弯矩和剪力按下式计算:

$$
\begin{cases}
M_y = \dfrac{T_1 y^2}{2} + \dfrac{T_2 y^3}{6L} \\[2mm]
Q_y = T_1 y + \dfrac{T_2 y^2}{2L} \\[2mm]
x_y = x_0 - \varphi_0(L-y) + \dfrac{T_1}{EI}\left(\dfrac{L^4}{8} - \dfrac{L^3 y}{6} + \dfrac{y^4}{24}\right) + \dfrac{T_2}{EIL}\left(\dfrac{L^5}{30} - \dfrac{L^4 y}{24} + \dfrac{y^5}{120}\right) \\[2mm]
\varphi_y = \varphi_0 - \dfrac{T_1}{6EI}(L^3 - y^3) - \dfrac{T_2}{24EIL}(L^4 - y^4)
\end{cases}
\tag{6-3}
$$

式中, L 为计算桩间距 (m); M_0 为锚固点弯矩 (kN·m); Q_0 为锚固点剪力 (kN); E_x 为滑坡推力合力 (kN); Z_x 为滑坡推力合力作用点距锚固点距离 (m); x_0, φ_0 为锚固点的变位、转角。

6.3.2 膨胀力

对于膨胀力引入问题,有不少学者对此展开研究,并得到了各类计算方法。当考虑土体膨胀力影响时应对惯用公式做一定的修正,添加膨胀力作用项。按照室内试验及现场观测结果分析,膨胀力沿深度方向分布是在大气影响深度范围 H 内。为公式推导及后续计算方便,计算时将膨胀力分布作一定的简化,可将膨胀力简化成深度 H 范围内的三角形、矩形及倒三角形分布。当桩的悬臂端长度大于 4m 时,取 $H=4$m 计算。当桩的悬臂端长度小于 4m 时,仅考虑悬臂端的膨胀力作用,取悬臂端长度计算。抗滑桩悬臂段受力简化计算示意图如图 6-9 所示。

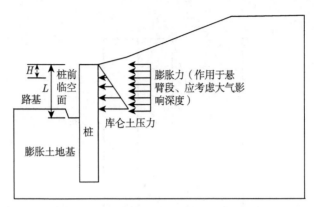

图 6-9　抗滑桩悬臂段受力简化计算示意图

　　通过结构力学的方法,对桩身悬臂段的位移、转角、弯矩的计算公式进行推导。将膨胀力简化成深度 H 范围内的三种荷载分布形式后,经推导可得以下公式。

(1) 三角形分布, 如图 6-10 所示。

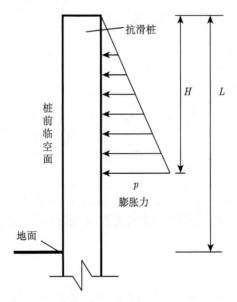

图 6-10　膨胀力简化为三角形分布计算示意图

$$\begin{cases} Q_p = \dfrac{1}{2}py, 0 \leqslant y \leqslant H \\[2mm] Q_p = \dfrac{1}{2}pH, H \leqslant y \leqslant L \end{cases} \tag{6-4}$$

$$\begin{cases} M_p = \dfrac{1}{6}py^2, 0 \leqslant y \leqslant H \\ M_p = \dfrac{1}{2}pH\left(y - \dfrac{2}{3}H\right), H \leqslant y \leqslant L \end{cases} \tag{6-5}$$

$$\begin{cases} \varphi_p = \dfrac{1}{18EI}p(H^3 - y^3), 0 \leqslant y \leqslant H \\ \varphi_p = \dfrac{1}{2EI}pH\left[\dfrac{1}{2}(L+y) - \dfrac{2}{3}H\right](L-y), H \leqslant y \leqslant L \end{cases} \tag{6-6}$$

$$\begin{cases} x_p = \dfrac{1}{18EI}p\left(\dfrac{3}{4}H^4 - H^3y + \dfrac{1}{4}y^4\right), 0 \leqslant y \leqslant H \\ x_p = \dfrac{1}{2EI}pH\left[\dfrac{1}{3}L^2 + \dfrac{1}{6}y^2 - \dfrac{1}{3}H(L+y)\right](L-y), H \leqslant y \leqslant L \end{cases} \tag{6-7}$$

式中, p 为桩身受到土体膨胀力大小, 由试验测得 (kPa); H 为大气影响深度, 此处可以取 4.0m(m); L 为桩前临空高度, 即悬臂段长度 (m); E 为桩身弹性模量 (MPa); I 为桩截面惯性矩 (m^4)。

(2) 矩形分布, 如图 6-11 所示。

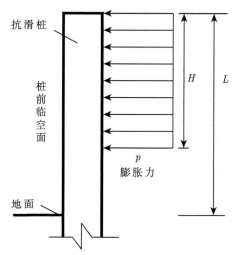

图 6-11 膨胀力简化为矩形分布计算示意图

$$\begin{cases} Q_p = py, 0 \leqslant y \leqslant H \\ Q_p = pH, H \leqslant y \leqslant L \end{cases} \tag{6-8}$$

$$\begin{cases} M_p = \dfrac{1}{2}py^2, 0 \leqslant y \leqslant H \\ M_p = pH\left(y - \dfrac{1}{2}H\right), H \leqslant y \leqslant L \end{cases} \tag{6-9}$$

$$
\begin{cases}
\varphi_p = \dfrac{1}{6EI} p(H^3 - y^3), 0 \leqslant y \leqslant H \\[3mm]
\varphi_p = \dfrac{1}{2EI} pH[(L+y) - H](L-y), H \leqslant y \leqslant L
\end{cases}
\tag{6-10}
$$

$$
\begin{cases}
x_p = \dfrac{1}{6EI} p\left(\dfrac{3}{4}H^4 - H^3 y + \dfrac{1}{4} y^4\right), 0 \leqslant y \leqslant H \\[3mm]
x_p = \dfrac{1}{2EI} pH(L-y)\left(\dfrac{2}{3}L^2 + \dfrac{1}{3}y^2 - \dfrac{1}{2}HL - \dfrac{1}{2}Hy\right), H \leqslant y \leqslant L
\end{cases}
\tag{6-11}
$$

3) 倒三角形分布, 如图 6-12 所示。

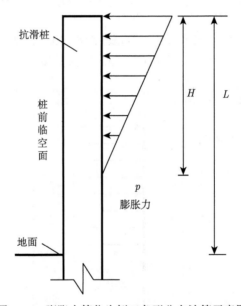

图 6-12　膨胀力简化为倒三角形分布计算示意图

$$
\begin{cases}
Q_p = p\left(1 - \dfrac{y}{H}\right)y + \dfrac{1}{2H} py^2, 0 \leqslant y \leqslant H \\[3mm]
Q_p = \dfrac{1}{2} pH, H \leqslant y \leqslant L
\end{cases}
\tag{6-12}
$$

$$
\begin{cases}
M_p = \dfrac{1}{2} p\left(1 - \dfrac{y}{H}\right)y^2 + \dfrac{1}{6H} py^3, 0 \leqslant y \leqslant H \\[3mm]
M_p = \dfrac{1}{2} pH\left(y - \dfrac{1}{3}H\right), H \leqslant y \leqslant L
\end{cases}
\tag{6-13}
$$

$$\begin{cases} \varphi_p = \dfrac{1}{6EI} p \left[(H^3 - y^3) - \dfrac{1}{2H}(H^4 - y^4) \right], 0 \leqslant y \leqslant H \\[3mm] \varphi_p = \dfrac{1}{2EI} pH \left[\dfrac{1}{2}(L+y) - \dfrac{1}{3}H \right] (L-y), H \leqslant y \leqslant L \end{cases} \tag{6-14}$$

$$\begin{cases} x_p = \dfrac{1}{12EI} p(H-y) \left(\dfrac{1}{2}H^3 + \dfrac{1}{2}y^3 + \dfrac{1}{5}H^4 - \dfrac{1}{5H}y^5 \right), 0 \leqslant y \leqslant H \\[3mm] x_p = \dfrac{1}{2EI} pH(L-y) \left[\dfrac{1}{3}L^2 + \dfrac{1}{6}y^2 - \dfrac{1}{3}HL + \dfrac{1}{6}(L-y) \right], H \leqslant y \leqslant L \end{cases} \tag{6-15}$$

6.3.3 锚固段内力计算

我国目前在进行抗滑桩设计时经常使用的方法为地基反力系数法,该方法假定桩侧土体的弹性抗力系数等于该深度处的侧向土压力和桩身侧向位移的比值。对于地基反力系数取值有三种假定:"k" 法,地基系数为以常值 k,不随深度变化;"m" 法,地基系数随深度的增加呈线性变化;"C" 法,地基系数随深度呈抛物线型增大。常应用于实际设计中的主要是 "k" 法和 "m" 法。

本文主要采用 "m" 法计算锚固段的内力。当桩的换算长度 $\alpha h \geqslant 4.0$m,可将桩身应力和位移的计算公式做一定整理,桩在滑面处的变位与转角可以表示成桩顶处弯矩与剪力的函数,从而得到任意截面处的变位 x_y、转角 φ_y、弯矩 M_y 和剪力 Q_y,对 "m" 法做一定的简化后有

$$\begin{cases} x_y = \dfrac{Q_0}{\alpha^3 EI} A_x + \dfrac{M_0}{\alpha^2 EI} B_x \\[3mm] \varphi_y = \dfrac{Q_0}{\alpha^2 EI} A_\phi + \dfrac{M_0}{\alpha EI} B_\phi \\[3mm] M_y = \dfrac{Q_0}{\alpha} A_M + M_0 B_M \\[3mm] Q_y = Q_0 A_Q + \alpha M_0 B_Q \end{cases} \tag{6-16}$$

式中各系数可以通过查阅参考文献 [128] 中表 9-7 得到。

6.3.4 抗滑桩内力计算结果

边坡相关参数取值见表 6-1,不考虑孔隙水压力、裂隙的影响,表 6-2 和表 6-3 给出桩的力学参数与土体的相关参数,膨胀土的强度参数取各层土体黏聚力和内摩擦角的加权平均值,参考同类工程选取弹性地基系数 M 值,由现场试验可知,百色地区桩后膨胀力推荐值可取 68kPa(详见第 7 章)。通过以上的假定与推导,可以计算出桩身 0~8m 的弯矩沿深度分布情况,桩抗力计算结果如表 6-4 所示。

表 6-1　边坡主要参数

α_1	α_2	α_3	α_4	$\beta_1/(°)$	$\beta_2/(°)$	$\beta_3/(°)$	$\beta_4/(°)$	H/m	D_z/m	S_x/m
1/4	1/4	1/4	1/4	21.8	21.8	21.8	21.8	38	6	4

表 6-2　抗滑桩内力计算的主要参数

桩号	惯性矩/m^4	弹性模量/MPa	桩间距/m	桩前临空/m
18#	1.2541	3.15×10^4	6.0	4.0

表 6-3　土体主要参数

土体	重度 /(kN/m^3)	黏聚力 /kPa	内摩擦角/(°)	侧向膨胀力 /kPa	M 值 /(kPa/m^2)
膨胀土	19.0	10	21.68	101.26	50000

表 6-4　计算结果

安全系数	1.4	备注
土压力合力	106.67/kN	方法一
滑坡推力合力	120.96/kN	方法二

　　由表 6-4 可知，采用本文方法一计算得到下级桩后土压力合力为 106.67kN，桩后土压力呈三角形分布，作用点位于悬臂段的下 1/3 处；采用本文方法二计算得到下级桩后滑坡推力合力为 120.96kN，桩后滑坡推力呈矩形分布，作用点位于悬臂段的中点处。

　　利用前文所述假定和计算公式，对桩身弯矩进行计算。膨胀力引起的弯矩计算结果，如表 6-5 所示，膨胀力引起的弯矩计算结果与实测结果 (监测期前后弯矩变化值) 对比如图 6-13 所示。

表 6-5　膨胀力引起的弯矩计算结果

悬臂段/m ＼ 膨胀力类型	三角形分布 /(kN·m)	矩形分布 /(kN·m)	倒三角形分布 /(kN·m)	实测值/(kN·m) (以 4 月 30 日为初始值)
4	0	0	0	—
3	20.0	30.0	27.5	−48.8
2	40.0	120.0	100.0	−21.3
1	90.0	270.0	202.5	52.9
0	160.0	480.0	320.0	137.1

　　由图 6-13 可知，三种形式的膨胀力分布计算得到的悬臂段弯矩值与实测值规律一致，说明桩后膨胀力三种 (正三角形、倒三角形、矩形) 分布形式都是合理的；实测值拟合曲线与膨胀力三角形分布弯矩曲线更接近，由此说明，桩后膨胀力为三

角形分布是更接近实际情况；膨胀力引起的弯矩值最大值矩形分布 > 倒三角形分布 > 三角形分布，弯矩值分别为 480.0kN·m，320.0kN·m 和 160.0kN·m。

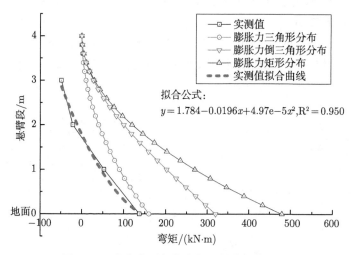

图 6-13　膨胀力引起的弯矩计算值与实测值

1. 方法一

利用前文所述假定和计算公式，对桩身弯矩进行计算。桩身弯矩计算结果如表 6-6 所示，图 6-14 为桩身弯矩的计算值。

表 6-6　桩身弯矩计算结果

桩身/m	膨胀力类型 无膨胀力 /(kN·m)	三角形分布 /(kN·m)	矩形分布 /(kN·m)	倒三角形分布 /(kN·m)	实测值 /(kN·m)
4	0	0	0	0	—
3	8.89	18.89	38.89	36.39	−47.57
2	35.56	75.56	155.56	135.56	9.69
1	80.00	170.00	350.00	282.50	82.63
0	142.23	302.23	622.23	462.23	163.32
−1	244.91	520.42	954.98	679.46	465.71
−2	325.39	691.45	1210.95	844.89	696.25
−3	371.81	790.08	1349.79	931.52	570.74
−4	382.07	811.89	1365.55	935.73	310.41
−5	360.72	766.51	1274.87	869.07	—
−6	315.53	670.49	1105.29	750.33	—
−7	235.30	500.01	815.92	551.21	—
−8	192.84	409.78	665.60	448.66	—
−9	113.45	241.07	387.90	260.27	—
−10	79.71	179.35	271.22	181.55	—

由表 6-6 可知,不考虑膨胀力的作用,方法一计算得到抗滑桩弯矩最大值 M 为 382.46kN·m,考虑三种膨胀力作用,桩身弯矩大小依次是矩形分布 > 倒三角形分布 > 三角形分布,最大值出现在距桩顶 7.68m 位置,最大值分别为 1373.23kN·m, 942.96kN·m, 812.72kN·m。

由图 6-14 可知,桩身弯矩沿深度方向先增大而后减少。由于土压力盒埋设至距桩顶深度 8m 位置,因此截取桩顶以下 8m 范围内桩身弯矩进行计算值与实测值的对比,对比结果如图 6-15 所示。

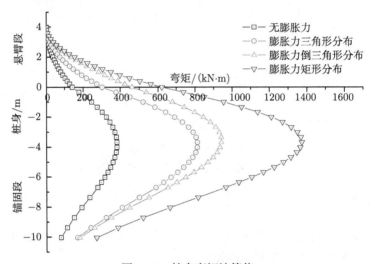

图 6-14　桩身弯矩计算值

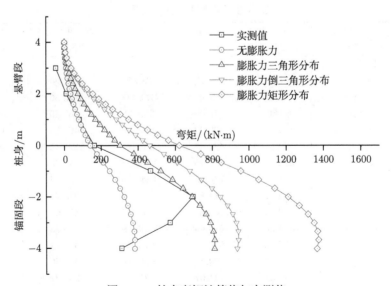

图 6-15　桩身弯矩计算值与实测值

由图 6-15 可知，实测桩身弯矩总体上要大于不考虑膨胀力的情况，由此表明，膨胀土边坡抗滑桩设计必须考虑膨胀力的作用；实测桩身弯矩与膨胀力按三种分布计算得到的弯矩规律一致，且桩身弯矩实测值小于考虑膨胀力作用得到的弯矩设计值，由此说明，本文提出的设计方法一用于膨胀土边坡抗滑桩设计均有效。由于桩后膨胀力呈正三角形分布更接近真实情况，因此，实测弯矩值与膨胀力按照三角形分布的弯矩计算值较接近。

2. 方法二

利用前文所述假定和计算公式，对桩身弯矩进行计算。桩身弯矩计算结果如表 6-7 所示，图 6-16 为桩身弯矩的计算值。

表 6-7 桩身弯矩计算结果

膨胀力类型 桩身/m	无膨胀力 /(kN·m)	三角形分布 /(kN·m)	矩形分布 /(kN·m)	倒三角形分布 /(kN·m)	实测值 /(kN·m)
4	0	0	0	0	—
3	10.00	20.00	40.00	37.50	−47.57
2	40.00	80.00	160.00	140.00	9.69
1	90.00	180.00	360.00	292.50	82.63
0	160.00	320.00	640.00	480.00	163.32
−1	275.51	551.03	985.58	710.07	465.71
−2	366.06	732.11	1251.61	885.55	696.25
−3	418.27	836.54	1396.25	977.98	570.74
−4	429.82	859.63	1413.29	983.47	310.41
−5	405.79	811.59	1319.94	914.15	—
−6	354.96	709.92	1144.72	789.76	—
−7	264.71	433.88	845.33	580.62	—
−8	216.94	341.16	689.70	472.76	—
−9	127.63	255.25	402.08	274.45	—
−10	89.68	179.35	281.19	191.51	—

由表 6-7 可知，不考虑膨胀力的作用，方法二计算得到抗滑桩弯矩最大值 M 为 429.82kN·m，考虑膨胀力三种分布形式，桩身弯矩大小依次是矩形分布 > 倒三角形分布 > 三角形分布 > 无膨胀力情况，最大值出现在距桩顶 7.68m 位置，最大值分别为 1421.02kN·m，990.76kN·m，860.52kN·m。

截取桩顶以下 8m 范围内桩身弯矩进行计算值与实测值的对比，对比结果如图 6-17 所示。

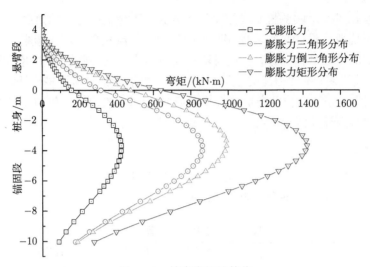

图 6-16　桩身弯矩计算值

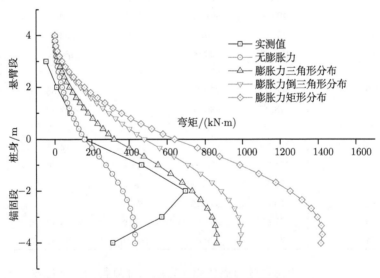

图 6-17　桩身弯矩计算值与实测值

由图 6-17 可知，实测桩身弯矩总体上要大于不考虑膨胀力的情况，实测桩身弯矩与膨胀力按三种分布计算得到的弯矩规律一致，且桩身弯矩实测值小于考虑膨胀力作用得到的弯矩设计值，由此说明，本书提出的设计方法二用于膨胀土边坡抗滑桩设计均有效。

由于实际中影响桩身弯矩的因素较多且综合作用复杂，对桩身弯矩精确计算的难度较大。在抗滑桩设计计算时，若将试验获取的膨胀力最大值作为计算代入值，采用本文所推导的膨胀力三角形、矩形分布形式，则可得到较为安全的桩身弯矩计算结果，为计算设计值提供参考。本法计算简便，需要确定的参数较少，利于实际应用，具有较好的推广价值。

3. 两种方法对比

图 6-18 为无膨胀力下两种设计方法计算桩身弯矩值对比图，由图 6-18 可知，两种方法计算得到桩身弯矩值规律一致，大小相近。

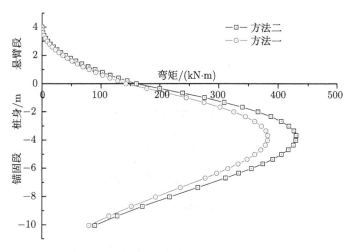

图 6-18　两种方法计算桩身弯矩值对比 (无膨胀力)

采用方法一得到安全合理的设计值在 $812.72 \sim 1373.23$kN·m 之间，采用方法二得到安全合理的设计值在 $860.52 \sim 1421.02$kN·m 之间。以弯矩最大值作为弯矩设计值，拟定抗滑桩截面尺寸，由配筋公式 (6-17)，对截面进行配筋计算，详见《混凝土结构设计原理》，此处不赘述。抗滑桩长度 $16 \sim 20$m，抗滑桩伸入基岩当中，锚固段长度大于 4m，桩间距为 6m。

$$
\begin{cases}
M \leqslant \alpha_1 f_c bx \left(h_0 - \dfrac{x}{2}\right) + f'_y A'_s(h_0 - a'_s) \\[2mm]
x = \dfrac{1}{\alpha_1 f_c b}(f_y A_s - f'_y A'_s) \\[2mm]
h_0 = h - a_s
\end{cases}
\tag{6-17}
$$

其中，α_1 取值为 1.0；f_c 表示混凝土轴心抗压强度设计值 (16.7N/mm^2)；f_y, f'_y 分别为钢筋抗拉、抗压强度设计值 (235N/mm^2)；M 为截面弯矩设计值 (kN·m)；A_s, A'_s 分别为受拉区、受压区纵向钢筋截面面积 (m^2)；b 为截面宽度 (1.75m)；h, h_0 分别为截面高度、截面有效高度 (2.5m, 2.45m)；a_s, a'_s 分别为受拉钢筋的重心到截面受拉区外边缘的距离、受压钢筋的重心到截面受压区外边缘的距离 (0.05m、0.05m)；x 为截面受压区高度 (m)。

6.4　桩间板设计

板的设计计算时可取各级底层挡板所对应的土压力，按均布荷载分布的简支梁简化，如图 6-19 所示。其荷载大小等于该深度处朗肯土压力大小与膨胀力大小之和，即

$$q = p_e + \sigma_3 \tag{6-18}$$

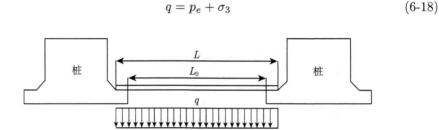

图 6-19　桩间板计算示意图

桩间底板处为土压力最大的位置，选取桩间底板进行设计，该深度 (距桩顶 4m) 处朗肯土压力为

$$\sigma_3 = \gamma h K_a = 19.6 \times 4 \times 0.498 = 39.04 \text{kPa} \tag{6-19}$$

板身受膨胀力取值为 68kPa，每块板高为 0.5m，将朗肯土压力与膨胀力累加起来作为板身所受的外荷载，(将桩间板视为梁端简支的简支梁) 简支梁弯矩沿梁身分布为抛物线，其中跨中最大弯矩为

$$M_{\max} = \frac{1}{8}(p_e + \sigma_3)hl^2 = 101.36 \text{kN} \cdot \text{m} \tag{6-20}$$

由此可以按照简支梁的配筋计算原理对板进行配筋设计，此处不做详述。

6.5　锚杆 (索) 设计

锚杆 (索) 设计的主要内容有①根据地层情况合理选择锚杆锚固类型及布局；②确定锚杆埋设深度、自由段长度；③确定锚杆的锚固力；④确定锚杆束体材料及截面面积；⑤计算锚杆注浆体与地层之间的黏结长度；⑥计算锚杆注浆体与锚杆束体之间的黏结长度；⑦根据所选用的张拉设备及锚具，确定锚杆的张拉段长度；⑧确定外锚头的型式及结构；⑨确定锚杆的防腐措施。

本文主要研究锚杆的锚固力的确定，本文采用极限分析上限理论确定锚杆的拉力及锚杆的数量，详见第 5 章。单级边坡坡高 8m，倾角 33.7°，边坡长度 14.4m，坡面框架梁的尺寸为 2m×2m，锚杆的横向间距 $Sx = 2$m，锚杆沿坡面间距取 2m；单级边坡沿坡面可布置 7 根锚杆，锚杆倾角 20°。边坡的安全系数取 1.2~1.6，单根锚杆 (索) 的拉力介于 93.86~140.35 kN，因此，锚杆拉力设计值可取为 140.35kN，锚杆可采用单根直径为 25mm 的 HRB335 钢筋 ($T = 146.1$kN) 进行设计，锚杆长度为 10~24m，穿过滑裂面，锚固段长度大于 2m。

6.6 框架梁设计

目前，工程上常用的计算框架梁内力的方法是先将框架梁拆成横、纵两方向的单梁，利用节点形状分配系数法或力矩分配法将锚索、锚杆轴力分配到横、纵梁上分别进行计算，然后采取倒梁法和 Winkler 弹性地基梁法计算梁截面内力。倒梁法和 Winkler 弹性地基梁模型由于其受力明确，参数少，便于应用，且由工程实践证明，这种计算模型能够满足工程需要，因而被广泛应用于设计计算中。本文将采用这两种方法对框架梁内力进行分析。

6.6.1 Winkler 地基梁计算法

1) Winkler 地基模型

Winkler 最早提出了一种理想化的线弹性模型，该模型假定土介质表面任意一点的压力仅与这一点的竖向位移呈线性关系，即式 (6-21)，与其他接触面上的点无关，这种模型一直沿用至今。

$$p = ks \qquad\qquad (6\text{-}21)$$

式中，p 表示土体表面某点单位面积上的压力 (kN/m²)；s 表示相应于某点的竖向位移 (m)；k 表示基床系数 (kN/m³)。

Winkler 假设实际上是用多个相互独立的弹簧来代替地基对基础的作用，这些弹簧的刚度即为基床系数 k。图 6-20 所示为不同荷载、基础刚度条件下的地基变形情况。荷载作用的区域位置的沉降与压力成正比，区域外的沉降为零。

2) 一般条件下 Winkler 地基梁法

图 6-21(a) 所示为受荷载反力作用的地基梁，梁底反力为 $p(x)$，竖向位移为 $y(x)$，于分布荷载段取 dx，该单元上作用的力如图 6-21(b) 所示。

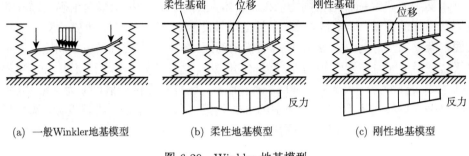

(a) 一般Winkler地基模型　　　(b) 柔性地基模型　　　(c) 刚性地基模型

图 6-20　Winkler 地基模型

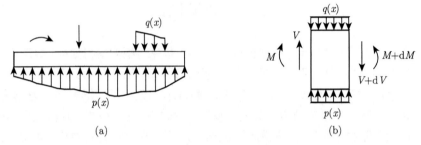

图 6-21　弹性地基梁的挠曲微分方程

利用材料力学公式进行推导，基于 Winkler 地基模型的假定可推知弹性地基梁上基本挠曲微分方程如式 (6-22)。

$$E_b I_b \frac{\mathrm{d}^4 y}{\mathrm{d}x^4} = -kby + q(x) \tag{6-22}$$

式中，E_b，I_b 分别为梁的弹性模量和惯性矩 (m^4)；b 为梁的宽度 (m)；k 为基床系数 ($\mathrm{kN/m^3}$)；$q(x)$ 为梁上荷载。

挠曲微分方程的通解可写成式 (6-23) 形式：

$$y = \mathrm{e}^{\lambda x}(C_1 \cos \lambda x - C_2 \sin \lambda x) + \mathrm{e}^{-\lambda x}(C_3 \cos \lambda x + C_4 \sin \lambda x) \tag{6-23}$$

式中，$\lambda = \sqrt[4]{\dfrac{kb}{4E_b I_b}}$。

由材料力学可知，$\mathrm{d}y/\mathrm{d}x = \varphi$，$-E_b I_b (\mathrm{d}y^2/\mathrm{d}^2 x) = M$，$-E_b I_b (\mathrm{d}y^3/\mathrm{d}^3 x) = V$，经由式 (6-20) 对 x 求导可得梁的角变位 φ，弯矩 M 和剪力 V，式中常数 C_1，C_2，C_3 和 C_4 由荷载情况以及边界条件确定。

经公式推导可知，梁的挠度会随着 x 的增加迅速衰减，$x = 2\pi/\lambda$ 处的挠度仅为 $x = 0$ 处挠度的 0.187%；$x = \pi/\lambda$ 处的挠度仅为 $x = 0$ 处挠度的 4.3%，所以实际应用中将弹性地基梁分为无限长梁、半无限长梁、有限长梁三种类型。

3) 引入膨胀力条件下 Winkler 地基梁法

如前文所说引入一个位于梁底的均布荷载作为膨胀力，则可视为框架梁上作用一个反向的均布荷载，可按照梁在集中荷载用作下的微分方程推得公式 (6-24)~(6-27)。

当计算点位于均布荷载范围内时，对应挠度、角变位、弯矩及剪力为

$$y = \frac{q}{2kb}[2 - F_4(\lambda r) - F_4(\lambda s)] \tag{6-24}$$

$$\varphi = \frac{q}{2kb}[F_1(\lambda r) - F_1(\lambda s)] \tag{6-25}$$

$$M = \frac{q}{4\lambda^2}[F_2(\lambda r) - F_2(\lambda s)] \tag{6-26}$$

$$V = \frac{q}{4\lambda}[F_3(\lambda r) - F_2(\lambda s)] \tag{6-27}$$

式中，$F_1(\lambda x)$，$F_2(\lambda x)$，$F_3(\lambda x)$，$F_4(\lambda x)$ 是与 λx 有关的函数，可以查表得相关取值，当 x 取 r 或 s 时，可得对应的 $F(\lambda x)$ 与 $F(\lambda s)$。r、s 的位置如图 6-22 所示。

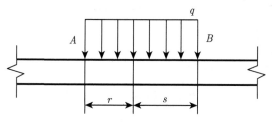

图 6-22　r, s 位置示意图

20 世纪 40 年代，Hetenyi 推导得出集中力作用下的有限长梁内力计算公式，梁的挠度、弯矩、剪力表达式如式 (6-28)~(6-30)。

$$y(x) = \frac{P_0\lambda}{kb[\sinh^2(\lambda l) - \sin^2(\lambda l)]}I_{3P} \tag{6-28}$$

$$M(x) = \frac{P_0}{2\lambda[\sinh^2(\lambda l) - \sin^2(\lambda l)]}I_{1P} \tag{6-29}$$

$$V(x) = -\frac{P_0}{[\sinh^2(\lambda l) - \sin^2(\lambda l)]}I_{2P} \tag{6-30}$$

式中，I_{1p}，I_{2p}，I_{3p} 分别为 x 的函数，x 为梁左端到计算点位置的距离，l 为梁长。

6.6.2　试验段锚索 (杆) 框架梁内力计算结果

1) 锚索框架梁

第一级框架梁为预应力锚索框架梁, 其节点拉力以预应力的设计值代替, 本项目中试验段处锚索预应力设计值为 500kN, 土体基床系数为 $3 \times 10^4 \mathrm{kN/m^3}$, 框架梁截面尺寸为 500mm×500mm, 混凝土强度为 C35, 本节选取一榀纵梁 (垂直路线方向) 进行框架梁内力计算, 纵梁节点间距为 4m, 坡底、坡顶处都有一段长度为 2m 的悬臂段, 预应力锚索与水平面夹 20° 夹角, 与边坡坡面夹 42° 夹角。框架梁结构图、计算示意图如图 6-23 所示。

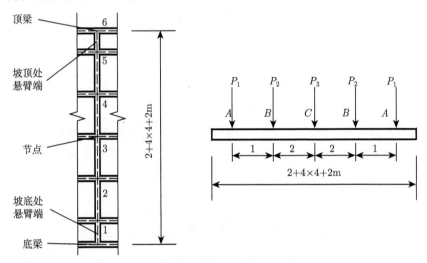

图 6-23　第一级边坡框架梁一榀纵梁结构与示意图

(1) 节点锚固力分配

垂直框架梁截面作用于梁节点的锚索预应力分量大小约为 334.57kN。在满足静力平衡和变形协调的前提下, 将锚索拉力分配于框架梁的横纵梁上, 不计梁的扭矩, 不进行力矩分配。鉴于框架梁节点横纵间距较大, 不考虑相邻节点处锚索拉力产生的变形影响。因此, 依据实际框架梁的结构特点, 节点可分为边节点和中间节点两种形式, 节点处锚索拉力在横梁 (x 方向) 和纵梁 (y 方向) 上的分配公式如下。

边节点:

$$F_{ix} = \frac{Z_y b_x S_x}{Z_y b_x S_x + b_y S_y} F_i \tag{6-31}$$

$$F_{iy} = \frac{b_y S_y}{Z_y b_x S_x + b_y S_y} F_i \tag{6-32}$$

中间节点:

$$F_{ix} = \frac{b_x S_x}{b_x S_x + b_y S_y} F_i \tag{6-33}$$

$$F_{iy} = \frac{b_y S_y}{b_x S_x + b_y S_y} F_i \tag{6-34}$$

式中，b_x, b_y 为横纵梁的梁宽，$S_x = \sqrt[4]{4EI_x/(b_x k)}$，$Z_y$ 为与悬臂端长度有关的计算函数，$Z_x = 1 + \mathrm{e}^{-2\alpha x}(2\cos^2 \alpha x + 1 - \sin 2\alpha x)$，$\alpha$ 与 S_x 成倒数关系。

由于 $b_x = b_y = 0.5\mathrm{m}$，且均为 C35 混凝土浇筑，所以 $S_x = S_y$，则有 $F_{ix} = F_{iy}$。中间节点 2, 3, 4 的锚索拉力在横梁与纵梁上平均分配，$F_{ix} = F_{iy} = 167.29\mathrm{kN}$。

节点 1, 5 处悬臂端长度为 2m，则对应的 Z 值为 1.2144，节点 1, 5 的锚索拉力在横梁与纵梁的分配值分别为 183.48kN 和 151.09kN，第一级边坡框架梁纵梁受力模式如图 6-16 所示，$P_1 = 151.09\mathrm{kN}$, $P_2 = P_3 = 167.29\mathrm{kN}$。

(2) 内力计算结果

采用 Winkler 地基梁计算法，其受力模式如图 6-23 右图所示，由于特征长度 $L = 2.572\mathrm{m}$, $3L = 7.716\mathrm{m}$，因此该梁可以看成是一个无限长梁 (中间集中力 P_3 作用) 和四个半无限长梁 (左右两个 P_1, P_2 单独作用，具有对称性) 的叠加。根据 Winkler 地基梁方法可以算得该梁的内力如表 6-8 所示，弯矩图与剪力图如图 6-24 所示。由表 6-8 和图 6-24 可知，预应力锚索框架梁弯矩最大值为 72.36kN·m，剪力最大值为 83.65kN。

表 6-8   Winkler 地基梁法计算结果(四跨左侧 $P_1 P_2 P_3$)

距左端距离 x/m	0	1	2	4	6	8	10
弯矩/(kN·m)	−0.54	−21.36	−72.36	15.36	−59.34	27.66	−53.79
剪力/kN	0.97	−30.99	−68.54	2.32	−81.84	0.75	−83.65
距左端距离 x/m	12	14	16	18	19	20	
弯矩/(kN·m)	27.66	−59.34	15.36	−72.36	−21.36	−0.54	
剪力/kN	−0.75	−85.45	−2.32	−82.55	30.99	−0.97	

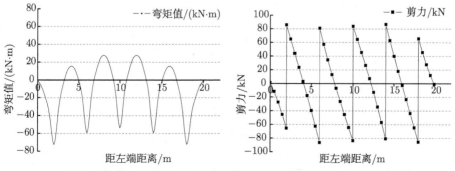

图 6-24   第一级边坡框架梁弯矩图与剪力图 (Winkler 地基梁)

(3) 基底反力计算结果

图 6-25 为第一级边坡框架梁基底反力图，从图中可看出中间锚索节点位置存在反力集中现象，这主要是由锚索预应力造成的，基底反力最大值达 87kPa。

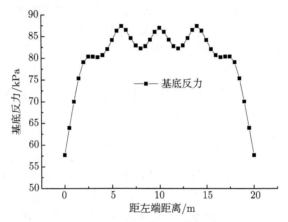

图 6-25　第一级边坡框架梁基底反力

2) 锚杆框架梁

上三级边坡框架梁为锚杆框架梁，本节选取最上一级即第四级边坡框架梁进行内力计算。土体基床系数为 $3 \times 10^4 \text{kN/m}^3$，该级边坡框架梁共布 10 根锚杆，框架梁截面尺寸为 350mm×350mm，采用 C35 混凝土。选取一榀纵梁 (垂直路线方向) 进行框架梁内力计算，纵梁节点间距为 2m，坡底、坡顶处有一段长度为 1m 的悬臂段，锚杆与水平面夹 25° 夹角，与坡面夹 47° 夹角。其框架梁结构图与计算示意图如图 6-26 所示。

由于不对锚杆施加预应力，锚杆拉力应通过计算边坡下滑力得到，利用理正岩土软件对第四级边坡进行计算可得，当安全系数 $K = 1.4$ 时，单根锚杆的拉力值为 20.62kN，而软件在计算过程中没有将膨胀力纳入计算，所以在内力计算中还应考虑膨胀力对框架梁的影响，将膨胀力以梁底均布荷载引入，取梁后膨胀力为 65kPa，换算成梁底均布荷载即 22.75kN/m。

(1) 内力计算结果

采用 Winkler 地基梁计算法，其受力模式如图 6-26 右图所示，由于 $\pi/\alpha = 5.90$m，因此该梁可以看成是四个无限长梁 (中间集中力 P_4、P_5 作用，具有对称性) 和六个半无限长梁 (左右两个 P_1、P_2、P_3 单独作用，具有对称性) 的叠加。将梁底膨胀力均分给 10 个节点位置的锚杆，则考虑膨胀力后的节点集中力为 36.54kN。根据 Winkler 地基梁方法可以算得该梁的内力如表 6-9 所示，弯矩图与剪力图如图 6-27 所示。由表 6-9 和图 6-27 可知，锚杆框架梁弯矩最大值为 10.79kN·m，剪力最大值为 18.31kN。

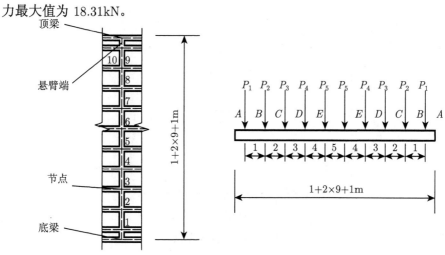

图 6-26　第四级边坡框架梁一榀纵梁结构与示意图

表 6-9　Winkler 地基梁法计算结果 (九跨左侧 $P_1P_2P_3P_4P_5$)

距左端距离 x/m	1	3	5	7	8	9	10
弯矩/(kN·m)	−10.79	−8.43	−6.36	−5.89	3.21	−5.95	3.14
剪力/kN	−17.27	−17.69	−18.18	−18.31	−0.04	−18.29	0.00
距左端距离 x/m	11	12	13	14	16	18	20
弯矩/(kN·m)	−5.95	3.21	−5.89	3.12	1.96	−0.82	0.01
剪力/kN	−18.25	0.04	−18.23	0.01	−0.29	−0.90	−0.43

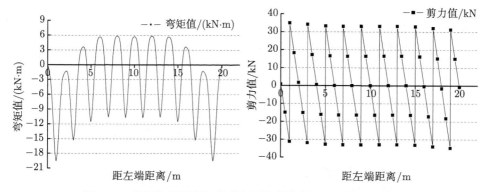

图 6-27　第四级边坡框架梁弯矩图与剪力图 (Winkler 地基梁)

(2) 地基反力计算结果

图 6-28 为第四级边坡框架梁基底反力图,从图中可看出节点处存在基底反力集中现象,但绝对值变化较小,基底反力总体分布比较均匀,反力最大值为 53.5kPa。

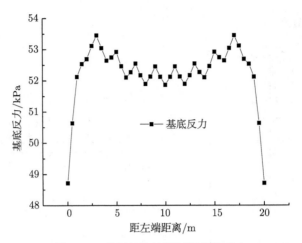

图 6-28　第四级边坡框架梁基底反力

6.7　坡面排水设计

膨胀土路堑边坡的排水和防护，应视土质、周围环境、气候、水文条件等情况，做好排水和防护措施。特别是应做好对软弱层、强膨胀土层和地下水的勘察和处理。其原则是以治水为本，结合防护，对水采取疏、截、排等综合措施。在膨胀土上砌筑的排水砌体，应在其底部设置隔水层，如隔水土工膜等。排水困难地段，可采取降低地下水位等措施，使路基处于中湿状态。施工场地的临时排水设施，应尽可能与永久性排水设施相结合。各类排水设施的设计应满足使用功能的要求，结构安全可靠，便于施工、检查和养护维修。排水设施的结构和尺寸大小应进行流量、流速的计算和分析，并应符合规范要求。

(1) 路堑顶部以外 5.0m 设天沟，困难地段可为 2.0m。路堑开挖前必须先施工天沟。

(2) 天沟及排水沟，一般地段采用现浇 C30 砼梯形沟，上口宽 1.2m，底宽 0.6m，深 0.6m，厚度 0.2m。

(3) 天沟、排水沟靠山侧沟壁不得高出地面，且沟顶与地面必须顺接，汇入地表水。

(4) 排水沟接路肩墙或桩板墙等下挡结构时，且排水沟向挡墙方向排水时，则在挡墙外侧采用排水沟形式将水引入自然沟渠中。

(5) 天沟出口须与排水沟或涵洞等相接，形成完整的排水系统。

(6) 各种沟型每隔 10~20m 设置伸缩缝，缝宽 2cm，缝内全断面采用沥青麻筋填充。伸缩缝均应是贯通缝，严禁切割设置假缝。伸缩缝位置必须避开汇水口设置。

6.8 本章小结

云桂铁路高边坡路段,均采用桩板墙 + 锚杆 (索) 框架梁组合式支挡结构进行边坡支挡,本文提出两种新方法确定滑坡推力、桩后土压力及锚杆 (索) 拉力,在此基础之上,考虑膨胀力的作用,对膨胀土地区多级边坡组合式支挡结构进行设计计算,为设计部门提供理论支撑,主要结论如下。

(1) 提出了两种新方法确定滑坡推力、桩后土压力,即等效荷载 + 逐级设计法和极限理论整体设计法。方法一考虑了上级边坡荷载对下级边坡的影响,且计算简单方便,利于推广。方法二则考虑了上下级抗滑桩和锚索拉力的共同抵抗作用,更符合边坡实际。

(2) 将桩板墙 + 锚杆 (索) 框架梁组合式支挡结构分为 I 型和 II 型组合式支挡结构,对 I 型和 II 型组合式支挡结构进行组合叠加,可对任一高度的边坡进行支护设计。

(3) 考虑桩后膨胀力的三种分布形式 (三角形、倒三角形、矩形),得到桩身内力的计算公式。由膨胀力引起的弯矩计算值与实测值对比可知,三种分布形式膨胀力计算得到的弯矩值与实测值变化规律一致,但实测值与膨胀力以三角形分布计算得到的弯矩值更接近,由此说明,本文中桩后膨胀力为三角形分布更符合实际情况。

(4) 采用悬臂梁法 + 地基反力系数法对抗滑桩的弯矩进行设计计算,不考虑膨胀力的作用,两种设计方法计算得到抗滑桩弯矩最大值 M 分别为 429.82kN·m 和 382.46kN·m。考虑膨胀力 (矩形分布) 的作用,两种设计方法计算得到抗滑桩弯矩最大值 M 分别为 1373.23kN·m 和 1421.02kN·m。

(5) 桩身弯矩实测值大于不考虑膨胀力的弯矩设计值,说明膨胀土边坡抗滑桩设计必须考虑膨胀力的作用。

(6) 桩间板的设计可转化为简支梁设计计算,考虑膨胀力的作用,板跨中最大弯矩值为 101.36kN·m。

(7) 锚杆拉力设计值可取为 140.35kN,选用单根直径为 25mm 的 HRB335 钢筋用做锚杆,锚杆长度为 10~24m,穿过滑裂面,且锚固段长度大于 2m。

(8) 考虑膨胀力的作用,以 Winkler 地基梁法对试验段框架梁进行内力计算,框架梁支座处弯矩和剪力最大,最大弯矩值为 80.4kN·m,最大剪力值为 89.36kN。

(9) 通过抗滑桩弯矩的实测值与理论值对比可知,本文提出的两种新设计方法的正确性和适用性。

第7章　云桂铁路膨胀土高边坡多级支挡结构现场试验研究

7.1　概　　述

膨胀土高路堑边坡桩板墙(抗滑桩及桩间挂挡土板)的受力情况随季节的变化比较复杂，目前主要的研究手段还是模型试验和数值模拟，室内模型能够控制边界条件和参数，通过这种控制，可以达到消除无关因素影响的目的，但是土体在采集、运送、保存和模型箱内压实等方面不可避免地受到扰动，使得测试得到的结果存在不同程度的失真。现场试验则能反映真实的情况，现场试验是研究桩板墙内力分布的最有效的手段。通过对桩、板的受力，以及桩间土体湿度进行现场监测，可以得到现场的第一手资料。通过分析相关测试数据之间的相互关系，可以为路堑桩板墙工程设计中土体膨胀力的分布和取值，以及桩板墙的结构设计提供参考数据和建议。选择 DK221+679~DK221+863 右侧中强膨胀土高边坡组合式支挡结构(桩板墙 + 锚杆(索))进行现场试验。

7.2　膨胀土高边坡现场试验方案

7.2.1　高边坡工程概况

该试验段位于百色市火车站附近，DK221+679~DK221+863 右侧高边坡，长 184m，本段路基以挖方通过，边坡最大挖方深度 38m，施工完成后如图 7-1 所示。自然坡度 10°~30°，表层覆盖 3~9m 膨胀土，下伏基岩为下第三系中统那读组($E_{2\sim3n}$)泥岩夹泥质粉砂岩、褐煤。本段边坡以第三系全、强风化泥岩夹砂岩为主，岩层产状为 N30°W/27°SW(25.4°)，岩层走向与线路走向夹角 20°，视倾角 25.4°，线路右侧存在顺层。本地区地震动峰值加速度为 0.10g。地震动反应谱特征周期 0.35s。土质分层情况、参数及设计说明如下：

⟨6⟩ 膨胀土：$\gamma=19\text{kN/m}^3$、$c = 25\text{kPa}$、$\phi=13°$、$\sigma=150\text{kPa}$，具有中~强膨胀性，自由膨胀率 $F_s=9\%\sim80\%$；

⟨7-1-W/4⟩ 泥岩夹泥质粉砂岩、褐煤：$\gamma =20\text{kN/m}^3$、$c =20\text{kPa}$、$\phi=16°$、$\sigma =200\text{kPa}$，具有中~强膨胀性，自由膨胀率 $F_s=29.86\%$；

〈7-1-W/3〉泥岩夹泥质粉砂岩、褐煤：$\gamma=22\mathrm{kN/m^3}$、$c=10\mathrm{kPa}$、$\phi=20°$、$\sigma=300\mathrm{kPa}$，具有中 ~ 强膨胀性，自由膨胀率 $F_s=29.86\%$；

〈7-1-W/2〉泥岩夹泥质粉砂岩、褐煤：$\gamma=23\mathrm{kN/m^3}$、$c=5\mathrm{kPa}$、$\phi=25°$、$\sigma=350\mathrm{kPa}$，具有中 ~ 强膨胀性，自由膨胀率 $F_s=29.86\%$。

图 7-1　施工完成后膨胀土高边坡多级支挡结构 (后附彩图)

(1) DK221+679~DK221+853 右侧，长 174m，路堑坡脚设一排预加固桩，共 30 根，桩截面 1.5m×2.0m~1.75m×2.5m，桩间距 (中 — 中)6m，桩长 11~14m，路堑坡脚桩间内置挡土板，采用 C35 砼灌注，挂板高度 2.5~4m。DK221+706~DK221+784 右侧，长 78m，墙顶以上第二级边坡平台处设一排预加固桩，共 14 根，桩截面 1.5m×2.0m~1.75m×2.5m，桩间距 (中 — 中)6m，桩长 12~20m，采用 C35 砼灌注，平台桩间内置挡土板，挂板高度 2m。

(2) 板均采用 C35 钢筋砼制作，严格按相应设计高度挂板，板后连续设置 0.5m 厚砂卵石反滤层，砂卵石采用编织袋袋装码砌，且增设一层复合排水网。

(3) K221+695.5~DK221+807.5 右侧，第一级，长 112m，路堑边坡采用锚索框架梁防护，节点间距 4.0m，采用 C35 钢筋混凝土现场立模浇注。锚索采用单孔 4 束，设计张拉力 690kN(含超张拉力值)。锚索钻孔采用 ϕ115mm 钻孔，与水平面下倾角 20°，锚索沿坡面间隔 4.0m 布置。每孔锚索设计锚固段长 10m，张拉段为 1.5m。锚索均采用 4 根 ϕ15.2mm 高强度低松弛无黏结钢绞线制作，其抗拉强度不得低于 1860MPa，锚索采用 I 级防护，全孔范围内采用 M35 水泥砂浆灌注，注浆压力 0.6~0.8 MPa，锚头采用 C30 砼封闭。

(4) DK221+695.5~DK221+807.5 右侧，第二级，长 112m；DK221+706~

DK221+785.5 右侧，第三级，长 79.5m；DK221+721~DK221+771 右侧，第四级，长 50m。框架梁采用 C35 钢筋混凝土现场立模浇注，节点间距 2.0m(其中第一级边坡节点间距 4m)，框架梁必须嵌入坡面。锚杆设置在框架梁的节点上，采用单根 ϕ32HRB400 螺纹钢筋制作，锚杆长度为 8~12m(其中第二级边坡锚杆最上面三排 3~7m，具体设计详见横断面设计图)。钻孔直径 ϕ110mm，与水平面成 25° 施作，孔内灌注 M30 水泥净浆或砂浆，注浆压力不小于 0.2MPa。

7.2.2　测试目的及内容

1) 测试目的

研究中强膨胀土高边坡组合式支挡结构 (桩板墙 + 锚杆/索) 的支挡效果，为支挡结构设计提供理论支撑，为支挡结构施工提供技术支撑。

(1) 在施工期间和服役期间，研究抗滑桩后及挂板后土压力、膨胀力、内力变化等规律。

(2) 研究框架梁下的土压力、膨胀力、锚索 (锚杆) 的拉应力分布规律及变化规律。

(3) 研究不同土 (岩) 质、不同位置的抗滑桩后土压力分布规律。

2) 测试内容

(1) 抗滑桩后土压力测试

在抗滑桩后沿深度方向和水平方向布置土压力盒测试抗滑桩后土压力及膨胀力。

(2) 抗滑桩位移监测

在抗滑桩顶布置观测点，用全站仪监测水平和竖向位移。

(3) 框架梁位移监测

在框架梁表面布置观测点，用全站仪监测水平和竖向位移。

(4) 桩身变形监测

在桩身内安置混凝土应变计监测桩身变形。

(5) 板后土压力测试

在板后沿深度方向布置一排，以及在中间层 (或底层) 板后沿着水平方向布置水平土压力盒，测试板后土压力及膨胀力。

(6) 锚索拉应力监测

在锚垫板布置锚索计监测锚索拉应力。

(7) 板后湿度监测

在板后布设湿度传感器监测桩板墙后湿度变化。

(8) 框架梁下土压力监测

在框架梁下埋设土压力盒，测试框架梁下土压力及膨胀力。

3) 元器件埋设

(1) 土压力盒

在框架梁下埋设土压盒，埋设点位置见图 7-5，为研究双级桩后土压力的变化规律，在 38#桩、16#桩桩后布置土压力盒。1#~30#桩位于下级坡脚，悬臂端高 4m；31#~44#桩位于上级平台处，悬臂端高 2m。因此，在 38#桩中间位置处，离桩顶深 0.7m 处开始布置，间距 0.7m，沿深度方向等距离布设 3 个土压力盒；在 16#桩后中间位置处，离桩顶深 1m 处开始布置，间距 1m，沿深度方向等距离布设 9 个土压力盒，离桩顶深 1m 处左、右两边各布置 1 个用于两侧桩后水平方向土压力分布规律，共布设 11 个土压力盒。为研究不同位置和不同土质对桩后土压力的影响，在 22#桩、18#桩后布置土压力盒，离桩顶深 1m 处开始布置，间距 1m，布置 4 个土压力盒 (图 7-2)。在 18#-19#、38#-39#桩间板后沿深度方向布设 3 个土压力盒，在板中间层，距板跨中左右 1.5m 处埋设 2 个土压力盒 (图 7-3)。

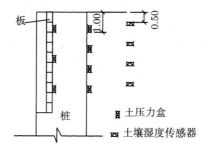

图 7-2 桩板墙后土压力盒及土壤湿度计布设详图

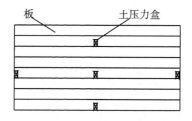

图 7-3 板后土压力盒布置详图

(2) 湿度传感器

土壤湿度传感器埋设在桩板墙挡土板施工时的临时坡体内，在 16#~17#桩间板，由上往下依次等距离 (1m) 埋设 4 个湿度传感器，见图 7-2。

(3) 混凝土应变计

应变计安装完成后读取应变计的初值，当结构被施加荷载后再读取应变计测量值，差值即为结构的应变，倘若温度变化较大，应剔除温度影响。温度修正后应

变为

$$\varepsilon_{\text{修}} = \varepsilon - (T - T_0) \times 2.2\mu\varepsilon \tag{7-1}$$

混凝土应变计布置在桩后排钢筋笼上,待钢筋绑扎完成后施工。在 23#桩、38#桩、18#桩、14#桩分别布置,离桩顶 1m 处开始布置,沿深度方向间距 1m 共布置 4 个;在 18#桩,离桩顶 1m 处开始布置,沿深度方向间距 1m 共布置 8 个。混凝土应变计现场埋设如图 7-6 所示。

(4) 锚索计

锚索计布置于坡脚第一级边坡上,由框架梁下部端点开始布置,布置三排,每排三个,共 9 个,具体埋设位置如图 7-4 和图 7-5 所示。

(5) 全站仪监测点布置采用全站仪监测边坡的变形,主要测试内容为框架梁竖向和水平向位移、桩顶水平位移等,全站仪监测点布置情况如图 7-5 所示。

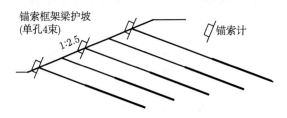

图 7-4　锚索计布置详图

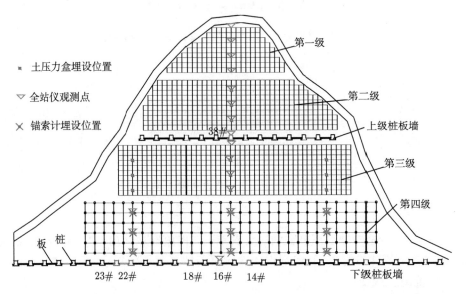

图 7-5　DK221+679~DK221+863 高边坡立面设计监测点布置图 (后附彩图)

如图 7-5 所示，在现场监测点布置及试验结果分析中，多级高边坡按照施工顺序由上而下分级，与设计文件分级顺序相反。现场元器件埋设如图 7-6 所示，分别为土压力盒埋设，锚索计的布置及张拉，混凝土应变计的绑扎等。在埋设完每组元件之后，从墙后围护结构层中采用钢管将导线引出，引至墙顶平台上，并用泡沫盒制作 0.5m×0.2m×0.5m 的矩形集线箱，以保护导线。将集线箱布设在坡面紧贴墙顶平台的位置。

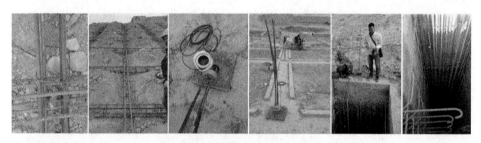

图 7-6 现场元器件埋设图

7.2.3 坡脚抗滑桩处地质情况调查

在桩开挖和桩前土开挖过程中，笔者在施工现场对现场每一根桩所处位置的地质资料进行调查，发现此边坡的地质情况极其复杂，并非简单的匀质膨胀土 (岩) 边坡，亦非简单的膨胀土 (岩) 分层边坡。地质资料描述为本段边坡以第三系全、强风化泥岩夹砂岩为主，岩层产状为 N30°W/27°SW(25.4°)，岩层走向与线路走向夹角 20°，视倾角 25.4°。具体调查资料如下所述。

如图 7-7 所示，此边坡坡脚处的土 (岩) 层分布极其不均匀，每两相邻桩之间的岩层分布几乎都不相同。该种地质状况是由于发生了水平构造运动，使得原本水平层层分布的岩层发生倾斜，与线路方向斜交成 20° 左右夹角，此种倾角的边坡对坡体稳定性有利。

可把此地质调查图简单地归纳为以下几类。

(1) 膨胀土 (Q_4^{dl+el})：棕红、棕黄色夹灰白色，硬塑状。含铁锰质结核 (5#~6#桩间上部)，局部富集成层，且微含泥质角砾，具中 ~ 强膨胀性，如图 7-2 中 1#~6#桩、28#~30#桩间土。

(2) 泥岩夹泥质粉砂岩、褐煤：泥土 (岩) 为泥质胶结，成土 (岩) 度差，质软，易崩解；具中至强膨胀性，具吸水膨胀软化、失水急剧收缩硬裂两种往复变形特征。

(3) 黄褐色、红褐色砂岩或粉砂岩。

图 7-7　30#～2#桩间土体开挖后地质调查图 (后附彩图)

7.3　现场试验结果分析

7.3.1　旱季土压力监测

1. 混凝土浇筑后边坡框架梁下土压力分布

1) 第二级边坡框架梁下土压力分布规律

在 DK221+760 断面的第二级边坡锚杆框架梁下部布设 3 个土压力盒，分别位于边坡下、中、上位置，距第二级边坡坡脚距离分别为 3.8m、9.8m、15.8m，如图 7-8 所示。埋设之前，对三个元器件进行初始化读数，将土压力盒埋入钢筋骨架之下，土压力盒背面用编织袋覆盖，上覆盖一层薄细沙，然后浇筑混凝土，待混凝土凝结完成，测试土压力盒数据，如图 7-9 所示。

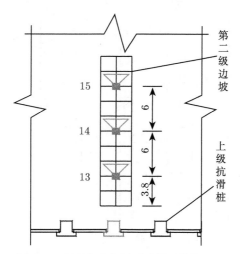

图 7-8 土压力盒位置示意图 (单位：m)

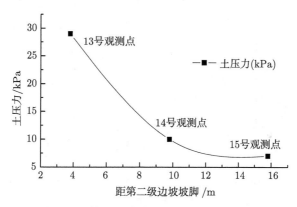

图 7-9 第二级边坡纵向土压力分布规律

3 个土压力盒的测试温度均为 17℃，此时，土压力盒测试得到的压力为上覆混凝土重力的分量。由图 7-9 可知，第二级边坡框架梁下下部土压力较大，上中部较小。原因是，浇筑混凝土由于自重作用，由上而下流动，因此框架梁下部混凝土较厚，荷载较大；坡脚部位荷载大，对于边坡的稳定性有利。

2) 第三级边坡框架梁下土压力分布规律

第三级边坡设两列土压力盒，两列框架梁水平方向相距 40m，每列布置 3 个土压力盒，布置方式与第二级边坡一致，如图 7-10 所示。初始读数日期为 2015 年 4 月 30 日，天气晴，6 个土压力盒的平均温度为 32.5℃，各元器件温度与平均温度差值不超过 0.5℃。土压力分布规律如图 7-11 所示。

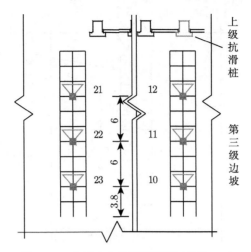

图 7-10　土压力盒位置示意图 (单位: m)

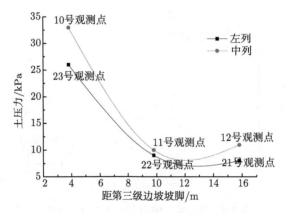

图 7-11　第三级边坡土压力分布规律图

　　第三级边坡土压力竖向分布规律与第二级相似,下部较大,上、中部较小;而中间列的土压力大于左列,在距坡脚 3.8m 位置两者相差 7kPa,这是由于边坡中间位置较左右两边略有凸出。

　　3) 第四级边坡框架梁下土压力分布规律

　　在第四级边坡上布设三排土压力盒:左、中、右排,每排分上、中、下布设 3 个土压力盒。测试日期为 2015 年 2 月 1 日,9 个土压力盒的平均温度为 20℃,各元器件温度与平均温度相差不超过 0.5℃。框架梁混凝土凝固后测试得到的数据,如图 7-12 和图 7-13 所示。

　　如图 7-12 所示,第四级边坡框架梁下土压力由下往上逐渐减少,最大值为 26kPa,大于上两级边坡土压力,原因在于,第四级边坡为框架梁的截面面积为上两级 4 倍，上覆重量大，压力大。

由图 7-13 可知，边坡右侧土压力大于边坡中间和左边，此原因在于，开挖地梁过程中，右侧边坡土体较松，开挖较深，而中间和左侧多为岩石，开挖较困难，因此，右侧浇筑混凝土厚度大，压力大。

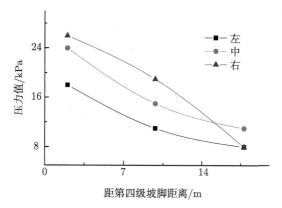

图 7-12　第四级边坡纵向土压力分布规律

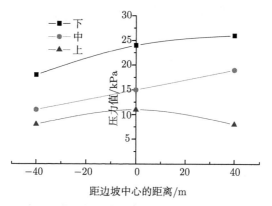

图 7-13　第四级边坡横向土压力分布规律

2. 混凝土浇筑后桩后土压力分布

选取埋设了 11 个土压力盒的 16#作为研究对象。在桩后深 1m 处，从左至右，埋设 3 个土压力盒；在桩后中间位置，桩顶以下 2~9m 深处，间隔 1m，依次埋设 8 个土压力盒。桩后土压力分布情况如图 7-14、图 7-15 所示。

由图 7-14 可知，桩后土压力沿着桩竖向深度的增加呈规律变化，总体趋势为随着深度的增加而增加，可近似采用对数曲线表示。在混凝土浇筑之初，其为可流动状态，此时，土压力分布规律近似为水压力分布，可用公式 $P = \gamma h$ 描述，γ 为流体重度，h 为深度。但是桩身混凝土凝固硬化伴随着一系列复杂的物理化学作用，存在温度、体积变化等，因此，桩后土压力有此种分布规律情况实属正常。桩后 $1\sim 4$m 处土压力最大值为 40kPa；桩后土压力最大值位于桩埋设 8m 处，最大值为 148kPa。

由图 7-15 可知，桩后土压力横向分布规律为：两边小、中间大，呈非对称凸形分布。

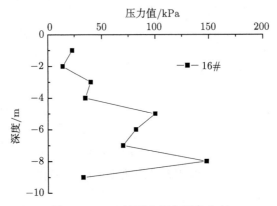

图 7-14　16#桩后土压力竖向分布

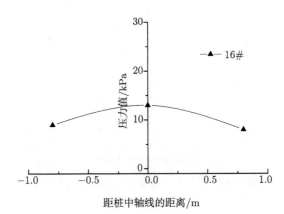

图 7-15　16#桩后土压力横向分布

3. 桩前土体开挖对桩后土压力的影响

分别测试 16#桩土体开挖之前后的数据，如图 7-16 和图 7-17 所示。由图 7-16 可知，桩前土体开挖后，桩后应力场重新分布，土压力在深度 8m 范围内减少，在 $8\sim 9$m 位置增大；差值即为应力释放减少 (或增大) 的值；桩深 5m 范围内，土压力变化较大，5m 以下变化较小；桩深 5m 处应力释放最多，最大值为 59kPa。桩前土体开挖,桩上部 5m(开挖路基面深 4m+ 开挖水沟深 1m) 范围内前面临空,悬臂端在推力的作用下发生微小的位移,使得桩后一定范围内土压力得到部分释放,导致桩后土压力重分布。桩前土体开挖后,桩后 1~4m 处土压力最大值为 20kPa;桩后 5~8m 处土压力最大值为 150kPa。

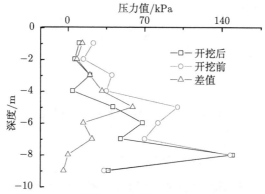

图 7-16 开挖前后 16#桩后土压力竖向分布

由图 7-17 可知,桩前土体开挖后,土压力的横向分布规律与开挖前恰恰相反,由原来的凸形分布变成凹型分布,桩后横向应力场发生变化。原因在于,由于桩间挂板,距桩前距离 1~1.5m 范围内,桩两侧土体也需开挖,导致桩两侧土体应力释放较大,两侧土体发生的微小位移大于桩中间的土体,且大于桩发生的微小位移,如图 7-18 所示,$d_C > d_D > d_B$;$d_A > d_D > d_B$;d_A, d_B, d_C, d_D 分别代表 $A, B, C,$ D 点发生的微小位移,因此,桩中间土压力减少,而两边增大。根据接触力学原理:当两个粗糙表面相互挤压时,真实的接触面积 A 远小于表观接触面积 A_0,粗糙材料的接触面积通常与法向作用力成正比的原理可解释这一现象。

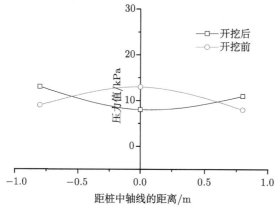

图 7-17 开挖前后 16#桩后土压力横向分布

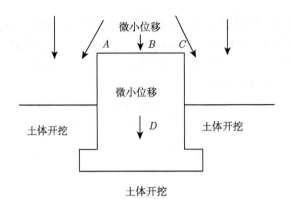

图 7-18　桩及土体发生微小位移示意图

4. 旱季不同位置处桩后土压力对比分析

在 22#、18#、16#桩后都埋设了土压力盒,测试数据如图 7-19 所示。此三根桩处于坡脚的不同位置,其土质也存在差异,由图 7-7 可知,22#桩深 4m 范围内为红褐色、黄褐色膨胀土;18#桩深 4m 范围内为灰白色膨胀土和红褐色膨胀土;16#桩深 4m 范围内为桩间黑灰色、灰色泥岩。

如图 7-19 所示,22#、18#桩后土压力呈 "C" 型分布,两端大中间小,最大值分别为 33kPa、92kPa;而 16#呈反 "C" 型分布,深 3m 处土压力最大,两端较小,最大值为 20kPa。22#和 18#桩后都是中~强膨胀土,而 16#桩后是中~强膨胀性泥岩,由于泥岩与膨胀土的性质不同,因此,桩后土压力分布规律存在差异也不足为奇。

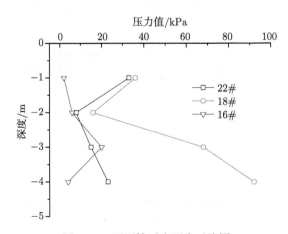

图 7-19　不同桩后土压力对比图

16#、18#、22#桩的布置顺序是由边坡中间向左边依次排列，16#桩后断面为4级高边坡，18#桩后断面为3级高边坡，22#桩后断面为两级边坡，按照库仑土压力理论，对于桩后同一位置处土压力而言，$P_{16\#桩} > P_{18\#桩} > P_{22\#桩}$，然而，其实际桩后土压力平均值 $P_{16\#桩} < P_{22\#桩} < P_{18\#桩}$，实测土压力的分布规律并不是取决于边坡断面的高低，而是取决于桩后附近的土质情况。

5. 旱季不同时间桩后土压力变化

在桩前土体开挖完成后，连续观测了1个月的时间，观测间隔5~7天，土压力随时间变化见图7-20、图7-21，温度随时间变化见图7-22，期间仅4月1号下午下了一场雨，持续时间15min，雨量不大，坡面土体未完全浸湿，而桩顶部已经用混凝土封闭，因此，雨水入渗量可忽略不计。

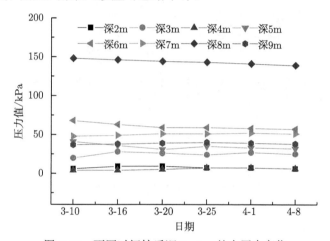

图 7-20 不同时间桩后深 2~8m 处土压力变化

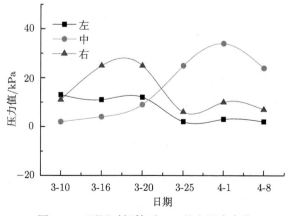

图 7-21 不同时间桩后 1m 处土压力变化

由图 7-20 可知，桩深 2～9m 处土压力在此期间基本不变，由此说明，旱季时桩深 2-9m 范围内受大气影响不明显；由图 7-21 可知，桩深 1m 范围内的三个土压力盒数据随大气温度变化而变化较大，由此更进一步说明，桩深 1m 范围内膨胀土受大气影响较大，原因在于，膨胀土温度场随外界温度变化 (图 7-22 可知) 而发生变化，土体温度场变化导致湿度场变化，由此产生膨胀力。

由图 7-22 可知，深度 2～9m 范围内的土体温度变化较小，深度 1m 范围内的温度变化较剧烈，且受外界温度变化较大；深度 1m 处土体内部温度变化明显滞后于外界环境温度变化，由此说明，土体内部温度和湿度变化是由外界环境温度引起。

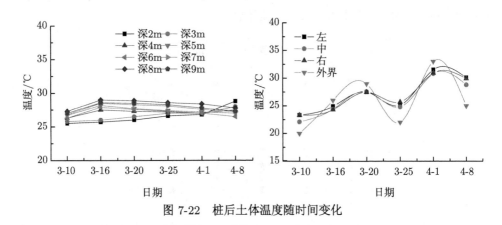

图 7-22　桩后土体温度随时间变化

6. 旱季不同时间板后土压力变化

18#～19#桩间板、38#～39#桩间板后都为膨胀土 (岩)，并伴随裂隙，因此，选取 18#～19#桩间板、38#～39#桩间板作为研究对象，埋设土压力盒，测试板后土压力分布规律。测试得到的结果如图 7-23、图 7-24 所示。

由图 7-23 可知，18#～19#桩间板后的土压力变化较小，原因在于板后连续设置 0.5m 厚砂卵石减胀层，减胀层能大大削减膨胀力；埋深 3m 处的三个土压力盒的读数为零，由此说明中间层土压力盒没有受到压力的作用，原因在于填筑的土体未压密实，土压力盒与土体之间虚接触。

由图 7-24 可知，38#～39#桩间板后的土压力随时间的增长变化较小。板后中间层土压力介于 5～25kPa，表明上级边坡在填筑过程中，土体回填施工工艺比下级 18#～19#桩间板好。

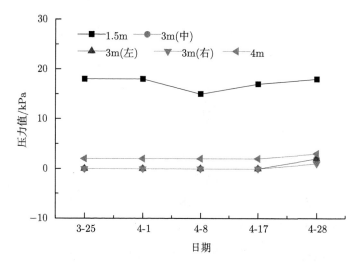

图 7-23　不同时间 18#~19#桩间板后土压力变化

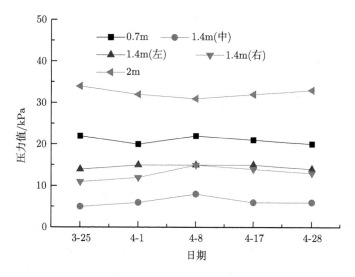

图 7-24　不同时间 38#~39#桩间板后土压力变化

选择 38#~39#桩间板后深 1.4m 处左、中、右三个土压力盒的读数，如图 7-25 所示。由图 7-25 可知，38#~39#桩间板后土压力沿水平方向呈凹型分布，中间小，两端大；由于桩两端的固端作用，限制板的位移，因此板两端的土压力较大，中间板的土压力由于板产生微小变形而应力释放，土压力较小。

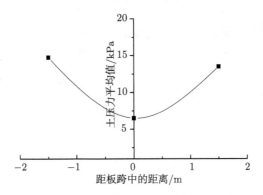

图 7-25　38#~39#桩间板后土压力横向分布规律

7. 旱季上下级桩后土压力对比

38#桩与16#桩位于同一断面的上下两级，因此选取两根桩后土压力进行对比分析。桩后土压力采用 1 个月中四次测试结果的平均值进行对比分析，38#桩悬臂端仅 2m 长，埋设 3 个土压力盒，选择 16#桩后 2~4m 处 3 个土压力盒的数据，如图 7-26 所示。

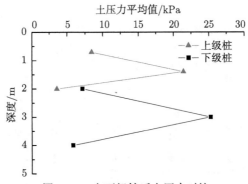

图 7-26　上下级桩后土压力对比

由图 7-26 可知，38#桩后土压力，中间大，两端小，呈反 "C" 型分布；16#桩后土压力在 2~4m 的范围内亦呈反 "C" 型分布；下级桩悬臂段土压力平均值大于上级桩悬臂段土压力平均值，由此说明，下级桩悬臂段承受的土压力大于上级桩悬臂段。

8. 旱季上下级板后土压力对比

18#~19#、38#~39#桩间板后土压力的平均值，如图 7-27 所示。由图 7-27 可知，板后土压力沿深度方向分布规律为中间小，两端大，呈 "C" 型分布，原因在于，下部土体由于上覆土层较厚而密实度较高，下部侧向土压力较大；填筑完成后采用机械击实表层土体，表层土体的压实度较大，侧向土压力也较大；而中间处土体由于上部土体荷载较小且未进行机械压实，因而侧向土压力较小。由于上级板的施工质量较好，测试得到的上级板的土压力大于下级板的土压力。

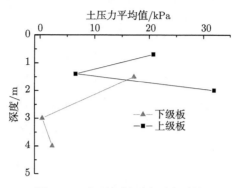

图 7-27 上下级板后土压力对比

7.3.2 降雨量统计

降雨量日期统计自 2015 年 4 月 30 日至 8 月 30 日，共计 120 天，其中小雨 (24h 降雨小于 10mm) 天数为 22 天，中雨 (24h 降雨在 10~25mm) 天数为 14 天，大雨 (24h 降雨在 25~50mm) 天数为 6 天，暴雨 (24h 降雨在 50~100mm) 天数为 3 天。降雨情况如图 7-28 所示。降雨量统计及测试日期如下：

5 月 9 日，降雨 15mm；5 月 15 日，降雨 23mm，5 月 19 日至 5 月 23 日，连续 5 天分别降雨 25mm, 38mm, 27mm, 17mm, 3mm。

6 月 4 日至 6 月 5 日，降雨量为 58.7mm；6 月 8 日，降雨量为 26.7mm，6 月 9 日，降雨量为 3.9mm；6 月 11 日，降雨量为 69.7mm；6 月 15 至 6 月 18 日，连续天晴 4 天。6 月 19 日至 6 月 21 日，连续降雨 3 天，降雨量分别为 54.4mm, 4mm, 3.9mm；6 月 22 至 6 月 26 日，连续降雨 5 天，降雨量分别为 2.1mm, 0.2mm, 12.9mm, 13.8mm, 3.1mm。

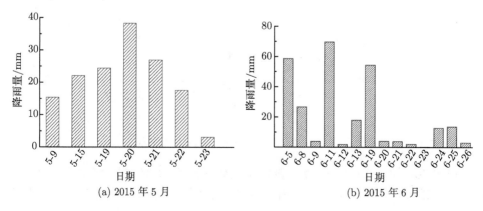

(a) 2015 年 5 月 (b) 2015 年 6 月

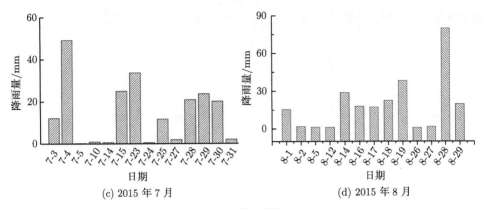

图 7-28 降雨量统计

7 月 3 日，降雨量为 12.1mm；7 月 6 日至 7 月 8 日，天晴；7 月 15 日和 7 月 16 日，连续降雨 2 天，降雨量分别为 25mm 和 2.4mm；7 月 29 日至 8 月 2 日，连续降雨 5 天，降雨量分别为 1.9mm，20.9 mm，23.7 mm，20.1mm，2.0mm；天晴 3 日，8 月 5 日，降雨 1.4mm。8 月 14 日，降雨 29mm。

7.3.3 膨胀力监测

1. 框架梁下土压力变化规律

在降雨之前对边坡上各个土压力盒进行读数，降雨之后再次对土压力盒进行读数，降雨前后的土压力增量即为土体膨胀力。由于雨水渗入等因素，需多次测量降雨前后的变化值，并取平均值，再结合总体趋势来对土体膨胀力进行分析。

1) 第二级边坡框架梁下土压力变化规律

第二级边坡中间列框架梁下土压力盒读数如图 7-29 所示。

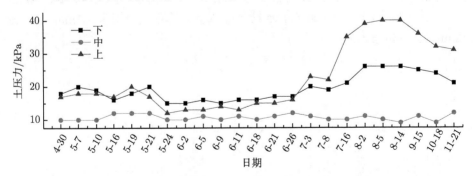

图 7-29 第二级边坡土压力随时间变化

由图 7-29 可知，5~8 月，第二级边坡框架梁下上、下部土压力在总体增大，中部土压力变化不明显；降雨较频繁时土压力变化频繁；降雨有一定累积后土压力增长迅速。框架梁下土压力最大值为 40kPa, 下部膨胀力最大值为 8kPa; 中部膨胀力最大值为 12kPa; 上部膨胀力最大值为 23kPa。9 月 ~11 月属于旱季, 降雨量减少, 第二级边坡框架梁下, 除中部变化不明显, 上、下部土压力均有不同程度的减少。

2) 第三级边坡框架梁下土压力变化规律

图 7-30 为雨季第三级边坡 (左侧) 框架梁下土压力随时间变化图, 测试区间为 5 月至 7 月。7 月下旬, 由于施工原因导致该断面导线及元器件损坏。

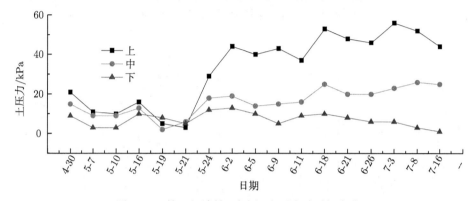

图 7-30 第三级边坡 (左侧) 土压力随时间变化

由图 7-30 可知, 第三级边坡 (左侧) 土压力变化规律总体上也是遵循降雨频繁时土压力变化频繁的规律。5 月 19 日至 5 月 24 日, 累计降雨 82.9mm, 此时框架梁下土压力都呈明显增长趋势。5 月 7 日和 5 月 10 日, 天晴干燥, 此时框架梁下土压力都呈明显减少趋势。框架梁下土压力最大值为 56kPa, 下部土压力最大减少 8kPa; 中部土压力最大增加 10kPa; 上部土压力增量最高达 53kPa, 可见雨季中框架梁下膨胀力的最大值可取 53kPa。

图 7-31 为雨季第三级边坡 (中间) 框架梁下土压力随时间变化图, 测试区间为

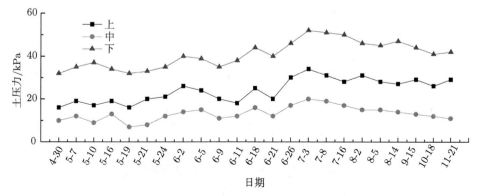

图 7-31 第三级边坡 (中间) 土压力随时间变化

5 月至 11 月。由图 7-31 可知，第三级边坡 (中间) 框架梁下土压力随着大气降雨的变化而变化明显，随着降雨的累积而增长，进入旱季后，土压力随水分蒸发而减少。框架梁下土压力最大值为 52kPa，下部膨胀力最大，最大值为 20kPa。

3) 第四级边坡框架梁下土压力变化规律

图 7-32 为第四级边坡 (左侧) 锚索框架梁下土压力随时间变化图。由图 7-32 可知，第四级边坡 (左侧) 框架梁下土压力随着大气降雨的变化而变化，(左侧) 锚索框架梁下土压力最大值为 69kPa，膨胀力最大值为 38kPa。

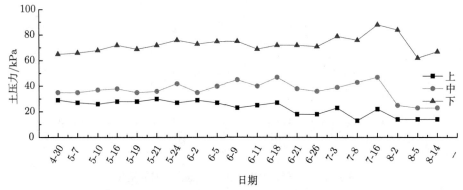

图 7-32　第四级边坡 (左侧) 土压力随时间变化

图 7-33 为第四级边坡 (中间) 锚索框架梁下土压力随时间变化图。由图 7-33 可知，第四级边坡 (中间) 框架梁下土压力随着大气降雨的变化而变化，坡下部土压力最大，坡中部和坡上部土压力较小，(中间) 锚索框架梁下土压力最大值为 577kPa，远大于框架梁下其他处土压力，原因在于框架梁上存在预应力锚索拉力的作用，使得框架梁下局部有应力集中的现象。

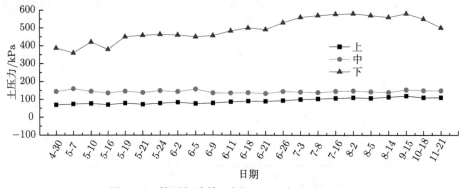

图 7-33　第四级边坡 (中间) 土压力随时间变化

图 7-34 为第四级边坡 (右侧) 锚索框架梁下土压力随时间变化图。由图 7-34

可知，第四级边坡 (右侧) 框架梁下土压力随着大气降雨的变化而变化，锚索框架梁下土压力最大值为 88kPa。膨胀力最大值为 26kPa。

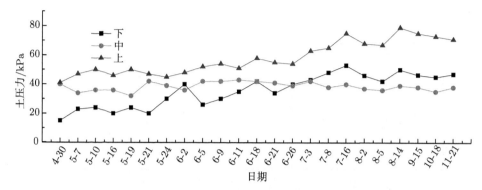

图 7-34 第四级边坡 (右侧) 土压力随时间变化

总体来看，第四级边坡框架梁下土压力变化规律与第二、三级边坡的有一定的相似性，在 5~6 月降雨较频繁时土压力也变化频繁，7~8 月降雨稍少时土压力逐渐稳定，9~11 月干旱季节土压力有下降的趋势，但总体上第四级边坡框架梁下土压力变化幅度不大，产生这种现象的原因主要是锚索预应力的影响。

2. 锚索拉力变化规律

由于第四级边坡设置有预应力锚索，所以可以通过锚索计和土压力两者共同表征第四级边坡膨胀力。图 7-35 为第四级边坡 (左侧) 锚索拉力随时间变化图。由图 7-35 可知，锚索拉力受大气的影响而上下波动，波动的幅度不大。将后一次测试得到的拉力值减去前一次测试数据，结果如图 7-36 所示。由图 7-36 可知，对比锚索拉力变化规律和天气变化规律可知，降雨后，锚索拉力增大 (差值为正)，天晴干燥一段时间，锚索拉力减少 (差值为负)，由锚索计测试得到的膨胀力最大值为

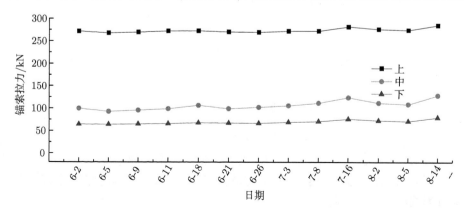

图 7-35 第四级边坡 (左侧) 锚索拉力随时间变化

19kN，收缩力最大值为 12.4kN。边坡中部锚索拉力受大气变化影响最大，上部次之，下部最小。

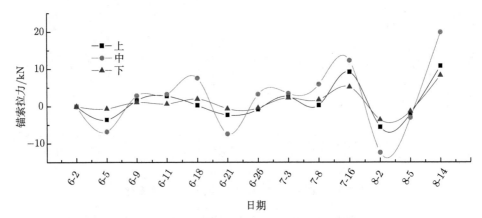

图 7-36　第四级边坡 (左侧) 锚索拉力差值随时间变化

　　图 7-37 为第四级边坡 (中间) 锚索拉力随时间变化图。由图 7-37 可知，锚索拉力受大气的影响而上下波动，上、中部拉力值波动较明显，锚索拉力总体趋势是随时间而逐渐增大。将后一次测试得到的拉力值减去前一次测试数据，结果如图 7-38 所示。

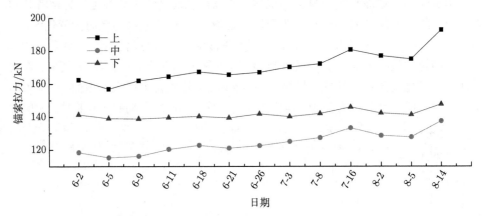

图 7-37　第四级边坡 (中间) 锚索拉力随时间变化

　　由图 7-38 可知，对比锚索拉力变化规律和天气变化规律可知，降雨后，锚索拉力增大 (差值为正)，天晴干燥一段时间，锚索拉力减少 (差值为负)，第四级边坡膨胀土膨胀力最大值为 22.9kN，收缩力最大值为 23.3kN。边坡上部、中部和下部受大气影响程度基本相同。

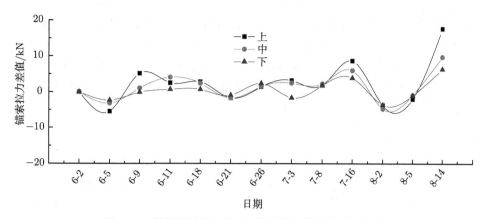

图 7-38　第四级边坡 (中间) 锚索拉力差值随时间变化

3. 桩后湿度计变化规律

为了监测桩后含水量的变化, 在 16#桩后土体 1~4m 深度范围内等距布置了 4 个土壤湿度计。图 7-39 是桩后坡体土壤湿度计读数随时间、深度的分布规律。

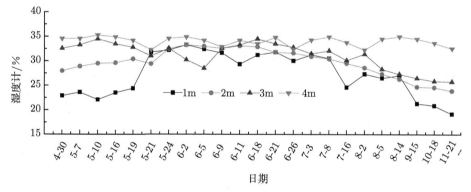

图 7-39　土壤湿度计读数

由图 7-39 可知, 埋深 1m 处的湿度计变化最为剧烈, 说明此处的湿度受大气影响最大; 由于边坡为新开挖路堑边坡, 旱季时, 土体含水量随深度变化规律为深度越深, 含水量越大; 随着降雨的累积, 埋深 1m 处湿度总体上增大; 进入旱季后, 1~4m 处湿度逐渐减少, 由此说明, 一个干湿循环后, 桩悬臂段膨胀土均受大气的影响, 原因在于, 悬臂段临空面离桩后湿度计的距离较近。

4. 桩后土压力变化规律

16#桩后埋深 1~4m 土压力变化值如图 7-40 所示, 埋深 6~8m 处土压力变化值如图 7-41 所示。由图 7-40 可知, 受大气温度、降雨 (温湿度) 的影响, 桩后埋深

1~4m 处土压力随着时间的增长而上下波动；埋深 1~2m 处土压力上下变化幅值较大，埋深 3m 处土压力变化幅值较小；埋深 4m 处土压力盒变化幅值较大，原因在于，此处土压力盒位于悬臂段与锚固段交界处，温湿度变化较大。桩后埋深 1~4m 处土压力最大值为 26kPa，悬臂段土压力建议值可取 26kPa。4~11 月土压力增加最大值分别为 15kPa，10kPa，10kPa，−12kPa。

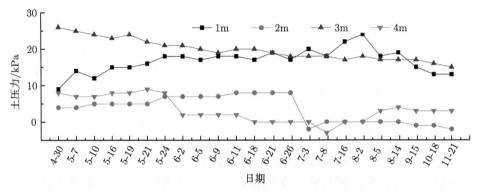

图 7-40　埋深 1~4m 处土压力变化规律

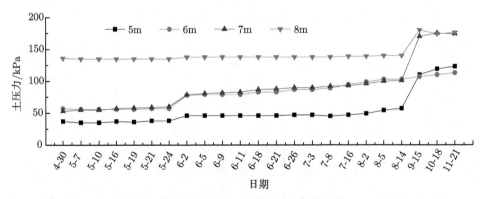

图 7-41　埋深 6~8m 处土压力变化规律

由图 7-41 可知，桩后埋深 6~8m 土压力随着时间的增长逐渐增长，并没有出现上下波动现象，表明桩后埋深 6~8m 土压力受大气温湿度的影响较小；在 5 月 24 日至 6 月 2 日之间，桩后埋深 5~7m 土压力发生台阶式增长；在 8 月 14 日至 9 月 15 日之间，桩后埋深 5m，7m，8m 处土压力发生台阶式增长，增加的最大值分别为 53kPa，68kPa，40kPa，因此，雨季桩后埋深 5~8m 处膨胀力建议值可取 68kPa；桩后埋深 5~8m 处土压力最大值为 180kPa。

16#桩后土压力沿竖向分布规律如图 7-42 所示，16#桩后土压实测数据平均值及趋势拟合曲线如图 7-43 所示，由图 7-42 和图 7-43 可知，土压力沿桩深度方向呈节律变化，总体趋势是深度越大，土压力越大；土压力沿桩深度的拟合曲线表达式为 $y = 0.00032x^2 - 0.089x - 1.8$。

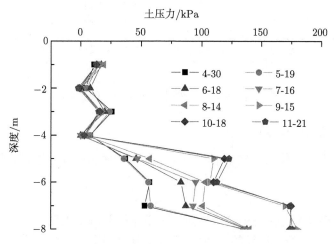

图 7-42   16#桩后土压力实测值

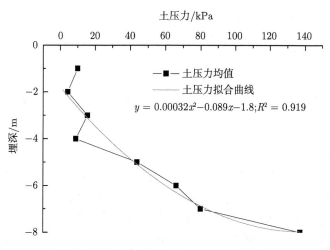

图 7-43   16#桩后土压力平均值及拟合曲线

16#桩后埋深 1m 处土压力与湿度的关系如图 7-44 所示，由图 7-44 可知，埋深 1m 处土压力与湿度计的变化规律一致。

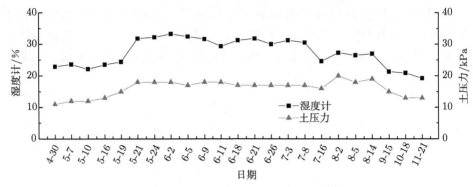

图 7-44　埋深 1m 处土压力与湿度的关系

7.3.4　桩板墙的变形监测

钢筋混凝土弹性模量可按钢筋与混凝土各自截面积的权重进行计算。

$$E = \frac{E_1 A_1 + E_2 A_2}{A} \tag{7-2}$$

式中，E 表示钢筋混凝土等效弹性模量；A 表示钢筋混凝土截面面积；E_1 表示钢筋的弹性模量；A_1 表示钢筋的截面面积；E_2 表示混凝土的弹性模量；A_2 表示混凝土的截面面积；由设计资料可知，C35 混凝土的弹性模量为 $3.15×10^4$MPa，钢筋取 $2.0×10^5$MPa，桩身钢筋面积与总面积比为 0.86%。代入公式得钢筋混凝土弹性模量 E=$3.32×10^4$MPa。

由材料力学可知，梁横截面的弯矩与正应力之间的关系为

$$\varepsilon = \frac{M \cdot y}{EI_z} \tag{7-3}$$

式中，M 表示梁横截面弯矩；y 表示应力对应的点到梁中心的距离；I_z 表示惯性矩；ε 表示正应变。

1. 混凝土浇筑后桩身变形

对于 18# 桩而言，在未浇筑混凝土前，把混凝土应变计绑扎在钢筋笼上，沿主筋方向绑扎，对混凝土应变计进行初始读数 (包括应变和温度)，然后，再浇筑混凝土后一段时间内，对混凝土应变计读数。由于混凝土凝结硬化过程中放热，所以，在计算应变的时，应剔除温度影响，再应用公式 (7-3) 计算得到浇筑后的应变，即为混凝土浇筑前后的应变差值，结果如表 7-1 所示。由表 7-1 可知，混凝土浇筑 2 天后，桩身的应变由正值变为负值，减少的最大值为 51.12$\mu\varepsilon$，由此表明，桩身混凝土在凝结硬化的过程中，体积是收缩的。原因是桩身温度升高引起桩身竖向膨胀变形小于混凝土干缩变形。

表 7-1 混凝土浇筑前后应变

深度/m	浇筑前		浇筑 2 天后		差值/με
	应变计读数/με	温度/°C	应变计读数/με	温度/°C	
1	35	23.4	73	42.4	−3.8
2	34	23.7	54	41.3	−18.72
3	35	22.2	27	41.8	−51.12
4	37	22.6	42	40.6	−34.6
5	25	22.9	64	40.7	−0.16
6	30	22.2	25	42.6	−49.88
7	26	22.2	39	37.6	−20.88
8	29	22.4	42	39.4	−24.4

2. 桩前土体开挖后桩身变形

混凝土浇筑完成 35 天后 18#桩前土体开挖, 观测桩身混凝土应变计读数, 结果如表 7-2 所示。

表 7-2 桩前土体开挖前后应变

深度/m	开挖前		开挖后		差值/με
	应变计读数/με	温度/°C	应变计读数/με	温度/°C	
1	72	28.4	71	23	10.88
2	32	30.7	26	24.5	7.64
3	21	32.9	57	25	53.38
4	58	33.2	105	26.6	61.52
5	29	35.5	91	29.5	75.2
6	−2	35	98	30	111
7	17	33.5	100	30	90.7
8	22	32.9	112	30.5	95.28

如表 7-2 可知, 桩前土体开挖后, 桩身应变有所增加, 说明桩身弯矩增大; 应变差值随着桩深度的增大先增大后减少, 在桩深 6m 处应变增加最大, 最大为 111με。

3. 桩身应变及弯矩变化规律

选取混凝土应变计埋设最多的 18#桩作为研究对象, 18#桩后共埋设 8 个混凝土应变计, 埋设于 1~8m 处, 间隔 1m 设置。监测时间从 2015 年 4 月 30 日至 8 月 15 日。18#桩身应变计读数及温度变化如图 7-45 至图 7-48 所示。

由图 7-45 和图 7-46 可知, 1~3m 处桩身应变随时间的增长而上下波动, 1~2m 位置变化幅度较大, 3m 处变化幅值较小, 说明, 桩深 1~2m 处受大气影响剧烈, 3m 处受大气影响减弱, 桩身深度越大, 受大气影响越小。1~2m 处应变总体呈下降趋势, 而 1~2m 处温度值总体呈增长趋势, 由此可以说明, 土体在 1~2m 范围内受大气影响明显, 温度升高, 土体水分蒸发而收缩, 土压力减小从而使得桩身应变减小。

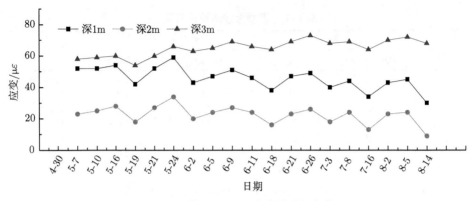

图 7-45　桩深 1~3m 应变随时间变化

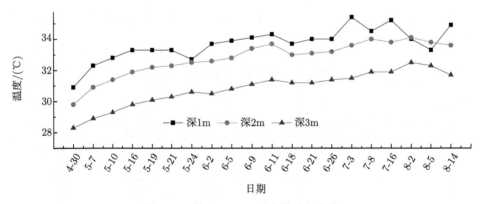

图 7-46　桩深 1~3m 温度随时间变化

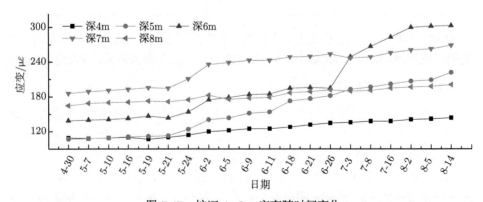

图 7-47　桩深 4~8m 应变随时间变化

由图 7-47 和图 7-48 可知，4~8m 处桩身应变随时间的增长而增大而后趋于稳定，4m 和 8m 增加幅度较小，6m 增加幅度最大。4~8m 处温度值随时间增长总体呈增长趋势，原因在于混凝土内部缓慢硬化而放热。由此说明，4～8m 处桩身变化与温度变化有关。

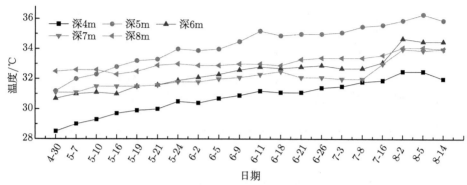

图 7-48 桩深 4～8m 温度随时间变化

将后一次测试得到应变减去前一次测试数据，并剔除温度的影响，计算结果如图 7-49 和图 7-50 所示，对比降雨量统计图 7-28 可知，18#桩身应变差值变化规律与大气温湿度规律基本一致，因此，可以说明，桩身应变的变化与桩后土压力的变化密切相关。

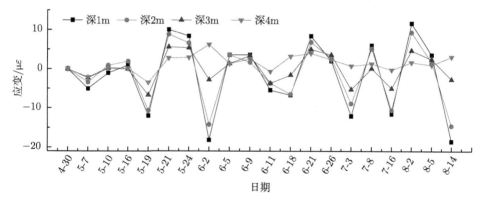

图 7-49 桩深 1～4m 应变差值随时间变化

桩身应变随深度变化如图 7-51 所示，由图 7-51 可知，桩身应变随着深度的增加先减少后增大再减少，1～2m 处应变为负值，6～7m 处应变最大，对比 16#桩后土压力的分布可以发现此二者的相关性。

桩身弯矩随深度变化如图 7-52 所示，由图 7-52 可知，桩身弯矩平均值和最大值沿深度方向的变化规律基本一致，即随深度的增加先减少后增大再减少。桩身弯矩平均值随深度方向的拟合曲线可用 $y = 1411 - 1494x + 529x^2 - 40x^3$ 描述；桩身弯矩最大值随深度方向的拟合曲线可用 $y = 1011 - 2160x + 816x^2 - 66x^3$ 描述，桩身弯矩最大值在桩深 6m 处，最大值为 3340.22kN·m。

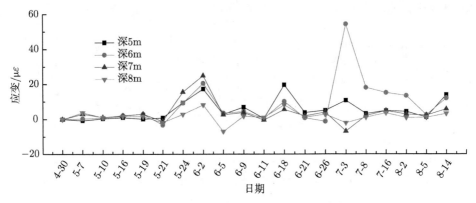

图 7-50　桩深 5~8m 应变差值随时间变化

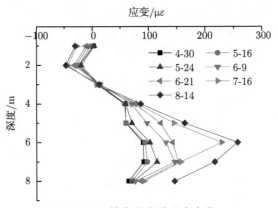

图 7-51　桩身应变随深度变化

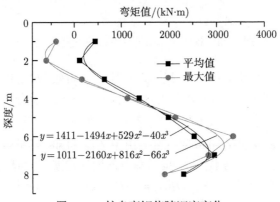

$y = 1411 - 1494x + 529x^2 - 40x^3$

$y = 1011 - 2160x + 816x^2 - 66x^3$

图 7-52　桩身弯矩值随深度变化

　　膨胀力导致桩身弯矩变化以 2015 年 4 月 30 日的应变计读数作为初始读数，考虑温度修正，计算得到桩身应变，再经换算得到 18#桩的桩身弯矩，计算结果如图 7-53 所示。由图 7-53 所可知，桩身埋深 1~2m 范围内受大气温度影响，多次干湿循环从而弯矩值正负变化频繁，3~4m 位置虽也受大气温度影响但影响不大，总体上保持增长趋势，5~7m 位置总体上呈增长趋势且增长变化很大，6m 位置弯矩增长值达 588kN·m，因此，膨胀力导致的弯矩增长值最大可取 588kN·m。

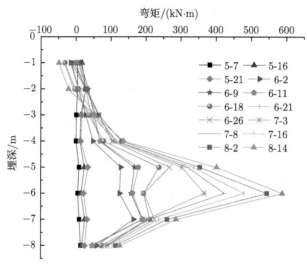

图 7-53　18#桩弯矩变化图

7.3.5　坡面位移监测

　　采用全站仪对坡面 24 个点进行观测如图 7-5 所示，每次进行 X，Y，Z 三个方向的观测，测试读数如表 7-3 所示。由表 7-3 可知，边坡 24 个测试点的读数变化的范围为 1cm 之内，是由仪器的系统误差造成的，可以认为，边坡的位移值基本不变。

表 7-3　坡面位移监测值　　　　　　　　　（单位：m）

编号	5 月 2 日			8 月 14 日			11 月 21 日		
	X	Y	Z	ΔX	ΔY	ΔZ	ΔX	ΔY	ΔZ
1	2641637.525	492449.740	162.385	−0.004	−0.005	0.004	−0.006	−0.007	0.004
2	2641639.332	492457.878	164.889	−0.002	−0.006	0.000	0.004	0.003	−0.003
3	2641645.612	492458.479	167.722	−0.005	−0.004	0.001	0.004	0.002	0.002
4	2641677.919	492420.000	167.291	−0.006	−0.005	0.009	0.001	0.002	0.000
5	2641667.589	492410.683	164.919	−0.008	−0.004	0.000	0.000	0.000	0.000
6	2641661.585	493410.683	162.719	−0.007	−0.004	0.005	0.000	0.000	0.008

续表

编号	5月2日			8月14日			11月21日		
	X	Y	Z	ΔX	ΔY	ΔZ	ΔX	ΔY	ΔZ
7	2641684.868	492387.223	161.323	−0.001	−0.005	0.001	−0.002	−0.003	0.008
8	2641690.862	492387.799	164.012	−0.005	0.002	−0.001	−0.009	0.004	0.005
9	2641696.946	492392.618	166.915	−0.007	−0.007	−0.001	−0.008	−0.001	−0.005
10	2641681.714	292427.351	169.627	0.005	0.007	−0.006	0.006	0.008	−0.003
11	2641690.607	492424.171	174.331	−0.004	0.008	−0.009	0.003	0.006	−0.004
12	2641694.638	492737.708	176.472	0.001	0.006	0.000	0.003	0.008	0.005
13	2641702.802	492441.884	180.404	−0.007	0.007	0.012	-0.003	-0.001	0.008
14	2641707.201	492454.417	182.475	−0.004	−0.004	0.009	−0.007	−0.009	0.004
15	2641717.176	492450.180	185.273	−0.002	−0.011	0.010	0.002	−0.002	0.008
16	2641717.697	492459.021	187.735	−0.002	0.003	0.006	−0.006	0.002	0.009
17	2641727.512	492467.434	190.484	0.002	0.004	0.002	0.004	−0.002	0.003
18	2641737.350	492469.945	194.890	0.004	0.004	0.004	0.006	−0.001	0.006
19	2641729.769	492474.580	194.775	−0.008	−0.005	0.003	0.001	−0.008	0.000
20	2641696.806	492447.466	179.990	−0.004	−0.001	0.001	0.003	−0.007	0.000
21	2641714.018	492404.454	174.042	0.007	0.001	−0.005	0.004	0.003	0.001
22	2641708.716	492399.974	170.441	0.003	−0.008	−0.008	0.004	−0.005	−0.002
23	2641705.231	492397.669	169.187	0.009	−0.007	−0.002	0.000	−0.001	−0.001
24	2641656.857	492409.200	160.346	−0.010	−0.006	0.002	0.009	−0.007	−0.001

7.4 本章小结

在整个干湿循环区间内，对试验段 DK221+679 ～ DK221+863 右侧膨胀土高边坡上下两级抗滑桩后土压力、三级锚杆框架梁下土压力以及桩身变形进行试验监测。并得出以下结论。

(1) 旱季时，第二、三、四级边坡框架梁下下部位置土压力大于中、上部位置土压力。

(2) 桩前土体开挖后，桩后应力场重新分布，桩深 5m 处土压力释放最大，最大值为 59kPa；旱季时，桩后 1～4m 处土压力最大值为 20kPa；桩后 5～8m 处土压力最大值为 148kPa。

(3) 旱季时，桩深 1m 范围内膨胀土受大气影响较大，桩深 2～9m 范围内受大气影响不明显，深度 1m 处土体内部温度变化明显滞后于外界环境温度变化，膨胀土受大气影响深度为 1m。

(4) 由上下级桩后土压力对比可知，下级桩悬臂段承受的土压力大于上级桩悬臂段。

(5) 由于减胀层的作用，板后的土压力随时间的增长变化较小，板后土压力沿深度方向分布规律为中间小, 两端大; 板后土压力沿水平方向呈凹型分布, 中间小,两端大。

(6) 雨季中, 第二、三、四级边坡框架梁下土压力随着大气降雨的变化而变化明显, 进入旱季后, 土压力随水分蒸发而出现减少, 框架梁下膨胀力的最大值可取53kPa。

(7) 锚索拉力受大气的影响而变化, 降雨后, 锚索拉力增大, 天晴干燥一段时间, 锚索拉力减少, 锚索拉力测试得到的膨胀力最大值为 22.9kN, 收缩力最大值为23.3kN。

(8) 受大气温湿度的影响, 16#桩后埋深 1~4m 处土压力随着时间的增长而上下波动, 6~8m 处土压力随着时间的增长逐渐增长而后趋于稳定, 悬臂段土压力建议值可取 26kPa, 本地区桩后膨胀力的最大值 (建议值) 为 68kPa, 桩后埋深 5~8m处土压力最大值为 180kPa。现场试验与室内模型试验得到的侧向膨胀力最大值比较接近。

(9) 16#桩后土压力沿桩深度方向呈节律变化, 总体趋势是深度越大, 土压力越大; 土压力沿桩深度的拟合曲线表达式为 $y = 0.00032x^2 - 0.089x - 1.8$。

(10) 埋深 1m 处的湿度计受大气影响最大; 旱季时, 土体含水量随深度变化规律为, 深度越深, 含水量越大; 随着降雨的累积深 1m 处湿度总体上增大; 进入旱季后, 1~4m 处湿度逐渐减少, 一个干湿循环后, 桩悬臂段膨胀土均受大气的影响;桩后土压力与湿度的变化规律一致。

(11) 桩前土体开挖后, 桩身弯矩增大; 受大气的影响, 桩深 1~3m 处桩身应变随时间的增长而上下波动, 桩深 4~8m 处桩身应变随时间的增长先增大后趋于稳定。

(12) 桩身应变差值变化规律与大气温湿度变化规律基本一致, 桩身应变与桩后土压力的变化密切相关。

(13) 18#抗滑桩弯矩最大值随深度方向的拟合曲线可用 $y = 1011 - 2160x + 816x^2 - 66x^3$ 描述, 弯矩最大值位于桩深 6m 处, 最大值为 3340.22kN·m; 膨胀力导致的弯矩增长值最大可取 588kN·m。

(14) 通过第四级边坡的锚索拉力与边坡整体位移监测知, 锚索拉力与监测点坐标变化不大, 边坡处于稳定状态。

第8章 云桂铁路膨胀土高边坡多级支挡结构数值分析

由于数值模拟能够较便捷地对各种类型的工况进行模拟分析，又可以避免模型试验中会出现的尺寸效应、形状、荷载差异等因素引起的模型精度不高，因此用数值模拟方法研究岩土工程问题已成为岩土工程中一种主流的研究方式。

8.1 模型建立及网格划分

采用通用有限元软件 ANSYS，模拟现场边坡，按照现场实际边坡尺寸 (如图 8-1 所示)，所建模型如图 8-2 所示，对于像边坡这样纵向很长的实体，计算模型可以简化为平面应变问题。假定边坡所承受的外力不随 Z 轴变化，位移和应变都发生在自身平面内，因此建模时边坡土体可按平面应变问题考虑。

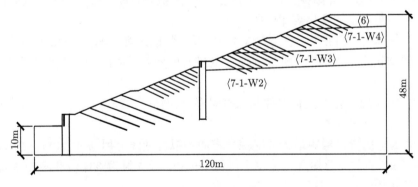

图 8-1 模型范围

模型整体总长 120m，模型高 48m，下级抗滑桩高 14m，其中抗滑桩悬臂段长 4m，上级桩长 20m，悬臂段长 2m，第一级抗滑桩左侧为路基，宽度取 10m，边坡顶部台阶宽度取 14m。模型中以 1 号 LINK1 单元模拟锚杆，1 号 BEAM3 单元模拟抗滑桩，1 号 PLANE82 单元模拟土体，2 号 BEAM3 单元模拟框架梁。每个单元的网格划分尺寸为 1m。模型网格划分主要以自由划分四边形网格为主，网格划分的结果如图 8-3 所示。约束模型左右两边水平 (X 方向) 位移，约束模型底部水平和竖向 (X 与 Y 方向) 位移，各参数如表 8-1 所示。

表 8-1 高边坡基本物理力学参数

位置	本构模型	厚度/m	弹性模量/MPa	泊松比	密度/(kg/m³)	黏聚力/kPa	内摩擦角/(°)
中—强膨胀土	莫尔–库仑模型	2	315	0.32	1900	25	13
泥岩夹泥质粉砂岩	莫尔–库仑模型	8	1100	0.33	2000	20	16
泥岩夹泥质粉砂岩	莫尔–库仑模型	6	1100	0.33	2200	15	20
泥岩夹泥质粉砂岩、褐煤	莫尔–库仑模型	22	1500	0.25	2300	15	15
C35 钢筋混凝土	弹性模型	—	31500	0.2	2400	—	—
C25 钢筋混凝土	弹性模型	—	2500	0.2	2400	—	—
锚索锚杆	弹性模型	—	195000	0.3	7800	—	—

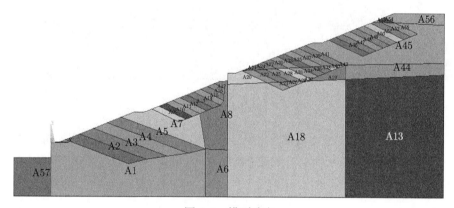

图 8-2 模型建立

网格划分，施加边界条件，施加重力荷载，未考虑膨胀变形的影响，计算得到边坡变形如图 8-3 所示，由图 8-3 可知，在重力作用下，边坡最大竖向变形量为 2.908mm。

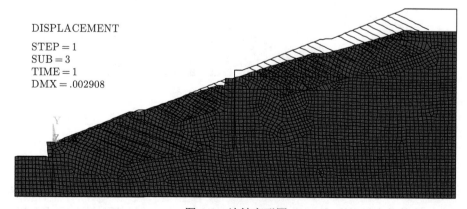

DISPLACEMENT
STEP = 1
SUB = 3
TIME = 1
DMX = .002908

图 8-3 边坡变形图

　　X 方向主应力图如图 8-4 所示, 由图 8-4 可知, X 方向的主应力是滑坡推力的分量, 其较大值区域主要集中在上下级桩、预应力锚索处, 由此可知, 桩和锚索是抵抗滑坡推力的主要结构。而模型底部也存在 X 方向推力较大值区域, 原因是由于边坡模型施加 X, Y 方向的约束条件所引起的。

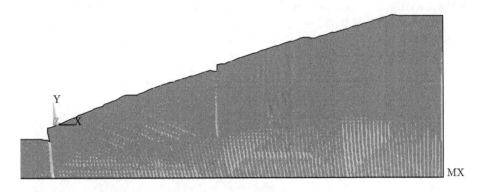

图 8-4　X 方向主应力云图

　　图 8-5 为 Y 方向主应力云图, 由图 8-5 可知, Y 方向的主应力分层向下传递, 而应力等值线在桩和锚索处发生弯曲, 由此说明, 桩和锚索的存在影响 Y 方向主应力的分布。

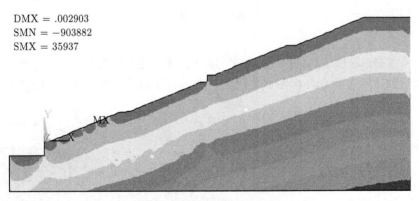

图 8-5　Y 方向主应力云图

8.2　降雨的模拟

　　对于膨胀土边坡而言, 降雨导致膨胀土体积膨胀, 类似于温度升高导致材料体积膨胀, 利用温度场热传导问题的热膨胀特性可以很好地模拟膨胀土的遇水膨胀特性，因此，在 ANSYS 软件中，考虑降雨对膨胀土的影响主要采用温度应力场等效湿度应力场实现。本文结合原位竖向膨胀力试验，采用数值模拟软件仿真现场试验，从而确定热膨胀系数 [129]。

热力学的热膨胀方程表述如下：

$$\Delta \varepsilon_{ij} = \alpha_t \cdot \Delta T \cdot \delta_{ij} \tag{8-1}$$

式中，α_t 表示热膨胀系数；ΔT 表示温度变化量；δ_{ij} 表示 Kronecker 记号。

湿度影响固体变形的方程表述如下：

$$\varepsilon'_{ij} = \beta \cdot \Delta \omega \cdot \delta_{ij} \tag{8-2}$$

式中，β 表示湿度场线膨胀系数；$\Delta \omega$ 表示单位体积含水率变化量。

联立方程 (8-1) 和方程 (8-2) 求解，则热膨胀系数为

$$\alpha_t = \beta \Delta \omega / \Delta T \tag{8-3}$$

又膨胀力与含水量增量的关系如下 [372]：

$$P_s = 3K \cdot V \omega \cdot \beta \tag{8-4}$$

式中，P_s 表示膨胀力，K 表示体积模量。

$$K = \frac{E}{3(1 - 2\mu)} \tag{8-5}$$

将弹性模型和泊松比代入式 (8-5) 得，$K = 29.17 \times 10^3 \text{kPa}$，最后可得线膨胀系数 $\beta = 1.73 \times 10^{-4}$。

本文采用数值模拟和原位试验共同确定热膨胀系数。在中—强膨胀土试验点设置一个 70.7cm×70.7cm 的正方形试验块，试验体深度取 150cm。在其上堆载，通过千斤顶给膨胀土试验块施加反力，如图 8-6 所示。在试验块顶部注水，以模拟降雨过程，水由土体表面渗入土体内部，由此引起膨胀土膨胀，产生膨胀力。试验过程为①试验开始前，先用千斤顶施加一定量压力，使试验系统各部分保持良好接触，记录土压力盒、百分表的初始读数；②在试验体表面注水，并记录注水时间和注水量，试验体上方应始终保持有薄层水覆盖；③荷载板上百分表读数变化时，及时调节千斤顶，使百分表指针回到初始值，并记录每次千斤顶调节前后的百分表和土压力盒读数，每 10min 观测一次。随着试验的进行，膨胀土的膨胀变形将逐渐放缓并最终趋于稳定，观测时间间隔可适当延长，当膨胀土竖向变形和膨胀力均稳定时结束试验。

图 8-6　现场竖向膨胀力试验

　　试验得到竖向膨胀力与含水量增量的关系，如图 8-7 所示。由图 8-7 可知，竖向膨胀力随着含水量的增加而非线性增大，当含水量增量在 5% 以下时，竖向膨胀力增长缓慢，当含水量增量介于 5%~15% 时，竖向膨胀力增加较快，当中 — 强膨胀土含水量变化量大于 15.0% 时，膨胀力趋于稳定，竖向膨胀力最大值为 227kPa。

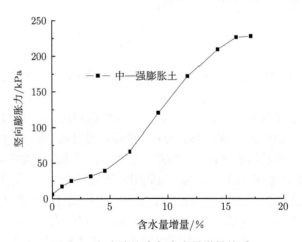

图 8-7　竖向膨胀力与含水量增量关系

　　采用数值软件对竖向膨胀力试验进行模拟，根据现场膨胀土 (岩) 竖向有荷膨胀力试验，建立长 0.7m、宽 0.7m、高 1.5m 的数值模型。模型如图 8-8 所示，约束模型顶部位移，对模型底部施加全约束，模型四周施加径向约束。

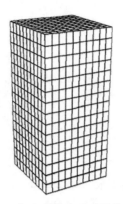

图 8-8 竖向膨胀力试验数值模型

该试验点初始天然含水量 19%，增湿后含水量最大值为 34%，$V\omega = 15\%$，此时膨胀力为 227kPa。在模型底部和顶部施加初始温度 $T_0=0$(对应初始含水量)，变化模型顶部温度 T_1，对模型进行热–结构耦合分析，当模型顶部温度 $T_1=30.2℃$时，结构表面的应力恰好等于 227kPa，此时，土体表面对应的含水量为 34%，因此，$\Delta T = 30.2℃$，将各参数代入公式 (8-3) 可得热膨胀系数：$\alpha_t = 9 \times 10^{-5}$。

采用 ANSYS 热–结构耦合模块模拟边坡膨胀荷载的施加。边坡土体天然含水率为 18%，降雨之后表面土体饱和，含水率达 34%，降雨影响范围为 4m(大气影响深度)，膨胀土的热膨胀系数为 9×10^{-5}，因此以温度场模拟雨水渗入形成的湿度场如图 8-9 和图 8-10 所示。

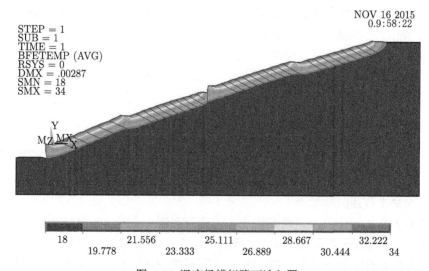

图 8-9 温度场模拟降雨渗入图

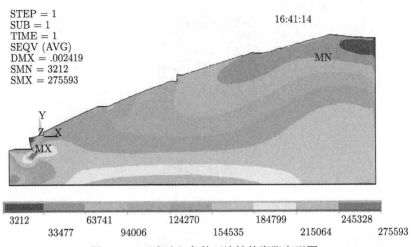

图 8-10　雨水渗入条件下边坡的膨胀变形图

由图 8-9 可知，表面雨水缓慢渗入坡体内，降雨渗入导致膨胀土边坡坡面隆起变形，由图 8-10 可知，边坡表面均有不同程度的向外膨胀变形，其中二级边坡处变形最大，Y 方向位移约为 1.2mm。

8.3　算 例 验 证

1) 最大变形量算例验证

采用参考文献中的典型边坡算例 1(高速公路边坡修建过程仿真分析，文献 [134]6.2 节)；典型边坡算例 2(高边坡锚索支护结构修建过程仿真分析，文献 [134]6.3 节)，边坡最大变形量计算结果对比如表 8-2 所示，由表 8-2 可知，本文计算结果与参考文献计算结果一致，而典型算例 2 出现细微偏差的原因在于本文中边坡模型网格大小与参考文献中的略有不同。

表 8-2　结果对比

对比	典型算例 1	本文结果	典型算例 2	本文结果
边坡最大变形量/mm	4	4	4.075	4.069

2) 安全系数算例验证

以本文第 2 章中典型四级膨胀土高边坡为算例，采用 ANSYS 程序对该算例进行计算，得到的安全系数如表 8-3 所示，由表 8-3 可知，采用 ANSYS 有限元强度折减法得到的安全系数为 1.23，与 FLC 有限差分法计算结果基本一致，由此可以验证本文 ANSYS 程序是正确可行的。

表 8-3 结果对比

方法对比	FLC 有限差分强度折减法	ANSYS 有限元强度折减法
安全系数 K	1.24	1.23

3) 膨胀力算例验证

选择参考文献 [130] 中 5.4.3 节典型算例，采用 ANSYS 程序对该算例进行模拟，计算得到的结果如表 8-4 所示，由表 8-4 可知，本文计算结果与参考文献结果一致，由此可以说明本文计算程序的正确性。由有限元结果与试验结果对比可知，两者结果基本一致，由此证明，采用 ANSYS 软件进行膨胀变形的数值模拟是可行的。

表 8-4 结果对比

直径 /mm	高 /mm	体积 含水率	竖向压力 p/kPa	初始变形 模量/MPa	稳定变形 模量/MPa	文献 计算值		本文 计算结果	
						竖向应力 /kPa	位移 /mm	竖向应力 /kPa	位移 /mm
79.8	20	0.29	100	6.23	0.9	99	0.98	99	0.975

8.4 桩身内力分析

图 8-11 是分别考虑降雨和不降雨时下级抗滑桩剪力对比图，由图 8-11 可知，悬臂段的剪力沿桩身向下逐渐减小，锚固段的剪力沿桩身向下先增大后减少；下级桩剪力绝对值的最大值位于桩顶下 4m 处，即悬臂端与固定端的交界处，最大值为 149.65kN，考虑降雨影响，剪力最大值为 158.34kN，最大值依旧位于桩顶下 4m 处。降雨对下级抗滑桩剪力有明显影响，引入降雨条件后下级桩两端位置剪力有一定减小，减幅在 25.75%~38.08%，下级桩中间位置 (距桩顶 3~12m 范围内) 剪力有明显增长，其中距桩顶 3m 位置剪力增长最为迅速，约增长 42.0kN，增幅 118.31%。

图 8-12 是分别考虑降雨和不降雨时上级抗滑桩剪力对比图。由图 8-12 可知，悬臂段的剪力沿桩身向下逐渐减小，锚固段的剪力沿桩身向下先增大后减少；上级桩剪力最大值位于桩顶下 6m 处，最大值为 54kN；考虑降雨影响，上级桩剪力最大值出现在距桩顶 7m 位置，为 65kN。降雨对上级抗滑桩剪力的影响集中在距桩顶 0~12m 范围内，这一范围内的剪力均有不同程度的增长，以距桩顶 2m 位置的剪力增长最为明显，约增加 32.8kN，增幅 188.51%。

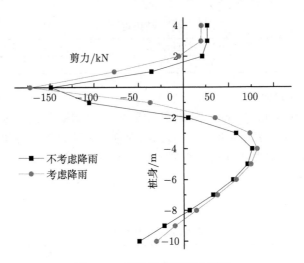

图 8-11　下级抗滑桩剪力对比

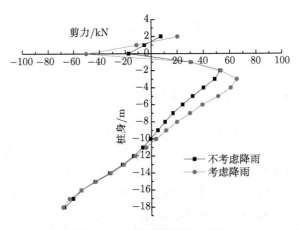

图 8-12　上级抗滑桩剪力对比

图 8-13 是分别考虑降雨和不降雨时下级抗滑桩弯矩对比图。由图 8-13 可知，弯矩沿桩身向下先减小后增大再减少再增大，呈 W 型分布，弯矩最大值位于桩顶下 6m 处，最大值为 237kN·m；考虑降雨影响，弯矩最大值位置不变，最大值为 384.2kN·m；降雨条件的引入对下级桩的弯矩产生了显著影响，下级桩两端位置弯矩有所减小，而距桩顶 3~10m 范围内的弯矩增长显著，桩上最大弯矩值出现在距桩顶 5m 位置，由 231.9kN·m 增至 384.2kN·m，增幅约为 65.67%。

图 8-14 是分别考虑降雨和不降雨时上级抗滑桩弯矩对比图。由图 8-14 可知，弯矩沿桩身向下先增大后减少再增大，弯矩绝对值的最大值位于桩顶下 10m 处，最大值为 285kN·m；考虑降雨影响，弯矩最大值位置不变，最大值为 287kN·m；引

入降雨条件时上级桩弯矩产生了一定影响，以距桩顶 0~4m 范围内弯矩表现最明显，但桩上最大弯矩值变化不大。

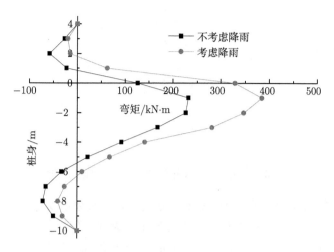

图 8-13　下级抗滑桩弯矩对比

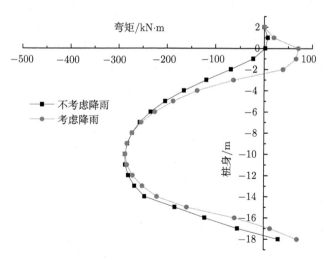

图 8-14　上级抗滑桩弯矩对比

将下级抗滑桩弯矩的模拟值、实测值、理论值进行对比，三者对比如图 8-15 所示。

由图 8-15 可知，模拟值、实测值、理论值三者分布规律基本一致，即弯矩值随着桩身向下先增大后减少。

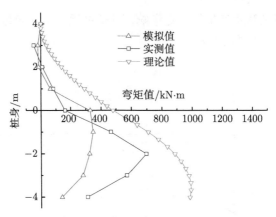

图 8-15　下级抗滑桩弯矩模拟、实测、理论值对比

　　计算得到的桩身弯矩值大于模拟值、实测值，其原因主要在于：理论计算时，将监测期间桩后出现的膨胀力最大值作为理论计算代入值进行桩身弯矩计算，而桩后膨胀力实测值均小于最大值，因此计算得到的弯矩值偏大。

　　模拟值与实测值桩身弯矩分布规律大致相同，说明此数值模拟的正确性和可行性，说明现场实测数据的真实性和可靠性，模拟值与实测值之间存在偏差的原因主要有几点：其一，对于岩土工程问题而言，现场实际工况远比数值模拟复杂，任何一款数值软件均未能完全准确模拟实际工况；其二，本文采用二维平面问题建立模型，与三维实际边坡存在误差；其三，现场一些难以预见的因素影响实测值而产生一定误差，如土体分布不均匀、干湿循环不均匀等。

8.5　锚杆 (索) 框架梁内力分析

8.5.1　锚索拉力

　　1) 不考虑降雨

　　由于预应力锚索为弹性材料，因此，锚索预应力的施加是采用输入初始应变的方法，直接于材料实常数中给预应力锚索对应的材料添加初应变。设计锚杆张拉荷载为 500kN，其初应变值为 $3.5×10^{-3}$，但考虑到锚杆间距为 4.0m，所以单位宽度的锚杆锚固力为 125kN，相应的初应变值为 $8.75×10^{-4}$。五根 (由下往上计数) 锚索的拉力如图 8-16，图 8-17 所示；提取锚索单元拉力值如图 8-18，图 8-19 所示。由图 8-16，图 8-17 可知，锚索拉力分为锚固段和预应力段两部分，锚索预应力段的拉力大小基本不变；锚固段的锚索单元与土体单元节点耦合，由于受到土体摩擦的作用，锚索拉力值变小，最大值为 4.47kN，是预应力段的 1/25，其分布规律为两端大中间小，呈凹型分布。

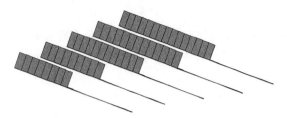

图 8-16 锚索预应力段拉力图

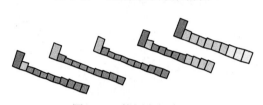

图 8-17 锚固段拉力图

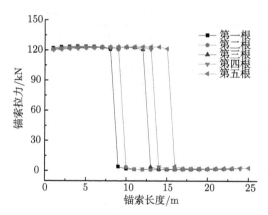

图 8-18 锚索拉力图

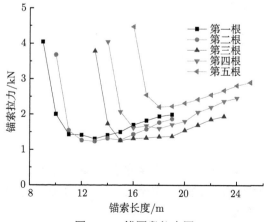

图 8-19 锚固段拉力图

2) 考虑降雨

考虑降雨影响计算得到的锚索拉力值如图 8-20，图 8-21 所示，对比图 8-18、图 8-19 和图 8-20、图 8-21 可知，锚索拉力值基本不变，由此说明，降雨作用对锚索拉力影响不大。

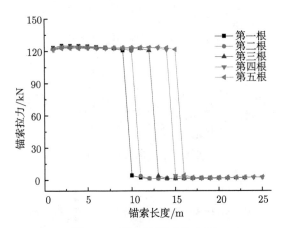

图 8-20　预应力锚索拉力图

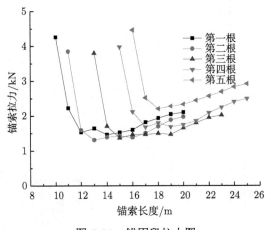

图 8-21　锚固段拉力图

8.5.2　锚杆拉力

1) 不考虑降雨

选取锚杆为研究对象，数值计算得到的拉力图如图 8-22，由图 8-22 可知，锚杆拉力沿坡面向内逐渐增大，最大值位于第一级 (由上往下计数) 边坡最底部锚杆的末端处，最大拉力值为 2.64kN。

图 8-22 不考虑降雨影响的上三级锚杆拉力图

2) 考虑降雨

考虑降雨影响，锚杆的拉力图见图 8-23，由图 8-23 可知，锚杆的拉力两端大，中间小，呈凹型分布，最大值位于坡面处，最大值为 3.86 kN。对比图 8-22 和图 8-23 可知，锚杆拉力受降雨的影响较明显，锚杆限制坡面膨胀土向外膨胀，对边坡的局部稳定性有利。

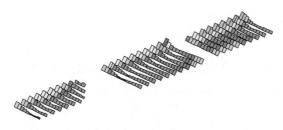

图 8-23 考虑降雨影响的上三级锚杆拉力图

8.5.3 框架梁轴力

1) 不考虑降雨

图 8-24 为不考虑降雨影响的框架梁轴力图，由图 8-24 可知，预应力锚索框架梁的轴力明显大于锚杆框架梁；上两级框架梁轴力为正 (受压)，第三级和第四级框架梁为负 (受拉)。锚索框架梁轴力最大值为 146 kN，锚杆框架梁的最大轴力为 78.7 kN。

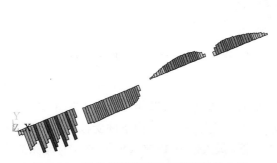

图 8-24 不考虑降雨影响的框架梁轴力图

2) 考虑降雨

图 8-25 为考虑降雨影响框架梁轴力图，对比图 8-24 和图 8-25 可知，降雨条件下，锚索框架梁轴力局部出现正值，锚索框架梁轴力最大值为 147.6 kN，锚杆框架梁的最大轴力为 79.9kN。由此可知，降雨对框架梁轴力影响较小。

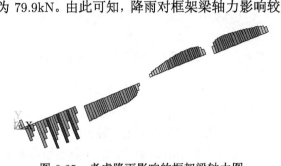

图 8-25　考虑降雨影响的框架梁轴力图

8.5.4　框架梁弯矩

1) 不考虑降雨

图 8-26 为框架梁弯矩图，由图 8-26 可知，锚索框架梁弯矩明显大于锚杆框架梁，锚杆框架梁弯矩主要位于梁下部，表明梁下部受拉，节点处弯矩较大，弯矩最大值为 1.03kN·m；锚索框架梁弯矩分布于梁的两侧，最大值位于第三根锚索节点处，弯矩最大值为 9.17kN·m。图中框架梁弯矩出现锯齿状不连续图形，是由于网格划分时单元长度太大。

图 8-26　不考虑降雨影响的框架梁弯矩图

2) 考虑降雨

图 8-27 为考虑降雨影响的框架梁弯矩图，对比图 8-26 和图 8-27 可知，降雨条件下，锚杆框架梁弯矩局部发生变化，由下部受拉变为上部受拉；其次，锚索框架梁弯矩最大值增大一倍，最大值为 18.59 kN·m，而锚杆框架梁的弯矩最大值也有所增加，其值为 1.24kN·m，由此说明，降雨对框架梁的弯矩值影响较大。

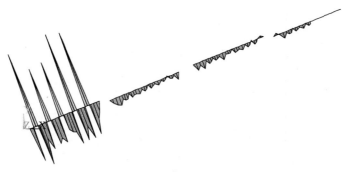

图 8-27　考虑降雨影响的框架梁弯矩图

8.6　桩长对支挡结构内力的影响

由于抗滑桩和锚索是抵抗滑坡推力的主要结构, 因此, 研究桩长和锚索预应力对边坡支挡结构内力的影响。

8.6.1　上级桩长的影响

考虑上级桩长度的影响, 其他参数不变, 变化上级桩长, 由 20~10m, 间隔 1m取值, 以桩长为 20m 时剪力最大值为基数 1, 各桩长剪力最大值与桩长为 20m 时剪力最大值的比值即为剪力最大值比例系数, 数值计算结果如图 8-28 所示。由图8-28 可知如下所述。

(1) 随着桩长度减少, 桩上部剪力最大值先增大后减少, 呈反 "C" 型分布, 当桩长为 15m 时取最大值, 最大值为 1.1 倍基数值, 即为桩长 20m 剪力最大值的1.1 倍; 考虑降雨影响, 桩上部剪力最大值随着桩长的减少而增加, 最大值为基数的 1.25 倍, 由此说明, 降雨对桩上部剪力最大值影响较明显。

(2) 随着桩长减少, 桩下部剪力最大值先减少后增大再减少, 呈 "S" 型分布; 考虑降雨影响, 随着桩长的减少, 桩下部剪力最大值, 先增大而后减少, 呈反 "C"型分布, 当桩长为 16m 时取最大值, 最大值为 1.04 倍基数值, 由此说明, 降雨对桩下部剪力最大值影响较明显。

(3) 由静力平衡原理可知, 桩上部剪力大小等于滑坡推力的水平分量, 由此可知, 当桩长为 15m 时, 桩身承担的滑坡推力值最大。

(4) 桩下部剪力为锚固段锚固力的水平分量, 理应越大越好; 但桩越长, 造价越高, 因此, 在满足边坡安全可靠的前提下, 桩身长度越短越好。由软件计算可知, 当上级桩长为 15m 时, 边坡依然安全可靠, 因此, 建议上级桩长取值为 15m。

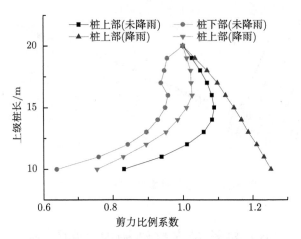

图 8-28　剪力最大值比例系数随桩长变化规律

以桩长为 20m 时弯矩最大值为基数 1，各桩长弯矩最大值与桩长为 20m 时弯矩最大值的比值即为弯矩最大值比例系数，弯矩最大值比例系数随桩长变化的计算结果如图 8-29 所示，由图 8-29 可知：

(1) 下级桩身弯矩最大值随上级桩长变化不明显，由此说明，上级桩长变化对下级桩身弯矩影响较小；上级桩身弯矩最大值随着桩长的减少非线性减少，当桩长 10m 时，桩身弯矩值最小，最小值为基数的 0.32 倍，原因在于剪力和桩长度的减小；

(2) 考虑降雨影响后，上级桩长变化对下级桩身弯矩影响同样较小；随着桩长的减少，上级桩身弯矩先减少而后增大，当桩长 12m 时，桩身弯矩值最小，最小值为基数的 0.43 倍。

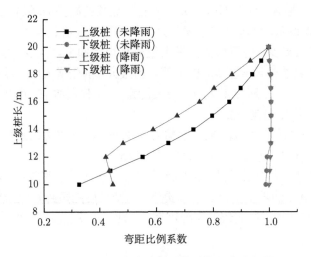

图 8-29　弯矩最大值比例系数随桩长变化规律

表 8-5 为框架梁弯矩和锚杆拉力随桩长变化表,由表 8-5 可知,框架梁的弯矩和锚杆的拉力受上级桩长影响较小。考虑降雨影响后,锚索框架梁弯矩最大值增加了近一倍,而锚杆框架弯矩最大值增加了 20%,锚杆拉力最大值增加了 41%。

表 8-5 框架梁弯矩和锚杆拉力随上级桩长变化表

上级桩长/m	未考虑降雨影响			考虑降雨影响		
	锚索框架梁	锚杆框架梁		锚索框架梁	锚杆框架梁	
	弯矩最大值/(kN·m)	弯矩最大值/(kN·m)	锚杆拉力最大值/kN	弯矩最大值/(kN·m)	弯矩最大值/(kN·m)	锚杆拉力最大值/kN
10	9.18	1	2.62	18.6	1.18	3.73
11	9.18	1	2.62	18.6	1.19	3.74
12	9.18	1.01	2.63	18.6	1.19	3.76
13	9.18	1.01	2.63	18.6	1.2	3.77
14	9.18	1.02	2.64	18.6	1.2	3.78
15	9.18	1.03	2.64	18.6	1.21	3.8
16	9.17	1.03	2.64	18.6	1.22	3.81
17	9.17	1.03	2.64	18.6	1.22	3.82
18	9.17	1.03	2.64	18.6	1.23	3.84
19	9.17	1.03	2.64	18.59	1.23	3.85
20	9.17	1.03	2.64	18.59	1.24	3.86

8.6.2 下级桩长的影响

考虑下级桩长度的影响,其他参数不变,变化下级桩长,由 14~8m,间隔 1m 取值。图 8-30 为剪力最大值比例系数随桩长变化规律图。由图 8-30 可得到如下所述。

(1) 桩下部剪力最大值随着桩长度减少而增加,当桩长为 8m 时剪力最大,最大值为基数的 1.33 倍。考虑降雨的影响,桩下部剪力最大值随着桩长度的变化规律不变,但当桩长为 8m 时,剪力最大值为基数的 1.39 倍;由此说明,降雨使得桩下部剪力最大值有所增大。

(2) 桩上部剪力最大值随着桩长度减少先增大后减少,呈反 "C" 型分布,当桩长为 11m 时取最大值,最大值为基数的 1.1 倍。考虑降雨的影响,桩下部剪力最大值随着桩长度的变化规律不变,当桩长为 11m 时取最大值,最大值为基数的 1.2 倍;降雨使得桩上部剪力最大值有所增大。

(3) 由软件计算可知,当下级桩长为 11m 时,边坡依然安全可靠,因此,建议下级桩长取值为 11m。

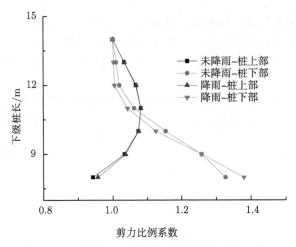

图 8-30　剪力最大值比例系数随桩长变化规律

以下级桩长为 14m 时弯矩最大值为基数 1，弯矩最大值比例系数随桩长变化规律如图 8-31 所示，由图 8-31 可得到如下所述。

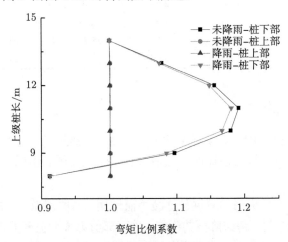

图 8-31　弯矩最大值比例系数随桩长变化规律

(1) 上级桩身弯矩最大值随下级桩长变化不明显，由此说明，下级桩长变化对上级桩身弯矩影响较小；考虑降雨的影响，下级桩长变化对上级桩身弯矩影响亦较小；

(2) 下级桩身弯矩最大值随着桩长的减少先增加后减少，呈反 "C" 型分布，当桩长为 11m 时取最大值，最大值为基数的 1.2 倍，下级桩身弯矩随桩长变化规律与桩上部剪力随桩长变化规律相同。考虑降雨的影响，下级桩身弯矩最大值随着桩长的变化规律不变，当桩长为 11m 时，最大值为基数的 1.18 倍，降雨使得下级桩身弯矩最大值有所增加。

表 8-6 为框架梁弯矩和锚杆拉力随桩长变化表，由表 8-6 可知，框架梁的弯矩和锚杆的拉力基本不变化；考虑降雨影响后，锚索框架梁弯矩最大值增加了近一倍，而锚杆框架弯矩最大值增加了 18%，锚杆拉力最大值增加了 40%。

表 8-6 框架梁弯矩和锚杆拉力随下级桩长变化表

下级桩长/m	未施加膨胀荷载			施加膨胀荷载		
	锚索框架梁	锚杆框架梁		锚索框架梁	锚杆框架梁	
	弯矩最大值 /(kN·m)	弯矩最大值 /(kN·m)	锚杆拉力最 大值/kN	弯矩最大值 /(kN·m)	弯矩最大值 /(kN·m)	锚杆拉力最 大值/kN
8	9.16	1.02	2.63	18.55	1.23	3.73
9	9.16	1.02	2.64	18.55	1.23	3.73
10	9.16	1.02	2.64	18.55	1.23	3.73
11	9.16	1.02	2.64	18.55	1.23	3.73
12	9.16	1.02	2.64	18.55	1.23	3.73
13	9.16	1.03	2.64	18.55	1.23	3.73
14	9.16	1.03	2.64	18.55	1.23	3.73

8.7 锚索预应力对支挡结构内力的影响

研究锚索预应力对支挡结构内力的影响，预应力取值分别为 0kN，100kN，200kN，300kN，400kN，500kN，其他各参数不变，框架梁弯矩最大值、桩身弯矩最大值、桩身剪力最大值的数值软件计算结果分布如图 8-32～图 8-34 所示，由图 8-32 可知，锚索框架梁的弯矩最大值随预应力增加而增加，呈线性分布，原因在于预应

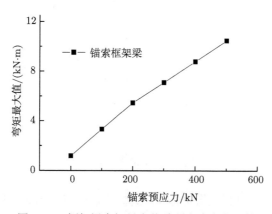

图 8-32 框架梁弯矩最大值随预应力变化规律

力锚索的拉力直接作用在框架梁上。由图 8-33 和图 8-34 可知,上级桩身剪力和弯矩随预应力的增大而变化不明显,由此说明,预应力锚索拉力对上级桩身内力影响非常小,原因在于上级桩与预应力锚索相距较远。由图 8-33 和图 8-34 可知,下级桩身剪力和弯矩最大值随预应力锚索的拉力增加而减少,由此说明,预应力锚索拉力对下级桩身内力影响显著,原因在于,两者相距较近,且两者共同抵抗边坡下滑力。

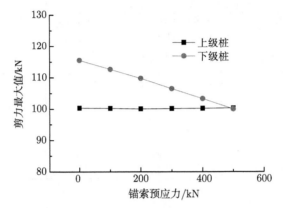

图 8-33　桩身剪力最大值随预应力变化规律

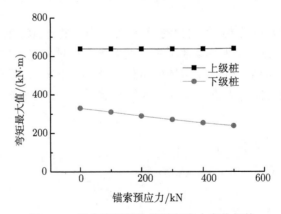

图 8-34　桩身弯矩最大值随预应力变化规律

8.8　抗滑桩优化

由 8.6 节数值分析研究成果可知,上级桩长建议值为 15m,下级桩长建议值为 11m。当上级桩长取 15m,下级桩长取 11m,其他参数不变,利用强度折减法计算边坡的安全系数,由软件计算可知,当边坡的安全系数 $K=1.45$ 时,软件计算不收敛，边坡塑性应变云图如图 8-35 所示，由图 8-35 可知，边坡塑性应变并未贯通，仅局部塑性应变较大导致计算不收敛，由此说明，该边坡安全系数 $K \geqslant 1.45$，边坡稳定可靠。

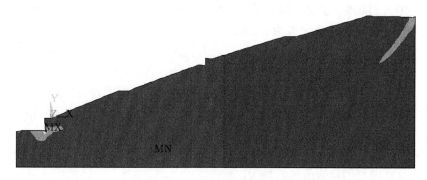

图 8-35　边坡塑性应变云图

由软件计算可知，当上级抗滑桩长为 15m，下级抗滑桩为 11m 时，桩身最大弯矩为 421.5 kN·m，远小于抗滑桩设计值 814.73kN·m，因此，按照现有设计桩身截面尺寸及配筋能够满足要求。因此，上级桩每根可优化 5m，下级桩每根可优化 3m。

8.9　本章小结

采用数值软件对该膨胀土多级边坡及支挡结构进行模拟分析，并研究降雨和桩长对膨胀土边坡及支挡结构内力的影响，并对高边坡多级支挡结构进行优化，研究结论如下。

(1) 根据温度场等效湿度应力场，提出一种膨胀土湿度应力场的近似计算方法，以模拟降雨对膨胀土边坡的影响，相关参数由数值模拟和原位试验共同确定。

(2) 降雨渗入导致膨胀土边坡坡面隆起变形，最大隆起位移约为 1.2mm。

(3) 由水平向主应力分布云图可知，抗滑桩和锚索是稳固边坡的主要结构。

(4) 锚杆框架梁弯矩主要位于梁下部，锚索框架梁弯矩分布于梁的两侧，锚索框架梁弯矩明显大于锚杆框架梁；锚杆拉力沿坡面向内逐渐增大，锚索拉力分为锚固段和预应力段两部分，预应力段的拉力大小基本不变，锚固段的分布规律为两端大中间小。

(5) 对于下级桩而言，悬臂段的剪力沿桩身向下逐渐减小，锚固段的剪力沿桩身向下先增大后减少；下级桩剪力绝对值的最大值位于桩顶下 4m 处，即悬臂端与固定端的交界处，最大值为 149.65kN，考虑降雨影响，剪力最大值为 158.34kN；弯矩沿桩身向下先减小后增大再减少再增大，呈"W"型分布，弯矩最大值位于桩顶下 6m 处，最大值为 237kN·m；考虑降雨影响，最大值为 384.2kN·m。

(6) 对于上级桩而言，悬臂段的剪力沿桩身向下逐渐减小，锚固段的剪力沿桩身向下先增大后减少；上级桩剪力最大值位于桩顶下 6m 处，最大值为 54kN；考虑降雨影响，上级桩剪力最大值为 65kN；弯矩沿桩身向下先增大后减少再增大，弯矩绝对值的最大值位于桩顶下 10m 处，最大值为 285kN·m；考虑降雨影响后，最大值为 287kN·m。

(7) 下级抗滑桩弯矩的模拟值、实测值、理论值沿深度方向规律基本一致，即弯矩值随着桩身向下先增大后减少；说明此数值模拟的正确性和可行性，说明现场实测数据的真实性和可靠性。

(8) 降雨作用对锚索拉力影响不大，对锚杆拉力影响较明显，对框架梁轴力影响较小，对框架梁的弯矩值影响较大。

(9) 随着上级抗滑桩长度减少，上级桩上部剪力最大值先增大后减少，呈反"C"型分布；上级桩下部剪力最大值先减少后增大再减少，呈"S"型分布；考虑降雨影响，随着桩长的减少，桩下部最大剪力值，先增大而后减少，呈反"C"型分布；降雨对上级桩上部和下部剪力最大值影响较明显。

(10) 上级桩身弯矩最大值随着上级桩长的减少非线性减少，考虑降雨影响后，上级桩身弯矩随着上级桩长的减少先减少而后增大。

(11) 随着下级抗滑桩长度减少，桩下部剪力最大值先减少而增加；桩上部剪力最大值先增大后减少，呈反"C"型分布；降雨使得下级桩下部和上部剪力最大值有所增大。

(12) 下级桩身弯矩最大值随着桩长的减少先增加后减少，呈反"C"型分布，降雨使得下级桩身弯矩最大值有所增加。

(13) 预应力锚索拉力对上级桩身内力影响较小，对下级桩身内力影响显著，下级桩身剪力和弯矩最大值随着预应力锚索的拉力增加而减少。

(14) 基于有限元强度折减法，当上、下级抗滑桩长分别优化 5m、3m 后，边坡安全系数 $K \geqslant 1.45$，优化后边坡依然安全可靠，优化后可节约抗滑桩造价 42 万元。

第9章 膨胀土路堑边坡柔性生态护坡
设计方法研究

刚性支挡结构在处理膨胀土边坡问题上效果不理想,采用柔性支挡结构治理膨胀土边坡更加合理。南昆铁路有多处加筋土挡墙处治膨胀土路堤边坡的工点,至今未发生破坏,治理效果极好。公路上如南 (宁) 友 (谊关) 公路、百 (色) 隆 (林) 高速、北京市西六环等采用柔性支护治理膨胀土滑坡、加固膨胀土边坡也取得了很好的效果。加筋土边坡与加筋土挡墙在加筋机理上是相通的,一般是将坡脚小于 70°的叫加筋土边坡;坡脚大于 70° 的叫加筋土挡墙。但加筋土边坡与加筋土挡墙设计方法不完全一样。按 "坡" 设计的加筋土结构物,规范推荐采用土体滑动的极限平衡法,一般采用各种条分法进行稳定分析;而对于 "墙" 则主要采用滑动契体法的极限平衡法进行分析,一般采用库仑或朗肯土压力理论方法。与加筋土挡墙相比,加筋土边坡的土料选择比较宽松,常使用当地土料,但也宜尽量使用粗粒土料,至少不能使用高塑性黏土、含有机物的土作为加筋土中填方土料。膨胀土路堑边坡的柔性生态护坡和公路上所采用的柔性支护相似,都属于一种加筋土边坡,但与加筋土边坡作用机理不同。柔性生态护坡和柔性支护作为路堑边坡无需考虑交通荷载,而填料多采用边坡开挖产生的当地膨胀土,因此,筋材受力无需考虑交通荷载影响,但需考虑膨胀土膨胀力的作用;柔性生态护坡和柔性支护不仅需要增强膨胀土的 "整体性",还需要保护膨胀土边坡隔绝大气剧烈影响,在需要采用其他填料代替当地膨胀土填料时,也不宜采用一般加筋土边坡常用的砂土。

9.1 一般加筋土坡设计方法

9.1.1 验算无筋时土坡的稳定性

验算土坡无筋时的稳定性,以决定是否需要加筋,设计加筋的必要性,是否会发生连带地基的整体深层滑动,加筋所涉及的范围等;

利用常规稳定分析方法计算对于潜在滑动面的稳定性安全系数;

针对滑弧滑动面、楔体滑动,搜索滑动面通过坡脚、坡面和地基深部的可能性。

确定需要加筋的安全系数临界区的范围。

检查确定潜在的破坏面范围：不加筋的安全系数 $F_{SU} \leqslant F_{SR}$(加筋土坡所要求的安全系数)。

在边坡的断面图上画出滑动面安全系数正好等于涉及要求的安全系数 F_{SR} 的所有滑动面的包线，就围出了临界区，如图 9-1 所示。

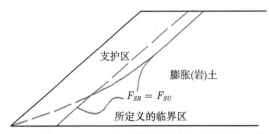

图 9-1　被所有 $F_{SU} = F_{SR}$ 转动与滑移滑动面所圈定的临界区

如果临界区延伸到坡脚以下，表明将会发生深层的滑动，后者涉及坡脚承载力问题。这时需要进行地基的分析与地基处理。

9.1.2　加筋土边坡内部稳定性验算

1. 选择使用的筋材的功能

土工合成材料筋材的容许强度，

$$T_{al} = \frac{极限强度}{折减系数 R_f(蠕变、施工损伤与耐久性)}$$

对于满足推荐级配的粗粒土填料，$R_f = 7$。

拉拔试验确定的界面特性安全系数：

$$对于粗粒土：F_s = 1.5$$

$$对于黏性土：F_s \geqslant 2.0$$

2. 为保证边坡稳定的加筋设计

(1) 计算为达到需要的安全系数 F_{SR} 每延米所需要的筋材总拉力 T_s 对于在临界区内的每一个潜在滑动面，利用以下的公式计算：

$$T_s = (F_{SR} - F_{SU})\frac{M_D}{D} \tag{9-1}$$

式中，M_D 是关于一个圆弧滑动面的圆心，滑动土体的滑动力矩；D 是 T_s 关于圆心的力臂，对于连续的片状筋材 D 可以取 R，对于非连续的条带状筋材，假设筋材的合力作用于坡底以上 $H/3$ 处。

值得注意的是，在不加筋土坡临界区中的搜索中，每一个滑动面都对应于一个 T_s，具有最小安全系数的滑动面，不一定对应于 $T_{s\max}$，而筋材的设计需要寻找最大的筋材拉力 $T_{s\max}$。

图 9-2 是计算机生成的快速检查曲线，这个图是基于两部分楔体滑动破坏而计算取得的，它包含有如下假定条件：①筋材是可以拉伸的；②填土为均为的无黏性土；③坡内无孔隙水压力；④坚硬、水平的地基；⑤无地震力。

$$\phi_f = \arctan\left(\frac{\tan\phi}{F_{SR}}\right) \tag{9-2}$$

$$T_{s\,\max} = 0.5K\gamma(H')^2 \tag{9-3}$$

$$H' = H + \frac{q}{\gamma} \tag{9-4}$$

式中，ϕ，γ 分别为加筋区 (支护区) 填土的内摩擦角 (°) 和重度 (kN/m³)；q 为坡上的均布荷载 (kN/m²)；H 为坡高 (m)。

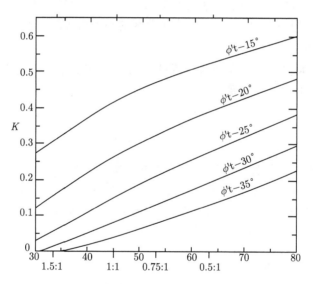

图 9-2　确定加筋系数 K 的计算曲线 [260]

(2) 如果坡高 $H \leqslant 6\text{m}$，则需要的总拉力 $T_{s\,\max}$ 均匀分配给各层筋材，筋材可以等间距布置；如果 $H > 6\text{m}$，则可沿坡高分为等高度的 2~3 个加筋区，每个加筋区内的筋材拉力均匀分配，其总和为 $T_{s\,\max}$。每个区总和要求拉力如下：

对于两个区，顶部与底部取的总拉力 T_{T} 与 T_{B} 分别为

$$T_{\text{T}} = 1/4T_{s\,\max}$$

$$T_{\text{B}} = 3/4T_{s\,\max}$$

对于三个区，顶部、中部与底部的总拉力 T_{T}、T_{M} 与 T_{B} 分别为

$$T_{\mathrm{T}} = 1/6T_{s\,\mathrm{max}}$$

$$T_{\mathrm{M}} = 1/3T_{s\,\mathrm{max}}$$

$$T_{\mathrm{B}} = 1/2T_{s\,\mathrm{max}}$$

(3) 确定竖向筋材间距 S_v，或各层筋中的最大拉力 T_{max}。

对于每个加筋分区，设计的最大筋拉力 T_{max}，决定于各层筋的竖向间距 S_v，或者说，如果容许筋材强度已知，则最小的竖向间距及加筋层数由下式决定：

$$T_{\mathrm{max}} = \frac{T_{\mathrm{zone}}S_v}{H_{\mathrm{zone}}} \leqslant T_{al}R_c \tag{9-5}$$

式中，R_c 表示覆盖系数，对于连续片状筋材，$R_c = 1.0$，对于条带状筋材，等于筋材的宽度除以水平间距；$T_{\mathrm{zone}}, H_{\mathrm{zone}}$ 表示分区的高度与各区的加筋力。

(4) 确定筋材的长度

每层主筋的埋置长度取决于最临界的滑动面，一般也是 T_{max} 所用的滑动面，它必须满足以下的拉拔阻力要求：

$$L_e = \frac{T_{\mathrm{max}}F_S}{F^*\alpha\sigma_v'R_cC} \tag{9-6}$$

式中，L_e 表示滑动面后被动区内筋材的埋置长度；C 表示筋材的有效周长，对于条带、格栅、片状筋材，$C=2$；F^* 表示抗拔阻力系数；α 表示尺度影响校正系数，基于材料，对金属 $\alpha=1.0$，对土工合成材料 $\alpha=0.6\sim1.0$；σ_v' 表示筋土界面上竖直有效压力。

9.1.3　外部稳定性计算

加筋边坡外部稳定性计算分别考虑以下三种破坏形式 (图 9-3)：

第一，滑面为通过坡脚的圆弧滑动；第二，柔性护坡在土压力和膨胀力共同作用下平移；第三，地基承载力不足的破坏。

(1) 抗滑移稳定性验算：这时可以将加筋区当成一个刚性挡土墙进行墙底滑动验算；

(2) 连同地基的深层滑动稳定验算：地基下可能存在深层滑动时，应作加筋体与地基整体滑动稳定验算，加筋土边坡整体稳定性系数不应小于 1.3。计算可采用简化 Bishop 法、Janbu 法、Spencer 法、Morgenstern-Price 法等。

(3) 地基沉降验算。可采用经典的沉降计算方法验算。

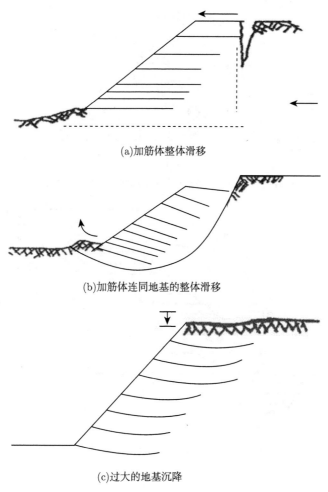

(a)加筋体整体滑移

(b)加筋体连同地基的整体滑移

(c)过大的地基沉降

图 9-3 加筋土坡的破坏形式 [260]

9.2 柔性支护在公路的运用

基于经济效益以及膨胀土特性，在公路工程中已有多处应用柔性支护治理膨胀土边坡。

例 1：在南 (宁) 友 (谊关) 公路 C10 合同段的 K133+830~K134+120 右侧 (如图 9-4 所示)、AK2+520~AK2+ 800 右侧两个边坡开展柔性支护方案的工程试验。

例 2：百 (色) 隆 (林) 高速 13 标四塘互通区的匝道 DK0+580~DK0+740 路堑边坡柔性支护处治，如图 9-5 所示。

例 3：北京市西六环 K9+600~K10+800 段柔性支护处治，如图 9-6 所示。

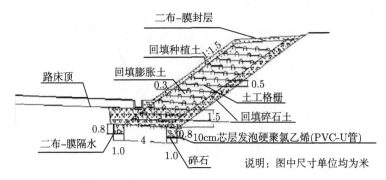

图 9-4　K133+830~K134+120 膨胀土路堑边坡柔性支护处治方案示意图 (单位:m)

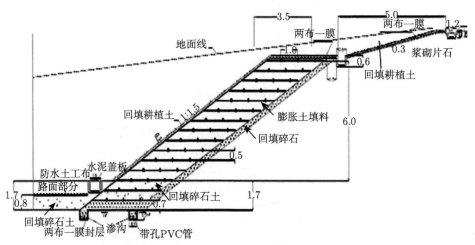

图 9-5　DK0+580~DK0+740 膨胀土路堑边坡柔性支护处治方案示意图 (单位:m)

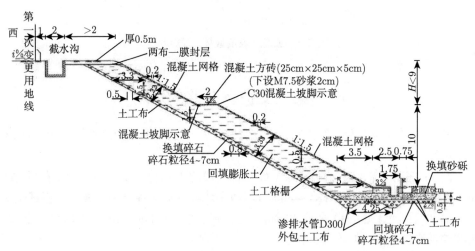

图 9-6　西六环 K10+500~K10+650 膨胀土深路堑西侧 ($H \geqslant 10\text{m}$) 柔性支护方案 (单位:m)

例 4：叶 (县) 舞 (钢) 高速公路 K25+256~K25+720 段松散堆积体开挖边坡采用平均高度 6m 的柔性支护进行处治，如图 9-7 所示。

例 5：海 (口) 屯 (昌) 高速公路 K34~K38 的 11 个膨胀土路堑边坡进行柔性支护，如图 9-8 和图 9-9 所示。

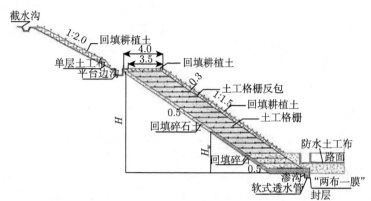

图 9-7 叶舞高速公路膨胀土松散堆积体边坡柔性支护方案示意图 (单位：m)

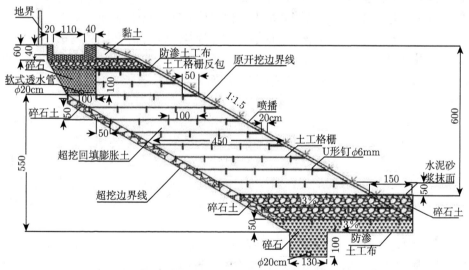

图 9-8 海屯高速公路膨胀土路堑边坡柔性支护方案示意图 (单位：m)

图 9-9 海南膨胀土路堑边坡柔性支护一年后效果

9.2.1　公路柔性支护的结构和设计原则

公路上柔性支护结构综合防护体系, 即柔性支护主要由以下三部分组成[261]:

1) 柔性支护结构体

将路堑边坡超挖 (超挖深度由干湿循环显著影响深度区和边坡坡率决定), 然后用膨胀土分层回填压实, 并分层铺设土工格栅将膨胀土反包, 形成具有良好整体性的柔性支护结构。

2) 防排水系统

防排水系统包括坡顶截水沟及水渗沟、墙背渗水层、墙底排水垫层、墙趾外和墙踵处排水渗沟。

3) 坡面防护系统

坡面防护系统包括坡顶土工布防水封闭层及坡面植被防护层。

在综合防护体系中, 支挡结构体也起到防护和排水的作用, 防排水体系兼有支挡和防护的作用, 同时防排水体系为一连续的系统, 与支挡防护结构形成一个密切联系、共同作用的整体。

基于综合防护的思想, 公路柔性支护构造设计提出三个原则。

(1) 一体化原则。由于机械侵蚀破坏、干湿循环破坏、水压力致滑破坏和风化破坏等水损害作用方式之间具有相互联系、相互影响的关系, 因此, 只有设计一个集支挡、防护和排水结构为一体的体系才能有效地防治膨胀土路堑边坡的水损害作用。

(2) 阻隔原则。边坡水损害严重的范围主要在大气剧烈影响层范围内, 因此, 设计综合防护体系的一个主要目的是在边坡浅表层形成一个阻隔大气剧烈影响的人工掩体, 以保证综合防护体系下部分边坡膨胀土体湿度场不随气候干湿循环作用发生大的变化, 从而达到有效处治边坡水损害破坏的目的。为此, 要求综合防护体系中支护结构体的竖向厚度不小于膨胀土干湿循环显著影响深度 (或大气急剧影响深度)。

(3) 保湿防渗原则。干湿循环活动是诱发膨胀土水损害破坏的主要因素, 因此, 采取保湿防渗措施, 尽量避免支护体系自身和路堑土体出现过大的湿度变化亦为综合防护体系设计必须遵循的基本原则。

柔性支护在公路应用中工作状况依然良好, 经受住了时间的考验。

9.2.2　公路上柔性支护的加筋设计和内部稳定性验算

1) 加筋层高设计

公路柔性支护设计方法提出由加筋土体膨胀与格栅变形的相容关系可得

$$T/E_T = \alpha(P', w_0)$$

$$\frac{Ph}{E_T} = \alpha(P', w_0, \rho_d) \tag{9-7}$$

式中：α 表示膨胀土的有荷膨胀率；P 表示膨胀力 (kPa)；ω_0 表示膨胀土初始含水率 (%)；ρ_d 表示膨胀土干密度 (g/cm³)；E_T 表示格栅弹性模量 (kN/m)；T 表示格栅受到的张拉力 (kN/m)；h 表示格栅间距 (m)；P' 表示约束荷载 (kPa)。

2) 内部稳定性验算

公路方法认为滑体更易在抗剪强度较低的大气影响深度内滑出，而不是恰好沿强度分界面滑动。因此将加筋后可能出现的滑动形式分为两种 (如图 9-10 所示)：一种是沿着土工格栅与土的界面滑出，另一种是在填筑土内部滑出。

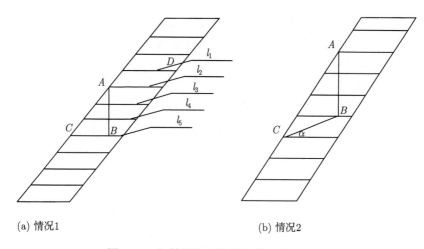

(a) 情况1　　　　　　　　　　　　(b) 情况2

图 9-10　加筋柔性支护结构的可能滑出面

(1) 第一种滑面形式

雨水进入裂缝 AB 后，裂缝 AB 的土体均达到饱和，所以滑块 $\triangle ABC$ 下滑力的计算模式如图 9-11 所示。

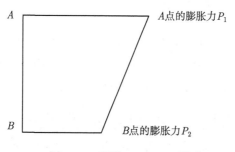

图 9-11　滑块 $\triangle ABC$ 下滑力

作用于 AB 面的下滑力可以按如下公式计算：

$$Q = \frac{1}{2}(P_1 + P_2) \times l_{AB} \tag{9-8}$$

式中，l_{AB} 表示滑体后壁 AB 的长度；P_1 表示与 A 点初始含水率有关的膨胀压力；P_2 表示与 B 点初始含水率有关的膨胀压力。

滑体的抗滑力由 BC 面上的摩擦力以及穿过 AB 面筋材的锚固力组成。

BC 面的摩擦力为

$$R = W_{\triangle ABC}\tan\phi + l_{bc} \cdot c \tag{9-9}$$

式中，R 表示 BC 面上的摩擦力；$W_{\triangle ABC}$ 表示 $\triangle ABC$ 的重力；ϕ 表示土与筋材界面的内摩擦角，由拉拔试验确定；c 表示土与筋材界面的黏聚力，由拉拔试验确定；l_{bc} 表示筋材的长度。

第 i 根筋的锚固力为

$$S_i = W_i \tan\phi + l_i \cdot c \tag{9-10}$$

式中，S_i 表示穿过 AB 面的第 i 条筋材的锚固力；l_i 表示穿过 AB 面的第 i 条筋的锚固段的长度；W_i 表示锚固段 l_i 垂直上方土体的重力。

所以抗滑力为

$$F = R + \sum S_i = W_{\triangle ABC}\tan\phi + l_{bc} \cdot c + \sum W_i \tan\phi + l_i \cdot c \tag{9-11}$$

安全系数 F_s：

$$F_s = \frac{F}{Q} = \frac{W_{\triangle ABC}\tan\phi + l_{bc} \cdot c + \sum W_i \tan\phi + l_i \cdot c}{\frac{1}{2}(P_1 + P_2) \times l_{AB}} \tag{9-12}$$

(2) 第二种滑面形式

考虑到第一种形式最下一层格栅可能会拔出去，局部破坏形式可能如图 9-10(b) 所示。

第二种形式不同于第一种形式的地方表现在滑体沿 BC 斜面滑出，因此，必须还考虑滑体因重力引起的下滑力，以及由土体在 BC 面上引起的摩擦力。

采用条分法计算滑面 BC 上的下滑力，则安全系数 F_s 的计算公式变为

$$F_s = \frac{F}{Q} = \frac{(\sum W_j \cos\alpha \tan\phi_j) + l_j c_j + (\sum W_i \tan\phi + l_i \cdot c)}{\frac{1}{2}(P_1 + P)_2 \cdot l_{AB} \times 1 + W_{\triangle ABC} \cdot \sin\alpha} \tag{9-13}$$

式中, $(\sum W_j \cos\alpha \tan\phi_j)$ 表示滑体在滑面 BC 上提供的摩擦力; $W_{\triangle ABC} \times \sin\alpha$ 表示滑体在滑面 BC 的下滑力分量; W_j 表示第 j 土条的重力; α 表示滑面 BC 与水平面的夹角; c_j 表示土的黏聚力; ϕ_j 表示土的内摩擦角。

9.2.3 公路柔性支护的外部稳定性验算

柔性支护边坡有四种可能的破坏形式: 第一, 滑面为通过坡脚的圆弧滑动; 第二, 滑面为坡顶存在一垂直向下的裂隙; 第三, 坡顶有一垂直裂缝且滑面位于土岩交界面; 第四, 原边坡滑坍清方回填后, 再修筑柔性支护结构的回填体与原坡面间的折线为滑面。为方便计算, 分析时均不考虑柔性支护结构内部的加筋作用。

首先假设支护结构自身稳定, 这时, 对整个边坡体进行稳定性分析, 即整体性稳定性验算, 也就是对支护结构和开挖边坡构成的整体进行稳定性计算。

考虑到边坡体土样是膨胀土, 为典型的高细粒含量黏性土, 故采用瑞典条分法分析其整体稳定性。瑞典条分法是将滑动土体竖直分成若干个土条, 把土条看成是刚体, 分别求出作用于各个土条上的力对圆心的滑动力矩和抗滑力矩, 然后按式 (9-14) 求得土坡稳定的安全系数。

$$F_s = \frac{抗滑力矩}{滑动力矩} = \frac{M_r}{M_s} \qquad (9\text{-}14)$$

式中, M_r 表示抗滑力矩; M_s 表示滑动力矩; F_s 表示滑动圆弧的安全系数。

瑞典条分法假定滑动面是一个圆弧, 并假定条块间的作用力对土坡的整体稳定性影响不大, 故而忽略不计。或者说, 假定条块两侧的作用力大小相等, 方向相反且作用于同一直线上。

1) 第一、二种破坏形式

第 i 个条块的重力

$$W_i = \gamma_i b_i h_i \qquad (9\text{-}15)$$

式中, W_i 表示第 i 个分条土体重力; γ_i 表示第 i 个分条土体的重度; b_i 表示第 i 个分条的宽度; h_i 表示第 i 个分条的高度。

取图 9-12 中的第 i 条块进行分析, 由于不考虑条块间的作用力, 根据径向力的静力平衡条件, 有

$$N_i = W_i \cos\alpha_i - u_i l_i \qquad (9\text{-}16)$$

式中, N_i 表示第 i 个分条底面法向压力; α_i 表示第 i 个分条重力方向与法向方向的夹角; u_i 表示第 i 块土条处的孔隙水压力 (在图层中有孔隙水存在时才计算); l_i 表示分条的弧长。

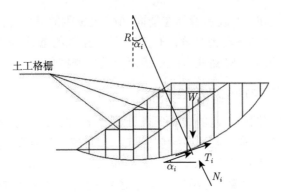

图 9-12　第一种情况瑞典条分法计算模式图

根据滑动弧面上的极限平衡条件, 有

$$T_i = \tau_{fi} l_i = c_i' l_i + N_i \tan \phi_i' \tag{9-17}$$

式中, τ_{fi} 表示第 i 个分条滑动面上抗剪强度; l_i 表示第 i 个分条滑动面上的弧长; c_i' 表示土的有效黏聚力; ϕ_i' 表示土的有效内摩擦角。

在条块的三个作用力中, 即重力、滑动面上的法向力和切向力中, 法向力 N 通过圆心不产生力矩。重力 W 产生滑动力力矩, 其计算公式为

$$M_s = \sum W_i \sin \alpha_i R + D P_x \tag{9-18}$$

式中, R 表示圆弧半径; P_x 表示静水压力 (kPa), 当顶部有裂缝时考虑; D 表示 P_x 至圆心的距离 (m), 如图 9-13 所示。

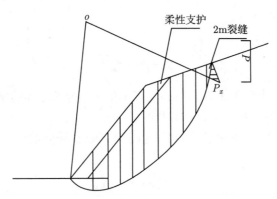

图 9-13　第二种情况瑞典条分法计算模式图

切向力产生抗滑力矩, 其计算公式为

$$M_R = \sum T_i R = R \sum (c_i' l_i + u_i l_i \tan \phi_i') \tag{9-19}$$

将公式 (9-16)、公式 (9-18) 和公式 (9-19) 代入公式 (9-14) 中，可以得到整体稳定性安全系数 F_s：

$$F_s = \frac{M_R}{M_s} = \frac{\sum c_i' l_i + W_i \cos \alpha_i \tan \phi_i' - N_i \tan \phi_i'}{\sum W_i \sin \alpha + \dfrac{D}{R} P_x} \tag{9-20}$$

2) 第三种破坏形式

在坡顶有一 2m 深的裂缝，滑动面通过中强风化膨胀土层中的层理结构面以及柔性支护结构，下部滑动面为一平面。同样采用条分法，假设滑动面为如图 9-14 所示的情形。

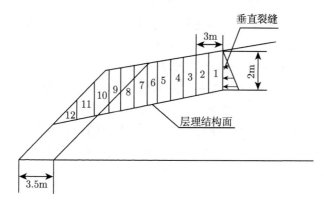

图 9-14　第三种情况的计算模式图

其安全系数计算公式如下：

$$F_s = \frac{\sum W_i \cos \alpha_i \sin \phi_i - l_i c_i}{\sum W_i \sin \alpha_i + \dfrac{1}{2} \gamma_w h_w^2} \tag{9-21}$$

式中，α_i 表示第 i 个分条重力方向与法向方向的夹角；W_i 表示第 i 个分条土体重力；c_i 表示土的黏聚力；ϕ_i 表示土的内摩擦角；γ_w 表示水的重度；h_w 表示裂缝中充水高度。

3) 第四种破坏形式

膨胀土路堑边坡发生折线形滑坍，对其进行柔性支护工程处治时，需要首先对滑坍区域进行清方，然后在柔性支护修筑过程中，对清方区域碾压回填。这样在回填土与原状土之间存在一个界面，有必要对其稳定性进行分析 (如图 9-15 所示)。

采用条分法，按下面的公式进行计算：

$$F_s = \frac{\sum W_i \cos \alpha_i \sin \phi_i - l_i c_i}{\sum W_i \sin \alpha_i} \tag{9-22}$$

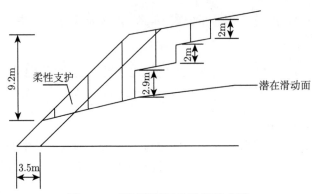

图 9-15 第四种情况的计算模式图

式中，α_i 表示第 i 个分条重力方向与法向方向的夹角；W_i 表示第 i 个分条土体重力；c_i 表示土的黏聚力；ϕ_i 表示土的内摩擦角。

计算参数按最不利条件，选取土的饱和强度。

公路方法在边坡破坏模型上有一定的不足：首先，第二种情况坡顶裂缝是基于无防护膨胀土边坡失水收缩产生应力场的数值模拟结果，而当边坡设置柔性支护时，柔性加筋体和坡顶土工布都能有效隔绝干湿循环的影响，阻止裂缝的开展；其次，认为柔性加筋体自身变形能将膨胀土膨胀力全部吸收，从而在浅表层滑动计算时不考虑膨胀力的影响，这种假定过于冒险。

9.3 膨胀土路堑边坡柔性生态护坡研究

9.3.1 柔性生态护坡的结构和作用机理

云桂铁路课题组将柔性支护结构综合防护体系加以改进，提出适用于铁路工程的柔性生态护坡，如图 9-16 和图 9-17 所示，柔性生态护坡结构综合防护体系主要由以下三个部分组成。

柔性加筋体。该结构的工作原理是膨胀土 (岩) 路堑开挖后，采用非膨胀土 (或弱~中膨胀土) 分层填筑、分层压实、分层铺设土工格栅，最终形成具有一定厚度的加筋土体，依靠筋材与填土之间的摩擦和咬合作用，土工格栅与坡面生态袋之间的锚固作用，以及加筋土体自重，共同构成一个完整的柔性加筋护坡体。整个结构具有如下特点：①柔性加筋体具有足够的厚度，结合生态护坡面，可有效避免受降雨和大气温度变化引起膨胀土 (岩) 含水量的急剧变化，进而最大限度限制了膨胀土 (岩) 胀缩变形；② 柔性加筋体具有消能减胀的特点，可以吸收一定量的被防护的膨胀土 (岩) 边坡的胀缩变形；③柔性加筋体与钢筋混凝土基础底板结合构成的整体，具有足够的稳定性，覆盖于路堑坡面上，具有稳定膨胀土 (岩) 路堑坡脚与坡面的作用，此外，铺设于坡顶和坡体的三维生态袋，具有良好的抗暴雨冲蚀能力，消除了开挖坡面初期 (在植被未形成之前)，因暴雨导致的冲蚀和浅层溜坍病害，进而避免了由此引起的大面积深层滑动病害的可能。

排水系统。整个系统由堑顶天沟、坡面排水槽、平台截水沟、柔护加筋护坡体后的排水反滤层以及泄水孔组成，各自发挥其作用，共同排除堑顶上部山体汇水、坡面雨水和坡体地下水，形成一个完善的三维立体排水系统。

防水系统。坡体顶部的复合土工膜有效地阻止地表水向坡体的渗透作用，钢筋混凝土基础底板与钢筋混凝土侧沟整体浇注，既有效地阻止山体中地下水向护坡体基础与平台下部地基的渗透，同时也避免了平台上地表水下渗对护坡地基的影响，有效地防止基础与平台隆起和下沉病害发生。

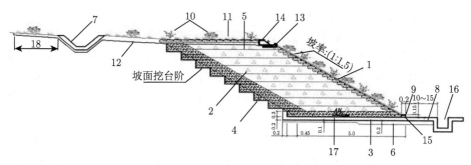

图 9-16 柔性生态护坡构造图 (单位：m)

1. 生态护坡面；2. 填土或回填土；3. 钢筋混凝土底板 (基础)；4. 0.5m 厚袋装砂砾石反滤层；5. 土工格栅；6. 三七灰土；7. 天沟；8. 侧沟平台；9. 固脚排水缘；10. 灌木；11. 花草；12. 复合土工膜；13. 坡顶挡水缘；14. 片石垛；15. 泄水孔；16. 侧沟；17. 底部 0.3m 厚碎石排水层；18. 盲沟

(a) 施工完成时   (b) 植被长成后效果

图 9-17 柔性生态减胀护效果 (后附彩图)

与公路柔性支护相比，柔性生态护坡在结构上主要有以下三点改进。

(1) 采用钢筋混凝土基础底板与钢筋混凝土侧沟整体浇注代替碎石排水垫层。

改进之后，加强了柔性加筋体的整体性和稳定性，减小了开挖量，而且钢筋混凝土底板施工更为便捷且更能有效地控制工程质量。

　　(2) 采用三维生态袋代替回填耕植土或铺设混凝土网格。改进后，三维生态袋固定在土工格栅上，相当于加筋土挡墙面板，提高了施工效率；加强在植被未形成之前护坡面抗暴雨冲刷能力，减少工程对旱季施工的依赖性；更有效地约束回填土。

　　(3) 将墙背渗水层连通盲沟改为墙背渗水层连通侧沟。由于盲沟埋于地下，维修保养都很困难，工程上一般倾向于明沟排水。

　　针对膨胀土的胀缩性、裂隙性和超固结性的特性和潜伏断面滑坡型、弧面渐进式破坏型、浅表层崩塌型边坡破坏形式。

　　柔性生态护坡的作用机理：

　　(1) 消能减胀。筋材包裹的填土能够承受一定的侧向变形，以释放开挖和吸水膨胀过程中所产生的膨胀势能，柔性加筋体能够长期稳定地运作。

　　(2) 保湿防渗。柔性生态护坡采用加筋填土封闭。填土设计了足够的厚度以防止大气、降雨对边坡膨胀土的影响，起到防渗作用，防治边坡浅表层崩塌；坡顶采用复合土工膜保护，对膨胀土边坡起保湿作用，避免坡顶裂隙持续发育，防治由贯通裂隙引起的潜伏断面滑坡。

　　(3) 除裂固脚。边坡超挖将自然边坡坡肩处较为危险的原生裂缝挖除，避免了由原生裂隙引起的潜伏断面滑坡；柔性生态护坡的填土有足够的自重，且筋材与填土间摩擦力和咬合力，尤其筋材层间的连接、反包可提供足够的抗剪强度，因此柔性生态护坡如同一个整体性的重力式挡墙，能够有效地抑制边坡牵引破坏，同时也能防止应力释放对于边坡稳定性的影响。

9.3.2　柔性生态护坡结构设计步骤

　　柔性生态护坡属于特殊的加筋护坡。加筋护坡的设计一般包括两个方面的内容，即设计与计算。

　　设计部分包括：在工程要求的几何条件与使用下，基于加筋护坡的稳定性，设计筋材的强度、数量、间距、长度以及坡面的形式。设计方法及步骤如图 9-18所示。

　　验算部分包括：加筋护坡的整体稳定性验算、局部稳定性验算。对于普通的简单均质边坡，采用常见的稳定性分析方法，如极限平衡或者数值分析方法，均能较好地满足设计需求。膨胀土边坡失稳通常基于膨胀土的特殊性。本文认为膨胀土边坡稳定性分析时，应考虑以下几个因素。

　　1) 裂隙对边坡稳定性的影响

　　根据殷宗泽等 [135] 的研究，膨胀土表面的裂缝是导致膨胀土边坡浅层滑动的

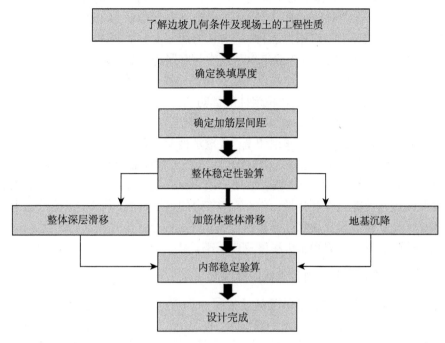

图 9-18 设计方法流程图

重要原因。裂缝对边坡稳定性的影响主要表现在以下几方面：裂缝显著降低了土的强度指标；裂缝开展深度将本来均一的坡体划分成了强度显著不同的上下土层；裂缝使雨水快速渗入、积聚，并形成不小的渗透力。这些因素综合在一起就导致膨胀土边坡易于失稳。

2) 膨胀力对边坡稳定性的影响

膨胀土对道路或者轻型建筑物的主要破坏来自吸水增湿后的膨胀力。根据物理概念，膨胀力是指土体含水率增加但体积不发生变化时产生的力。影响膨胀力的因素有很多，如土体的细颗粒含量，内部结构，含水率，干密度以及应力历史等。

膨胀土遇水发生膨胀，在土体内部产生一定的膨胀势，当边坡表面无约束而容许土体自由膨胀时，膨胀力完全释放并消失；当土体变形受到部分限制时，膨胀力部分释放，而保留一部分与限制压力相抗衡；当土体被完全约束而不发生任何膨胀变形时，其土体内部的力才是通常意义的膨胀力。

膨胀土的膨胀力对建筑在其上方的土木建筑有较大的影响，但是对膨胀土边坡的破坏是否有驱动作用，学者们的意见不太一致。有学者认为在条分法中，膨胀力并不像重力一般由外部施加，当边坡含水量增加时，滑动体下方的土体会产生对上部的膨胀势，但膨胀力是地基土反力的一个部分，而不是作用于滑动体上的额外的反力，是不会影响滑动体上力平衡的。也有学者认为膨胀土存在作用力与反作用力关系，当边坡存在位移约束时，滑动面的两侧存在一组反力。对于土条，其地基反力应为原来地基反力与膨胀力之和。笔者认为边坡支护对边坡有约束，其中刚性支护为完全约束，地基反力应为原来地基反力与膨胀力之和；柔性支护为部分限制土体变形。地基反力应为原来地基反力与折减的膨胀力之和。

3) 边坡湿度变化范围对边坡稳定性的影响

黏性土坡一般都是处于非饱和状态，但目前工程上都是采用的饱和土强度指标进行计算。膨胀土也是一种非饱和土，其透水性差，膨胀性越强的膨胀土，渗透系数越小。膨胀土水稳性差已经成为共识，因此在治理膨胀土边坡时都加强了防排水措施。若保守地考虑膨胀土边坡全部处于饱和状态，则忽视了防排水措施的作用以及膨胀土透水性差的有利特性，增大了膨胀力的作用范围，极大地增加了工程成本。笔者建议根据膨胀土裂隙区易渗水，非裂隙区渗透性差的特点，结合边坡防排水措施的作用，综合考虑膨胀土湿度变化范围。

9.3.3　考虑隔绝降雨影响时护坡体所需厚度

可能的水分浸入膨胀土边坡的区域如图 9-19 所示，A 区为坡面膨胀土湿度变化显著的区域，该区膨胀土层水平厚度为 $H/\sin\alpha$，其中，H 为大气影响深度，α 为坡角；B 区为坡顶膨胀土湿度变化显著的区域，该区膨胀土层厚度为 H；C 区为受地下水位影响的膨胀土湿度变化区域。

防止浅层滑动是边坡工程的要点，也就是必须防止图 9-19 中 A 区进水。柔性护坡的护坡体具有足够厚度使得降雨无法渗透护坡体，能有效隔绝大气降雨对膨胀土边坡的影响。并且新开挖边坡将坡面部分含有裂隙的土层挖除，进一步防止了雨水对 A 区的入渗。因此可以假定 A 区膨胀土处于非饱和状态。

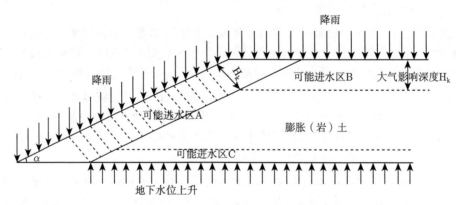

图 9-19　膨胀土边坡水分浸入示意图

镇江南徐大道黄山段膨胀土边坡用土工膜覆盖加固的试验 [262] 表明，土工膜能有效减小坡体膨胀土湿度变化,防止蒸发,避免开裂。但土工膜的搭接处也是可能产生渗水通道的薄弱环节,而且图 9-19 中 B 区为大气影响深度范围内的膨胀土层,因此裂隙发育,当降雨量较大时 B 区有可能浸水。笔者建议根据膨胀土地区降水情况考虑 B 区膨胀土强度:对于降水量大,历史上有短期急剧降雨的区域,例如,广西南宁等地,可以考虑最不利情况,即 B 区膨胀土完全饱和,膨胀土强度为干湿循环后的膨胀土饱和强度,也可以考虑残余强度指标,试验表明,残余强度参数虽不同于此参数,但相差并不悬殊。地下水变化容易使膨胀土路基产生不均匀沉降,而高速铁路对于工后沉降的控制非常严格,因此在铁路选线时通常会避开地下水发育的膨胀土地段。柔性护坡底部设有盲沟,能有效阻止地下水对盲沟上方膨胀土湿度的影响。

柔性护坡护坡体需要隔绝大气降雨对膨胀土边坡的影响,因此护坡体应该具有足够厚度使得降雨无法渗透护坡体。而护坡体考虑隔绝降雨影响时所需的最小厚度可通过以下方法确定。

1) 通过下渗理论确定

采用同心环入渗仪进行注水法实验,得出入渗率变化过程。注水法实验通常采用同心环入渗仪进行实验。同心环为二同心铁环,其上下无底,要有足够的刚度,以便打入土中而不使环变形。一般常用的同心环,内环直径为 30cm,外环直径为 60cm,环高 15cm,铁板厚为 5mm。内环加水测量土体入渗量。在内外环之间加水是为了防止旁渗影响实验精度。试验的场地应选择有代表性的地点进行。在试验地点将内、外环打入土中约 10cm,注意环口水平。试验开始土体湿度小,土体入渗率变化较大,先采用定量加水法,记录加水时距。后采用定时加水法,记录内环加水量和时距。外环同时加水,不计量,但应注意内环水面大致相等。根据观察资料,即可得出土体入渗率变化过程。

下渗示意图如图 9-20 所示,下渗现象的定量表示是下渗率。单位时间通过单位面积的土体层面渗入到土体的水量为下渗率,单位为 mm/min, mm/h 等。影响下渗率的主要因素是初始土体含水率和土体质地、结构和供水强度等。如果供水强度充分大,则下渗率将达到同初始土体含水率和土体质地、结构条件下的最大值,称此为下渗容量或下渗能力。

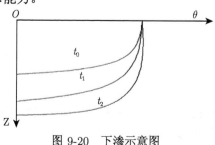

图 9-20 下渗示意图

1957 年，菲利普依据非饱和下渗理论公式的结构形式，拟定了下渗曲线经验公式，下渗曲线如图 9-21 所示：

$$f_p = \frac{s}{2} t^{-\frac{1}{2}} + f_c \tag{9-23}$$

式中，f_p 表示下渗容量 (mm/min)；t 表示下渗时间 (min)；f_c 表示稳定下渗率，近似于饱和水力传导度，即渗透系数 (mm/min)；s 表示系数，通过试验求得。

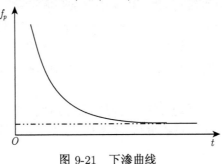

图 9-21　下渗曲线

考虑坡率和实际降水强度的影响则有如下表述。

强度 i 的降雨在坡脚为 α 的边坡上，其供水强度为 $i\cos\alpha$。用 f 表示实际降雨强度 i 条件下的实际入渗率。

若 $i\cos\alpha \geqslant f_p$，则 $f = f_p$；

填料宽度 l 为

$$l = \frac{F}{n\sin\alpha} = \frac{s\sqrt{t} + f_c t}{n\sin\alpha} \tag{9-24}$$

式中，n 表示孔隙度。

若 $i\cos\alpha < f_p$，则 $f = i\cos\alpha$；

填料宽度 l 为

$$l = \frac{F}{n\sin\alpha} = \frac{P}{n\tan\alpha} \tag{9-25}$$

式中，P 表示连续降雨量 (mm)；n 表示孔隙率 (%)；

2) 按大气影响深度确定护坡体宽度

护坡体宽度 L 为

$$L = \frac{H_k}{\tan\alpha} \tag{9-26}$$

式中：H_k 表示大气影响深度 (m)；L 表示护坡体宽度 = 填料宽度 (l)+ 排水构造层厚度 (通常取 0.5m)。

该方法主要适用于采用膨胀土作为填料，如果填料为非膨胀土则计算结果较为保守。

3) 填料宽度应满足施工需求，且水平向的开挖宽度应超过大气影响深度，将天然的裂隙区域挖除，如图 9-22 所示。

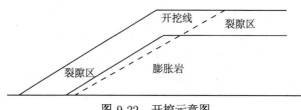

图 9-22 开挖示意图

4) 实例分析

试验工点为云桂线广西段 DK200+720 处，该边坡高为 5.2m，坡率为 1∶1.5，大气影响深度为 3m。

(1) 按下渗理论计算

试验段田东地区的历史最大日降雨量为 166.8mm，最大月降雨量为 410.4mm，2012 年 "韦森特" 台风影响时百色连续雨量达 100.3mm。取最不利情况 $i=166.8$/天，即持续降雨一天。则

$$s\sqrt{t} \cdot f_c t$$

护坡坡率取 1∶1.5，孔隙率取 28%，填料黏土的渗透系数取 1×10^{-3}mm/s，即 0.06mm/min，$i\cos\alpha = 0.096$mm/min $> f_c = 0.06$mm/min。

$$l = \frac{F}{n\sin\alpha} \approx \frac{f_c t}{n\sin\alpha} = 555.9\text{mm} = 0.556\text{m}$$

$$L = l + 0.5 = 0.556 + 0.5 = 1.056\text{m}$$

(2) 根据大气影响深度计算：

$$L = \frac{H_k}{\tan\alpha} = 3 \times 1.5 = 4.5\text{m}$$

(3) 施工要求压路机的作业面不小于 2m

当填料为非膨胀土时，护坡宽度取 (1)(3) 中最大值：

$$L \geqslant 2\text{m}$$

当填料为膨胀土时，护坡宽度取 3 项中的最大值：

$$L \geqslant 4.5\text{m}$$

9.3.4 加筋层高设计

填料施工含水率和干密度为定值，因此对公路所用式 (9-7) 简化得到：

$$\frac{Ph}{E_T} = \alpha(P') \tag{9-27}$$

式中，$\alpha(P')$ 根据重塑膨胀土三向有荷膨胀率试验得出。

填料施工含水率宜比填料最优含水率大 2%，以避免"橡皮土"现象发生。公路上柔性支护研究表明：加筋体的安全系数是随着压实度的减小而减小的，但是高压实度下压实会增大膨胀土超固结性，虽然在前期能使加筋体安全系数增加，但是在大气干湿循环长期作用下，这种超固结性会随着土体的反复胀缩而消失，膨胀塑形变形减小土体的压实度，最终降到正常固结状态。因此，90%压实度为柔性支护加筋体的最佳压实状态。

膨胀土三向有荷膨胀率试验条件复杂，因此假定膨胀土侧向有荷膨胀率与膨胀土竖向有荷膨胀率变化规律一致。即

膨胀土侧向有荷膨胀率：

$$\alpha = AP'^2 - BP' + C$$

膨胀土竖向有荷膨胀率：

$$\alpha_1 = A_1 P'^2 - B_1 P' + C_1$$

假定其中：

$$A = A_1; B = B_1$$

式中，$\alpha_1(P')$ 根据重塑膨胀土有荷膨胀率试验得出；A, A_1, B, B_1, C, C_1 为试验回归系数。

土工格栅的破坏是受拉变形超过一定的伸长率而导致拉断，即土工格栅的破坏受筋材屈服伸长率控制。施工阶段为了保证加筋土体的整体性和有效性，土工格栅铺设时通常被张紧，而在回填土压实过程中，土工格栅会被小幅拉伸，测试表明施工引起的土工格栅最大拉伸量不超过 1.5%。计算加筋土体膨胀与格栅变形的相容关系时应考虑施工引起的格栅拉伸量，即

$$\varepsilon = \varepsilon_屈 - \varepsilon_施$$

$$p(\varepsilon) h = T_s$$

即

$$p(\varepsilon) = \frac{T_s}{h} \tag{9-28}$$

式中，$\varepsilon_屈$ 表示土工格栅屈服伸长率 (%)；$\varepsilon_施$ 表示施工时引起的土工格栅伸长率 (%)；ε 表示回填膨胀土膨胀率允许值 (%)；$p(\varepsilon)$ 表示膨胀率为 ε 时的膨胀力 (kPa)；h 表示格栅间距 (m)。

土工格栅采用工程塑料 PET，屈服伸长率不超过 8%，抗拉强度 $\geqslant$25kPa，E_T=300kN/m。

膨胀土填料处于大气影响深度之内，应考虑其达到极限含水率时的膨胀力：

对于中膨胀土，当 α=0 时 $P_{\max}$=145.08kPa；

则由式 (9-28)，$h \leqslant 0.28$m，得设计结果 $h=0.3$m。

对于弱膨胀土，当 $\alpha=0$ 时 $P_{\max}=106.75$kPa；

则由式 (9-28)，$h \leqslant 1.64$m，得结果 $h=1.2$m，设计时应按构造要求考虑布筋层高 0.6m。

9.3.5 整体滑动时的稳定性分析

1. 采用极限平衡法计算整体滑动时的稳定性

1) 加筋体对边坡作用力分析

加筋护坡的加筋体为柔性的整体，稳定性计算时可将柔性加筋体对边坡的作用力考虑为外部荷载。计算方法如下：

(1) 将护坡体视为松散土体 (条分法)

工程上稳定性计算时常采用条分法。计算时将护坡体和边坡膨胀土一并分为等宽度的土条，没有考虑柔性加筋体的影响，其柔性加筋体对坡面的作用力为

$$P = \gamma H \tag{9-29}$$

作用力分布如图 9-23 所示。

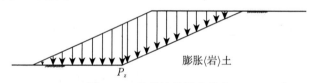

图 9-23 条分法作用力分布

(2) 考虑护坡体中加筋的作用 (考虑应力扩散)

许多采用换填土处理膨胀土边坡的工程，在坡率小于等于 1：2 时仍需加设坡脚挡土墙固脚，其原因在于回填土是松散的，难以约束坡脚变形。柔性护坡采用加筋的方法提高回填土刚性，增大了护坡体底板受到的竖向作用力，提高了护坡体固脚能力。护坡体底板受到的竖向作用力大于上覆填土自重，因为加筋增大土体应力扩散角。对于应力扩散角的确定，在《建筑地基基础设计规范》和《建筑地基处理技术规范》的有关条文中明确指出，采用理论计算法时应力扩散角最大取 30°，但诸多研究表明加筋垫层的应力扩散角的范围是 45°~60°，其角度同筋材长度与间距的比值和筋材材料等因素有关。为简化计算，采用路堤处理的经验值进行计算：对机织土工织物加筋垫层，θ 取 40°~45°，对土工网加筋垫层，θ 取 45°~50°，对土工格栅加筋垫层，θ 取 50°~55°。

如图 9-24 所示，柔性护坡的坡率小于应力扩散角的余切值，当护坡体达到一定高度 H' 时顶层土体对底层受力不再产生影响。则有

$$H' \tan \theta + L = H' \cot \alpha$$

$$H' = \frac{L}{\cot\alpha - \tan\theta}$$

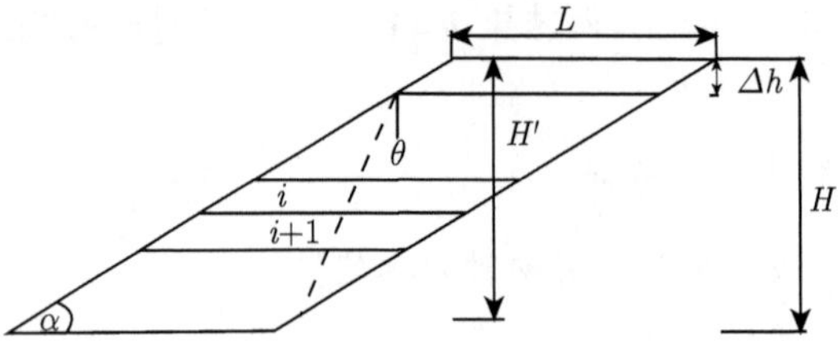

图 9-24　扩散影响临界高度示意图

当 $H \leqslant H'$ 时，第 i 层回填土扩散至地平线的均布荷载：

$$P_i = \frac{L\Delta h\gamma}{2(i-1)\Delta h\tan\theta + L}$$

第 i 层回填土自重扩散后作用于边坡坡面的荷载：

$$F_i' = (i-1)\Delta h P_i\tan\theta + (i-1)\Delta h P_i\cot\alpha$$

回填土对于底座的作用力等于其总自重减去作用于坡面的荷载：

$$F = nL\Delta h\gamma - \sum_{i=1}^{n}[(i-1)\Delta h P_i\tan\theta + (i-1)\Delta h P_i\cot\alpha]$$

化简后得

$$F = n\Delta hL\gamma - \Delta h^2 L\gamma\sum_{i=1}^{n}\left[\frac{(i-1)(\tan\theta + \cot\alpha)}{2(i-1)\Delta h\tan\theta + L}\right] \tag{9-30}$$

当 $H > H'$ 时，令 $n_1\Delta h \leqslant H' < (n_1+1)\Delta h$ 则

$$F = i_1\Delta hL\gamma - \Delta h^2 L\gamma\sum_{i=1}^{n_1}\left[\frac{(i_1-1)(\tan\theta + \cot\alpha)}{2(i_1-1)\Delta h\tan\theta + L}\right] \tag{9-31}$$

式中，F 表示每延米底座上的作用力 (kN/m)；n 表示加筋层数；L 表示护坡体宽度 (m)；Δh 表示层高 (m)；γ 表示填土重度 (kPa)；θ 表示应力扩散角 (°)；α 表示边坡坡脚 (°)。

加筋体作用于坡面的压力：

$$F' = nL\Delta h\gamma - F$$

加筋体对边坡作用力如图 9-25 所示。

为方便计算采用积分法，计算公式如下：

$$F = HL\gamma - L\gamma\int_0^H \frac{y(\tan\theta + \cot\alpha)}{2y\tan\theta + L}\mathrm{d}y \tag{9-32}$$

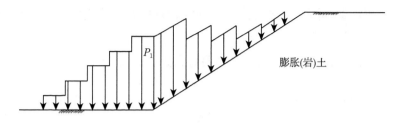

图 9-25 考虑加筋体的应力扩散作用示意图

式中，y 表示微元至底层的距离，整理得

$$F = HL\gamma - \frac{L\gamma(\tan\theta + \cot\alpha)}{4\tan^2\theta}\left(2H\tan\theta + Lln\left|\frac{L}{2H\tan\theta + L}\right|\right) \qquad (9\text{-}33)$$

加筋体作用于坡面的压力：

$$F' = nLh\gamma - F$$

加筋体对边坡作用力如图 9-26 所示。

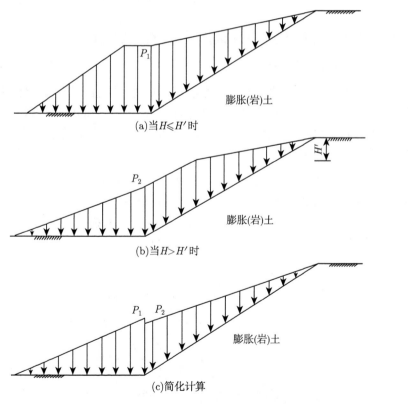

(a)当 $H \leqslant H'$ 时

(b)当 $H > H'$ 时

(c)简化计算

图 9-26 积分法示意图

为了简化计算，取 $P_1 = 2F/L; P_2 = F' \sin \alpha / H$ 则计算模型如图 9-26(c) 中的分布规律。

三种方法计算后底层受力与实测结果对比如图 9-27 所示。

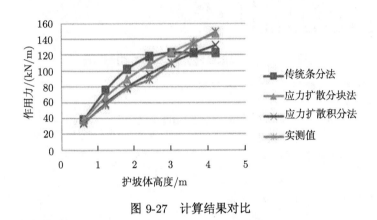

图 9-27　计算结果对比

结果表明考虑加筋体的应力扩散作用与实测结果相近。

2) 整体滑移稳定性计算

极限平衡条分法之间的主要区别在于对未知内力的假设与所满足的力或 (和) 力矩平衡条件。为了使计算简单或是使方程可解，未知力的假定可以分为以下几种 [264]：①假定条块间作用力的作用方向；②假定条块间作用力的大小分布；③假定条块间作用力的作用位置；④假定条块底面法向正应力的分布及大小。

考虑最具普遍性的滑坡情形，图 9-28 所示，滑面呈不规则形状，虚线所示为浸润线，均为坡面荷载。滑动体被垂直划分为 n 个条块，第 i 个条块的几何形状由角点坐标 $(x_{l,i}, y_{l,i})(x_{b,i}, y_{b,i})(x_{l,i-1}, y_{l,i-1})(x_{b,i-1}, y_{b,i-1})$ 描述，浸润线位置由其与条块各边的交点坐标 $(x_{wi}, y_{wi})(x_{w,i-1}, y_{w,i-1})$ 表示。

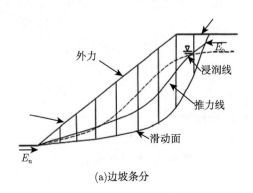

(a)边坡条分

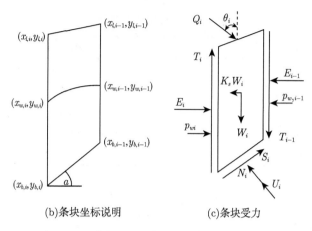

(b)条块坐标说明 (c)条块受力

图 9-28 边坡力学模型

条块沿垂直方向：

$$N_i \cos a_i + S_i \sin a_i + T_i = T_{i-1} + W_i + Q \cos \theta_i \tag{9-34}$$

沿水平方向：

$$S_i \cos a_i + E_i + Q \cos \theta_i = N_i \sin a_i + E_{i-1} + K_s W_i \tag{9-35}$$

条块对条底中心的力距平衡：

$$E_i(y_{pi} - y_{ni}) \pm T_i(x_{ni} - x_{bi}) - E_{i-1}(y_{p,i-1} - y_{ni})$$
$$\pm T_{i-1}(x_{b,i-1} - x_{ni}) - K_s W_i(y_{ci} - y_{ni})$$
$$\pm W_i(x_{ci} - x_{ni}) + Q \sin \theta_i(y_{qi} - y_{ni}) \pm Q \cos \theta_i(x_{qi} - x_{ni}) = 0 \tag{9-36}$$

对于处于极限平衡状态的土体，根据 Mohr-Coulomb 破坏准则，有

$$S_i = \frac{c'l_i + (N_i - U_i) \tan \phi_i'}{F_s} \tag{9-37}$$

以上各式中，F_s 为边坡安全系数，W 为土条重量，K_s 为采用拟静力法确定的地震影响系数，Q 为外部荷载，E_i 为条间力水平向分量，T_i 为条间力垂向分量，N_i 是土条底部法向力，S_i 是土条底部切向力，U_i 是土条底部的孔隙水压力，l_i 是土条底面长度。

对于分成 n 个条块的可能滑动体，根据式 (9-34) (9-35)(9-36) 和 (9-37) 最多可以建立 $4n$ 个独立的方程，如表 9-1 所列；而需要待求的未知量总数为 $(6n - 2)$，如表 9-2 所列。如果仅考虑力的平衡，方程总数为 $3n$，未知量总数为 $(4n - 1)$。

表 9-1　条分法方程数目

方程数	理论依据
n	垂直方向上条块力的平衡
n	水平方向上条块力的平衡
n	条块力矩平衡
n	Mohr-Coulomb 强度准则
$4n$	方程总数

表 9-2　条分法未知量数目

方程数	理论依据
1	安全系数
n	条底法向力
n	条底法向力的作用点
n	条底剪切力
$n-1$	条间法向力
$n-1$	条间法向力的作用点
$n-1$	条间剪切力
$6n-2$	未知量总数

可见, 未知量数目比方程数多 $2n-2$ 个, 当 $n>l$ 时, 这是一个静不定问题。为了使问题静定可解, 有两种方法: 一种方法是引入变形协调条件, 增加方程数; 另一种方法则是对多余变量进行假定, 以使未知量数目与方程数目相等。极限平衡法基于刚体平衡理论, 不考虑土条的变形, 因此常采用的是第二种方法。陈祖煜在《土质边坡稳定分析》中已经证明, 条块宽度足够小时, 可以认为底滑面合力作用点位于底面中点, 这样就减少了 n 个未知量。对于剩下的 $n-2$ 个未知量, 常用极限平衡条分法对条间力的假定统一表示成如下的形式:

$$T_i = A_i E_i + X_i \tag{9-38}$$

其中, A_i, X_i 的取值随假定的不同而不同, 如表 9-3 所列 (见下一页)。

研究表面, 对于同一边坡无论是圆弧滑动面还是任意形状滑动面, 非严格条分法 (表 9-3 中编号 1~7) 的安全系数之间相差比较大, 而严格条分法 (表 9-3 中编号 8~12) 安全系数相当一致, 且条间力函数的变化对安全系数值影响也很小。对于圆弧滑动面简化 Bishop 法的安全系数与严格条分法的安全系数很接近, 且偏于安全。因此, 对于圆弧滑动面, 简化 Bishop 法是有足够精度的工程实用计算方法。

表 9-3　各种极限平衡法所作的条间力假定

编号	计算方法	A_i	X_i
1	瑞典法	0	0
2	简化 Bishop 法	0	0
3	简化 Janbu 法	0	0
4	陆军工程师团法	$\tan\Omega_a$	0
5	罗厄法	$(\tan a_i + \tan\Omega_i)/2$	0
6	乘余推力法	$\tan a_i$	0
7	Sarma 法（Ⅰ）	$\tan\phi'_{avmi}$	$c'_{avmi}h_i - p_{wi}\tan\phi'_{avmi}$
8	Spencer 法	λ	0
9	Morgenstern-Price 法	$\lambda f(x_i)$	0
10	Sarma 法（Ⅱ）	$\lambda\tan\phi'_{avmi}$	$\lambda(c'_{avmi}h_i - p_{wi}\tan\phi'_{avmi})$
11	Sarma 法（Ⅲ）	$\lambda f(x_i)\tan\phi'_{avmi}$	$\lambda f(x_i)\left(c'_{avmi}h_i - p_{wi}\tan\phi'_{avmi}\right)$
12	Correia 法		$\lambda f(x_i)$

上表中：Ω_a 为边坡的平均坡度，是一个常数；Ω_i 为条块顶面的倾角；$c'_{avmi} = c'_{avi}/F$；$\tan\phi'_{avmi} = \tan\phi'_{avi}/F$。$c'_{avi}$，$\tan\phi'_{avi}$ 为条块界面上的加权平均抗剪强度指标；λ 为比例系数，是一个常数，在计算过程中确定，故方程总数与未知数数目相等，方程变得可解；$f(x_i)$ 为条间力函数，是一个预先给定的函数；h_i 为条件块界面的长度；p_{wi} 为作用在条块界面上的水压力的合力。

作者以 Bishop 法为基础，根据柔性护坡的特点，达到改进膨胀土边坡稳定分析方法的目的。首先假定护坡自身稳定，这时，对整个边坡体进行稳定性分析，即整体性稳定性验算，也就是对护坡和开挖边坡构成的整体进行稳定性计算，整体滑动破坏形式如图 9-29 所示。

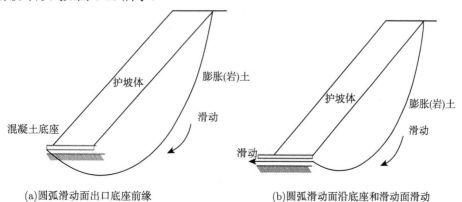

(a) 圆弧滑动面出口底座前缘　　　　　　　(b) 圆弧滑动面沿底座和滑动面滑动

图 9-29　整体滑动破坏形式

(1) 圆弧滑动面出口底座前缘

如图 9-30 所示, 当土坡处于稳定状态时, 任一土条 i 滑弧面上抗剪强度 S_i 只发挥了其中一部分 τ_i, 并定义安全系数 F_s 是滑面上 S_i 与 τ_i 两者的比值, 即

$$F_s = \frac{S_i}{\tau_i} = \frac{(\sigma_i - P_i)\tan\phi_i + c_i}{\tau_i} \tag{9-39}$$

式中, ϕ_i, c_i 表示内摩擦角和黏聚力; 裂隙区、非饱和区和饱和区分采用裂隙强度、非饱和强度和饱和强度; σ_i 表示第 i 土条圆弧面处的法向应力; p_i 表示该处相应的膨胀应力。

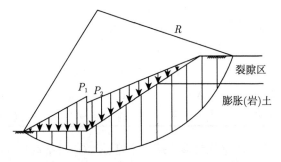

图 9-30　圆弧滑动面出口在底座前缘计算模型

另一方面, 土条受力示意图如图 9-31 所示, 当土条处于平衡状态时, 其发挥的抗剪强度滑面 τ_i 应等于切向力 T_i 引起的剪应力 T_i/l_i。

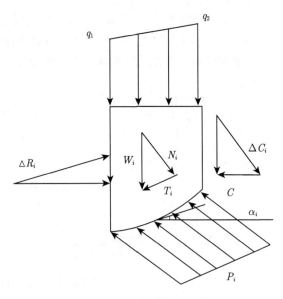

图 9-31　土条受力示意图

$$T_i = \frac{c_i l_i}{F_s} + \frac{(N_i - P_i l_i) \tan \phi_i}{F_s} \tag{9-40}$$

由该土条中竖向力的平衡可得

$$W_i' + Y_i - Y_{i+1} - T_i \sin \alpha_i - N_i \cos \alpha_i = 0$$

$$N_i = \frac{1}{m_i} \left[W_i' + Y_i - Y_{i+1} - \frac{c_i l_i \sin \alpha_i}{F_s} + \frac{P_i l_i \tan \phi_i \sin \alpha_i}{F_s} \right] \tag{9-41}$$

式中，$m_i = \cos \alpha_i + \dfrac{\tan \phi_i \sin \alpha_i}{F_s}$。

$$\sum W_i' R \sin \alpha_i - \sum T_i R + \sum Q_i e_i = 0$$

故得

$$\sum T_i = \sum W_i' \sin \alpha_i + \sum Q_i \frac{e_i}{R} \tag{9-42}$$

式中，Q_i 表示土条受到的横向力；W_i' 表示等效土条重力，$W_i' = W_i + Q_i', Q_i' = \dfrac{q_{1i} + q_{2i}}{2}$；$e_i$ 表示横向力对圆心的力臂。

$$F_s = \frac{\sum c_i l_i + \sum (N_i - P_i l_i) \tan \phi_i}{\sum W_i' \sin \alpha_i + \sum Q_i \dfrac{e_i}{R}};$$

令 $b_i \approx l_i \cos \cos \alpha_i$，经整理后可得

$$F_s = \frac{\sum \dfrac{1}{m_i} [c_i b_i + (W_i' - P_i b_i) \tan \phi_i + (Y_i - Y_{i+1}) \tan \phi_i]}{\sum W_i' \sin \alpha_i + \sum Q_i \dfrac{e_i}{R}} \tag{9-43}$$

考虑到 $(Y_i - Y_{i+1}) \tan \phi_i$ 项一般很小，略去后影响不大（但偏于安全），故式 (9-43) 简化为

$$F_s = \frac{\sum \dfrac{1}{m_i} [c_i b_i + (W_i' - P_i b_i) \tan \phi_i]}{\sum W_i' \sin \alpha_i + \sum Q_i \dfrac{e_i}{R}} \tag{9-44}$$

(2) 圆弧滑动面出口在底座后缘

如图 9-32 所示，推导过程同上，圆弧滑动面出口在底座后缘时，边坡安全系数如下式所示：

$$F_s = \frac{\sum \frac{1}{m_i}[c_i b_i + (W_i' - P_i b_i)\tan\phi_i]}{\sum W_i' \sin\alpha_i + \sum Q_i \frac{e_i}{R} - F_2 \frac{e}{R}}$$

(9-45)

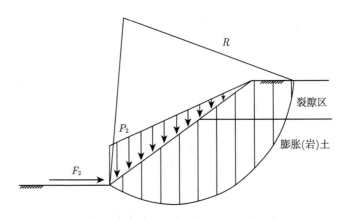

图 9-32　圆弧滑动面出口在底座后缘计算模型

边坡底部饱和区的膨胀力水平分量相互抵消，仅余向上的分量，由于边坡没有向上的约束，即没有向上的变形控制，膨胀力是地基土反力的一个部分，而不是作用于滑动体上的额外的反力，是不会影响滑动体上力平衡的。

3) 稳定性分析计算软件设计

目前用于边坡稳定性计算的软件种类很多。国外主要有 GEO.SLOPE 和 Slide 等；国内主要有同济启明星、STAB、理正等。这些软件功能强大且有很强的泛用性。但是在计算膨胀土边坡时，这些软件没用考虑膨胀力的影响。为更好地支持膨胀土边坡防护的设计，本书采用 Visual Basic 语言，设计了一款基于上节计算公式的膨胀土边坡稳定性计算软件。

软件主要分为参数输入和稳定性计算两部分。

其中，参数输入为①加筋护坡填料参数；②膨胀土边坡土层参数。柔性护坡填料参数包括填料重度、加筋体高度、加筋体厚度三个参数指标，膨胀土边坡土层参数包括裂隙区膨胀土黏聚力、内摩擦角；天然强度区膨胀土黏聚力、内摩擦角；饱和区膨胀土黏聚力、内摩擦角六个指标。

稳定性计算主要分为以下几种。

(1) 某一圆心边坡的稳定性，计算原理如图 9-33 所示。

(2) 搜索最危险滑动面，计算原理如图 9-34 所示。

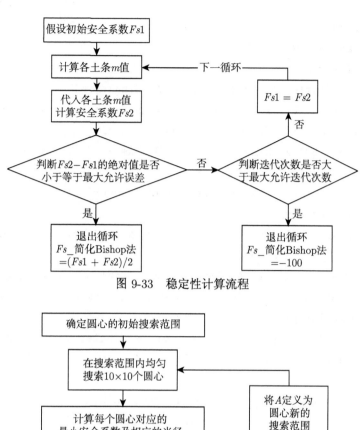

图 9-33 稳定性计算流程

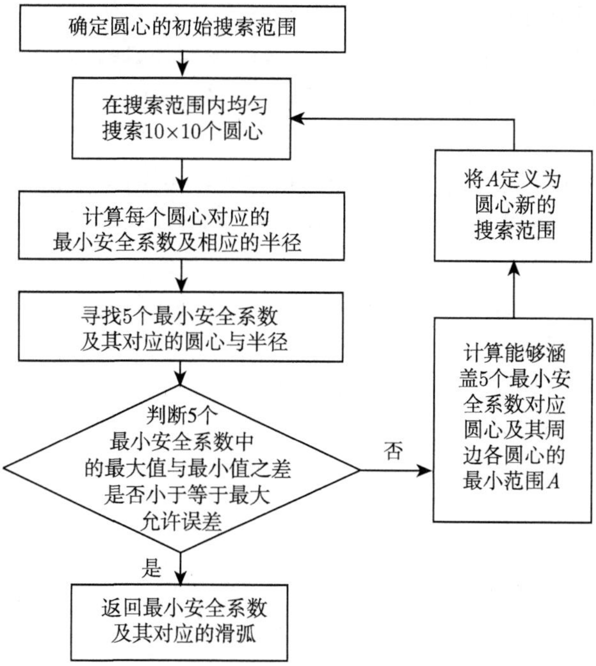

图 9-34 稳定性计算流程

采用极限平衡法计算整体稳定性的 VB 程序代码 (程序部分)

```
Private Sub Command1_Click()
Const PI = 3.1415926  #参数、变量设定
```

```
    Const cota = 1.5
    Const tanq = 1.2
    Const sina = 0.555
    Dim hi As Single, li As Single, ri As Single, hil As Single, n1 As
Integer, f1 As Single, f2 As Single, hi2 As Single, pi1 As Single
    Dim pi2 As Single, fi As Single, ei As Single
    Dim rxc(30, 30) As Single, ryc(30, 30) As Single, Fs1 As Single,
Fs2 As Single, Fsz(30, 30) As Single
    Dim ff As Single, Rc As Single, np As Integer, ci As Single, i As
Integer, j As Integer
    Dim xmin As Single, ymin As Single, xmax As Single, ymax As Single,
xfi As Single, yfi As Single
    Dim tmax As Single, t1 As Single, t2 As Single, t3 As Single, tmin
As Single, imax As Single, jmax As Single, imin As Single, jmin As
Single, num As Integer
    Dim py As Single, pyl As Single, pxm As Single, pym As Single, bi
As Single, ai As Single, mi As Single, qi As Single, number As
Single
    Dim ip As Integer, qzz As Integer, sum1 As Single, sum2 As Single,
wi As Single, fh As Single, x As Single, y As Single, hib As
Single, lib As Single
    Dim tmaxb As Single, t1b As Single, t2b As Single, t3b As
Single, tminb As Single
    For x = 5 To 11      #设置初始圆心范围
    For y = 2 To 5 Step 0.5
        hi = x
        li = y
        ri = Text3.Text
        fi = Text4.Text
        fh = 0
        hi2 = li / (cota - tanq)
        If hi <= hi2 Then
        f1 = hi * li * ri - li * ri * (tanq + cota) / 4 / (tanq ^ 2) *
(2 * hi * tanq + li * Log(li / (2 * hi * tanq + li)))
    Else
```

```
    f1 = hi2 * li * ri - li * ri * (tanq + cota) / 4 / (tanq ^ 2) *
(2 * hi2 * tanq + li * Log(li / (2 * hi2 * tanq + li)))
    End If
    f2 = hi * ri * li - f1
    pi1 = 2 * f1 / li
    pi2 = f2 * sina / hi
    hil = 3
    xmin = 0
    ymin = 0.1
    xmax = 40
    ymax = 40
        tmax = 20
            t1 = 20
            t2 = 20
            t3 = 20
            tmin = 20
num = 0
Do While num < 1000      #试算
                If ymin <= 0 Then
             ymin = 0.01
        End If
        If (xmin - li) / ymin > 1.5 Then
            xmin = ymin * 1.5 + li
        End If
        If (xmax - li) / ymax > 1.5 Then
            xmax = ymax * 1.5 + li
          End If
        xfi = (xmax - xmin) / 30
        yfi = (ymax - ymin) / 30
    For i = 0 To 30
        For j = 0 To 30
            rxc(i, j) = xmin + i * xfi
            ryc(i, j) = ymin + j * yfi
number = 0
            Fs1 = 1.3
```

```
        Fs2 = 0
        If (rxc(i, j) - li) / ryc(i, j) > 1.5 Then
        Fs1 = 100
        Fs2 = 50
        GoTo L2
        End If
        Rc = (rxc(i, j) ^ 2 + ryc(i,  j) ^ 2) ^ 0.5
    If Rc < ((rxc(i, j) - li - 1.5 * hi) ^ 2 + (ryc(i,  j) - hi)
^ 2) ^ 0.5 Then
        Fs1 = 100
        Fs2 = 50
     GoTo L2
     End If
     np = Int(rxc(i, j) + Abs(Rc ^ 2 - (ryc(i,  j) - hi) ^ 2)
^ 0.5 + 1)
        Do While number < 1000
            sum1 = 0
            sum2 = 0
            For ip = 1 To np
                pxm = (2 * ip - 1) / 2
                py = ryc(i, j) - Abs(Rc ^ 2 - (rxc(i,  j) - ip)
^ 2) ^ 0.5
                py1 = ryc(i, j) - Abs(Rc ^ 2 - (rxc(i,  j) - ip +
1) ^ 2) ^ 0.5
                pym = (py + py1) / 2
                  If ip <= li Then
                    wi = ip * pi1 / li - pym * ri
                ElseIf li < ip And ip <= li + 1.5 * hi Then
wi = pi2 - (ip - li) * pi2 / (1.5 * hi) + ((ip - li) / 1.5 - pym) * ri
                Else
                    wi = (hi - pym) * ri
                          End If
                  If py <= 0 Then
                ff = Text6.Text * PI / 180
                ci = Text5.Text
```

```
            ElseIf 0 < py And py <= hi - hil Then
                    ff = Text8.Text * PI / 180
                    ci = Text7.Text
            Else
                    ff = Text10.Text * PI / 180
                    ci = Text9.Text
            End If
                If pym <= 0 Then
                qi = wi - fh
                Else
                qi = wi
                End If
                ai = Atn((pxm - rxc(i, j)) / (ryc(i, j) - pym))
                bi = (1 + (py - py1) ^ 2) ^ 0.5
                mi = Cos(ai) + Tan(ff) * Sin(ai) / Fs1
                sum1 = 1 / mi * (ci * bi + qi * Tan(ff)) + sum1
                sum2 = qi * Sin(ai) + sum2
            Next ip
                        ei = Abs(ryc(i, j) - hi + 5 / 6 * hil)
                        qzz = hil * 2 / 3 * fi
            Fs2 = sum1 / (sum2 + ei / Rc * qzz)
                    If Abs(Fs1 - Fs2) > 0.0001 Then
                Fs1 = Fs2
                number = number + 1
            Else: GoTo L2
                        End If
        Loop
L2:
        Fsz(i, j) = (Fs1 + Fs2) / 2
        If Fsz(i, j) < tmin Then
            tmin = Fsz(i, j)
            imin = rxc(i, j)
            jmin = ryc(i, j)
        ElseIf Fsz(i, j) < t3 And Fsz(i, j) >= tmin Then
            t3 = Fsz(i, j)
```

```
                        ElseIf Fsz(i, j) < t2 And Fsz(i, j) >= t3 Then
                t2 = Fsz(i, j)
                            ElseIf Fsz(i, j)<t1 And Fsz(i, j) >= t2 Then
                t1 = Fsz(i, j)
              ElseIf Fsz(i, j) < tmax And Fsz(i,  j) >= t1 Then
                tmax = Fsz(i, j)
                imax = rxc(i, j)
                jmax = ryc(i, j)
              End If
              Next j
              Next i
          If tmax - tmin > 0.00001 Then
              xmin = imin - Abs(imin - imax)
              ymin = jmin - Abs(jmin - jmax)
              xmax = imin + Abs(imin - imax)
              ymax = jmin + Abs(jmin - jmax)
              num = num + 1
           Else: Exit Do
          End If
        Loop
    Debug.Print tmin
Next
Next
End Sub
```

4) 实例分析

研究证明，膨胀土在干湿循环后其抗剪强度会大幅缩减，已有的室内干湿循环试验结果表明膨胀土黏聚力 c 衰减率范围为 50%～70%，许多学者认为干湿循环对膨胀土内摩擦角 ϕ 没有影响，但是殷宗泽等的研究结果表明，膨胀土在干湿循环 5 次后的 ϕ 值衰减率达 43%。因此，对大气影响深度内的裂隙区强度指标的黏聚力 c 的衰减率取值 60%，内摩擦角 ϕ 的衰减率取值 40%：室内直剪试验、三轴试验和地质勘察结果相近，出于安全考虑，膨胀土饱和强度取地质勘察的数据。试验工点为云桂铁路广西段 DK200+720 处，该边坡高为 5.2m，坡率为 1:1.5，大气影响深度为 3m。裂隙区深度基本和大气影响深度一致，裂隙区膨胀土强度指标应取残余强度。饱和强度为 $c = 25\text{kPa}$，$\phi = 13°$；裂隙区强度为 $c = 10\text{kPa}$，$\phi = 7.8°$；原位强度为 $c = 47\text{kPa}$，$\phi = 37°$；$\gamma = 19\text{kN/m}^3$。支护区填料为非膨胀土，$c = 0\text{kPa}$，$\phi = 35°$；$\gamma = 20\text{kN/m}^3$；地基容许承载力特征值 $[\sigma] = 200\text{kN/m}^2$。膨胀力 $P = 60\text{kPa}$。

通过对不同高度边坡整体滑动时的稳定性分析，得到表 9-4。

表 9-4 圆弧滑动面出口底座前缘时边坡安全系数表

护坡体宽度/m	护坡体高度/m			
	5	7	9	11
3	2.183	2.232	2.137	2.031
4	2.208	2.244	2.147	2.043
5	2.252	2.259	2.163	2.062

通过计算同等边坡条件下圆弧滑动面沿底座和滑动面滑动时的安全系数远比护坡圆弧滑动面出口底座前缘时大，只计算护坡圆弧滑动面出口底座前缘时的稳定性。

可以看出，安全系数均超过了规范要求的 1.3，说明柔性护坡对膨胀土边坡防护十分有效。柔性护坡为全面开挖后由下至上依次施工，过高的边坡会使边坡上部长期暴露，使新开挖边坡表面形成裂缝，可能会导致柔性护坡失效；稳定性计算时考虑到盲沟排泄地下水的作用，假定地平面以上为地下水影响不到的非饱和区，实际上边坡内部较深处，即离盲沟一定水平距离，在盲沟排水范围外的土体仍可能受地下水影响，如果边坡过高会导致滑动面通过边坡内部较深处，使得计算假定变得不合理，过高地估计了边坡安全系数。

护坡高度与安全系数关系如图 9-35 所示。

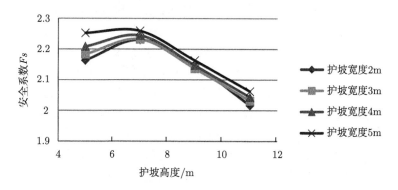

图 9-35 护坡高度与安全系数关系

从图 9-35 可以看出，安全系数随高度先增大后减小，这是因为较矮的柔性护坡裂隙区占比例较大，随着护坡高度的提高裂隙区占比例逐渐减小，膨胀力的影响也减小，故 7m 的柔性护坡安全系数反比 5m 的柔性护坡高，说明柔性护坡治理的边坡不宜太低，太低的边坡难以发挥柔性护坡的作用。柔性护坡 6m 高度以下的造价高于传统重力式挡墙，而过高的柔性护坡存在上文提到的两种隐患，因此作者建议宜在 6~10m 的膨胀土边坡上使用柔性护坡。

护坡宽度与安全系数关系如图 9-36 所示。

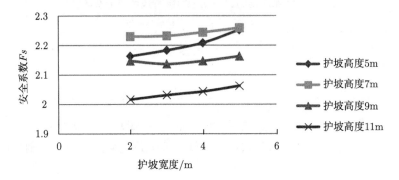

图 9-36　护坡宽度与安全系数关系

可以看出，安全系数随宽度呈线性增大，因为护坡宽度的加大能有效地提高护坡自重从而提高边坡安全。

2. 采用极限分析法计算整体滑动时的稳定性

极限分析法从极大极小原理出发，运用上限解法和下限解法，放松极限荷载的某些约束条件，寻求问题的上限解和下限解。而问题的真正解答在上限解与下限解之间。岩土材料没有唯一的极限荷载，借助于理想塑性材料的上下限定理，并考虑岩土材料的摩擦屈服特性及流动特性，可以推求极限荷载的近似值，由此得出的应力场为其下限解，所得的速度场为其上限解。理想弹塑性体和刚塑性体在荷载作用下，当荷载达到某一数值并保持不变的情况下，物体会发生"无限"的变形——进入塑性流动状态。由于只限于讨论小变形的情况，通常所称的极限状态可以理解为开始产生塑性流动时的塑性状态，这时的变形仍然是很小的。与极限状态对应的荷载称为极限荷载。在极限分析中对材料作刚塑性假设和理想弹塑性假设，两者得到的极限状态是一致的，相应的极限荷载也是相同的。极限分析法是应用理想弹塑性体 (或刚塑性体) 处于极限状态的普遍定理——上限定理和下限定理求解极限荷载的一种分析方法。在塑性流动状态，屈服应力与塑性应变之间没有直接的关系，屈服应力与相应的塑性应变率之间的关系可由流动规则确定。在这里只讨论土体服从相关联流动法则的情况。塑性应变速率分量之间的关系可表示为

$$\frac{\dot{\varepsilon}_1^p}{\dot{\varepsilon}_3^p} = \frac{\partial F}{\partial \sigma_1} \bigg/ \frac{\partial F}{\partial \sigma_3} \tag{9-46}$$

式中，F 表示屈服函数。

Coulomb 材料屈服函数可表示为

$$F = \tau - c - \sigma_n \tan \phi \tag{9-47}$$

1) 静力场和机动场的概念 [136]

在极限分析法中, 经常要用到静力容许的应力场 (简称静力场) 和机动容许的位移速率场 (简称机动场) 的基本概念。设物体的体积为 V, 位移边界 A_U 和荷载边界 A_T 作用在物体表面上的荷载和体积力分别为 T_i 和 X_i。

静力容许的应力场 σ_{ij}^0 应满足下述条件。

(1) 在体积 V 内满足平衡方程, 即

$$\frac{\partial \sigma_{ij}^0}{\partial x_j} + X_i = 0 \tag{9-48}$$

(2) 在体积 V 内不违反屈服条件, 即

$$F(\sigma_{ij}^0) \leqslant 0 \tag{9-49}$$

(3) 在边界 A_T 上满足边界条件:

$$\sigma_{ij}^0 n_j = T_i \tag{9-50}$$

式中, n_j 表示荷载作用处边界面上单位法线矢量。

由以上的定义可知, 物体处于极限状态时, 其真实的应力场必定是静力容许的应力场。然而静力容许的应力场并不一定是极限状态时的真实应力场。

机动容许的位移速率场应满足下述条件。

在体积 V 内满足几何方程, 即

$$2\varepsilon_{ij}^{p^*} = \frac{\partial u_i^{p^*}}{\partial x_j} + \frac{\partial u_j^{p^*}}{\partial x_i} \tag{9-51}$$

在边界 A_U 上满足位移边界条件或位移速率边界条件并使外力做正功。

由以上定义可知, 在极限状态时的真实位移速率场必定是机动容许的位移速率场。而机动容许的位移速率场并不一定是极限状态时的真实位移速率场。

2) 虚功方程和上限定理

运用极限定理的关键在于运用虚功方程。小变形假设意味着可以运用虚功方程, 在这里给出该方程的适当形式。虚功原理有如下表述。

在荷载作用下处于平衡的变形体, 若给出一微小的虚变形 (或位移), 则由外力 (或荷载) 所作的虚功必等于内力 (或应力合力) 所作的虚功。即

$$\int_A T_i u_i^* \mathrm{d}A + \int_V X_i u_i^* \mathrm{d}v = \int_V \sigma_{ij} \varepsilon_{ij}^* \mathrm{d}v \tag{9-52}$$

上限定理中，假设边坡破坏失稳时的岩土体以刚塑性体形式运动，要求对于任意机动容许的破坏机制，作用在边坡表面的力和体力所做的功率，不大于在容许运动速率场中的能量耗散，可用式 (9-53) 表示：

$$\int_S T_i v_i^* \mathrm{d}S + \int_V X_i v_i^* \mathrm{d}v = \int_V \sigma_{ij} \varepsilon_{ij}^* \mathrm{d}v \tag{9-53}$$

式中，S 和 V 表示荷载边界和破坏的岩土体体积；T_i 表示表面力矢量；X_i 为体积力矢量；v_i 表示机动许可的速度场，在边界 S 上 $v_i^* = v_i$；ε_{ij}^* 表示与 v_i 相容的应变率场；σ_{ij}^* 表示与 X_i 和 T_i 相关联的应力场。

方程左边和右边分别表示边坡体系的外力功率和塑性内能功率。

用这种方法建立的方程，叫做特定假想机构的功方程。建立这种上限解所要求的条件主要有

(1) 必须假设破坏的有效机构满足力学边界条件；

(2) 必须计算外荷载 (包括土的自重) 在假想机构所确定的小位移上的能量消耗；

(3) 必须计算与机构的塑性变形区相关联的内部能量消耗；

(4) 必须借助功方程求出与某一特定假想机构图形相对应的上限解，并求出最小上限解。

3) 基本假定

在进行柔性生态护坡稳定性分析时，参考有关研究成果，应用如下基本假设。

①按平面应变问题进行分析；②边坡岩土体为理想刚塑性体，遵循相关联流动法则，服从线性 Mohr-Coulomb 破坏准则；③不考虑岩土体孔隙水压力作用的影响，也不考虑岩土体抗剪强度参数 c 和 ϕ 由于地震荷载作用而产生的变化；④采用拟静力法分析地震效应，只考虑水平地震效应；⑤考虑膨胀力对边坡稳定性的影响；⑥在整体滑移稳定性计算时，假定柔性生态护坡根据水分渗透情况不同分为裂隙强度区、天然强度区和饱和强度区三个区域；⑦由于滑动面通过不同地层，即求非匀质土坡稳定性问题。由于库仑屈服条件是用黏聚力 c 和内摩擦角 ϕ 两个参数描述，因此，为了简化计算，库仑土压力计算中近似地采用等效内摩擦角来综合考虑黏性土 c 和 ϕ 两者的影响，笔者参考这种方法，通过土的抗剪强度相等的原则，将不同 ϕ 值的土层换算成同一 ϕ 值如 (9-54) 式所示，采用等效粘聚力。

$$\tan\phi + \frac{c}{\gamma h} = \tan\phi_D + \frac{c_D}{\gamma h} \tag{9-54}$$
$$c = \gamma h(\tan\phi_D - \tan\phi) + c_D$$

式中，γ 表示土的重度；h 表示边坡高度；c_D 表示转换前的黏聚力；ϕ_D 表示转换前的内摩擦角。

4) 破坏机构

对于柔性生态护坡内部稳定性的动力稳定性分析中，建立如图 9-37 所示的柔性生态护坡的破坏机构。设滑动面 AF 在加筋体 $BCEF$ 外，为通过坡脚 F 点的对数螺旋面，刚塑性土体 ACF 绕转动中心 O，相对潜在对数螺旋线面 AF 以下的刚体材料，以角速度 ω 转动。

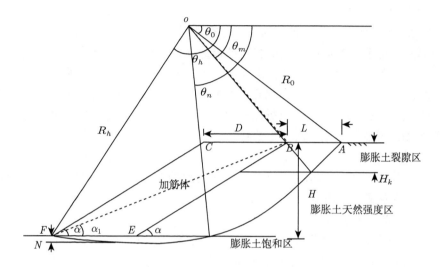

图 9-37　整体滑移稳定性计算破坏机构

对数螺旋线方程可用下式表达：

$$R(\theta) = R_0 \cdot e^{(\theta - \theta_0)\tan\phi} \tag{9-55}$$

式中，ϕ 表示土的内摩擦角。OF 的长度为 $R_h = R_0 \cdot e^{(\theta - \theta_0)\tan\phi}$。

根据图 9-37 中几何关系，可得

$$\frac{H}{R_0} = \sin\theta_h e^{(\theta_h - \theta_0)\tan\phi} - \sin\theta_0$$

$$\frac{L}{R_0} = \frac{\sin(\theta_h - \theta_0)}{\sin\theta_h} - \frac{\sin(\theta_h + \alpha)}{\sin\theta_h \sin\alpha} \cdot (\sin\theta_h e^{(\theta_h - \theta_0)\tan\phi} - \sin\theta_0)$$

$$\frac{N}{R_0} = \cos\phi e^{(\frac{1}{2}\pi + \phi - \theta_0)\tan\phi} - 2\sin\theta_0 - \sin\theta_h e^{(\theta_h - \theta_0)\tan\phi}$$

$$R_m \sin\theta_m = R_0 \sin\theta_0 + H_k$$

$$\sin\theta_m R_0 e^{(\theta_m - \theta_0)\tan\phi} = R_0 \sin\theta_0 + H_k$$

$$\theta_m = \arcsin\left[\frac{R_0 \sin\theta_0 + H_k}{R_0 e^{(\theta_m - \theta_0)\tan\phi}}\right] \tag{9-56}$$

$$R_n \sin \theta_n = R_h \sin \theta_h$$

$$\sin \theta_n R_0 e^{(\theta_n - \theta_0) \tan \phi} = \sin \theta_h R_0 e^{(\theta_h - \theta_0) \tan \phi}$$

$$\theta_n = \text{arc}[\sin \theta_n e^{(\theta_h - \theta_n) \tan \phi}] \tag{9-57}$$

式中，H_k 表示大气影响深度。

5) 能耗计算

图 9-27 为单级柔性生态护坡的边坡计算模型。外力包括填土重力、膨胀力和地震荷载；内部能量损耗率包括筋材上的能量损耗率和土体黏聚力产生的能量损耗率。因此，在应用塑形极限分析定理时，应变速度场上的外功功率有土体填土重力 W 的功率 $\dot{W}_s$，水平和竖向地震惯性力的功率 $\dot{W}_{k_h}$(其中 k_h 为水平地震力系数)，膨胀力 F 的功率 $\dot{W}_f$。外力所做的功率为 $\dot{W} = \dot{W}_s + \dot{W}_{k_h} + \dot{W}_f$。内部能量损耗率功率则为速度间断面上的能量消耗 $\dot{D}_c$。

6) 外力功率

外力功率包括 3 个部分：刚塑性土体重力所做的外功率；水平地震荷载所做的外功率；以及膨胀力所做的外功率。

(1) 土体重力功率 $\dot{W}_s$

如图 9-37 所示，直接积分 $ACFA$ 区土重所作外功率是非常复杂的，较容易的方法是采用叠加法。为确保滑动面在加筋体之外，首先分别求出假设没有加筋体时 OAF, OAB, OBF 和 BEF 区土重所作的功率：w_1, w_2, w_3 和 w_4，然后再求加上加筋体 $BCEF$ 土重所作的功率：

由叠加法可得 $ACFA$ 区土重所作的功率为

$$\dot{W}_s = R_0^3 \omega[\gamma(f_1 - f_2 - f_3 - f_4) + \gamma_1 f] \tag{9-58}$$

式中，

$$f_1 = \frac{(3 \tan \phi \cos \theta_h + \sin \theta_h) e^{3(\theta_h - \theta_0) \tan \phi} - 3 \tan \phi \cos \theta_0 - \sin \theta_0}{3(1 + 9 \tan^2 \phi)}$$

$$f_2 = \frac{L}{6R_0} \left(2 \cos \theta_0 - \frac{L}{R_0} \right) \sin \theta_0$$

$$f_3 = \frac{1}{6} e^{(\theta_h - \theta_0) \tan \phi} \cdot \left[\sin(\theta_h - \theta_0) - \frac{L}{R_0} \sin \theta_h \right] \times \left[\cos \theta_0 - \frac{L}{R_0} + \cos \theta_h \cdot e^{(\theta_h - \theta_0) \tan \phi} \right]$$

$$a_1 = \text{arc} \cot \left(\frac{H \cot a + D}{H} \right)$$

$$f_4 = \frac{HD}{2R_0^2} \cdot \left[\cos \theta_0 - \frac{L}{R_0} - \frac{1}{3} \left(\frac{H}{R_0} \right) (\cot a + \cot a_1) \right]$$

$$f_5 = \frac{DH}{R_0^2} \left(\frac{D}{2R_0} + \frac{H}{2R_0} \cot a + \cos \theta_h \mathrm{e}^{(\theta_h - \theta_0) \tan \phi} \right)$$

(2) 水平地震力功率 $\dot{W}_{k_h}$

求解方法同上, 有叠加法可得 ACF 区地震力功率为

$$\dot{W}_s = k_h R_0^3 \omega [\gamma(f_6 - f_7 - f_8 - f_9) + \gamma_1 f_{10}] \tag{9-59}$$

$$f_6 = \frac{(3 \tan \phi \sin \theta_h - \cos \theta_h) \mathrm{e}^{3(\theta_h - \theta_0) \tan \phi} - 3 \tan \phi \sin \theta_0 + \cos \theta_0}{3(1 + 9 \tan^2 \phi)}$$

式中,

$$f_7 = \frac{L_1}{3R_0} \cdot \sin^2 \theta_0$$

$$f_8 = \frac{1}{6} \mathrm{e}^{(\theta_h - \theta_0) \tan \phi} \cdot \left[\sin(\theta_h - \theta_0) - \frac{L_1}{R_0} \sin \theta_h \right] \times (\sin \theta_h \mathrm{e}^{(\theta_h - \theta_0) \tan \phi} + \sin \theta_0)$$

$$f_9 = \frac{HD}{2R_0^2} \cdot \left[\sin \theta_0 + \frac{2}{3} \left(\frac{H}{R_0} \right) \right]$$

$$f_{10} = \frac{HD}{R_0^2} \cdot \left[\sin \theta_0 + \frac{1}{2} \left(\frac{H}{R_0} \right) \right]$$

(3) 膨胀力功率 $\dot{W}_f$

对于图 9-37 的破坏机构, 只有膨胀土裂隙区和膨胀土饱和区膨胀土产生膨胀力。在只考虑水平膨胀力的情况下, 膨胀土饱和区产生的膨胀力左右抵消, 因此影响边坡稳定的膨胀力只需考虑膨胀土裂隙区产生的膨胀力:

$$\dot{W}_f = \frac{1}{2} p_h R_0^2 \omega [\sin^2 \theta_m \cdot \mathrm{e}^{2(\theta_m - \theta_0) \tan \phi} - \sin^2 \theta_0] \tag{9-60}$$

(4) 外力总功率:

$$\begin{aligned} \dot{W} =& \dot{W}_s + \dot{W}_{k_h} + \dot{W}_f \\ =& \gamma R_0^3 \omega [\gamma(f_1 - f_2 - f_3 - f_4) + \gamma_1 f] + k_h \gamma R_0^3 \omega [\gamma(f_6 - f_7 - f_8 - f_9) + \gamma_1 f_{10}] \\ &+ \frac{1}{2} p_h R_0^2 \omega [\sin^2 \theta_m \cdot \mathrm{e}^{2(\theta_m - \theta_0) \tan \phi} - \sin^2 \theta_0] \end{aligned} \tag{9-61}$$

7) 内部能量消耗功率

由于所求为不均质边坡, 不同土层等效黏聚力不同, 因此速度间断面上的能量耗散 D_c 为 $\theta_0 \theta_m$、$\theta_m \theta_n$ 和 $\theta_n \theta_h$ 3 段的叠加:

$$\begin{aligned} D_c =& D_1 + D_2 + D_3 \\ =& \int_{\theta_0}^{\theta_m} c_1 v \cos \phi \cdot \frac{R\mathrm{d}\theta}{\cos \phi} + \int_{\theta_m}^{\theta_n} c_2 v \cos \phi \cdot \frac{R\mathrm{d}\theta}{\cos \phi} + \int_{\theta_n}^{\theta_h} c_3 v \cos \phi \cdot \frac{R\mathrm{d}\theta}{\cos \phi} \end{aligned}$$

$$
\begin{aligned}
=\frac{R_0^2\omega}{2\tan\phi}\{&c_1[\mathrm{e}^{2(\theta_m-\theta_0)\tan\phi}-1]+c_2[\mathrm{e}^{2(\theta_n-\theta_0)\tan\phi}-\mathrm{e}^{2(\theta_m-\theta_0)\tan\phi}]\\
&+c_3[\mathrm{e}^{2(\theta_h-\theta_0)\tan\phi}-\mathrm{e}^{2(\theta_n-\theta_0)\tan\phi}]\}
\end{aligned}
\tag{9-62}
$$

8) 边坡稳定性安全系数

边坡稳定性安全系数 F_s 可表达为

$$
F_s=\frac{\dot{D}}{\dot{W}}
$$

将式 (9-21) 和式 (9-22) 代入上式则有

$$
\begin{aligned}
F_s=&\left(\frac{R_0^2\omega}{2\tan\phi}\{c_1[\mathrm{e}^{2(\theta_m-\theta_0)\tan\phi}-1]+c_2[\mathrm{e}^{2(\theta_n-\theta_0)\tan\phi}-\mathrm{e}^{2(\theta_m-\theta_0)\tan\phi}]\right.\\
&\left.+c_3[\mathrm{e}^{2(\theta_h-\theta_0)\tan\phi}-\mathrm{e}^{2(\theta_n-\theta_0)\tan\phi}]\}\right)\Big/\left(R_0^3\omega[\gamma(f_1-f_2-f_3-f_4)+\gamma_1 f_5]\right.\\
&+\frac{1}{2}p_h R_0^2\omega[\sin^2\theta_m\cdot\mathrm{e}^{2(\theta_m-\theta_0)\tan\phi}-\sin^2\theta_0]\\
&\left.+k_h R_0^3\omega[\gamma(f_6-f_7-f_8-f_9)+\gamma_1 f_{10}]\right)\\
=&\left(\cot\phi\{c_1[\mathrm{e}^{2(\theta_m-\theta_0)\tan\phi}-1]+c_2[\mathrm{e}^{2(\theta_n-\theta_0)\tan\phi}-\mathrm{e}^{2(\theta_m-\theta_0)\tan\phi}]\right.\\
&\left.+c_3[\mathrm{e}^{2(\theta_h-\theta_0)\tan\phi}-\mathrm{e}^{2(\theta_n-\theta_0)\tan\phi}]\}\right)\Big/\left(2H\cdot\left(\frac{H}{R_0}\right)^{-1}\right.\\
&\{\gamma[(f_1-f_2-f_3-f_4)+k_h(f_7-f_8-f_9-f_{10})]\\
&\left.+\gamma_1[f_5+k_h f_{10}]\}+p_h[\sin^2\theta_m\cdot\mathrm{e}^{2(\theta_m-\theta_0)\tan\phi}-\sin^2\theta_0]\right)\\
=&\left(\cot\phi\{c_1[\mathrm{e}^{2(\theta_m-\theta_0)\tan\phi}-1]+c_2[\mathrm{e}^{2(\theta_n-\theta_0)\tan\phi}-\mathrm{e}^{2(\theta_m-\theta_0)\tan\phi}]\right.\\
&\left.+c_3[\mathrm{e}^{2(\theta_h-\theta_0)\tan\phi}-\mathrm{e}^{2(\theta_n-\theta_0)\tan\phi}]\}\right)\Big/\\
&\left(\frac{2H\{\gamma[(f_1-f_2-f_3-f_4)+k_h(f_7-f_8-f_9-f_{10})]+\gamma_1[f_5+k_h f_{10}]\}}{(\sin\theta_h\mathrm{e}^{(\theta_h-\theta_0)\tan\phi}-\sin\theta_0)}\right.\\
&\left.+p_h[\sin^2\theta_m\cdot\mathrm{e}^{2(\theta_m-\theta_0)\tan\phi}-\sin^2\theta_0]\right)
\end{aligned}
\tag{9-63}
$$

$$
\frac{\partial F_s}{\partial\theta_0}=0,且\frac{\partial F_s}{\partial\theta_h}=0时
$$

安全系数有一个最小上限, 该值为边坡稳定安全系数。

3. 基于圆弧面的极限分析法

1) 基本假定

式 (9-63) 中包含有式 (9-56) 和式 (9-57) 两个非线性隐函数方程且这两个方程没有解析解，因此式 (9-63) 求解非常复杂，为了简化计算将对数螺旋滑动面退化为圆弧滑动面，即 $\phi=0$，通过类似式 (9-54) 的方法，采用等效黏聚力代替原有强度指标。计算方法如式 (9-64) 所示：

$$\frac{c}{\gamma h} = \tan \phi_D + \frac{c_D}{\gamma h} \tag{9-64}$$

$$c = \gamma h \tan \phi_D + c_D$$

式中，γ 表示土的重度；h 表示边坡高度；c_D 表示转换前的黏聚力；ϕ_D 表示转换前的内摩擦角。

2) 破坏机构

对于柔性生态护坡内部稳定性的动力稳定性分析中，建立如图 9-38 所示的柔性生态护坡的破坏机构。设滑动面 AF 在加筋体 $BCEF$ 外，为通过坡脚 F 点的圆弧面，刚塑性土体 ACF 绕转动中心 O，相对潜在圆弧面 AF 以下的刚体材料，以角速度 ω 转动。

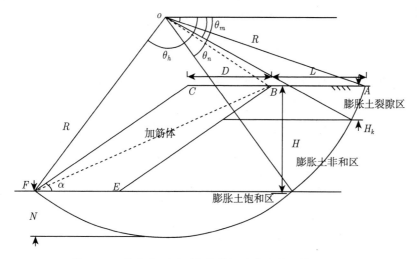

图 9-38 简化为圆弧面的整体滑移稳定性计算破坏机构

根据图 9-38 中几何关系，可得

$$\frac{H}{R} = \sin \theta_h - \sin \theta_0$$

$$N = (1 - \sin \theta_0)R - H$$

$$R \sin \theta_m = R \sin \theta_0 + H_k$$

$$\frac{L}{R} = \frac{\sin(\theta_h - \theta_0)}{\sin \theta_h} - \frac{\sin(\theta_h + \alpha)}{\sin \theta_h \sin \alpha} \cdot (\sin \theta_h - \sin \theta_0)$$

$$= \frac{\sin \alpha - \sin(\theta_h + \alpha)}{\sin \theta_h \sin \alpha}$$

$$\theta_m = \mathrm{crasin}\left(\frac{R \sin \theta_0 + H_k}{R}\right)$$

$$R \sin \theta_n = R \sin \theta_h$$

$$\theta_n = \theta_h - \frac{\pi}{2}$$

3) 外力功率

外力功率包括三个部分：刚塑性土体重力所做的外功率、水平地震荷载所做的外率、以及膨胀力所做的外功率。

(1) 土体重力功率 $\dot{W}_s$

如图 9-38 所示，宜采用叠加法计算 $ACFA$ 区土重所作外功率。为确保滑动面在加筋体之外，首先分别求出假设没有加筋体时 OAF、OAB、OBF 和 BEF 区土重所作的功率：w_1, w_2, w_3 和 w_4，求然后再加上加筋体 $BCEF$ 土重所作的功率。

由叠加法可得 $ACFA$ 区土重所作的功率为

$$\dot{W}_s = R_0^3 \omega [\gamma(f_1 - f_2 - f_3 - f_4) + \gamma_1 f]$$

将 $\mathrm{d}\dot{W}_1$ 沿区域 OAF 积分，得到区域 OAF 土重所做外功率为

$$\dot{W}_1 = \frac{1}{3}\gamma R^3 \omega \int_{\theta_0}^{\theta_h} \cos\theta \mathrm{d}\theta = \frac{1}{3}\gamma R^3 \omega(\sin\theta_h - \sin\theta_0)$$

$$f_1 = \sin\theta_h - \sin\theta_0 \tag{9-65}$$

$$\dot{W}_2 = \gamma \frac{1}{2} LR \sin\theta_0 \cdot \frac{1}{3}(2R\cos\theta_0 - L)\omega$$

$$= \frac{1}{6}\gamma\omega R^3 \frac{L}{R} \cdot \left(2\cos\theta_0 - \frac{L}{R}\right)\sin\theta_0$$

$$f_2 = \frac{L}{6R}\left(2\cos\theta_0 - \frac{L}{R}\right)\sin\theta_0 \tag{9-66}$$

$$\dot{W}_3 = \gamma\omega \cdot \frac{1}{2}[\sin(\theta_h - \theta_0)R^2 - L\sin\theta_h R - LH] \times \frac{1}{3}(\cos\theta_0 R - L + \cos\theta_h \cdot R)$$

$$f_3 = \frac{1}{6} \cdot \left[\sin(\theta_h - \theta_0) - \frac{L}{R}\sin\theta_h - \frac{L}{R} \cdot \frac{H}{R}\right] \times \left(\cos\theta_0 - \frac{L}{R} + \cos\theta_h\right) \tag{9-67}$$

$$f_4 = \frac{HD}{6R^2} \cdot \left[\cos\theta_0 - \frac{L}{R} + \frac{D}{R} + 2\cos\theta_h \right] \tag{9-68}$$

$$f_5 = \frac{DH}{R^2} \left(\frac{D}{2R} + \frac{H}{2R}\cot a + 2\cos\theta_h \right) \tag{9-69}$$

$$\dot{W}_s = R_0^3 \omega [\gamma(f_1 - f_2 - f_3 - f_4) + \gamma_1 f_5] \tag{9-70}$$

(2) 水平地震力功率 $\dot{W}_{kh}$

求解方法同上, 有叠加法可得 ACF 区地震力功率为

$$\dot{W}_{kh} = k_h R_0^3 \omega [\gamma(f_6 - f_7 - f_8 - f_9) + \gamma_1 f_{10}] \tag{9-71}$$

式中,

$$\dot{W}_6 = \frac{1}{3}\gamma R^3 \omega \int_{\theta_0}^{\theta_h} \sin\theta \mathrm{d}\theta = \frac{1}{3}\gamma R^3 \omega(\cos\theta_0 - \cos\theta_h)$$

$$f_6 = \cos\theta_0 - \cos\theta_h \tag{9-72}$$

$$f_7 = \frac{L}{3R} \cdot \sin^2\theta_0 \tag{9-73}$$

$$f_8 = \frac{1}{6} \cdot \left[\sin(\theta_h - \theta_0) - \frac{L}{R}\sin\theta_h - \frac{L}{R} \cdot \frac{H}{R} \right]\left(2\sin\theta_0 + \frac{H}{R} \right) \tag{9-74}$$

$$f_9 = \frac{HD}{2R^2} \cdot \left[\sin\theta_0 + \frac{2}{3}\left(\frac{H}{R}\right) \right] \tag{9-75}$$

$$f_{10} = \frac{HD}{R^2} \cdot \left[\sin\theta_0 + \frac{1}{2}\left(\frac{H}{R}\right) \right] \tag{9-76}$$

(3) 膨胀力功率 $\dot{W}_f$:

对于图 9-38 的破坏机构, 只有膨胀土裂隙区和膨胀土饱和区膨胀土产生膨胀力。在只考虑水平膨胀力的情况下, 膨胀土饱和区产生的膨胀力左右抵消, 因此影响边坡稳定的膨胀力只需考虑膨胀土裂隙区产生的膨胀力

$$\dot{W}_f = p_h R_0^2 \omega(\cos\theta_0 - \cos\theta_m) \tag{9-77}$$

(4) 外力总功率:

$$\begin{aligned}
\dot{W} =& \dot{W}_s + \dot{W}_{kh} + \dot{W}_f = \gamma R_0^3 \omega[\gamma(f_1 - f_2 - f_3 - f_4) + \gamma_1 f] \\
& + k_h \gamma R_0^3 \omega[\gamma(f_6 - f_7 - f_8 - f_9) + \gamma_1 f_{10}] + p_h R_0^2 \omega(\cos\theta_0 - \cos\theta_m)
\end{aligned} \tag{9-78}$$

4) 内部能量消耗功率

由于所求为不均质边坡, 不同土层等效黏聚力不同, 因此速度间断面上的能量耗散 D_c 为 $\theta_0\theta_m$、$\theta_m\theta_n$ 和 $\theta_n\theta_h$ 3 段的叠加:

$$D_c = D_1 + D_2 + D_3$$

$$= \int_{\theta_0}^{\theta_m} [kc_1 + \gamma H_k(\tan\phi_1 - \tan\phi)]vRd\theta + \int_{\theta_m}^{\theta_n} [c_2 + \gamma H(\tan\phi_2 - \tan\phi)]vRd\theta$$

$$+ \int_{\theta_n}^{\theta_h} [c_1 + \gamma(H + N)\cdot(\tan\phi_1 - \tan\phi)]vRd\theta$$

$$= R_0^2\omega\{[kc_1 + \gamma H_k(\tan\phi_1 - \tan\phi)](\theta_m - \theta_0)$$

$$+ [c_2 + \gamma H(\tan\phi_2 - \tan\phi)](\theta_n - \theta_m)$$

$$+ [c_1 + \gamma(H + N)\cdot(\tan\phi_1 - \tan\phi)](\theta_h - \theta_n)\} \tag{9-79}$$

5) 边坡安全系数

边坡稳定性安全系数 F_s 可表达为

$$F_s = \frac{\dot{D}}{\dot{W}}$$

则有

$$F_s = \left(R_0^2\omega\{[kc_1 + \gamma H_k(\tan\phi_1 - \tan\phi)](\theta_m - \theta_0) + [c_2 + \gamma H(\tan\phi_2 - \tan\phi)](\theta_n - \theta_m) \right.$$

$$\left. + [c_1 + \gamma(H + N)\cdot(\tan\phi_1 - \tan\phi)](\theta_h - \theta_n)\} \right) \bigg/ \left(R_0^3\omega[\gamma(f_1 - f_2 - f_3 - f_4) \right.$$

$$\left. + \gamma_1 f_5] + p_h R_0^2\omega(\cos\theta_0 - \cos\theta_m) + k_h R_0^3\omega[\gamma(f_6 - f_7 - f_8 - f_9) + \gamma_1 f_{10}] \right)$$

$$= \left(\{[kc_1 + \gamma H_k(\tan\phi_1 - \tan\phi)](\theta_m - \theta_0) + [c_2 + \gamma H(\tan\phi_2 - \tan\phi)](\theta_n - \theta_m) \right.$$

$$\left. + [c_1 + \gamma(H + N)\cdot(\tan\phi_1 - \tan\phi)](\theta_h - \theta_n)\} \right) \bigg/$$

$$\left(\frac{H\{\gamma[(f_1 - f_2 - f_3 - f_4) + k_h(f_7 - f_8 - f_9 - f_{10})] + \gamma_1[f_5 + k_h f_{10}]\}}{(\sin\theta_h - \sin\theta_0)} \right.$$

$$\left. + p_h(\cos\theta_0 - \cos\theta_m) \right) \tag{9-80}$$

$$\frac{\partial F_s}{\partial\theta_0} = 0, \text{且} \frac{\partial F_s}{\partial\theta_h} = 0 \text{时}$$

安全系数有一个最小上限,该值为边坡稳定安全系数。

6) 程序实现

MATLAB 又称 "矩阵实验室",是适用于科学和工程计算的软件系统,MATLAB 除了具有类似于其他计算机编程语言的编程特性外, 对数据分析领域的特定问题,MATLAB 都给出了该问题的各种高效算法。

MATLAB 计算步骤如图 9-39:

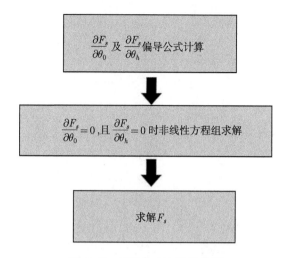

图 9-39 MATLAB 计算步骤

(1) 偏导公式计算

该步骤通过函数 $f = \text{diff}(\text{fun}, 'x')$ 实现。

其中 fun 为式 (9-63)。

(2) 非线性方程组计算

该步骤采用牛顿法求解，牛顿法本质上是一种切线法，它从一端向一个方向逼近的根，其递推公式为

$$x_{n+1} = x_n - \frac{f(x_n)}{f'(x_n)} \tag{9-81}$$

初始值可以取 $f'(a)$ 和 $f'(b)$ 的较大者，这样可以加快收敛速度。

在 MATLAB 中编程实现牛顿法的函数定义为 Newtonroot。功能：用牛顿法求函数在某个区间上的一个零点，即非线性方程组在某个区间上的一个根。

调用格式：

root= Newtonroot(f,a,b,eps)

式中，f 为函数名；a 为区间左端点；b 为区间右端点；eps 为根的精度；root 为求出的函数零点。

牛顿法的 MATLAB 程序代码如下：

```
function root=newtondown(f,a,b,eps)
if(nargin==3)
    eps=1.0e-4;
end
f1=subs(sym(f),findsym(sym(f)),a);
f2=subs(sym(f),findsym(sym(f)),b); if(f1==0)
```

```
        root=a;
end
if(f2==0)
        root=b;
end
if(f1*f2>0)
        disp;
return;
else
        tol=1;
        fun=diff(sym(f));
        fa=subs(sym(f),findsym(sym(f)),a);
        fb=subs(sym(f),findsym(sym(f)),b);
        dfa=subs(sym(fun),findsym(sym(fun)),a);
        dfb=subs(sym(fun),findsym(sym(fun)),b);
if(dfa>dfb)
            root=a;
else
            root=b;
end
while(tol>eps)
            r1=root;
            fx=subs(sym(f),findsym(sym(f)),r1);
            dfx=subs(sym(fun),findsym(sym(fun)),r1);
            toldf=1;
            alpha=2;
while toldf>0
                alpha=alpha/2;
                root=r1-alpha*fx/dfx;
                fv=subs(sym(f),findsym(sym(f)),root);
                toldf=abs(fv)-abs(fx);
end
            tol=abs(root-r1);
end
end
```

(3) 求解 F_s：

将步骤 2 所得结果代入式 (9-63) 中即可得到 F_s 的解。计算程序详见附录 1。

7) 参数敏感性分析

选择 7 个参数，根据正交试验法进行敏感性分析。这 7 个影响参数为水平地震系数 k_h，加筋体宽度 D，护坡坡率 α，黏聚力 c，内摩擦角 ϕ，护坡高度 H 和膨胀力 P。根据工程设计经验，每个参数取 3 个水平，如表 9-5 所示，布置在 L_{27} 正交表中进行正交试验分析如表 9-6 所示，不考虑参数间的交互作用。其中 c 的 3 个水平：I 水平为 $c_1=35\text{kN}$，$c_2=70\text{kN}$；II 水平为 $c_1=25\text{kN}$，$c_2=50\text{kN}$；III 水平为 $c_1=15\text{kN}$，$c_2=30\text{kN}$。ϕ 的 3 个水平：I 水平为 $\phi_1=15°$，$\phi_2=45°$；II 水平为 $\phi_1=10°$，$\phi_2=30°$；III 水平为 $\phi_1=5°$，$\phi_2=15°$。计算时取 $\gamma = 19\text{kN·m}^{-3}$。

表 9-5 正交试验方案表

水平	k_h/g	D/m	α	c/kPa	$\phi/(°)$	H/m	P/kPa
1	0.1	5	1 : 1.5	I	I	6	30
2	0.2	4	1 : 1.25	II	II	8	60
3	0.3	3	1 : 1.1	III	III	10	90

表 9-6 正交试验表

因素	k_h/g	D/m	α	c/kPa	$\phi/(°)$	H/m	P/kPa	F_s
实验 1	0.1	5	1 : 1.5	I	I	6	30	3.389
实验 2	0.1	4	1 : 1.25	II	II	8	60	2.126
实验 3	0.1	3	1 : 1.1	III	III	10	90	1.088
实验 4	0.2	5	1 : 1.5	II	II	10	90	1.628
实验 5	0.2	4	1 : 1.25	III	III	6	30	0.988
实验 6	0.2	3	1 : 1.1	I	I	8	60	2.680
实验 7	0.3	5	1 : 1.25	I	III	8	90	1.085
实验 8	0.3	4	1 : 1.1	II	I	10	30	2.021
实验 9	0.3	3	1 : 1.5	III	II	6	60	1.022
实验 10	0.1	5	1 : 1.1	III	II	8	30	1.906
实验 11	0.1	4	1 : 1.5	I	III	10	60	1.722
实验 12	0.1	3	1 : 1.25	II	I	6	90	2.288
实验 13	0.2	5	1 : 1.25	III	I	10	60	2.188
实验 14	0.2	4	1 : 1.1	I	II	6	90	1.667
实验 15	0.2	3	1 : 1.5	II	III	8	30	1.240
实验 16	0.3	5	1 : 1.1	II	III	6	60	0.924
实验 17	0.3	4	1 : 1.5	III	I	8	90	1.505
实验 18	0.3	3	1 : 1.25	I	II	10	30	0.883

根据表 9-7 结果对参数敏感性的排序为 $\phi, k_h, c, D, P, H, \alpha$。其中内摩擦角 ϕ 和地震系数 k_h 影响最大，边坡坡率 α 影响最小。

表 9-7　正交试验极差表

因素	k_h/g	D/m	α	c/kPa	$\phi/(°)$	H/m	P/kPa
极差	0.846	0.319	0.158	0.455	1.171	0.169	0.234

9.3.6　整体平移时的稳定性分析

(1) 加筋护坡产生平移的破坏形式，如图 9-40 所示。

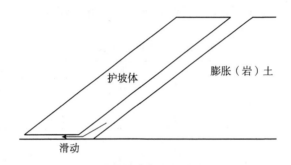

图 9-40　整体滑动破坏形式

护坡产生的直线滑动面沿底座和护坡背部滑动时的计算，如图 9-41 所示。

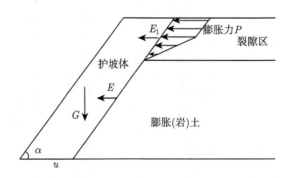

图 9-41　护坡后产生直线滑动面时整体平移的稳定性分析示意图

(2) 作用在柔性生态护坡墙背的主动土压力按库仑土压力理论计算。

在工程实践中，有时近似地采用等值内摩擦角 ϕ' 来综合考虑黏性填土 c, ϕ' 两者的影响，即通过适当增加内摩擦角 ϕ 从而把黏聚力 c 考虑进去，然后再按无黏性土一样的方法来计算土压力。关键是如何确定合理的 ϕ' 值的问题。在实际应用中, 根据换算时条件假定不同, 通常有如下几种方法。

①经验法: 一般黏土、粉质黏土在地下水位以上时 ϕ' 常采用 $30° \sim 35°$, 地下水位以下 ϕ' 常采用 $25° \sim 30°$; 或黏聚力每增加 10kPa, ϕ' 增加 $3° \sim 7°$。

②根据土的抗剪强度相等的原则:

$$\phi' = \arctan\left[\tan\phi + \frac{c}{\gamma H}\right] \tag{9-82}$$

③按朗肯公式土压力相等:

$$\phi' = 90° - 2\arctan\left[\tan(45° - \phi/2) - \frac{2c}{\gamma H}\right] \tag{9-83}$$

④按朗肯土压力力矩相等:

$$\phi' = 90° - 2\arctan\left[\tan(45° - \phi/2) - \frac{2c}{\gamma H}\sqrt{1 - \frac{2c}{\gamma H}\tan(45° + \phi/2)}\right] \tag{9-84}$$

式中: γ 表示墙后土体的单位重度 (kN/m³); ϕ' 表示支挡结构后土体的等效内摩擦角 (°); ϕ 表示土体内摩擦角 (°); c 表示土体内黏聚力 (kPa); H 表示土层厚度 (m)。

柔性生态护坡为仰斜式, 倾斜方向是向着滑体的, 会引起主动土压力对护坡的稳定性的影响减小:

$$E_a' = E_a\left(1 - \frac{\tan\phi'}{\tan\alpha}\right) \tag{9-85}$$

$$E_a = 0.5K_a\gamma H^2 \tag{9-86}$$

$$K_a = \frac{\cos^2(\omega + \phi')}{\cos^2\omega\cos(\omega - \delta)} \times \left(1 + \sqrt{\frac{\sin(\phi' + \delta)\sin(\phi' - \beta)}{\cos(\omega - \delta)\cos(\omega + \beta)}}\right)^{-2} \tag{9-87}$$

式中, ω 表示为支挡结构背部与竖直线的夹角 (°); β 表示坡体表面坡角 (°); δ 表示支挡结构背部与支挡结构后土体之间的摩擦角 (°), 取支挡结构体的填料和边坡土体内摩擦角值的最小值; α 表示坡角 (°)。

假定柔性减胀护坡坡背防排水层与膨胀土的摩擦系数和混凝土基底与膨胀土的摩擦系数一致, 则边坡安全系数计算方法如下:

$$F_s = \frac{F\mu}{E + E_1 + P} \tag{9-88}$$

式中, F 表示作用于膨胀土护坡上的重力 (kN), 见式 (4-33); μ 表示基底与地基间及护坡体与膨胀土边坡的摩擦系数, 取值如表 9-8 所示; E, E_1 表示分别为裂隙区和膨胀 (岩) 区的主动土压力 (kN); P 表示墙后膨胀力 (kN)。

表 9-8　摩擦系数 μ

地基土的分类	摩擦系数 μ
软塑黏土	0.25
硬塑黏土	0.30
砂类土、黏砂土、半干硬的黏土	0.30~0.40
砂类土	0.40
碎石类土	0.50
软质岩石	0.40~0.60
硬质岩石	0.60~0.70

(3) 实例分析

取试验工点为云桂铁路广西段 DK200+720 处为分析算例。

对于等值内摩擦角 ϕ 的计算，经验公式主要针对一般黏土，膨胀土强度受裂隙和含水率影响变化幅度很大，并不适用；采用另三种方法，即公式 (9-82)~公式 (9-84) 对裂隙区 ($H = 3\text{m}$) 膨胀土等值内摩擦角 ϕ' 进行计算，得到 ϕ' 分别为 $17.34°$，$33.35°$，$27.98°$，计算时取最小值 $17.34°$。

天然强度区膨胀土等值内摩擦角 ϕ'，当 $H =15\text{m}$ 时，

$$\phi' = 42.6° \geqslant \alpha$$

由 $E_a' = E_a \left(1 - \dfrac{\tan \phi'}{\tan \alpha}\right)$ 得，当 $a \leqslant \phi'$ 时 $E_a' = 0$。

因此只需考虑裂隙区的主动土压力。

$$E_{a2} = 0.5 K_a \gamma H^2 = 0.5 \times 0.785 \times 19 \times 3^2 \times 1 = 67.16\text{kN}$$

$$E_a' = E_a \left(1 - \frac{\tan \phi'}{\tan \alpha}\right) = 35.68\text{kN}$$

膨胀力 P 为

$$P = \frac{ap(3+1)}{2} \times 1 = 0.67 \times 60 \times 2 \times 1 = 80.4\text{kN}$$

对于单级边坡 ($H \leqslant 13\text{m}$)，不考虑 E_{a1} 影响，取 $F_s =1.3$；假设基底与地基间和护坡体与膨胀土边坡的摩擦系数相同，取 $\mu=0.4$，填土 $\gamma=20\text{kN/m}^3$，

经转换得最小护坡厚度：

$$F_s \leqslant \frac{F\mu}{E + E_1 + P} = \frac{\gamma H L \mu}{E_{a1}\left(1 - \dfrac{\tan \phi_1'}{\tan \alpha}\right) + E_{a2}\left(1 - \dfrac{\tan \phi_2'}{\tan \alpha}\right) + P}$$

$$L \geqslant \frac{18.84}{H}$$

通过计算得到不同的护坡体高度与护坡宽度时的安全系数如表 9-9 所示。

表 9-9 不同高度与护坡宽度时安全系数关系表

护坡体宽度/m	护坡体高度/m			
	5	7	9	11
2	0.827	0.965	1.103	1.516
3	1.034	1.447	1.861	2.274
4	1.378	1.654	1.930	2.205
5	1.723	3.101	3.790	4.480

从表 9-9 可以看出，安全系数随护坡体高度和护坡体宽度的减少而降低，这是因为护坡坡率较缓，平移滑动力仅由土体强度衰减的裂隙区的主动土压力和膨胀力的合力提供，裂隙区的深度取决于大气影响深度，大气影响深度是一个定值，因此平移滑动力也为一个定值。抗滑力由护坡体自重提供，所以护坡体体积越大，边坡抵抗整体平移时的稳定性越好。

9.3.7 承载力的验算

1) 基本假定

柔性生态护坡在施工时基底受偏心力影响显著，需对坡底承载力进行验算，示意图见图 9-42。计算时，取 1m 长度作为计算单元，可满足其精确度要求。对于土基和岩基的要求是，一般均不得出现拉应力，最大压应力需控制在基底的容许承载力以内。由于护坡体为柔性结构，允许挠曲变形，边坡土压力和膨胀力对护坡体的倾覆弯矩可忽略不计。

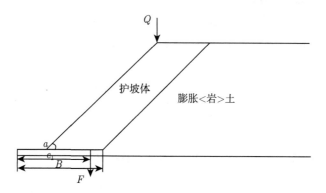

图 9-42 施工时期承载力的验算示意图

基底合力的偏心距 e_0 可按下式计算:

$$e_0 = \frac{M_d}{N_d} \tag{9-89}$$

式中，N_d 表示作用于基底上的垂直力组合设计值 (kN/m)，$N_d = F + Q$; M_d 表示作用于基底形心的弯矩组合设计值 (MPa)，$M_d = Fe_1 + Qe_2$; e_1 表示自重的偏心距: $e_1 = \dfrac{2L}{3} + 2$; e_2 表示施工荷载的偏心距, 当 $e_2 \leqslant 0$ 时, 施工荷载对基底无影响, $e_2 = H(\tan\theta - \cot\alpha)$。

基底压应力 σ 应按下列公式计算:

$$|e| \leqslant \frac{B}{6} \text{时}, \sigma_{1,2} = \frac{N_d}{A}\left(1 \pm \frac{6e}{B}\right) \tag{9-90}$$

位于岩石地基上。

$$e > \frac{B}{6} \text{时}, \sigma_1 = \frac{2N_d}{3\alpha_1}, \sigma_2 = 0 \tag{9-91}$$

$$\alpha_1 = \frac{B}{2} - e_0 \tag{9-92}$$

式中, σ_1 表示趾部的压应力 (kPa); σ_2 表示踵部的压应力 (kPa); B 表示基底宽度 (m), 倾斜基底为其斜宽; A 表示基础底面每延米的面积, 矩形基础为基础宽度 $B \times 1(\text{m}^2)$。

地基稳定性系数 K_d 不应小于 1.3, 其值按下式计算:

$$K_d = \frac{[\sigma_0]}{\sigma} \tag{9-93}$$

式中, $[\sigma_0]$ 表示基底的容许承载力; σ 表示基底压应力。

2) 承载力的验算的分析

同样以试验工点云桂铁路广西段 DK200+720 处为分析算例。

承载力的验算较复杂, 因此取不同的护坡高度、护坡宽度进行分析: 取 $Q = 20\text{t} \approx 200\text{kN}$。

$$[\sigma] \geqslant 1.25\frac{\sum V}{B}\left(1 + \frac{6e}{B}\right) = \frac{\sum V}{B} + \frac{6(M_b - M_b')}{B^2}$$

计算结果见表 9-10:

表 9-10　施工时不同高度与护坡宽度时地基承载力关系表　　　　(单位: kPa)

护坡体宽度/m	护坡体高度/m			
	5	7	9	11
2	81.65	61.29	61.25	61.25
3	126.01	122.56	104.93	91.73
4	133.34	139.43	143.06	144.51
5	139.89	164.96	167.99	166.29

膨胀 (岩) 土的容许承载力为 200kPa, 因此当不出现软弱地基时, 地基承载力均符合要求。

9.3.8 内部稳定性分析

1. 基本假定

在进行柔性生态护坡稳定性分析时，参考有关研究成果，应用如下基本假设：①按平面应变问题进行分析；②边坡岩土体为理想刚塑性体，遵循相关联流动法则，服从线性 Mohr-Coulomb 破坏准则；③不考虑岩土体孔隙水压力作用的影响，也不考虑岩土体抗剪强度参数 c 和 ϕ 由于地震荷载作用而产生的变化；④采用拟静力法分析地震效应，只考虑水平地震效应；⑤考虑膨胀力对边坡稳定性的影响。

因此，在进行上限能耗分析计算时，外力功率包括由边坡岩土体的重力、地震荷载和膨胀力所做的功率，内能耗散功率则包括破坏面内能损耗率和由筋材抗力所做的功率。

2. 破坏机构

对于柔性生态护坡内部稳定性的动力稳定性分析中，建立如图 9-43 所示的柔性生态护坡的破坏机构。设滑动面 BC 为通过坡脚 C 点的对数螺旋面，刚塑性土体 ABC 绕转动中心 O，相对潜在对数螺旋线面 AC 以下的刚体材料，以角速度 ω 转动。BC 面是一个速度间断面，当土体处于塑性流动或剪切滑动状态时，其上任意点的应变速度矢量 $V(\theta)$ 与该点处滑动切线的夹角为 ϕ，此时则为塑性极限分析的机动许可速度场，外力所做的功率等于内能耗散功率 [137]。

破坏机构可由两个变量：θ_0、θ_h 确定。

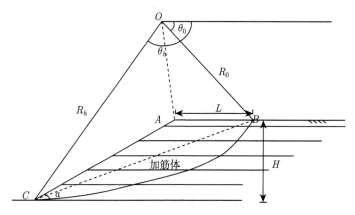

图 9-43 单级柔性生态护坡计算模型

对数螺旋线方程见 (9-94) 式 [138]：

$$R(\theta) = R_0 \cdot e^{(\theta_h - \theta_0)\tan\phi} \tag{9-94}$$

式中：ϕ 为土的内摩擦角。OC 的长度为 $R_h = R_0 \cdot e^{(\theta - \theta_0) \tan \phi}$

根据图 9-43 中几何关系，可得

$$\frac{H}{R_0} = \sin \theta_h e^{(\theta_h - \theta_0) \tan \phi} - \sin \theta_0$$

$$\frac{L}{R_0} = \frac{\sin(\theta_h - \theta_0)}{\sin \theta_h} - \frac{\sin(\theta_h + \alpha)}{\sin \theta_h \sin \alpha} \cdot (\sin \theta_h e^{(\theta_h - \theta_0) \tan \phi} - \sin \theta_0)$$

3. 能耗计算

图 9-43 为单级柔性生态护坡的边坡计算模型。外力包括填土重力、膨胀力和地震荷载；内部能量损耗率包括筋材上的能量损耗率和土体黏聚力产生的能量损耗率。因此，在应用塑形极限分析定理时，应变速度场上的外功功率有：土体填土重力 W 的功率 $\dot{W}_s$，水平和竖向地震惯性力的功率 $\dot{W}_{k_h}$（其中 k_h 为水平地震力系数），膨胀力 F 的功率 $\dot{W}_f$。外力所做的功率为 $\dot{W} = \dot{W}_s + \dot{W}_{k_h} + \dot{W}_f$。内部能量损耗率功率则包括：速度间断面上的能量消耗 $\dot{D}_c$，筋材沿着整个对数螺旋面的能量消耗功率 $\dot{D}_r$。

4. 外力功率

外力功率包括 3 个部分：刚塑性土体重力所做的外功率、水平地震荷载所做的外功率以及膨胀力所做的外功率。

1) 土体重力功率 $\dot{W}_s$

如图 9-43 所示，直接积分 ABC 区土重所作外功率是非常复杂的，较容易的方法是采用叠加法，首先分别求出 OBC，OAB 和 OAC 区土重所作的功率：w_1, w_2 和 w_3，然后叠加。考虑对数螺线区 OAC 其中的一个微元，如图 9-44(a) 所示，该微元面积为 $1/2R^2 \mathrm{d}\theta$ 土体重则为 $1/2R^2 \mathrm{d}\theta\gamma$，其重心速度的垂直分量为 $2/3R \cos \theta \omega$，于是得到微元重力所做外功率。

$$\mathrm{d}w_1 = \left(\omega \cdot \frac{2}{3} r \cos \theta \right) \left(\gamma \cdot \frac{1}{2} r^2 \mathrm{d}\theta \right)$$

沿整个面积积分，得

$$w_1 = \frac{1}{3} \gamma \omega \int_{\theta_0}^{\theta_h} R^3 \cos \theta \mathrm{d}\theta = \gamma \omega R_0^3 \int_{\theta_0}^{\theta_h} \frac{1}{3} e^{3(\theta - \theta_0) \tan \phi} \cdot \cos \theta \mathrm{d}\theta$$

$$f_1 = \frac{(3 \tan \phi \cos \theta_h + \sin \theta_h) e^{3(\theta_h - \theta_0) \tan \phi} - 3 \tan \phi \cos \theta_0 - \sin \theta_0}{3(1 + 9 \tan^2 \phi)} \tag{9-95}$$

则

$$\omega_1 = \gamma R_0^3 \omega f_1$$

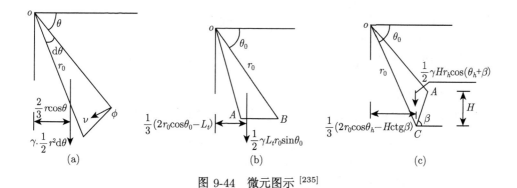

图 9-44 微元图示 [235]

对于三角形区 OAB, OAC，其微元受力分析如图 9-44(b)~(c) 所示，用类似方法得

$$w_2 = \gamma R_0^3 \omega f_2$$

$$w_3 = \gamma R_0^3 \omega f_3$$

式中，

$$f_2 = \frac{L}{6R_0}\left(2\cos\theta_0 - \frac{L}{R^0}\right)\sin\theta_0 \tag{9-96}$$

$$f_3 = \frac{1}{6}e^{(\theta_h - \theta_0)\tan\phi} \cdot \left[\sin(\theta_h - \theta_0) - \frac{L}{R^0}\sin\theta_h\right]$$

$$\times \left[\cos\theta_0 - \frac{L}{R_0} + \cos\theta_h \cdot e^{(\theta_h - \theta_0)\tan\phi}\right] \tag{9-97}$$

由叠加法可得 ABC 区土重所作的功率为

$$\dot{W}_s = w_1 - w_2 - w_3 = \gamma R_0^3 \omega(f_1 - f_2 - f_3) \tag{9-98}$$

2) 水平地震力功率 $\dot{W}_{k_h}$

水平地震力是由图 9-43 中刚塑性土体 $ABCA$，在水平地震作用下所做的外功率，同样采用叠加法，首先分别求出 OBC, OAB 和 OAC 区土重所作的功率：w_1, w_2, w_3，然后叠加。考虑对数螺线区 OAC 其中的一个微元，如图 9-44(a) 所示，该微元所作的外功率为

$$\dot{W}_s = k_h \gamma R_0^3 \omega(f_4 - f_5 - f_6)$$

式中，

$$f_4 = \frac{(3\tan\phi\sin\theta_h - \cos\theta_h)e^{3(\theta_h - \theta_0)\tan\phi} - 3\tan\phi\sin\theta_0 + \cos\theta_0}{3(1 + 9\tan^2\phi)} \tag{9-99}$$

$$f_5 = \frac{L}{3R_0} \cdot \sin^2 \theta_0 \tag{9-100}$$

$$f_6 = \frac{1}{6} e^{(\theta_h - \theta_0) \tan \phi} \cdot \left[\sin(\theta_h - \theta_0) - \frac{L}{R_0} \sin \theta_h \right] \times (\sin \theta_h e^{(\theta_h - \theta_0) \tan \phi} + \sin \theta_0) \tag{9-101}$$

3) 膨胀力功率 $\dot{W}_f$

膨胀力应分解为竖向膨胀力和侧向膨胀力。不考虑竖向膨胀力作用。则

$$\dot{W}_f = \frac{1}{2} p_h R_0^2 \omega [\sin^2 \theta_h \cdot e^{2(\theta_h - \theta_0) \tan \phi} - \sin^2 \theta_0] \tag{9-102}$$

式中，p_h 表示侧向膨胀应力。

4) 外力总功率

$$\begin{aligned}
\dot{W} =& \dot{W}_s + \dot{W}_{k_h} + \dot{W}_f \\
=& \gamma R_0^3 \omega(f_1 - f_2 - f_3) + k_h \gamma R_0^3 \omega(f_4 - f_5 - f_6) \\
& + \frac{1}{2} p_h R_0^2 \omega [\sin^2 \theta_h \cdot e^{2(\theta_h - \theta_0) \tan \phi} - \sin^2 \theta_0]
\end{aligned} \tag{9-103}$$

5. 内部能量消耗功率

如图 9-45 所示，内能耗散功率包括：速度间断面上的能量耗散 D_c；筋材抗力所做的功率 D_r。

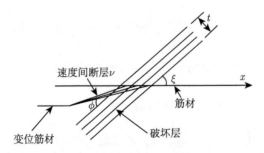

图 9-45　筋材作用力示意图

1) 筋材上的能量消耗率

$$dr = \int_0^{t \sin \xi} k_t \varepsilon \sin \xi dx = k_r v \cos(\xi - \phi) \sin \xi \tag{9-104}$$

式中，ε 为筋材方向上的应变率；v 为速度间断面上的速度间断量；ξ 为筋材倾斜角；t 为筋材破裂层厚度；k_t 为单位截面上筋材拉伸强度，对于均匀分布的筋材，k_t 可表达为

$$k_t = \frac{nT}{H} \tag{9-105}$$

式中：T 为筋材拉伸强度 (kN/m)；s 为筋材层间距 (m)；n 为加筋层数。

筋材沿着整个对数螺旋面的能量消耗率为

$$D_r = \frac{k_t R_0^2 \omega}{\cos\phi} \int_{\theta_0}^{\theta_h} e^{2(\theta-\theta_0)\tan\phi} \cos(\theta-\phi)\sin\theta d\theta$$

$$= \frac{1}{2} k_t R_0^2 \omega [\sin^2\theta_h \cdot e^{2(\theta_h-\theta_0)\tan\phi} - \sin^2\theta_0] \tag{9-106}$$

2) 速度间断面上的能量耗散 D_c

边坡发生塑性破坏时，可认为刚塑性区 ABC 内局部变形基本一致，其内部不产生功率耗散。假设岩土体服从线性 Mohr-Coulomb 屈服准则和相关联流动法则，对于二维平面应变问题，速度间断面上的能量耗散率 D_c，可通过对其能量损耗率的微分沿整个间断面进行积分而得到，即

$$D_c = \int_{\theta_0}^{\theta_h} cv\cos\phi \cdot \frac{Rd\theta}{\cos\phi} = \frac{c}{2\tan\phi} R_0^2 \omega [e^{2(\theta_h-\theta_0)\tan\phi} - 1] \tag{9-107}$$

内部消耗总功率:

$$\dot{D} = \dot{D}_c + \dot{D}_r = \frac{1}{2} k_t R_0^2 \omega [\sin^2\theta_h \cdot e^{2(\theta_h-\theta_0)\tan\phi} - \sin^2\theta_0]$$

$$+ \frac{c}{2\tan\phi} R_0^2 \omega [e^{2(\theta_h-\theta_0)\tan\phi} - 1] \tag{9-108}$$

6. 稳定性分析

根据极限分析上限定理，当外力功率等于内能消耗功率时

$$F_s = \frac{\dot{D}}{\dot{W}} \tag{9-109}$$

式中，F_s 表示安全系数。

1) 边坡临界高度分析和计算

将式 (9-103)、式 (9-108) 代入式 (9-109) 并整理得到 (9-110) 式，通过求解式 (9-110) 可得到临界高度的一个上限，即加筋材在一定加筋材条件下的临界高度值。而为了获得临界高度 H_{cr} 的最小上界，需满足条件 (9-111) 式。

$$\gamma[(f_1 - f_2 - f_3) + k_h(f_4 - f_5 - f_6)] \cdot \left(\frac{H}{R_0}\right)^{-2} \cdot H^2$$

$$+ \frac{1}{2}\left\{ (p_h - k_t)[\sin^2\theta_h \cdot e^{2(\theta_h-\theta_0)\tan\phi} - \sin^2\theta_0] \right.$$

$$\left. - \frac{c}{\tan\phi}[e^{2(\theta_h-\theta_0)\tan\phi} - 1] \right\} \cdot \left(\frac{H}{R_0}\right)^{-1} \cdot H = 0 \tag{9-110}$$

$$
\begin{aligned}
H_{\mathrm{cr}} &= \frac{\dfrac{c}{\tan\phi}[\mathrm{e}^{2(\theta_h-\theta_0)\tan\phi}-1]+(k_t-F_sp_h)[\sin^2\theta_h\cdot\mathrm{e}^{2(\theta_h-\theta_0)\tan\phi}-\sin^2\theta_0]}{[(f_1-f_2-f_3)+k_h(f_4-f_5-f_6)]}\left(\frac{H}{R_0}\right)\\
&= (\sin\theta_h\mathrm{e}^{(\theta_h-\theta_0)\tan\phi}-\sin\theta_0)\\
&\quad \cdot \frac{\dfrac{c}{\tan\phi}[\mathrm{e}^{2(\theta_h-\theta_0)\tan\phi}-1]+(k_t-F_sp_h)[\sin^2\theta_h\cdot\mathrm{e}^{2(\theta_h-\theta_0)\tan\phi}-\sin^2\theta_0]}{2F_s\gamma[(f_1-f_2-f_3)+k_h(f_4-f_5-f_6)]}
\end{aligned}
$$

$$
\frac{\partial H}{\partial\theta_0}=0, \text{且} \frac{\partial H}{\partial\theta_h}=0 \text{时} \tag{9-111}
$$

2) 边坡稳定性分析

边坡稳定性安全系数 F_s 可表达为

$$
F_s = \frac{\dot{D}}{\dot{W}}
$$

则有

$$
\begin{aligned}
F_s &= \left(\frac{1}{2}\left\{\frac{c}{\tan\phi}[\mathrm{e}^{2(\theta_h-\theta_0)\tan\phi}-1]+k_t[\sin^2\theta_h\cdot\mathrm{e}^{2(\theta_h-\theta_0)\tan\phi}-\sin^2\theta_0]\right\}\right)\Big/\\
&\quad \left(H\gamma[(f_1-f_2-f_3)+k_h(f_4-f_5-f_6)](\sin\theta_h\mathrm{e}^{(\theta_h-\theta_0)\tan\phi}-\sin\theta_0)\right.\\
&\quad \left. +\frac{1}{2}p_h[\sin^2\theta_h\cdot\mathrm{e}^{2(\theta_h-\theta_0)\tan\phi}-\sin^2\theta_0]\right)
\end{aligned} \tag{9-112}
$$

$$
\frac{\partial F_s}{\partial\theta_0}=0, \text{且} \frac{\partial F_s}{\partial\theta_h}=0 \text{时}
$$

安全系数有一个最小上限，该值为边坡稳定安全系数。计算采用 MATLAB，计算程序见附录 2。

9.3.9　参数敏感性分析

选择 7 个参数，根据正交试验法进行敏感性分析。这 7 个影响参数为水平地震系数 k_h、筋材抗力 T、护坡坡率 α、黏聚力 c、内摩擦角 ϕ、护坡高度 H 和膨胀力 P。根据工程设计经验，每个参数取 3 个水平，如表 9-11 所示，布置在 L_{27} 正交表中进行正交试验分析如表 9-12 所示，不考虑参数间的交互作用。

表 9-11　正交试验方案表

水平	k_h/g	T/kN	α	c/kPa	$\phi/(°)$	H/m	P/kPa
1	0.1	75	1 : 1.5	15	10	6	30
2	0.2	125	1 : 1.25	25	20	8	60
3	0.3	175	1 : 1.1	35	30	10	90

表 9-12 正交试验表

因素	k_h/g	H/m	α	c/kPa	$\phi/(°)$	T/kN	P/kPa	F_s
实验 1	0.1	6	1:1	15	10	75	30	1.632
实验 2	0.1	8	1:1.25	25	20	125	60	2.329
实验 3	0.1	10	1:1.5	35	30	175	90	2.818
实验 4	0.2	6	1:1	25	20	175	90	2.060
实验 5	0.2	8	1:1.25	35	30	75	30	3.640
实验 6	0.2	10	1:1.5	15	10	125	60	1.110
实验 7	0.3	6	1:1.25	15	30	125	90	1.555
实验 8	0.3	8	1:1.5	25	10	175	30	1.909
实验 9	0.3	10	1:1	35	20	75	60	1.402
实验 10	0.1	6	1:1.5	35	20	125	30	5.092
实验 11	0.1	8	1:1	15	30	175	60	2.961
实验 12	0.1	10	1:1.25	25	10	75	90	0.817
实验 13	0.2	6	1:1.25	35	10	175	60	2.593
实验 14	0.2	8	1:1.5	15	20	75	90	1.018
实验 15	0.2	10	1:1	25	30	125	30	3.555
实验 16	0.3	6	1:1.5	25	30	75	60	1.904
实验 17	0.3	8	1:1	35	10	125	90	1.363
实验 18	0.3	10	1:1.25	15	20	175	30	2.484

根据表 9-13 结果对参数敏感性的排序为 $\phi, c, k_h, T, H, \alpha$。其中，膨胀力 P 和内摩擦角 ϕ 影响最大，边坡坡率 α 影响最小。

表 9-13 正交试验极差表

因素	k_h/g	H/m	α	c/kPa	$\phi/(°)$	T/kN	P/kPa
极差	0.839	0.442	0.146	1.025	1.168	0.766	1.447

9.4 本章小结

本章对柔性生态护坡主要的设计方法以及稳定性验算进行论述，得出其对应的计算公式和主要技术参数，结论如下。

(1) 基于柔性生态护坡防护原理，提出护坡体阻隔降水对坡面影响所需的最小宽度的计算方法。计算得到云桂铁路试验段柔性生态护坡所需最小护坡体宽度分别为 2m(加筋体填料为非膨胀土) 和 4.5m(加筋体填料为膨胀土)。

(2) 基于加筋土体膨胀与格栅变形的相容关系，在公路计算方法基础上提出改进的加筋层高设计方法。针对云桂铁路试验段，采用中膨胀土为护坡体回填土时，建议加筋层高为 0.3m；弱膨胀土和非膨胀土按构造要求为 0.6m。

(3) 基于极限平衡法，提出考虑加筋时考虑应力扩散的抗滑稳定性计算方法，并编制了对应的 VB 计算软件。经计算分析柔性护坡适宜于高度为 6~10m 的膨胀土边坡的支护。

(4) 基于极限分析法，提出假设破裂面为对数螺旋线和破裂面为圆弧面两种情况的抗滑稳定性计算方法。以安全系数为例，进行了参数敏感性分析，参数敏感性的排序为 $\phi, k_h, c, D, P, H, \alpha$，其中，内摩擦角 ϕ 和地震系数 k_h 影响最大，边坡坡率 α 影响最小。

(5) 通过整体平移稳定性分析得到如下结论：安全系数随护坡体高度降低和护坡体宽度的减少而降低，这是因为护坡坡率较缓，平移滑动力仅由土体强度衰减的裂隙区的主动土压力和膨胀力的合力提供，裂隙区的深度取决于大气影响深度，大气影响深度是一个定值，因此平移滑动力也为一个定值。抗滑力由护坡体自重提供，所以护坡体体积越大，边坡抵抗整体平移时的稳定性越好。

(6) 基于极限分析法，提出假设破裂面为对数螺旋线的护坡体内部稳定性计算方法。以安全系数为例，进行了参数敏感性分析。参数敏感性的排序为 $P, \phi, c, k_h, T, H, \alpha$。其中，膨胀力 P 和内摩擦角 ϕ 影响最大，边坡坡率 α 影响最小。

(7) 采用 MATLAB 编制了极限分析法的边坡稳定性计算软件。

第10章 云桂铁路柔性生态护坡试验研究

10.1 工 点 概 况

云桂铁路广西试验段中设立了两处长期观测断面，分别为 DK200+580 墙高 3.6m，DK200+720 墙高 5.2m，坡率为 1∶1.5，本地段属丘陵剥蚀地貌，地形起伏不大，第四系土层及基岩全风化层一般具中—强膨胀性，膨胀力为 240.05kPa。采用柔性生态护坡结构进行防护加固。护坡内部筋材采用土工格栅，筋材层间距 0.6m。

10.2 膨胀土路堑边坡柔性生态护坡现场监测方案

10.2.1 监测内容

目前，国内外对于已建加筋护坡、加筋土挡墙的现场监测有一定的成果，但对于膨胀土柔性生态护坡的长期监测资料很少见。柔性生态护坡是一种复杂的边坡防护系统，通过现场试验能够较好地验证理论分析的正确性，本次试验监测的主要内容包括以下几个方面。

(1) 柔性生态护坡竖向土压力监测：通过在一定位置的筋带下埋设土压力盒进行测量。

(2) 柔性生态护坡墙背含水率监测：从墙顶竖向布置一排土壤湿度传感器监测复合土工膜防水效果以及墙后干湿影响层内膨胀土的含水率变化；在墙底横向埋设一排土壤湿度传感器监测地下水对墙后膨胀土的影响。

(3) 柔性生态护坡墙面水平变形监测：通过在墙体中埋设水平土应变计监测墙面水平变形。

10.2.2 测试元器件的布置、安装及要求

根据观测的需要购置相应的观测元器件，本次试验主要用到土压力盒、土应变计以及土壤湿度传感器等观测元器件；根据挡土墙的结构、受力以及变形特点实施仪器的布置方案。为了进行对比，选取了两个典型试验断面进行观测，各种仪器沿墙高分 2 层埋设。工程数量见表 10-1 和表 10-2，观测频率见表 10-3，布置见图 10-1 和图 10-2。

表 10-1　DK200+580 柔性生态护坡各种元器件数量

测试项目	元器件名称	型号/规格	布置位置
竖向土压力	土压力盒	JMZX-5003AT	在底层、第三层筋材下方,沿筋长方向每隔 0.8m 布置 1 个,共布置 5 个
加筋体水平变形	土应变计	JMDL-4520A	第一、三层填土内各布置一根,共埋置 2 根

表 10-2　DK200+720 柔性生态护坡各种元器件数量

测试项目	元器件名称	型号/规格	布置位置
竖向土压力	土压力盒	JMZX-5003AT	在底层、第三层筋材下方,沿筋长方向每隔 0.8m 布置 1 个,共布置 5 个
加筋体水平变形	土应变计	JMDL-4520A	底层、第三层填土内各布置一根,共埋置 2 根

表 10-3　观测频率

观测阶段	观测频次	
填筑	一般	1 次/1 层
	连续降雨	1 次/1 天
施工完毕	第 1 个月	1 次/1 周
	1 个月后	1 次/2 月

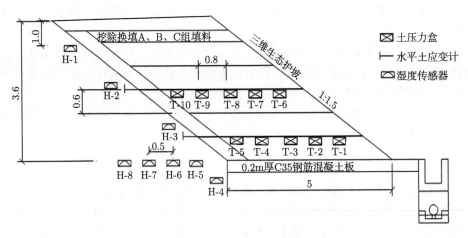

图 10-1　DK200+580 元器件布置图 (单位:m)

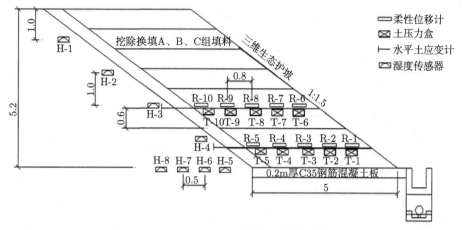

图 10-2 DK200+720 元器件布置图 (单位:m)

10.3 膨胀土路堑边坡柔性生态护坡现场观测结果分析

测试工作从 2011 年 3 月底开始,通过现场监测,获得了由 2011 年 3 月监测断面开始填筑至 2012 年 7 月施工完成时段柔性生态护坡的竖向土压力、墙面位移以及坡体含水率等相关数据,对现场监测测试结果进行综合分析。

现场试验从施工之初就开始。在不到两个月的时间内完成柔性生态护坡的施工。

10.3.1 柔性生态护坡坡背含水率监测结果及分析

表 10-4~表 10-7 及图 10-3~图 10-6 是柔性生态护坡在干湿循环影响层内膨胀土体含水率变化图表。从图可以得出以下结论。

(1) 2011 年 3 月至 8 月期间含水率变化不大,这是由于 2011 年这一时段降雨趋势可以分为明显的三个阶段,3 月至 6 月中旬为一个阶段,主要以晴天为主,常伴有大而短的降雨出现,含水率在此阶段内,总的趋势是减小的;而在 6 月底至 7 月中旬,降雨较频繁,此阶段含水率增加;7 月底至 8 月上旬,降雨量又开始减少,含水率迅速降低。

(2) 2012 年 4 月至 2013 年 2 月间含水率变化幅度较大,这是因为 2012 年雨季 4 月至 8 月间的降雨较频繁,并且受台风影响,边坡顶部虽有防水土工布保护,但因为降雨量大,导致坡体上部仍有雨水渗入,坡体深度 1~2m 含水率变化幅度在 30%~60%,但该幅度要小于桩板墙后含水率变化幅度;由于此时坡体地下水发育,底板以下膨胀土受地下水影响剧烈。2012 年旱季 9 月至次年 2 月含水率逐渐下降。

表 10-4　DK200+580 处坡体不同深度含水率　　　　　　（单位：%）

	2011 年						
竖向深度/m	3 月 31 号	4 月 6 号	4 月 11 号	4 月 17 号	4 月 30 号	5 月 4 号	5 月 13 号
2	28	28	27.6	28.3	25.6	26	20.7
3	27.7	27.7	28.1	28.6	24.7	26	21.7
4	24.7	24.7	28.5	28.4	25.5	23.9	22.2
竖向深度/m	6 月 28 号	6 月 30 号	7 月 6 号	7 月 7 号	7 月 8 号	7 月 17 号	8 月 6 号
2	22.4	27.2	27.2	27.4	27.9	23.8	21.9
3	22	28	28	27.5	28.2	24.9	22.1
4	21.7	27	27	27.7	27.9	24.1	23.1
	2012 年						
竖向深度/m	4 月 13 号	5 月 12 号	5 月 29 号	6 月 17 号	7 月 2 号	7 月 18 号	8 月 1 号
2	59.4	60.3	61	57.8	58.7	59.4	47
3	39.6	36.4	32.9	37.4	33.5	30.5	28.6
4	87.2	86.5	87.7	84.3	62.2	49.6	36.8
竖向深度/m	8 月 30 号	9 月 10 号	9 月 24 号	11 月 2 号	11 月 16 号	12 月 2 号	12 月 20 号
2	38.9	39.8	40.5	30.3	30.5	29.5	29.1
3	19.8	15.9	31.7	14	13.4	14.5	12.4
竖向深度/m	2013 年 1 月 5 号			2013 年 1 月 20 号			
2	29.6			20.5			
3	13.4			10.8			

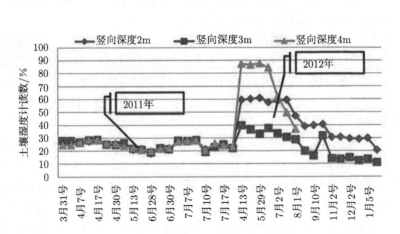

图 10-3　DK200+580 处坡体竖向布置的土壤湿度计读数变化规律

表 10-5 DK200+580 处坡体不同水平位置土壤湿度计读数 (单位：%)

2011 年							
水平深度/m	3 月 31 号	4 月 6 号	4 月 11 号	4 月 17 号	4 月 23 号	4 月 30 号	5 月 4 号
0.5	31.6	26.2	27.9	28.7	24.5	25.8	23.5
1	31.3	25.6	27.6	28.7	25.7	24.8	25.7
1.5	32.6	28.5	28.9	29.1	26.4	26	26.7
2	33	25.5	28.8	28.9	25.8	25.4	25.8
水平深度/m	5 月 13 号	6 月 23 号	6 月 28 号	7 月 6 号	7 月 10 号	7 月 17 号	8 月 6 号
0.5	21.1	20.9	21.2	27.9	25.6	23.9	22.9
1	19.6	20.1	21.1	27.6	24.2	23.9	24
1.5	22.2	20.9	22	28.1	22.8	25.9	23.8
2	21.6	20.7	21.1	28	25.7	24.8	24.2
2012 年							
水平深度/m	4 月 13 号	5 月 12 号	5 月 29 号	6 月 17 号	7 月 2 号	7 月 18 号	8 月 1 号
0.5	29.2	27.3	25.9	30.2	29.4	27.3	26.5
1	27.3	30.2	34.9	38.8	34.2	33.3	32.6
1.5	47.4	42.3	38.3	41.1	36.7	34.9	32.5
2	32.1	27.8	21.7	29.8			
水平深度/m	8 月 30 号	9 月 10 号	9 月 24 号	11 月 2 号	11 月 16 号	12 月 2 号	12 月 20 号
0.5	23.4	20.9	31.2	21.5	21.2	25.1	27.6
1	26.9	23.6	35.9	26.1	27	26.8	22.7
1.5	28.4	24.3	40.8	18.4	16.1	12.8	13.5
水平深度/m	2013 年 1 月 5 号				2013 年 1 月 20 号		
0.5	26.6				29.9		
1	24.7				24.5		
1.5	13.5				13.2		

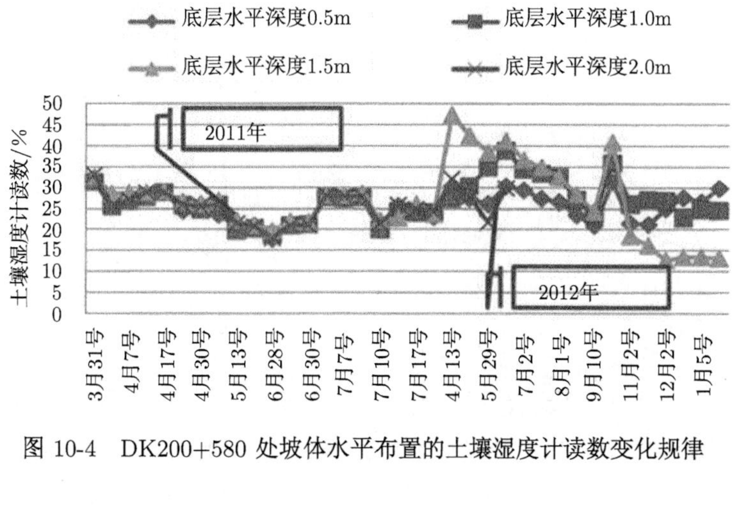

图 10-4 DK200+580 处坡体水平布置的土壤湿度计读数变化规律

表 10-6　DK200+720 处坡体不同深度土壤湿度计读数　　　　　（单位：%）

2011 年					
竖向深度/m	3 月 31 号	4 月 6 号	4 月 17 号	4 月 30 号	5 月 4 号	5 月 13 号
1	30.1	27.3	28	25.6	24.3	20.3
2	31.4	28.3	28.9	23.9	25.9	21.7
4	31.3	28.5	29.3	27.5	26.4	22.3
竖向深度/m	6 月 23 号	6 月 28 号	6 月 30 号	7 月 6 号	7 月 17 号	8 月 6 号
1	19.9	19.8	22.7	27.5	26.7	21.5
2	21.5	20.2	23.7	28.3	28.5	22.6
4	21.7	20.3	23.5	28.7	28.9	20.7
2012 年					
竖向深度/m	4 月 13 号	5 月 12 号	5 月 29 号	6 月 17 号	7 月 2 号	7 月 18 号
1	38.5	29.9	37.3	28	27.4	21.3
2	34.6	39.8	32.6	33.4	30.2	26.6
竖向深度/m	8 月 30 号	9 月 10 号	9 月 24 号	11 月 2 号	11 月 16 号	12 月 2 号
1	38.5	29.9	38.7	25.5	30	37.3
2	18.4	17.4	20.4	39.3	34.5	34.1
竖向深度/m	2013 年 1 月 5 号			2013 年 1 月 20 号		
1	35.6			41.8		
2	34.5			37.7		

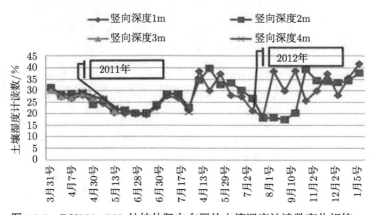

图 10-5　DK200+720 处坡体竖向布置的土壤湿度计读数变化规律

表 10-7　DK200+720 处坡体不同水平位置土壤湿度计读数　　（单位：%）

2011 年					
水平深度/m	3 月 31 号	4 月 6 号	4 月 17 号	4 月 30 号	5 月 4 号	5 月 13 号
0.5	29.8	28	28.9	27.4	25	22.2
1	29	26.5	28	26.1	22.1	20.7
1.5	29.8	27.8	29	24.5	25.7	21.6
水平深度/m	6 月 23 号	6 月 28 号	6 月 30 号	7 月 6 号	7 月 17 号	8 月 6 号
0.5	20.5	19.5	22.4	27.2	27.3	21.6
1	19.9	19	22.4	27.1	26.8	19.4
1.5	20.1	19.1	22.8	27.8	26.9	22
2012 年					
水平深度/m	4 月 13 号	5 月 12 号	5 月 29 号	6 月 17 号	7 月 2 号	7 月 18 号
0.5	34.7	32.1	30.6	33.7	32.4	30.9
1	89.9	87.5	88.2	82.6	77.5	80.7
1.5	39.4	37.9	37.5	40.2	35.6	24.3
水平深度/m	8 月 30 号	9 月 10 号	9 月 24 号	11 月 2 号	11 月 16 号	12 月 2 号
0.5	28.2	27.8	34.2	28.1	29.5	26.8
1	80.8	84	82.6	70.9	40.2	37.3
1.5	23.3	21	29.5			
水平深度/m	2013 年 1 月 5 号			2013 年 1 月 20 号		
0.5	27.7			19.8		
1	18.4			18.4		

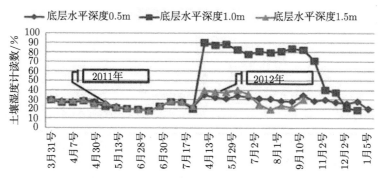

图 10-6　DK200+720 处坡体水平布置的土壤湿度计读数变化规律

10.3.2　护坡水平应变监测结果及分析

2012 年对完工后处于工作条件下的护坡水平应变持续监测，如表 10-8 和图 10-7 所示，通过对图形进行对比分析可以得出如下结论。

（1）当护坡施工完成后，护坡的应变变化较小，可见，护坡的变形主要产生于施工期，护坡变形控制的关键时期也是施工期。

(2) 从水平应变测试结果可知，护坡支挡结构体水平应变测试结果在−1.532‰∼ 0.428 ‰范围内变化；柔性生态护坡在膨胀力作用下发生变形，能够产生减胀作用。

(3) 土应变计读数表现为雨季小，旱季大。这是因为雨季时膨胀土边坡上部裂隙区遇水膨胀，对护坡体产生推力；因为格栅的框箍作用，上部膨胀推力使护坡体绕坡脚处固定处微量挠曲。由于是固定端，护坡体底部相对于护坡体上部刚度较大，压缩变形也更为明显。这种变形量极小，最大不超过 1.532 ‰，护坡体为弹性变形。

表 10-8　完工后护坡体水平应变量　　　　　　　　　（单位：‰）

时间	位置		
	DK200+580 第三层	DK200+720 第一层	DK200+720 第三层
4 月 1 号	0.022	0.428	0.240
4 月 13 号	−0.016	−0.132	−0.096
5 月 12 号	−0.304	−0.710	−0.089
5 月 29 号	−0.350	−1.532	−0.104
6 月 17 号	−0.380	−1.382	−0.142
7 月 2 号	−0.390	−1.344	−0.174
7 月 18 号	−0.394	−1.288	−0.196
8 月 1 号	−0.442	−1.264	−0.202
8 月 30 号	−0.484	−1.222	−0.256
9 月 10 号	−0.520	−1.198	−0.268
9 月 24 号	−0.550	−1.130	−0.292
11 月 2 号	−0.378	−0.864	−0.220
11 月 16 号	−0.294	−0.832	−0.202
12 月 2 号	−0.256	−0.482	−0.162
12 月 20 号	−0.210	−0.492	−0.130
1 月 5 号	−0.202	−0.496	−0.118
1 月 20 号	−0.054	−0.478	−0.004

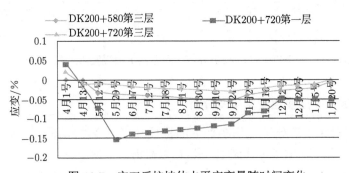

图 10-7　完工后护坡体水平应变量随时间变化

10.3.3　格栅应变监测结果及分析

表 10-9~表 10-12 和图 10-8~图 10-11 为 DK200+580 和 DK200+720 两断面处底层和第三层筋材的应变随填筑高度的变化规律以及不同填筑高度下拉筋应变沿筋长方向 (横断面) 的分布规律。通过对图形进行对比分析可以得出如下结论。

(1) 同一层格栅的拉压应变分布随护坡高度增加时基本不变，四层格栅拉压应变分布离散性大主要是因为施工时填土的不均匀沉降使得格栅局部受压或受拉。

(2) 各层土工格栅的受力实测应变范围在 −2.52%~2.24%，按照护坡土工格栅的技术指标，纵、横向对于屈服伸长率不大于 8%，纵、横向抗拉强度不小于 25kN/m，2% 伸长率时强度 ⩾10kN/m，5% 伸长率时强度 ⩾18kN/m，可以计算出实测的应变范围相当于土工格栅受到 −12.6kN/m~11.2kN/m 的荷载。此值与格栅的抗拉强度 25kN/m 相比，只相当于抗拉强度的 1/2 左右，说明在柔性生态护坡中格栅的主要作用是对松散填土的框箍，提高护坡体整体性。

表 10-9　施工阶段 DK200+580 处底层格栅应变　　　　　　(单位: %)

填土厚度/m	距坡面距离/m				
	0.8	1.6	2.4	3.2	4
0.6(1.2)	0.313	−0.313	−0.240	−0.808	−1.078
1.2(1.8)	0.256	−0.364	−0.427	−0.890	−1.078
1.8(2.4)	0.216	−0.381	−0.497	−0.972	−1.095
2.4(3)	0.205	−0.409	−0.532	−0.990	−1.100

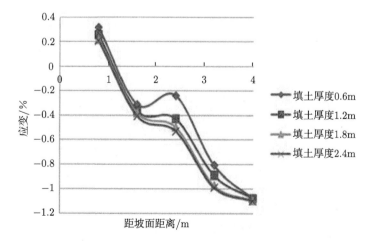

图 10-8　施工阶段 DK200+580 处底层格栅应变沿横断面的分布曲线

表 10-10　施工阶段 DK200+580 处第三层格栅应变　　　　（单位：%）

填土厚度 (坡高) /m	距坡面距离 /m				
	0.8	1.6	2.4	3.2	4
0.6(2.4)	−0.308	0.332	0.889	−0.423	0.188
1.2(3.0)	0.251	0.880	0.878	−0.214	0.340
1.8(3.6)	0.246	0.857	0.889	−0.185	0.423

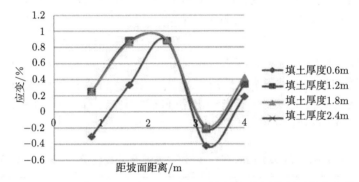

图 10-9　施工阶段 DK200+580 处第三层格栅应变沿横断面的分布曲线

表 10-11　施工阶段 DK200+720 处底层格栅应变　　　　（单位：%）

填土厚度 (坡高) /m	距坡面距离 /m				
	0.8	1.6	2.4	3.2	4
0.6(1.2)	−2.428	1.383	0.676	0.182	1.025
1.2(1.8)	−2.474	1.320	0.618	0.125	0.973
1.8(2.4)	−2.491	1.279	0.584	0.097	0.950
2.4(3)	−2.502	1.245	0.555	0.080	0.939
3(3.6)	−2.491	1.216	0.510	0.040	0.904
3.6(4.2)	−2.525	1.205	0.498	0.028	0.893

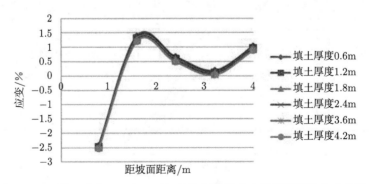

图 10-10　施工阶段 DK200+720 处底层格栅应变沿横断面的分布曲线

表 10-12　施工阶段 DK200+720 处第三层格栅应变　　　　　（单位：%）

填土厚度/m	距坡面距离/m				
	0.8	1.6	2.4	3.2	4
0.6(2.4)	1.626	2.048	1.655	0.137	0.708
1.2(3)	1.814	2.140	1.701	0.245	0.789
1.8(3.6)	1.860	2.238	1.787	0.461	0.720
2.4(4.2)	1.820	2.238	1.781	0.439	0.691

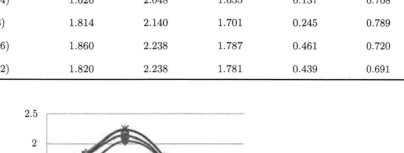

图 10-11　施工阶段 DK200+720 处第三层格栅应变沿横断面的分布曲线

　　对完工后土应变计持续监测，格栅在正常工作时总处于受压状态，如图 10-12～图 10-15 所示。因为：①格栅在施工碾压后有一定的回弹，②雨季时收缩，这与土应变计变化规律一致，其原因也是由于上部裂隙区产生膨胀推力挤压护坡体。

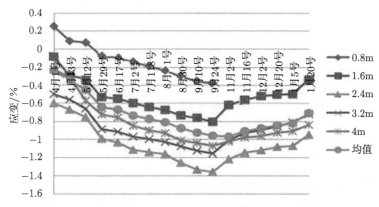

图 10-12　完工后 DK200+580 处底层格栅应变 (单位：%)

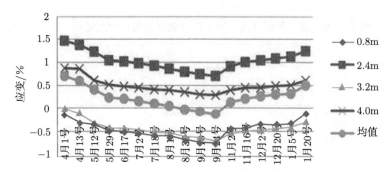

图 10-13　完工后 DK200+580 处第三层格栅应变 (单位：%)

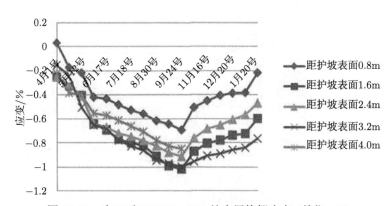

图 10-14　完工后 DK200+720 处底层格栅应变 (单位：%)

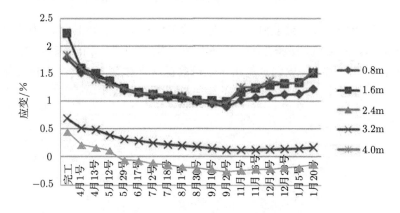

图 10-15　完工后 DK200+720 处第三层格栅应变 (单位：%)

10.3.4　竖向土压力监测结果及分析

竖向土压力在施工期间随填土高度和时间的关系曲线如图 10-16~图 10-19 及

表 10-13～表 10-16 所示。柔性生态护坡内竖向压力随填土高度的增加而增大；理论上同一层填土越靠近膨胀土边坡面的竖向土压力越大，越靠近护坡体表面的竖向土压力越小，但实测结果中由于受施工影响的影响，而呈现出中间大的情况。

表 10-13　DK200+580 断面底层竖向压力　　　　　(单位：kPa)

填土厚度/m	距坡面距离/m				
	0.8	1.6	2.4	3.2	4
0.6	9	14	12	8	11
1.2	14	23	22	13	14
1.8	18	31	34	26	20
2.4	14	36	40	23	15
3.0	14	39	44	28	20

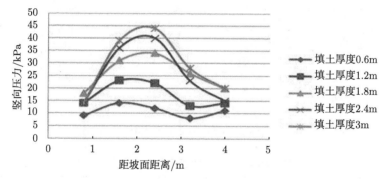

图 10-16　DK200+580 断面底层竖向压力分布

表 10-14　DK200+580 断面第三层竖向压力　　　　　(单位：kPa)

填土厚度/m	距坡面距离/m				
	0.8	1.6	2.4	3.2	4
0.6	4	12	11	13	6
1.2	3	20	26	18	17
1.8	5	29	31	23	21

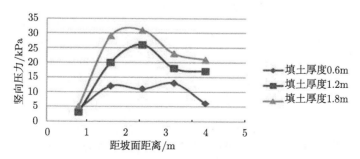

图 10-17　DK200+580 断面第三层竖向压力分布

表 10-15　DK200+720 断面底层竖向压力　　　　（单位：kPa）

填土厚度/m	距坡面距离/m				
	0.8	1.6	2.4	3.2	4
0.6	3	15	9	14	13
1.2	6	25	16	18	27
1.8	7	30	24	39	31
2.4	6	42	32	47	48
3.0	3	50	47	61	59
3.6	4	58	56	68	63
4.2	4	65	63	75	71

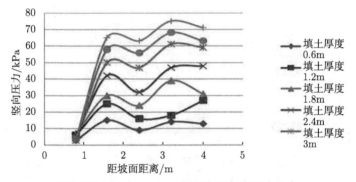

图 10-18　DK200+720 断面底层竖向压力分布

表 10-16　DK200+720 断面第三层竖向压力　　　　（单位：kPa）

填土厚度/m	距坡面距离/m				
	0.8	1.6	2.4	3.2	4
0.6	5	12	14	12	4
1.2	8	18	19	18	8
1.8	5	24	23	26	12
2.4	6	29	27	38	17

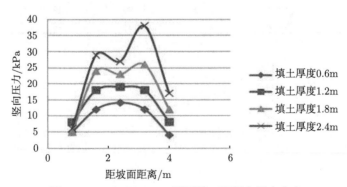

图 10-19　DK200+720 断面第三层竖向压力分布

10.4 本 章 小 结

为了充分地研究柔性生态护坡工作机理，在云桂铁路南宁-百色段的两个典型试验断面进行了现场监测，通过实测数据分析，可以得出以下结论。

1) 含水率监测结果表明

(1) 2011 年 3 月至 8 月期间含水率变化不大，这是由于 2011 年这一时段降雨趋势可以分为明显的三个阶段，3 月至 6 月中旬，主要以晴天为主，常伴有大而短的降雨出现，含水率在此阶段内，总的趋势是减小的；而在 6 月底至 7 月中旬，降雨较频繁，此阶段含水率增加；7 月底至 8 月上旬，降雨量又开始减少，含水率迅速降低。

(2) 2012 年 4 月至 2013 年 2 月间含水率变化幅度较大，这是因为 2012 年 4 月至 8 月间的降雨较频繁，并且受台风影响，边坡顶部虽有防水土工布保护，但因为降雨量大，导致坡体上部仍有雨水渗入，坡体深度 1~2m 含水率变化幅度在 30%~60%。2012 年旱季 9 月至次年 2 月含水率逐渐下降。

2) 护坡体水平应变计监测结果表明

(1) 当护坡施工完成后，护坡的应变变化较小，护坡的变形主要产生于施工期，护坡变形控制的关键时期是施工期。

(2) 从水平应变测试结果可知，柔性生态护坡支挡结构体水平应变测试结果在 $-1.532‰ \sim 0.428‰$ 范围内变化；柔性生态护坡在膨胀力作用下允许发生变形，产生减胀作用。

3) 格栅应变监测结果表明

(1) 同一层格栅的拉压应变分布随护坡高度增加基本不变，各层格栅拉压应变分布离散性大主要是受施工影响使得格栅局部受压或受拉。

(2) 各层土工格栅的受力实测应变范围在 $-2.52\% \sim 2.24\%$，按照护坡土工格栅的技术指标，纵、横向对于屈服伸长率不大于 8%，纵、横向抗拉强度不小于 25kN/m，2% 伸长率时强度 $\geqslant$ 10kN/m，5% 伸长率时强度 $\geqslant$ 18kN/m，可以计算出实测的应变范围相当于土工格栅受到 $-12.6kN/m \sim 11.2kN/m$ 的荷载。此值与格栅的抗拉强度 25kN/m 相比，只相当于抗拉强度的 1/2 左右，说明在柔性护坡中格栅的主要作用是对松散填土的框箍，提高护坡体整体性。

第11章　柔性生态护坡在膨胀土高边坡的应用研究

云桂铁路沿线部分地段地形起伏剧烈，山势巍峨，重峦叠嶂，线路难以避免地经过膨胀土高边坡地段。对于膨胀土高边坡的支护，目前采用的较为有效的方法是桩板墙多级支挡，锚杆框架梁防护坡面。前文提到锚杆框架梁虽然防护效果好，但是建造成本高，而且坡面开槽对施工工艺要求比较高。因此采用柔性生态护坡代替锚杆框架梁是一种不错的选择。

膨胀土高边坡一般存在不少较深的构造节理，柔性生态护坡对于边坡保湿和治理浅层滑动有良好效果，但对于深层构造节理引起的滑动较为乏力。膨胀土高边坡的治理需要柔性生态护坡和桩板墙相结合。

11.1　双级边坡稳定性分析方法

由于有桩板墙分隔，多级柔性生态护坡稳定性分析可转化为双级柔性生态护坡稳定性分析问题。双级柔性生态护坡稳定性分析需先考虑每一级的稳定性 (计算方法见第 4 章)，再同时考虑双级边坡整体的稳定性。

11.1.1　基本假定

①按平面应变问题进行分析；②边坡岩土体为理想刚塑性体，遵循相关联流动法则，服从线性 Mohr-Coulomb 破坏准则；③不考虑岩土体孔隙水压力作用的影响，也不考虑岩土体抗剪强度参数 c 和 ϕ 由于地震荷载作用而产生的变化；④采用拟静力法分析地震效应，只考虑水平地震效应；⑤考虑膨胀力对边坡稳定性的影响；⑥在整体滑移稳定性计算时，假定柔性生态护坡根据水分渗透情况不同分为，裂隙强度区、天然强度区和饱和强度区三个区域；⑦由于滑动面通过不同地层，即求非匀质土坡稳定性问题。由于库仑屈服条件是用黏聚力 c 和内摩擦角 ϕ 两个参数描述，为了简化计算将对数螺旋滑动面退化为圆弧滑动面，即 $\phi=0$，采用等效黏聚力代替原有强度指标。计算方法同式 (4-24)。

11.1.2　破坏机构

对于柔性生态护坡内部稳定性的动力稳定性分析中，建立如图 11-1 所示的柔性生态护坡的破坏机构。设滑动面 AF' 为通过坡脚 F' 点的对数螺旋面，刚塑性土体 $ACFC'F'$ 绕转动中心 O，相对潜在圆弧面 AF' 以下的刚体材料，以角速度 ω

转动。破坏机构可由两个变量：θ_0、θ_h 确定。

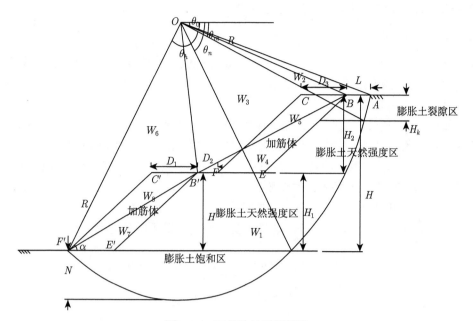

图 11-1 双级边坡破坏机构

根据图 11-1 中几何关系，可得

$$\frac{H}{R} = \sin\theta_h - \sin\theta_0$$

$$\frac{L}{R} = \cos\theta_0 - \cos\theta_h - \frac{D_1 + D_2 + D_3 + H_1\cot a_1 + H_2\cot a_2}{R}$$

$$N = (1 - \sin\theta_0)R - H$$

$$R\sin\theta_m = R\sin\theta_0 + H_k$$

$$\theta_m = \arcsin\left(\frac{R\sin\theta_0 + H_k}{R}\right)$$

$$R\sin\theta_n = R\sin\theta_h$$

$$\theta_n = \theta_h - \frac{\pi}{2}$$

11.1.3 能耗计算

图 11-1 为双级柔性生态护坡的边坡计算模型。外力包括填土重力、膨胀力和地震荷载；内部能量损耗率包括筋材上的能量损耗率和土体黏聚力产生的能量损耗率。因此，在应用塑形极限分析定理时，应变速度场上的外功功率有土体填土重力 W 的功率 $\dot{W}_s$，水平和竖向地震惯性力的功率 $\dot{W}_{k_h}$（其中 k_h 为水平地震力系

数), 膨胀力 F 的功率 $\dot{W}_f$。外力所做的功率为 $\dot{W} = \dot{W}_s + \dot{W}_{k_h} + \dot{W}_f$。内部能量损耗率功率则为速度间断面上的能量消耗 $\dot{D}_c$。

11.1.4　外力功率

外力功率包括 3 个部分: 刚塑性土体重力所做的外功率; 水平地震荷载所做的外功率; 以及膨胀力所做的外功率。

1) 土体重力功率 $\dot{W}_s$

如图 11-1 所示, 宜采用叠加法计算 $ACFC'F'$ 区土重所作外功率。为确保滑动面在加筋体之外, 首先分别求出假设没有加筋体时 $OAF', OAB, OBF, BEF,$ $OB'F', B'E'F'$ 区土重所作的功率: $w_1, w_2, w_3, w_4, w_6, w_7$, 然后再求加上加筋体 $BCEF$ 和 $B'C'E'F'$ 土重所作的功率。

由叠加法可得 ACF 区土重所作的功率为

将 $\mathrm{d}\dot{W}_1$ 沿区域 OAF' 积分, 得到区域 OAF' 土重所做外功率:

$$\dot{W}_1 = \frac{1}{3}\gamma R^3 \omega \int_{\theta_0}^{\theta_h} \cos\theta \mathrm{d}\theta = \frac{1}{3}\gamma R^3 \omega(\sin\theta_h - \sin\theta_0)$$

$$f_1 = \sin\theta_h - \sin\theta_0$$

$$f_2 = \frac{L}{6R}\left(2\cos\theta_0 - \frac{L}{R}\right)\sin\theta_0$$

W_3 面积:

$$\frac{1}{2}[(D_2 + D_3 + H_2\cot\alpha_2 + R\cos\theta_0 - L)\cdot(H_2 + R\sin\theta_0)$$
$$- (D_2 + D_3 + H_2\cot\alpha_2)H_2 - (R\cos\theta_0 - L)\cdot R\sin\theta_0]$$

$$f_3 = \frac{1}{6}\left[\frac{H_2(\cos\theta_0 + \cot\alpha_2\sin\theta_0) + (D_2 + D_3)\sin\theta_0}{R} - \frac{L}{R}\cdot\frac{H_2}{R}\right]$$
$$\times\left(\cos\theta_h + \cos\theta_0 + \frac{D_1}{R} + \frac{H_1}{R}\cot\alpha_1 - \frac{L}{R}\right)$$

W_4 面积:

$$\frac{1}{2}(D_2 + D_3)\cdot H_2$$

$$f_4 = \frac{1}{6R^2}(D_2 + D_3)\cdot H_2$$
$$\times\left(2\cos\theta_h + \cos\theta_0 + \frac{2D_1}{R} + \frac{D_2 + D_3}{R} + \frac{2H_1}{R}\cdot\cot\alpha_1 - \frac{L}{R}\right)$$

W_5 面积:

$$\frac{1}{2}[(D_1 + H_1\cot\alpha_1 - R\cos\theta_h)\cdot(R\sin\theta_0 + H_2)]$$

$$+ H_1(D_1 + H_1 \cot \alpha_1) + R \cos \theta_h (R \sin \theta_0 + H_2 + H_1)]$$

$$f_5 = \frac{1}{6} \left[\frac{H_1}{R}(\cos \theta_h + \cot \alpha_1 \sin \theta_0) + \frac{D_1}{R} \sin \theta_0 + \frac{H_1^2}{R^2} \cot \alpha_1 \right.$$
$$\left. + \frac{D_1 H_1}{R^2} + \frac{D_1 H_2}{R^2} + \frac{H_1 H_2}{R^2} \cot \alpha_1 \right] \left(2 \cos \theta_h + \frac{D_1}{R} + \frac{H_1}{R} \cot \alpha_1 \right)$$

W_6 面积:

$$\frac{1}{2} D_1 \cdot H_1$$

$$f_6 = \frac{1}{6R^2} D_1 \cdot \cot \alpha_1 H_1 \cdot \left(3 \cos \theta_h + \frac{2D_1}{R} + \frac{H_1}{R} \cot \alpha_1 \right)$$

W_7 面积:

$$D_3 \cdot H_2$$

$$f_7 = \frac{1}{R^2} D_3 \cdot H_2 \cdot \left(\cos \theta_h + \frac{D_1 + D_2}{R} + \frac{D_3}{2R} + \frac{H_1}{R} \cot \alpha_1 + \frac{H_2}{2R} \cot \alpha_2 \right)$$

W_8 面积:

$$D_1 \cdot H_1$$

$$f_8 = \frac{1}{R^2} D_1 \cdot H_1 \cdot \left(\cos \theta_h + \frac{D_1}{2R} + \frac{H_1}{2R} \cot \alpha_1 \right)$$

重力功率为

$$\dot{W}_s = R_0^3 \omega [\gamma(f_1 - f_2 - f_3 - f_4 - f_5 - f_6) + \gamma_1(f_7 + f_8)]$$

2) 水平地震力功率

求解方法同上, 有叠加法可得 ACF' 区地震力功率为

$$\dot{W}_h = k_h R_0^3 \omega [\gamma(f_9 - f_{10} - f_{11} - f_{12} - f_{13} - f_{14}) + \gamma_1(f_{15} + f_{16})]$$

式中,

$$\dot{W}_9 = \frac{1}{3} \gamma R^3 \omega \int_{\theta_0}^{\theta_h} \sin \theta \mathrm{d}\theta = \frac{1}{3} \gamma R^3 \omega (\cos \theta_0 - \cos \theta_h)$$

$$f_9 = \cos \theta_0 - \cos \theta_h$$

$$f_{10} = \frac{L}{3R} \cdot \sin^2 \theta_0$$

$$f_{11} = \frac{1}{6} \left[\frac{H_2(\cos \theta_0 + \cot \alpha_2 \sin \theta_0) + (D_2 + D_3) \sin \theta_0}{R} - \frac{L}{R} \cdot \frac{H_2}{R} \right] \cdot \left(2 \sin \theta_0 - \frac{H_2}{R} \right)$$

$$f_{12} = \frac{1}{6R^2}(D_2 + D_3) \cdot H_2 \cdot \left(3 \sin \theta_0 + \frac{2H_2}{R} \right)$$

$$f_{13} = \frac{1}{6}\left[\frac{H_1}{R}(\cos\theta_h + \cot\alpha_1\sin\theta_0) + \frac{D_1}{R}\sin\theta_0 + \frac{H_1^2}{R^2}\cot\alpha_1\right.$$
$$\left. + \frac{D_1 H_1}{R^2} + \frac{D_1 H_2}{R^2} + \frac{H_1 H_2}{R^2}\cot\alpha_1\right]\left(2\sin\theta_h - \frac{H_1}{R}\right)$$

$$f_{14} = \frac{1}{6R^2}D_1 \cdot H_1 \cdot \left(3\sin\theta_h - \frac{H_1}{R}\right)$$

$$f_{15} = \frac{1}{R^2}D_3 \cdot H_2 \cdot \left(\sin\theta_0 + \frac{H_2}{2R}\right)$$

$$f_{16} = \frac{1}{R^2}D_1 \cdot H_1 \cdot \left(\sin\theta_h - \frac{H_1}{2R}\right)$$

3) 膨胀力功率 $\dot{W}_f$

对于图 11-1 的破坏机构, 只有膨胀土裂隙区和膨胀土饱和区膨胀土产生膨胀力。在只考虑水平膨胀力的情况下, 膨胀土饱和区产生的膨胀力左右抵消, 因此影响边坡稳定的膨胀力只需考虑膨胀土裂隙区产生的膨胀力:

$$\dot{W}_f = p_h R_0^2 \omega(\cos\theta_0 - \cos\theta_m)$$

4) 外力总功率

$$\dot{W} = \dot{W}_s + \dot{W}_{kh} + \dot{W}_f = R_0^3\omega[\gamma(f_1 - f_2 - f_3 - f_4 - f_5 - f_6)$$
$$+ \gamma_1(f_7 + f_8)] + p_h R_0^2 \omega(\cos\theta_0 - \cos\theta_m) + k_h R_0^3 \omega[\gamma(f_9 - f_{10}$$
$$- f_{11} - f_{12} - f_{13} - f_{14}) + \gamma_1(f_{15} + f_{16})]$$

11.1.5　内部能量消耗功率

由于所求为不均质边坡, 不同土层等效黏聚力不同, 因此速度间断面上的能量耗散 D_c 为 $\theta_0\theta_m, \theta_m\theta_n, \theta_n\theta_h$ 三段的叠加:

$$D_c = D_1 + D_2 + D_3$$
$$= \int_{\theta_0}^{\theta_m}[kc_1 + \gamma H_k(\tan\phi_1 - \tan\phi)]vRd\theta + \int_{\theta_m}^{\theta_h}[c_2 + \gamma H(\tan\phi_2 - \tan\phi)]vRd\theta$$
$$+ \int_{\theta_n}^{\theta_h}[c_1 + \gamma(H + N) \cdot (\tan\phi_1 - \tan\phi)]vRd\theta$$
$$= R_0^2\omega\{[kc_1 + \gamma H_k(\tan\phi_1 - \tan\phi)](\theta_m - \theta_0) + [c_2 + \gamma H(\tan\phi_2 - \tan\phi)]$$
$$(\theta_n - \theta_m) + [c_1 + \gamma(H + N) \cdot (\tan\phi_1 - \tan\phi)](\theta_h - \theta_n)\}$$

11.1.6 安全系数

边坡稳定性安全系数 F_s 可表达为

$$F_s = \frac{\dot{D}}{\dot{W}}$$

则有

$$
\begin{aligned}
F_s =& (R_0^2\omega\{[kc_1 + \gamma H_k(\tan\phi_1 - \tan\phi)](\theta_m - \theta_0) + [c_2 + \gamma H(\tan\phi_2 - \tan\phi)] \\
& (\theta_n - \theta_m) + [c_1 + \gamma(H + N)\cdot(\tan\phi_1 - \tan\phi)](\theta_h - \phi_n)\})/ \\
& (R_0^3\omega[\gamma(f_1 - f_2 - f_3 - f_4 - f_5 - f_6) + \gamma_1(f_7 + f_8)] + p_h R_0^2\omega(\cos\theta_0 - \cos\theta_m) \\
& + k_h R_0^3\omega[\gamma(f_9 - f_{10} - f_{11} - f_{12} - f_{13} - f_{14}) + \gamma_1(f_{15} + f_{16})]) \\
=& (\{[kc_1 + \gamma H_k(\tan\phi_1 - \tan\phi)](\theta_m - \theta_0) + [c_2 + \gamma H(\tan\phi_2 - \tan\phi)] \\
& (\theta_n - \theta_m) + [c_1 + \gamma(H + N)\cdot(\tan\phi_1 - \tan\phi)](\theta_h - \theta_n)\})/ \\
& ((H\{\gamma[\gamma(f_1 - f_2 - f_3 - f_4 - f_5 - f_6) + k_h(f_9 - f_{10} - f_{11} \\
& - f_{12} - f_{13} - f_{14})] + \gamma_1[f_7 + f_8 + k_h(f_{15} + f_{16})]\})/ \\
& (\sin\theta_h - \sin\theta_0) + p_h(\cos\theta_0 - \cos\theta_m))
\end{aligned}
\tag{11-1}
$$

$$\frac{\partial F_s}{\partial\theta_0} = 0, \text{且} \frac{\partial F_s}{\partial\theta_h} = 0\text{时}$$

安全系数有一个最小上限,该值为边坡稳定安全系数。计算采用 MATLAB,计算程序见附录 3。

11.1.7 参数敏感性分析

选择 7 个参数,根据正交试验法进行敏感性分析。这 7 个影响参数为水平地震系数 k_h、平台宽度 D、护坡坡率 α、黏聚力 c、内摩擦角 ϕ、护坡高度 H 和膨胀力 P。根据工程设计经验,每个参数取 3 个水平,如表 11-1 所示,布置在 L_{27} 正交表中进行正交试验分析如表 11-2 所示,不考虑参数间的交互作用。其中 c 的 3 个水平:I 水平为 $c_1 = 35\text{kN}$, $c_2 = 70\text{kN}$;II 水平为 $c_1 = 25\text{kN}$, $c_2 = 50\text{kN}$;III 水平为 $c_1 = 15\text{kN}$, $c_2 = 30\text{kN}$。ϕ 的 3 个水平:I 水平为 $\phi_1 = 15°$, $\phi_2 = 45°$;II 水平为 $\phi_1 = 10°$, $\phi_2 = 30°$;III 水平为 $\phi_1 = 5°$, $\phi_2 = 15°$。计算时取加筋体宽度 $D_1 = D_2 = 5\text{m}$;$H_1 = H_2 = 0.5\text{H}$;$\gamma = 19\text{kN}\cdot\text{m}^{-3}$。

表 11-1　正交试验方案表

水平	k_h/g	D/m	α	c/kPa	$\phi/(°)$	H/m	P/kPa
1	0.1	3	1 : 1.5	I	I	6	30
2	0.2	2	1 : 1.25	II	II	8	60
3	0.3	1	1 : 1.1	III	III	10	90

表 11-2　正交试验表

因素	k_h/g	D/m	α	c/kPa	ϕ/(°)	H/m	P/kPa	F_s
实验 1	0.1	3	1 : 1.5	I	I	12	30	3.556
实验 2	0.1	2	1 : 1.25	II	II	16	60	2.184
实验 3	0.1	1	1 : 1	III	III	20	90	1.356
实验 4	0.2	3	1 : 1.5	II	II	20	90	1.488
实验 5	0.2	2	1 : 1.25	III	III	12	30	0.850
实验 6	0.2	1	1 : 1	I	I	16	60	0.758
实验 7	0.3	3	1 : 1.25	I	III	16	90	0.913
实验 8	0.3	2	1 : 1	II	I	20	30	1.316
实验 9	0.3	1	1 : 1.5	III	II	12	60	0.878
实验 10	0.1	3	1 : 1	III	II	16	30	0.011
实验 11	0.1	2	1 : 1.5	I	III	20	60	1.409
实验 12	0.1	1	1 : 1.25	II	I	12	90	3.127
实验 13	0.2	3	1 : 1.25	III	I	20	60	1.937
实验 14	0.2	2	1 : 1	I	II	12	90	1.788
实验 15	0.2	1	1 : 1.5	II	III	16	30	0.956
实验 16	0.3	3	1 : 1	II	III	12	60	0.864
实验 17	0.3	2	1 : 1.5	III	I	16	90	1.298
实验 18	0.3	1	1 : 1.25	I	II	20	30	1.063

　　根据表 11-3 结果对参数敏感性的排序为 $k_h, \phi, H, D, P, \alpha, c$。其中，内摩擦角 ϕ 和地震系数 k_h 影响最大，黏聚力 c 影响最小。

表 11-3　正交试验极差表

因素	k_h/g	D/m	α	c/kPa	ϕ/(°)	H/m	P/kPa
极差	1.225	0.445	0.324	0.268	0.940	0.491	0.324

11.2　本 章 小 结

　　本章对柔性生态护坡高边坡的设计方法以及稳定性验算进行研究，得出其对应的计算公式和主要技术参数，具体工作如下所述。基于极限分析上限法，提出了柔性生态护坡高边坡的稳定性计算方法。以安全系数为例，进行了参数敏感性分析。参数敏感性的排序为 $k_h, \varphi, H, D, P, \alpha, c$。其中，内摩擦角 φ 和地震系数 k_h 影响最大，黏聚力 c 影响最小。

参 考 文 献

[1] 王浩. DAH 石灰混合溶液渗透方法改良膨胀土技术研究 [D]. 西安: 长安大学, 2003.

[2] 余颂, 陈善雄, 余飞, 等. 膨胀土判别与分类的 Fisher 判别分析方法 [J]. 岩土力学, 2007, 28(3): 499-503.

[3] 原城乡建设环境保护部. GB 50112-2013. 膨胀土地区建筑技术规范 [S]. 北京: 中国计划出版社. 2003.

[4] Williams A A B. Discussion of the prediction of total heavefrom double oedometer test[J]. Transactions, South African Institution of Civil Engineer, 1958, 5(6): 49-51.

[5] 柯尊敬. 用胀缩潜量指标判别和评价膨胀土 [J]. 冶金建筑, 1980, 9: 12-17.

[6] 李生林, 施并, 粘性土微观结构 SEM 图像的定量研究 [J]. 中国科学, 1995, 25(6): 666-672.

[7] Fredlund D. G, Rahanljo H. Soil Mechanics for unsaturatal soils[M]. [s.1.]: John Wikey & Sours INC, 1997.

[8] Bjennm. Progressive failure in slopes of over consolidated plastic clay[J]. Soil mechanics and Found Div. ASCE 1967, 93(5): 3-50.

[9] Van Der Merwe D H. The prediction of heave from the plasticity index and percentage clay fraction of soils[J]. Engineer S Africa Inst Civ Engrs, 1964. 6: 103-131.

[10] 柯尊敬, 刘楚祥. 对铁道工程中膨胀土判别和分类的看法 [J]. 路基工程, 1984, 4: 45-61.

[11] 龚壁卫, 周晓文, 包承钢. 南水北调中线工程中的膨胀土研究 [J]. 人民长江, 2001(2): 9-11.

[12] 杨世基. 公路路基膨胀土的分类指标 [J]. 公路工程地质, 1997, 15(5): 1-6.

[13] 陈善雄, 余颂, 孔令伟, 等. 膨胀土判别与分类方法探讨 [J]. 岩土力学. 2005, 26(12): 1895-1900.

[14] 原铁道部 TB 10038-2001. 铁路工程特殊岩土勘察规程 [S]. 北京: 中国铁道出版社, 2010.

[15] 原铁道部 TB 10102-2010. 铁路工程岩土分类标准 [S]. 北京: 中国铁道出版社, 2010.

[16] 中华人民共和国交通部. JTG D30-2004. 公路路基设计规范 [S]. 北京: 人民交通出版社, 2004.

[17] 姚海林, 程平, 杨洋, 等. 标准吸湿含水率对膨胀土进行分类的理论与实践 [J]. 中国科学, E 辑, 2005, 35(1): 43-52.

[18] Zheng J, Zhang R, Yang H. Validation of a Swelling Potential Index for Expansive Soil[C] Proceeding of the first European conference on unsaturated soil, Durham, 2008: 876-880.

[19] 张锐, 郑健龙, 杨和平. 对新公路膨胀土判别分类指标和标准的试验验证 [J]. 中外公路, 2008, 28(6): 35-39.

[20] 段海澎, 陈善雄, 余飞, 等. 新公路膨胀土判别与分类方法对皖中膨胀土的适用性研究 [J]. 岩石力学与工程学报, 2006, 25(10): 2021-2027.

[21] 张白一, 赵祥模. Kohonen 神经网络模型在膨胀土膨胀潜势分类中的应用 [J]. 交通与计算机, 2003, 115(6): 97-99.

[22] 马文涛. 支持向量机方法在膨胀土分类中的应用 [J]. 岩土力学, 2005, 26(11): 1790-1792.

[23] 马佳, 陈善雄, 余飞, 等. 裂土裂隙演化过程试验研究 [J]. 岩土力学, 2007. 28(10): 2203-2208.

[24] 卢再华, 陈正汉, 蒲毅彬. 膨胀土干湿循环胀缩裂隙演化的 CT 试验研究 [J]. 岩土力学, 2002, 23(4): 417-422.

[25] 雷胜友, 许瑛. 原状膨胀土三轴浸水过程的细观分析 [J]. 兰州理工大学学报, 2005, 31(1): 119-122.

[26] 陈正汉, 方祥位, 朱元青, 等. 膨胀土和黄土的细观结构及其演化规律研究 [J]. 岩土力学, 2009, 30(1): 1-11.

[27] 孔令伟, 郭爱国, 赵颖文, 等. 荆门膨胀土的水稳定性及其力学效应 [J]. 岩土工程学报, 2004, 26(6): 727-732.

[28] 孔令伟, 郭爱国, 陈善雄, 等. 膨胀土的承载强度特征与机制 [J]. 水利学报, 2004(11): 54-61.

[29] 缪林昌, 仲晓晨, 殷宗泽. 膨胀土的强度与含水量的关系 [J]. 岩土力学, 1999, 20(2): 71-75.

[30] 李振, 邢义川, 周俊. 膨胀土两种不同条件下抗剪强度比较. 水力发电学报 [J]. 2009, 28(1): 165-170.

[31] 李雄威, 孔令伟, 郭爱国, 等. 考虑水化状态影响的膨胀土强度特性 [J]. 岩土力学, 2008, 29(12): 3193-3198.

[32] 詹良通, 吴宏伟. 非饱和膨胀土变形和强度特性的三轴试验研究 [J]. 岩土工程学报, 2006, 28(2): 196-201.

[33] 詹良通, 吴宏伟. 吸力对非饱和膨胀土抗剪强度及剪胀特性的影响 [J]. 岩土工程学报, 2007, 29(1): 82-87.

[34] 黄润秋, 吴礼舟. 非饱和土抗剪强度的研究 [J]. 成都理工大学学报 (自然科学版), 2007, 34(3): 221-224.

[35] 杨果林, 黄向京. 不同气候条件膨胀土路堤土压力的变化规律试验研究 [J]. 岩土工程学报, 2005, 27(8): 948-955.

[36] 王国强. 安徽省江淮地区膨胀土的工程性质研究 [J]. 岩土工程学报, 1999, 21(1): 119-121.

[37] Drumright E E, Nelson J D. The shear strength of unsaturated tailings sand[C]. The 1st International Conference on Unsaturated Soils. 1995: 45-50.

[38] Rohm S A, Vilar O M. Shear strength of unsaturated sandy soil // The 1st International Conference on Unsaturated Soils[C]. 1995: 189-195.

[39] 杨和平, 张锐, 郑健龙. 有荷条件下膨胀土的干湿胀缩变形及强度变化规律 [J]. 岩土工程学报, 2006, 28(11): 1936-1941.

[40] 杨和平, 王兴正, 肖杰. 干湿循环效应对南宁外环膨胀土抗剪强度的影响 [J]. 岩土工程学报, 2014, 36(5): 949-954.

[41] Mowafy Y M, Bauer G E. Prediction of swelling pressure and factors affecting the swellbehavior of an expansive soil[R]. Transportation Research Record, 1985: 23-28.

[42] Lo K Y, Lee Y N. Time-dependent deformation behaviour of Queenston shale[J]. Canadian Geotechnical Journal, 1990, 27(4): 461-471.

[43] Al-Shamrani M A, Al-Mhaidib A I. Prediction of potential vertical swell of expansive soils using a triaxial stress path cell [J]. Quarterly Journal of Engineering Geology and Hydrogeology, 1999, 32(1): 45-54.

[44] Abbas M F, Elkady T Y, Al-Shamrani M A. Multi-dimensional swelling behavior of Al-Qatif expansive soils. Advances in Unsaturated Soils // Proceedings of the 1st Pan-American Conference on Unsaturated Soils [C], PanAmUNSAT. 2013: 279-284.

[45] Weston D J. Expansive roadbed treatment for Southern Africa // Proc. 4th Int. Conf. Expansive Soils[C], Denver, 1980, 1; 339-360.

[46] 黄熙龄. 特殊土 [A]. 中国土木工程学会第四届土力学及基础工程学术会议论文选集 [C]. 中国土木工程学会, 1983: 7.

[47] Rao A S, Phani Kumar B R, Aruna Rekha V. Swelling behaviour of a remoulded expansive clay [J]. Journal of the Institution of Engineers: Civil Engineering Division, 1995, 76: 1-5.

[48] Robert W D. Lightly-loaded structures on expansive soil [J]. Environmental and Engineering Geoscience, 1996, 2(4): 589-595.

[49] Komine H, Ogata N. Prediction for swelling characteristics of compacted bentonite [J], Canadian Geotechnical Journal, 1996, 33(1): 11-22.

[50] 徐永福. 宁夏膨胀土的膨胀变形模型的初步研究 [J]. 应用基础与工程科学学报, 1997, 5(2): 161-166.

[51] Tripathy S, Rao K S S. Cyclic Swell-Shrink Behaviour of Compacted Expansive Soil [J]. Geotechnical and Geological Engineering, 2009, 27(1): 89-103.

[52] 刘松玉, 季鹏, 方磊. 击实膨胀土的循环膨胀特性研究 [J]. 岩土工程学报, 1999, 21(1): 9-13.

[53] 孔令伟, 李雄威, 郭爱国, 等. 脱湿速率影响下的膨胀土工程性状与持水特征初探 [J]. 岩土工程学报, 2009, 31(3): 335-340.

[54] Kamil Kayabali, Saniye Demir. Measurement of swelling pressure; direct method versus indirect methods[J]. Can. Geotech. J, 2011, 48: 354-364.

[55] 杨庆. 膨胀岩与巷道稳定 [M]. 北京: 冶金工业出版社, 1995.

[56] 丁振洲, 郑颖人, 李利晟. 膨胀力变化规律试验研究 [J]. 岩土力学, 2007, 28(7): 1328-1332.

[57] 苗鹏, 肖宏彬. 膨胀土膨胀力的改进测定及其规律研究 [J]. 2008, 38(7): 67-70.

[58] Pejon O J, Zuquette L V. Effects of strain on the swelling pressure of mudrocks[J]. International Journal of Rock Mechanics & Mining Sciences, 2006, 43: 817-825.

[59] Fredlund D G, Morgenstern N R, Widger R A. The shear strength of unsaturated soils[J]. Canadian Geotechnical Journal, 1978, 15(3): 313-321.

[60] 姚海林, 郑少河, 葛修润, 等. 裂隙膨胀土边坡稳定性评价 [J]. 岩石力学与工程学报, 2002, 21(增 2): 2331-2335.

[61] 黄润秋, 吴礼舟. 非饱和膨胀土边坡稳定性分析 [J]. 地学前缘, 2007, 14(6): 129-133.

[62] 王文生, 谢永利, 梁军林等. 膨胀土路堑边坡的破坏型式和稳定性 [J]. 长安大学学报 (自然科学版), 2005, 25(1): 20-24.

[63] 殷宗泽, 徐彬. 反映裂隙影响的膨胀土边坡稳定性分析 [J]. 岩土工程学报, 2011, 33(3): 454-459.

[64] 卢再华, 陈正汉, 方祥位, 等. 非饱和膨胀土的结构损伤模型及其在土坡多场耦合分析中的应用 [J]. 应用数学和力学, 2006, 27(7): 781-788.

[65] Baker R, Garber M. Theoretical analysis of the stability of slopes[J]. Geotechnique, 1978, 28(4): 395-411.

[66] Apuani T, Corazzato C, Cancelli A, et al. Stability of a collapsing volcano (Stromboli, Italy): Limit equilibrium analysis and numerical modelling[J]. Journal of Volcanology and Geothermal Research, 2005, 144(1-4): 191-210.

[67] Liu S Y, Shao L T, Li H J. Slope stability analysis using the limit equilibrium method and two finite element methods[J]. Computers And Geotechnics, 2015, 63: 291-298.

[68] Lu K L, Zhu D Y, Yang Y, et al. A Rigorous Limit Equilibrium Method for the Slope Stability Analysis[J]. Disaster Advances, 2013, 6: 135-141.

[69] Shivamanth A, Athani S S, Desai M K, et al. Stability Analysis of Dyke Using Limit Equilibrium and Finite Element Methods[J]. Aquat Pr, 2015, 4: 884-891.

[70] Zhou X P, Cheng H. Analysis of stability of three-dimensional slopes using the rigorous limit equilibrium method[J]. Engineering Geology, 2013, 160: 21-33.

[71] Wei W B, Cheng Y M, Li L. Three-dimensional slope failure analysis by the strength reduction and limit equilibrium methods[J]. Computers and Geotechnics, 2009, 36(1-2): 70-80.

[72] Cheng Y M, Lansivaara T, Wei W B. Two-dimensional slope stability analysis by limit equilibrium and strength reduction methods[J]. Computers and Geotechnics, 2007, 34(3): 137-50.

[73] Jia L, Cao L Z, Song Z L. Based on Three-Dimensional Limit Equilibrium Slope Stability Analysis of Open Pit[J]. Adv Mater Res-Switz, 2011, 261-263: 1465-9.

[74] Liu Y R, He Z, Leng K D, et al. Dynamic limit equilibrium analysis of sliding block for rock slope based on nonlinear FEM[J]. Journal Of Central South University, 2013, 20(8): 2263-74.

[75] Lin H, Zhong W W, Xiong W, et al. Slope Stability Analysis Using Limit Equilibrium Method in Nonlinear Criterion[J]. Scientific World Journal, 2014.

[76] Deng D P, Zhao L H, Li L. Limit equilibrium slope stability analysis using the nonlinear strength failure criterion[J]. Canadian Geotechnical Journal, 2015, 52(5): 563-76.

[77] Griffiths D V, Lane P A. Slope stability analysis by finite elements[J]. Geotechnique, 1999, 49(3): 387-403.

[78] 郑颖人, 赵尚毅, 张鲁渝. 用有限元强度折减法进行边坡稳定分析 [J]. 中国工程科学, 2002, (10): 57-61+78.

[79] 肖武. 基于强度折减法和容重增加法的边坡稳定分析及工程研究 [D]. 南京: 河海大学, 2005.

[80] 杨光华, 张玉成, 张有祥. 变模量弹塑性强度折减法及其在边坡稳定分析中的应用 [J]. 岩石力学与工程学报, 2009, (07): 1506-12.

[81] 陈国庆, 黄润秋, 周辉, 等. 边坡渐进破坏的动态强度折减法研究 [J]. 岩土力学, 2013, (04): 1140-6.

[82] Chen J, Ke P, Zhang G. Slope stability analysis by strength reduction elasto-plastic FEM[J]. Key Eng Mat, 2007, 345-346: 625-8.

[83] 王根龙, 伍法权, 祁生文, 等. 加锚岩质边坡稳定性评价的极限分析上限法研究 [J]. 岩石力学与工程学报, 2007, (12): 2556-63.

[84] 郑惠峰, 陈胜宏, 吴关叶. 岩石边坡稳定的块体单元极限分析上限法 [J]. 岩土力学, 2008, (S1): 323-7.

[85] 方薇, 杨果林, 刘晓红, 等. 非均质边坡稳定性极限分析上限法 [J]. 中国铁道科学, 2010, (06): 14-20.

[86] 张子新, 徐营, 黄昕. 块裂层状岩质边坡稳定性极限分析上限解 [J]. 同济大学学报 (自然科学版), 2010, (05): 656-63.

[87] 李泽, 王均星. 基于非线性规划的岩质边坡有限元塑性极限分析上限法研究// 岩石力学与工程的创新和实践: 第十一次全国岩石力学与工程学术大会 [C], 中国岩石力学与工程学会, 中国湖北武汉. 2010: 747-753.

[88] 张迎宾. 边坡稳定性塑性极限分析上限法研究 [D]. 长沙: 中南大学, 2010.

[89] 张新. 坪西公路边坡稳定分析有限元极限分析上限法 [D]. 广州: 华南理工大学, 2011.

[90] 文畅平. 多级支挡结构与边坡系统地震动力特性及抗震研究 [D]. 长沙: 中南大学, 2013.

[91] 王智德, 夏元友, 夏国邦, 等. 顺层岩质边坡稳定性极限分析上限法 [J]. 岩土力学, 2015, (02): 576-83.

[92] Malkawi A I H, Hassan W F, Sarma S K. Global search method for locating general slip surface using Monte Carlo techniques[J]. Journal of Geotechnical and Geoenvironmental Engineering, 2001, 127(8): 688-98.

[93] 陈静瑜, 赵炼恒, 李亮, 等. 折线型滑面边坡强度参数反演的极限分析上限法 [J]. 中南大学学报 (自然科学版), 2015, (02): 638-44.

[94] Kim J, Salgado R, Yu H S. Limit analysis of soil slopes subjected to pore-water pressures[J]. Journal of Geotechnical and Geoenvironmental Engineering, 1999, 125(1): 49-58.

[95] Ausilio E, Conte E, Dente G. Stability analysis of slopes reinforced with piles[J]. Computers and Geotechnics, 2001, 28(8): 591-611.

[96] Chen J, Yin J H, Lee C F. Upper bound limit analysis of slope stability using rigid finite elements and nonlinear programming[J]. Canadian Geotechnical Journal, 2003, 40(4): 742-52.

[97] Yang X L, Yin J H. Slope stability analysis with nonlinear failure criterion[J]. Journal of Engineering Mechanics-Asce, 2004, 130(3): 267-73.

[98] Li A J, Lyamin A V, Merifield R S. Seismic rock slope stability charts based on limit analysis methods[J]. Computers and Geotechnics, 2009, 36(1-2): 135-48.

[99] Michalowski R L. Limit analysis and stability charts for 3D slope failures[J]. Journal of Geotechnical and Geoenvironmental Engineering, 2010, 136(4): 583-93.

[100] He S M, Ouyang C J, Luo Y. Seismic stability analysis of soil nail reinforced slope using kinematic approach of limit analysis[J]. Environmental Earth Sciences, 2012, 66(1): 319-26.

[101] Wang X Q, Yang W T, Zhang Y H. Stduy on the stability analysis method of the anchored soil slope based on the theory of plasticity limit[J]. Progress in Industrial and Civil Engineering, Pts 1-5, 2012, 204-208: 54-8.

[102] Figueiredo F C, Borges L A, Da Costa L M, et al. Limit analysis for porous materials applied for slope stability analysis[J]. Computational Plasticity Xii: Fundamentals and Applications, 2013: 1319-30.

[103] Gao Y F, Zhang F, Lei G H, et al. An extended limit analysis of three-dimensional slope stability[J]. Geotechnique, 2013, 63(6): 518-24.

[104] Liu F T, Zhao J D. Limit analysis of slope stability by rigid finite-element method and linear programming considering rotational failure[J]. International Journal of Geomechanics, 2013, 13(6): 827-39.

[105] Leshchinsky B, Ambauen S. Limit equilibrium and limit analysis: comparison of benchmark slope stability problems[J]. Journal of Geotechnical and Geoenvironmental Engineering, 2015, 141(10).

[106] Qian Z G, Li A J, Merifield R S, et al. Slope stability charts for two-layered purely cohesive soils based on finite-element limit analysis methods[J]. International Journal of Geomechanics, 2015, 15(3).

[107] Tschuchnigg F, Schweiger H F, Sloan S W. Slope stability analysis by means of finite element limit analysis and finite element strength reduction techniques. Part I: Numerical studies considering non-associated plasticity[J]. Computers and Geotechnics, 2015, 70: 169-77.

[108] Gao Y F, Wu D, Zhang F, et al. Limit analysis of 3D rock slope stability with non-linear failure criterion[J]. Geomechanics and Engineering, 2016, 10(1): 59-76.

[109] 姚海林, 郑少河, 陈守义. 考虑裂隙及雨水入渗影响的膨胀土边坡稳定性分析 [J]. 岩土工程学报, 2001, (05): 606-9.

[110] 包承纲. 非饱和土的性状及膨胀土边坡稳定问题 [J]. 岩土工程学报, 2004, (01): 1-15.

[111] 殷宗泽, 徐彬. 反映裂隙影响的膨胀土边坡稳定性分析 [J]. 岩土工程学报, 2011, (03): 454-9.

[112] 程展林, 李青云, 郭熙灵, 等. 膨胀土边坡稳定性研究 [J]. 长江科学院院报, 2011, (10): 102-11.

[113] 王亮亮, 杨果林. 中—强膨胀土竖向膨胀力原位试验 [J]. 铁道学报, 2014, (01): 94-9.

[114] 王国利, 陈生水, 徐光明. 干湿循环下膨胀土边坡稳定性的离心模型试验 [J]. 水利水运工程学报, 2005, (04): 6-10.

[115] 许岩, 杨果林, 吴永照. 加筋膨胀土挡墙模型试验研究 [J]. 铁道科学与工程学报, 2005, (04): 11-5.

[116] 杨果林, 刘义虎. 膨胀土路基含水量在不同气候条件下的变化规律模型试验研究 [J]. 岩石力学与工程学报, 2005, (24): 4524-33.

[117] 杨果林, 丁加明. 膨胀土路基的胀缩变形模型试验 [J]. 中国公路学报, 2006, (04): 23-9.

[118] 王年香, 顾荣伟, 章为民, 等. 膨胀土中单桩性状的模型试验研究 [J]. 岩土工程学报, 2008, (01): 56-60.

[119] 程永辉, 李青云, 龚壁卫, 等. 膨胀土渠坡处理效果的离心模型试验研究 [J]. 长江科学院院报, 2009, (11): 42-6+51.

[120] 杨果林, 王亮亮. 新型全封闭膨胀土路堑基床振动特性模型试验 [J]. 中南大学学报 (自然科学版), 2014, (08): 2824-9.

[121] 王泽仁, 张锐, 刘龙武, 等. 多雨气候条件下膨胀土路堑边坡处治技术研究 [J]. 路基工程, 2013, (06): 16-21+7.

[122] Al-Omari R R, Fattah M Y, Ali H A. Treatment of soil swelling using geogrid reinforced columns[J]. Italian Journal of Geosciences, 2016, 135(1): 83-94.

[123] 原铁道部. 铁道部立项科研项目. 影响支挡结构安全性因素分析 [R]. 北京: 原铁道部, 2005.

[124] 林宇亮, 杨果林, 赵炼恒. 地震条件下挡墙后黏性土主动土压力研究 [J]. 岩土力学, 2011, (08): 2479-86.

[125] 林宇亮, 杨果林, 赵炼恒, 等. 地震动土压力水平层分析法 [J]. 岩石力学与工程学报, 2010, (12): 2581-91.

[126] 吴进良. 多级边坡公路荷载及变幅水位作用下的超高路堤稳定性研究 [D]. 重庆: 重庆大学, 2013.

[127] 高礼. 煤矸石路用性能试验研究及其路堤稳定性分析 [D]. 长沙: 中南大学, 2014.

[128] 郑颖人, 陈祖煜. 边坡与滑坡工程治理 [M]. 北京: 人民交通出版社, 2010.

[129] 申权, 杨果林, 房以河, 等. 一种膨胀土湿度应力场的近似计算方法 [J]. 深圳大学学报 (理工版), 2016, (01): 41-8.

[130] 尹华杰. 膨胀土路堑增湿变形条件下的路基路面力学响应分析 [D]. 长沙: 长沙理工大学, 2006.

[131] 王智德, 夏元友, 夏国邦, 等. 顺层岩质边坡稳定性极限分析上限法 [J]. 岩土力学, 2015, (02): 576-83.

[132] 王根龙, 伍法权, 祁生文, 等. 加锚岩质边坡稳定性评价的极限分析上限法研究 [J]. 岩石力学与工程学报, 2007, (12): 2556-63.

[133] Michalowski R L. Slope stability analysis: a kinematical approach[J]. Géotechnique, 2015, 45(45): 283-93.

[134] 李权. ANSYS 在土木工程中的应用 [M]. 北京: 人民邮电出版社, 2005.

[135] 殷宗泽, 韦杰, 袁俊平, 等. 膨胀土边坡的失稳机理及其加固 [J]. 水利学报. 41(1):1-6.

[136] 郑颖人, 龚晓南. 岩土塑性力学基础 [M]. 北京: 中国建筑工业出版社, 1989: 252-254.

[137] 钱家欢, 殷宗泽. 土工原理与计算 [M]. 北京: 中国水利水电出版社, 2003:327-332.

[138] 陈惠发. 极限分析与土体塑性 [M]. 詹世斌译. 北京: 人民交通出版社, 1995:204-243.

[139] 李秀娟. 极限分析上限法在加筋土结构物稳定性分析中的应用 [D]. 青岛: 中国海洋大学, 23-30.

[140] 易顺民, 黎志恒, 张延中. 膨胀土裂隙结构的分形特征及其意义 [J]. 岩土工程学报, 1999, 03: 38-42.

[141] 袁俊平, 殷宗泽, 包承纲. 膨胀土裂隙的量化手段与度量指标研究 [J]. 长江科学院院报, 2003, 06: 27-30.

附 录 1

采用极限分析法计算整体稳定性的 MATLAB 程序

```
function FF=JJFS(x,kh,H,a,c,f,kt,p,ri)

Kx=-(kt*exp(tan(f)*(2*x(1)-2*x(2)))*tan(f)*sin(x(1))^2+kt*exp
(tan(f)*(2*x(1)-2*x(2)))*cos(x(1))*sin(x(1))+c*exp(tan(f)*(2*
x(1)-2*x(2))))/((p*(sin(x(2))^2-exp(tan(f)*(2*x(1)-2*x(2)))*
sin(x(1))^2))/2-(H*ri*(kh*(sin(x(2))^2*(sin(x(1)-x(2))/(3*sin
(x(1)))+(sin(a+x(1))*(sin(x(2))-exp(tan(f)*(x(1)-x(2)))*sin(x
(1))))/(3*sin(a)*sin(x(1))))+(3*tan(f)*sin(x(2))-cos(x(2))+exp
(tan(f)*(3*x(1)-3*x(2)))*(cos(x(1))-3*tan(f)*sin(x(1))))/(27*
tan(f)^2+3)+(exp(tan(f)*(x(1)-x(2)))*(sin(x(1)-x(2))-sin(x(1))
*(sin(x(1)-x(2))/sin(x(1))+(sin(a+x(1))*(sin(x(2))-exp(tan(f)*
(x(1)-x(2)))*sin(x(1))))/(sin(a)*sin(x(1)))))*(sin(x(2))+exp(
tan(f)*(x(1)-x(2)))*sin(x(1))))/6)+(sin(x(2))+3*tan(f)*cos(x(2)
)-exp(tan(f)*(3*x(1)-3*x(2)))*(sin(x(1))+3*tan(f)*cos(x(1))))/
(27*tan(f)^2+3)+(exp(tan(f)*(x(1)-x(2)))*(sin(x(1)-x(2))-sin(x
(1))*(sin(x(1)-x(2))/sin(x(1))+(sin(a+x(1))*(sin(x(2))-exp(tan
(f)*(x(1)-x(2)))*sin(x(1))))/(sin(a)*sin(x(1)))))*(cos(x(2))+exp
(tan(f)*(x(1)-x(2)))*cos(x(1))-sin(x(1)-x(2))/sin(x(1))-(sin(a+x
(1))*(sin(x(2))-exp(tan(f)*(x(1)-x(2)))*sin(x(1))))/(sin(a)*sin
(x(1)))))/6-sin(x(2))*(sin(x(1)-x(2))/(6*sin(x(1)))+(sin(a+x(1))
*(sin(x(2))-exp(tan(f)*(x(1)-x(2)))*sin(x(1))))/(6*sin(a)*sin(x
(1))))*(sin(x(1)-x(2))/sin(x(1))-2*cos(x(2))+(sin(a+x(1))*(sin(x
(2))-exp(tan(f)*(x(1)-x(2)))*sin(x(1))))/(sin(a)*sin(x(1)))))/
(sin(x(2))-exp(tan(f)*(x(1)-x(2)))*sin(x(1))))-(((c*(exp(tan(f)*
(2*x(1)-2*x(2)))-1))/(2*tan(f))+(kt*exp(tan(f)*(2*x(1)-2*x(2)))*
sin(x(1))^2)/2)*((p*(2*exp(tan(f)*(2*x(1)-2*x(2)))*tan(f)*sin(x
(1))^2+2*exp(tan(f)*(2*x(1)-2*x(2)))*cos(x(1))*sin(x(1))))/2+(H*
ri*(kh*((exp(tan(f)*(x(1)-x(2)))*(exp(tan(f)*(x(1)-x(2)))*cos(x
(1))+exp(tan(f)*(x(1)-x(2)))*tan(f)*sin(x(1))*(sin(x(1)-x(2))-
sin(x(1))*(sin(x(1)-x(2))/sin(x(1))+(sin(a+x(1))*(sin(x(2))-exp
(tan(f)*(x(1)-x(2)))*sin(x(1))))/(sin(a)*sin(x(1)))))/6-(exp(
```

```
tan(f)*(3*x(1)-3*x(2)))*(sin(x(1))+3*tan(f)*cos(x(1)))-3*exp(tan
(f)*(3*x(1)-3*x(2)))*tan(f)*(cos(x(1))-3*tan(f)*sin(x(1))))/(27*
tan(f)^2+3)-sin(x(2))^2*((sin(x(1)-x(2))*cos(x(1)))/(3*sin(x(1)
)^2)-cos(x(1)-x(2))/(3*sin(x(1)))-(cos(a+x(1))*(sin(x(2))-exp(tan
(f)*(x(1)-x(2)))*sin(x(1))))/(3*sin(a)*sin(x(1)))+(sin(a+x(1))*
(exp(tan(f)*(x(1)-x(2)))*cos(x(1))+exp(tan(f)*(x(1)-x(2)))*tan(f)
*sin(x(1))))/(3*sin(a)*sin(x(1)))+(sin(a+x(1))*cos(x(1))*(sin(x(2))
-exp(tan(f)*(x(1)-x(2)))*sin(x(1))))/(3*sin(a)*sin(x(1))^2))+(exp
(tan(f)*(x(1)-x(2)))*(sin(x(2))+exp(tan(f)*(x(1)-x(2)))*sin(x(1)))
*(cos(x(1)-x(2))+sin(x(1))*((sin(x(1)-x(2))*cos(x(1)))/sin(x(1))^2
-cos(x(1)-x(2))/sin(x(1))-(cos(a+x(1))*(sin(x(2))-exp(tan(f)*(x(1)
-x(2)))*sin(x(1))))/(sin(a)*sin(x(1)))+(sin(a+x(1))*(exp(tan(f)*(x
(1)-x(2)))*cos(x(1))+exp(tan(f)*(x(1)-x(2)))*tan(f)*sin(x(1))))/(sin
(a)*sin(x(1)))+(sin(a+x(1))*cos(x(1))*(sin(x(2))-exp(tan(f)*(x(1)-x
(2)))*sin(x(1))))/(sin(a)*sin(x(1))^2))-cos(x(1))*(sin(x(1)-x(2))/sin
(x(1))+(sin(a+x(1))*(sin(x(2))-exp(tan(f)*(x(1)-x(2)))*sin(x(1))))/
(sin(a)*sin(x(1))))))/6+(exp(tan(f)*(x(1)-x(2)))*tan(f)*(sin(x(1)-x
(2))-sin(x(1))*(sin(x(1)-x(2))/sin(x(1))+(sin(a+x(1))*(sin(x(2))-exp
(tan(f)*(x(1)-x(2)))*sin(x(1))))/(sin(a)*sin(x(1)))))*(sin(x(2))+exp
(tan(f)*(x(1)-x(2)))*sin(x(1))))/6)-(exp(tan(f)*(3*x(1)-3*x(2)))*(cos
(x(1))-3*tan(f)*sin(x(1)))+3*exp(tan(f)*(3*x(1)-3*x(2)))*tan(f)*(sin
(x(1))+3*tan(f)*cos(x(1))))/(27*tan(f)^2+3)+sin(x(2))*(sin(x(1)-x(2))
/(6*sin(x(1)))+(sin(a+x(1))*(sin(x(2))-exp(tan(f)*(x(1)-x(2)))*sin(x
(1))))/(6*sin(a)*sin(x(1))))*((sin(x(1)-x(2))*cos(x(1)))/sin(x(1))^2
-cos(x(1)-x(2))/sin(x(1))-(cos(a+x(1))*(sin(x(2))-exp(tan(f)*(x(1)-x
(2)))*sin(x(1))))/(sin(a)*sin(x(1)))+(sin(a+x(1))*(exp(tan(f)*(x(1)-
x(2)))*cos(x(1))+exp(tan(f)*(x(1)-x(2)))*tan(f)*sin(x(1))))/(sin(a)*
sin(x(1)))+(sin(a+x(1))*cos(x(1))*(sin(x(2))-exp(tan(f)*(x(1)-x(2)))
*sin(x(1))))/(sin(a)*sin(x(1))^2))+(exp(tan(f)*(x(1)-x(2)))*(sin(x(1)
-x(2))-sin(x(1))*(sin(x(1)-x(2))/sin(x(1))+(sin(a+x(1))*(sin(x(2))-
exp(tan(f)*(x(1)-x(2)))*sin(x(1))))/(sin(a)*sin(x(1)))))*(exp(tan(f)*
(x(1)-x(2)))*tan(f)*cos(x(1))-cos(x(1)-x(2))/sin(x(1))-exp(tan(f)*(x
(1)-x(2)))*sin(x(1))+(sin(x(1)-x(2))*cos(x(1)))/sin(x(1))^2-(cos(a+x
(1))*(sin(x(2))-exp(tan(f)*(x(1)-x(2)))*sin(x(1))))/(sin(a)*sin(x(1))
)+(sin(a+x(1))*(exp(tan(f)*(x(1)-x(2)))*cos(x(1))+exp(tan(f)*(x(1)-x
(2)))*tan(f)*sin(x(1))))/(sin(a)*sin(x(1)))+(sin(a+x(1))*cos(x(1))*
(sin(x(2))-exp(tan(f)*(x(1)-x(2)))*sin(x(1))))/(sin(a)*sin(x(1))^2))
```

```
)/6+sin(x(2))*(sin(x(1)-x(2))/sin(x(1))-2*cos(x(2))+(sin(a+x(1))*(
sin(x(2))-exp(tan(f)*(x(1)-x(2)))*sin(x(1))))/(sin(a)*sin(x(1))))*(
(sin(x(1)-x(2))*cos(x(1)))/(6*sin(x(1))^2)-cos(x(1)-x(2))/(6*sin(x
(1)))-(cos(a+x(1))*(sin(x(2))-exp(tan(f)*(x(1)-x(2)))*sin(x(1))))/
(6*sin(a)*sin(x(1)))+(sin(a+x(1))*(exp(tan(f)*(x(1)-x(2)))*cos(x(1))
+exp(tan(f)*(x(1)-x(2)))*tan(f)*sin(x(1))))/(6*sin(a)*sin(x(1)))+
(sin(a+x(1))*cos(x(1))*(sin(x(2))-exp(tan(f)*(x(1)-x(2)))*sin(x
(1))))/(6*sin(a)*sin(x(1))^2))+(exp(tan(f)*(x(1)-x(2)))*(cos(x(1)
-x(2))+sin(x(1))*((sin(x(1)-x(2))*cos(x(1)))/sin(x(1))^2-cos(x(1)
-x(2))/sin(x(1))-(cos(a+x(1))*(sin(x(2))-exp(tan(f)*(x(1)-x(2)))
*sin(x(1))))/(sin(a)*sin(x(1)))+(sin(a+x(1))*(exp(tan(f)*(x(1)-
x(2)))*cos(x(1))+exp(tan(f)*(x(1)-x(2)))*tan(f)*sin(x(1))))/(sin
(a)*sin(x(1)))+(sin(a+x(1))*cos(x(1))*(sin(x(2))-exp(tan(f)*(x(1)
-x(2)))*sin(x(1))))/(sin(a)*sin(x(1))^2))-cos(x(1))*(sin(x(1)-x
(2))/sin(x(1))+(sin(a+x(1))*(sin(x(2))-exp(tan(f)*(x(1)-x(2)))*
sin(x(1))))/(sin(a)*sin(x(1)))))*(cos(x(2))+exp(tan(f)*(x(1)-x
(2)))*cos(x(1))-sin(x(1)-x(2))/sin(x(1))-(sin(a+x(1))*(sin(x(2))
-exp(tan(f)*(x(1)-x(2)))*sin(x(1))))/(sin(a)*sin(x(1)))))/6+
(exp(tan(f)*(x(1)-x(2)))*tan(f)*(sin(x(1)-x(2))-sin(x(1))*(sin
(x(1)-x(2))/sin(x(1))+(sin(a+x(1))*(sin(x(2))-exp(tan(f)*(x(1)
-x(2)))*sin(x(1))))/(sin(a)*sin(x(1)))))*(cos(x(2))+exp(tan(f)
*(x(1)-x(2)))*cos(x(1))-sin(x(1)-x(2))/sin(x(1))-(sin(a+x(1))
*(sin(x(2))-exp(tan(f)*(x(1)-x(2)))*sin(x(1))))/(sin(a)*sin(x
(1)))))/6))/(sin(x(2))-exp(tan(f)*(x(1)-x(2)))*sin(x(1)))+
(H*ri*(exp(tan(f)*(x(1)-x(2)))*cos(x(1))+exp(tan(f)*(x(1)-x(2)
))*tan(f)*sin(x(1)))*(kh*(sin(x(2))^2*(sin(x(1)-x(2)
)/(3*sin(x(1)))+(sin(a+x(1))*(sin(x(2))-exp(tan(f)*(x(1)-x(2)
))*sin(x(1))))/(3*sin(a)*sin(x(1))))+(3*tan(f)*sin(x(2))-cos(x(2)
)+exp(tan(f)*(3*x(1)-3*x(2))))*(cos(x(1))-
3*tan(f)*sin(x(1))))/(27*tan(f)^2+3)+(exp(tan(f)*(x(1)-x(2)
))*(sin(x(1)-x(2))-sin(x(1))*(sin(x(1)-x(2))/sin(x(1))+(sin(a+
x(1))*(sin(x(2))-exp(tan(f)*(x(1)-x(2)
))*sin(x(1))))/(sin(a)*sin(x(1)))))*(sin(x(2))+exp(tan(f)*(x(1)-
x(2)))*sin(x(1))))/6)+(sin(x(2))+3*tan(f)*cos(x(2))-
exp(tan(f)*(3*x(1)-3*x(2)))*(sin(x(1))+
3*tan(f)*cos(x(1))))/(27*tan(f)^2+3)+(exp(tan(f)*(x(1)-x(2)
))*(sin(x(1)-x(2))-sin(x(1))*(sin(x(1)-x(2))/sin(x(1))+(sin(a+
```

```
x(1))*(sin(x(2))-exp(tan(f)*(x(1)-x(2)
))*sin(x(1))))/(sin(a)*sin(x(1)))))*(cos(x(2))+exp(tan(f)*(x(1)-
x(2)))*cos(x(1))-sin(x(1)-x(2))/sin(x(1))-(sin(a+x(1))*(sin(x(2))
-exp(tan(f)*(x(1)-x(2)))*sin(x(1))))/(sin(a)*sin(x(1)))))/6-
sin(x(2))*(sin(x(1)-x(2))/(6*sin(x(1)))+(sin(a+x(1))*(sin(x(2))-
exp(tan(f)*(x(1)-x(2)
))*sin(x(1))))/(6*sin(a)*sin(x(1))))*(sin(x(1)-x(2))/sin(x(1))-
2*cos(x(2))+(sin(a+x(1))*(sin(x(2))-exp(tan(f)*(x(1)-x(2)
))*sin(x(1))))/(sin(a)*sin(x(1))))))/(sin(x(2))-exp(tan(f)*(x(1)-
x(2)))*sin(x(1)))^2))/((p*(sin(x(2))^2-exp(tan(f)*(2*x(1)-2*x(2)
))*sin(x(1))^2))/2-(H*ri*(kh*(sin(x(2))^2*(sin(x(1)-x(2)
)/(3*sin(x(1)))+(sin(a+x(1))*(sin(x(2))-exp(tan(f)*(x(1)-x(2)
))*sin(x(1))))/(3*sin(a)*sin(x(1)))+(3*tan(f)*sin(x(2))-cos(x(2)
)+exp(tan(f)*(3*x(1)-3*x(2)))*(cos(x(1))-
3*tan(f)*sin(x(1))))/(27*tan(f)^2+3)+(exp(tan(f)*(x(1)-x(2)
))*(sin(x(1)-x(2))-sin(x(1))*(sin(x(1)-x(2))/sin(x(1))+(sin(a+
x(1))*(sin(x(2))-exp(tan(f)*(x(1)-x(2)
))*sin(x(1))))/(sin(a)*sin(x(1)))))*(sin(x(2))+exp(tan(f)*(x(1)-
x(2)))*sin(x(1))))/6)+(sin(x(2))+3*tan(f)*cos(x(2))-
exp(tan(f)*(3*x(1)-3*x(2)))*(sin(x(1))+
3*tan(f)*cos(x(1))))/(27*tan(f)^2+3)+(exp(tan(f)*(x(1)-x(2)
))*(sin(x(1)-x(2))-sin(x(1))*(sin(x(1)-x(2))/sin(x(1))+(sin(a+
x(1))*(sin(x(2))-exp(tan(f)*(x(1)-x(2)
))*sin(x(1))))/(sin(a)*sin(x(1)))))*(cos(x(2))+exp(tan(f)*(x(1)-
x(2)))*cos(x(1))-sin(x(1)-x(2))/sin(x(1))-(sin(a+x(1))*(sin(x(2))
-exp(tan(f)*(x(1)-x(2)))*sin(x(1))))/(sin(a)*sin(x(1)))))/6-
sin(x(2))*(sin(x(1)-x(2))/(6*sin(x(1)))+(sin(a+x(1))*(sin(x(2))-
exp(tan(f)*(x(1)-x(2)
))*sin(x(1))))/(6*sin(a)*sin(x(1))))*(sin(x(1)-x(2))/sin(x(1))-
2*cos(x(2))+(sin(a+x(1))*(sin(x(2))-exp(tan(f)*(x(1)-x(2)
))*sin(x(1))))/(sin(a)*sin(x(1)))))))/(sin(x(2))-exp(tan(f)*(x(1)-
x(2)))*sin(x(1))))^2;
Ky=(kt*exp(tan(f)*(2*x(1)-2*x(2)
))*tan(f)*sin(x(1))^2+c*exp(tan(f)*(2*x(1)-2*x(2)
))))/((p*(sin(x(2))^2-exp(tan(f)*(2*x(1)-2*x(2)))*sin(x(1))^2))/2-
(H*ri*(kh*(sin(x(2))^2*(sin(x(1)-x(2))/(3*sin(x(1)))+(sin(a+
x(1))*(sin(x(2))-exp(tan(f)*(x(1)-x(2)
```

```
))*sin(x(1))))/(3*sin(a)*sin(x(1))))+(3*tan(f)*sin(x(2))-cos(x(2)
)+exp(tan(f)*(3*x(1)-3*x(2)))*(cos(x(1))-
3*tan(f)*sin(x(1))))/(27*tan(f)^2+3)+(exp(tan(f)*(x(1)-x(2)
))*(sin(x(1)-x(2))-sin(x(1))*(sin(x(1)-x(2))/sin(x(1))+(sin(a+
x(1))*(sin(x(2))-exp(tan(f)*(x(1)-x(2)
))*sin(x(1))))/(sin(a)*sin(x(1)))))*(sin(x(2))+exp(tan(f)*(x(1)-
x(2)))*sin(x(1))))/6)+(sin(x(2))+3*tan(f)*cos(x(2))-
exp(tan(f)*(3*x(1)-3*x(2)))*(sin(x(1))+
3*tan(f)*cos(x(1))))/(27*tan(f)^2+3)+(exp(tan(f)*(x(1)-x(2)
))*(sin(x(1)-x(2))-sin(x(1))*(sin(x(1)-x(2))/sin(x(1))+(sin(a+
x(1))*(sin(x(2))-exp(tan(f)*(x(1)-x(2)
))*sin(x(1))))/(sin(a)*sin(x(1)))))*(cos(x(2))+exp(tan(f)*(x(1)-
x(2)))*cos(x(1))-sin(x(1)-x(2))/sin(x(1))-(sin(a+x(1))*(sin(x(2))
-exp(tan(f)*(x(1)-x(2)))*sin(x(1))))/(sin(a)*sin(x(1)))))/6-
sin(x(2))*(sin(x(1)-x(2))/(6*sin(x(1)))+(sin(a+x(1))*(sin(x(2))-
exp(tan(f)*(x(1)-x(2)
))*sin(x(1))))/(6*sin(a)*sin(x(1))))*(sin(x(1)-x(2))/sin(x(1))-
2*cos(x(2))+(sin(a+x(1))*(sin(x(2))-exp(tan(f)*(x(1)-x(2)
))*sin(x(1))))/(sin(a)*sin(x(1))))))/(sin(x(2))-exp(tan(f)*(x(1)-
x(2)))*sin(x(1))))+(((c*(exp(tan(f)*(2*x(1)-2*x(2)))-1)
)/(2*tan(f))+(kt*exp(tan(f)*(2*x(1)-2*x(2)))*sin(x(1))^2)/2)
*((p*(2*exp(tan(f)*(2*x(1)-2*x(2)))*tan(f)*sin(x(1))^2+2*cos(x(2)
)*sin(x(2))))/2+(H*ri*(kh*(sin(x(2))^2*(cos(x(1)-x(2)
)/(3*sin(x(1)))-(sin(a+x(1))*(cos(x(2))+exp(tan(f)*(x(1)-x(2)
))*tan(f)*sin(x(1))))/(3*sin(a)*sin(x(1))))-(sin(x(2))+
3*tan(f)*cos(x(2))-3*exp(tan(f)*(3*x(1)-3*x(2)
))*tan(f)*(cos(x(1))-3*tan(f)*sin(x(1))))/(27*tan(f)^2+3)+
(exp(tan(f)*(x(1)-x(2)))*(cos(x(1)-x(2))-sin(x(1))*(cos(x(1)-x(2)
)/sin(x(1))-(sin(a+x(1))*(cos(x(2))+exp(tan(f)*(x(1)-x(2)
))*tan(f)*sin(x(1))))/(sin(a)*sin(x(1)))))*(sin(x(2))+
exp(tan(f)*(x(1)-x(2)))*sin(x(1))))/6-2*cos(x(2))*sin(x(2)
)*(sin(x(1)-x(2))/(3*sin(x(1)))+(sin(a+x(1))*(sin(x(2))-
exp(tan(f)*(x(1)-x(2)))*sin(x(1))))/(3*sin(a)*sin(x(1))))-
(exp(tan(f)*(x(1)-x(2)))*(sin(x(1)-x(2))-sin(x(1))*(sin(x(1)-x(2)
)/sin(x(1))+(sin(a+x(1))*(sin(x(2))-exp(tan(f)*(x(1)-x(2)
))*sin(x(1))))/(sin(a)*sin(x(1)))))*(cos(x(2))-exp(tan(f)*(x(1)-
x(2)))*tan(f)*sin(x(1))))/6+(exp(tan(f)*(x(1)-x(2)
```

```
))*tan(f)*(sin(x(1)-x(2))-sin(x(1))*(sin(x(1)-x(2))/sin(x(1))+
(sin(a+x(1))*(sin(x(2))-exp(tan(f)*(x(1)-x(2)
))*sin(x(1)))))/(sin(a)*sin(x(1)))))*(sin(x(2))+exp(tan(f)*(x(1)-
x(2)))*sin(x(1))))/6)-(cos(x(2))-3*tan(f)*sin(x(2))+
3*exp(tan(f)*(3*x(1)-3*x(2)))*tan(f)*(sin(x(1))+
3*tan(f)*cos(x(1))))/(27*tan(f)^2+3)-sin(x(2))*(cos(x(1)-x(2)
)/(6*sin(x(1)))-(sin(a+x(1))*(cos(x(2))+exp(tan(f)*(x(1)-x(2)
))*tan(f)*sin(x(1))))/(6*sin(a)*sin(x(1))))*(sin(x(1)-x(2)
)/sin(x(1))-2*cos(x(2))+(sin(a+x(1))*(sin(x(2))-exp(tan(f)*(x(1)-
x(2)))*sin(x(1))))/(sin(a)*sin(x(1))))+sin(x(2))*(sin(x(1)-x(2)
)/(6*sin(x(1)))+(sin(a+x(1))*(sin(x(2))-exp(tan(f)*(x(1)-x(2)
))*sin(x(1))))/(6*sin(a)*sin(x(1))))*(2*sin(x(2))-cos(x(1)-x(2)
)/sin(x(1))+(sin(a+x(1))*(cos(x(2))+exp(tan(f)*(x(1)-x(2)
))*tan(f)*sin(x(1))))/(sin(a)*sin(x(1))))+cos(x(2))*(sin(x(1)-
x(2))/(6*sin(x(1)))+(sin(a+x(1))*(sin(x(2))-exp(tan(f)*(x(1)-x(2)
))*sin(x(1))))/(6*sin(a)*sin(x(1))))*(sin(x(1)-x(2))/sin(x(1))-
2*cos(x(2))+(sin(a+x(1))*(sin(x(2))-exp(tan(f)*(x(1)-x(2)
))*sin(x(1))))/(sin(a)*sin(x(1))))+(exp(tan(f)*(x(1)-x(2)
))*(sin(x(1)-x(2))-sin(x(1))*(sin(x(1)-x(2))/sin(x(1))+(sin(a+
x(1))*(sin(x(2))-exp(tan(f)*(x(1)-x(2)
))*sin(x(1))))/(sin(a)*sin(x(1)))))*(sin(x(2))-cos(x(1)-x(2)
)/sin(x(1))+exp(tan(f)*(x(1)-x(2)))*tan(f)*cos(x(1))+(sin(a+
x(1))*(cos(x(2))+exp(tan(f)*(x(1)-x(2)
))*tan(f)*sin(x(1))))/(sin(a)*sin(x(1)))))/6+(exp(tan(f)*(x(1)-
x(2)))*(cos(x(1)-x(2))-sin(x(1))*(cos(x(1)-x(2))/sin(x(1))-(sin(a
+x(1))*(cos(x(2))+exp(tan(f)*(x(1)-x(2)
))*tan(f)*sin(x(1))))/(sin(a)*sin(x(1)))))*(cos(x(2))+
exp(tan(f)*(x(1)-x(2)))*cos(x(1))-sin(x(1)-x(2))/sin(x(1))-(sin(a
+x(1))*(sin(x(2))-exp(tan(f)*(x(1)-x(2)
))*sin(x(1))))/(sin(a)*sin(x(1)))))/6+(exp(tan(f)*(x(1)-x(2)
))*tan(f)*(sin(x(1)-x(2))-sin(x(1))*(sin(x(1)-x(2))/sin(x(1))+
(sin(a+x(1))*(sin(x(2))-exp(tan(f)*(x(1)-x(2)
))*sin(x(1))))/(sin(a)*sin(x(1)))))*(cos(x(2))+exp(tan(f)*(x(1)-
x(2)))*cos(x(1))-sin(x(1)-x(2))/sin(x(1))-(sin(a+x(1))*(sin(x(2))
-exp(tan(f)*(x(1)-x(2)))*sin(x(1))))/(sin(a)*sin(x(1)))))/6)
)/(sin(x(2))-exp(tan(f)*(x(1)-x(2)))*sin(x(1)))+(H*ri*(cos(x(2))+
exp(tan(f)*(x(1)-x(2)))*tan(f)*sin(x(1)))*(kh*(sin(x(2)
```

```
)^2*(sin(x(1)-x(2)))/(3*sin(x(1)))+(sin(a+x(1))*(sin(x(2))-
exp(tan(f)*(x(1)-x(2)))*sin(x(1))))/(3*sin(a)*sin(x(1))))+
(3*tan(f)*sin(x(2))-cos(x(2))+exp(tan(f)*(3*x(1)-3*x(2)
))*(cos(x(1))-3*tan(f)*sin(x(1))))/(27*tan(f)^2+3)+
(exp(tan(f)*(x(1)-x(2)))*(sin(x(1)-x(2))-sin(x(1))*(sin(x(1)-x(2)
)/sin(x(1))+(sin(a+x(1))*(sin(x(2))-exp(tan(f)*(x(1)-x(2)
))*sin(x(1))))/(sin(a)*sin(x(1)))))*(sin(x(2))+exp(tan(f)*(x(1)-
x(2)))*sin(x(1))))/6)+(sin(x(2))+3*tan(f)*cos(x(2))-
exp(tan(f)*(3*x(1)-3*x(2)))*(sin(x(1))+
3*tan(f)*cos(x(1))))/(27*tan(f)^2+3)+(exp(tan(f)*(x(1)-x(2)
))*(sin(x(1)-x(2))-sin(x(1))*(sin(x(1)-x(2))/sin(x(1))+(sin(a+
x(1))*(sin(x(2))-exp(tan(f)*(x(1)-x(2)
))*sin(x(1))))/(sin(a)*sin(x(1)))))*(cos(x(2))+exp(tan(f)*(x(1)-
x(2)))*cos(x(1))-sin(x(1)-x(2))/sin(x(1))-(sin(a+x(1))*(sin(x(2))
-exp(tan(f)*(x(1)-x(2)))*sin(x(1))))/(sin(a)*sin(x(1)))))/6-
sin(x(2))*(sin(x(1)-x(2))/(6*sin(x(1)))+(sin(a+x(1))*(sin(x(2))-
exp(tan(f)*(x(1)-x(2)
))*sin(x(1))))/(6*sin(a)*sin(x(1))))*(sin(x(1)-x(2))/sin(x(1))-
2*cos(x(2))+(sin(a+x(1))*(sin(x(2))-exp(tan(f)*(x(1)-x(2)
))*sin(x(1))))/(sin(a)*sin(x(1)))))))/(sin(x(2))-exp(tan(f)*(x(1)-
x(2)))*sin(x(1)))^2))/((p*(sin(x(2))^2-exp(tan(f)*(2*x(1)-2*x(2)
))*sin(x(1))^2))/2-(H*ri*(kh*(sin(x(2))^2*(sin(x(1)-x(2)
)/(3*sin(x(1)))+(sin(a+x(1))*(sin(x(2))-exp(tan(f)*(x(1)-x(2)
))*sin(x(1))))/(3*sin(a)*sin(x(1))))+(3*tan(f)*sin(x(2))-cos(x(2)
)+exp(tan(f)*(3*x(1)-3*x(2)))*(cos(x(1))-
3*tan(f)*sin(x(1))))/(27*tan(f)^2+3)+(exp(tan(f)*(x(1)-x(2)
))*(sin(x(1)-x(2))-sin(x(1))*(sin(x(1)-x(2))/sin(x(1))+(sin(a+
x(1))*(sin(x(2))-exp(tan(f)*(x(1)-x(2)
))*sin(x(1))))/(sin(a)*sin(x(1)))))*(sin(x(2))+exp(tan(f)*(x(1)-
x(2)))*sin(x(1))))/6)+(sin(x(2))+3*tan(f)*cos(x(2))-
exp(tan(f)*(3*x(1)-3*x(2)))*(sin(x(1))+
3*tan(f)*cos(x(1))))/(27*tan(f)^2+3)+(exp(tan(f)*(x(1)-x(2)
))*(sin(x(1)-x(2))-sin(x(1))*(sin(x(1)-x(2))/sin(x(1))+(sin(a+
x(1))*(sin(x(2))-exp(tan(f)*(x(1)-x(2)
))*sin(x(1))))/(sin(a)*sin(x(1)))))*(cos(x(2))+exp(tan(f)*(x(1)-
x(2)))*cos(x(1))-sin(x(1)-x(2))/sin(x(1))-(sin(a+x(1))*(sin(x(2))
-exp(tan(f)*(x(1)-x(2)))*sin(x(1))))/(sin(a)*sin(x(1)))))/6-
```

```
sin(x(2))*(sin(x(1)-x(2))/(6*sin(x(1)))+(sin(a+x(1))*(sin(x(2))-
exp(tan(f)*(x(1)-x(2)
))*sin(x(1))))/(6*sin(a)*sin(x(1))))*(sin(x(1)-x(2))/sin(x(1))-
2*cos(x(2))+(sin(a+x(1))*(sin(x(2))-exp(tan(f)*(x(1)-x(2)
))*sin(x(1))))/(sin(a)*sin(x(1))))))/(sin(x(2))-exp(tan(f)*(x(1)-
x(2)))*sin(x(1))))^2;FF=[Kx;Ky];
end
function
K=JJFSJG(kh,H,a,c,f,kt,p,ri)
x0=[1.57;1];options=optimset
('display','off');z=fsolve('JJFS',x0,options,kh,H,a,c,f,kt,
p,ri);x=z(1);y=z(2);G=(sin(x-y)/sin(x)-sin(x+a)/sin(x)/sin(a)
*(sin(x)*exp((x-y)*tan(f))-sin(y)));f1=((3*tan(f)*cos(x)+sin
(x))*exp(3*(x-y)*tan(f))-3*tan(f)*cos(y)-sin(y))/(3*(1+9*
(tan(f))^2));f2=G/6*(2*cos(y)-G)*sin(y);f3=1/6*exp((x-y)
tan(f))*(sin(x-y)-G*sin(x))*(cos(y)-G+cos(x)*exp((x-y)*tan(f))
);f5=((3*tan(f)*sin(x)-cos(x))*exp(3*(x-y)*tan(f))-3*tan(f)
*sin(y)+cos(y))/(3*(1+9*(tan(f))^2));f6=G/3*sin(y)*sin(y);f7
=1/6*exp((x-y)*tan(f))*(sin(x-y)-G*sin(x))*(sin(y)+sin(x)*exp
((x-y)*tan(f)));K=((c/tan(f)*(exp(2*(x-y)*tan(f))-1))/2+kt/2*
((sin(x))^2*exp(2*(x-y)*tan(f))))/(ri/(sin(x)*exp((x-y)*tan(f))
-sin(y))*H*(f1-f2-f3+kh*(f5-f6-f7))+p/2*((sin(x))^2*exp(2*
(x-y)*tan(f))-(sin(y))^2));
end
```

附 录 2

采用极限分析法计算局部稳定性的 MATLAB 程序
functionFF=BPYHFS(x,kh,D,a,c1,c2,t,1,H,p,Hk,kn,ri,f)

```
Kx=(2*c1-(c2-H*ri*(tan(f)-tan(1)))*(((cos(x(1))*(Hk+(H*sin(x(2)
))/(sin(x(1))-sin(x(2))))/H-(cos(x(1))*sin(x(2)))/(sin(x(1))-
sin(x(2))))/(1-((Hk+(H*sin(x(2)))/(sin(x(1))-sin(x(2)
)))^2*(sin(x(1))-sin(x(2)))^2)/H^2)^(1/2)+1)+((c1*kn-
Hk*ri*(tan(f)-(3*tan(t))/5))*((cos(x(1))*(Hk+(H*sin(x(2)
))/(sin(x(1))-sin(x(2))))/H-(cos(x(1))*sin(x(2)))/(sin(x(1))-
sin(x(2)))))/(1-((Hk+(H*sin(x(2)))/(sin(x(1))-sin(x(2)
)))^2*(sin(x(1))-sin(x(2)))^2)/H^2)^(1/2)+(2*H*ri*(sin(x(2))-1)
*(tan(f)-tan(t)))/(sin(x(1))-sin(x(2)))+(H*ri*cos(x(1))*(sin(x(2)
)-1)*(tan(f)-tan(t))*(pi-2*x(1)))/(sin(x(1))-sin(x(2)))^2
/(p*(cos(x(2))-(1-((Hk+(H*sin(x(2)))/(sin(x(1))-sin(x(2)
)))^2*(sin(x(1))-sin(x(2)))^2)/H^2)^(1/2))-(H*ri*(sin(x(2))/3-
sin(x(1))/3+kh*(cos(x(1))/3-cos(x(2))/3-sin(x(2))^2*(cos(x(1))/3-
cos(x(2))/3+(cot(a)*(sin(x(1))-sin(x(2))))/3+(D*(sin(x(1))-
sin(x(2))))/(3*H))+(sin(x(1))+sin(x(2)))*(sin(x(1)-x(2))/6+
((sin(x(1))-sin(x(2)))*(cos(x(1))-cos(x(2))+cot(a)*(sin(x(1))-
sin(x(2)))+(D*(sin(x(1))-sin(x(2))))/H))/6+(sin(x(1))*(cos(x(1))-
cos(x(2))+cot(a)*(sin(x(1))-sin(x(2)))+(D*(sin(x(1))-sin(x(2)
)))/H))/6)+(D*(sin(x(1))-sin(x(2)))^2*((2*sin(x(1)))/3+sin(x(2)
)/3))/(2*H)-(D*(sin(x(1))+sin(x(2)))*(sin(x(1))-sin(x(2)))^2)
/(2*H))+(2*cos(x(1))+cot(a)*(sin(x(1))-sin(x(2)))+(D*(sin(x(1))-
sin(x(2))))/H)*(sin(x(1)-x(2))/6+((sin(x(1))-sin(x(2)
))*(cos(x(1))-cos(x(2))+cot(a)*(sin(x(1))-sin(x(2)))+
(D*(sin(x(1))-sin(x(2))))/H))/6+(sin(x(1))*(cos(x(1))-cos(x(2))+
cot(a)*(sin(x(1))-sin(x(2)))+(D*(sin(x(1))-sin(x(2))))/H))/6)-
sin(x(2))*(cos(x(1))/6-cos(x(2))/6+(cot(a)*(sin(x(1))-sin(x(2)
)))/6+(D*(sin(x(1))-sin(x(2))))/(6*H))*(cos(x(1))+cos(x(2))+
cot(a)*(sin(x(1))-sin(x(2)))+(D*(sin(x(1))-sin(x(2))))/H)-
(D*(sin(x(1))-sin(x(2)))^2*(2*cos(x(1))+cot(a)*(sin(x(1))-
```

```
sin(x(2)))+(D*(sin(x(1))-sin(x(2))))/H))/(2*H)+(D*(sin(x(1))-
sin(x(2)))^2*(3*cos(x(1))+cot(a)*(sin(x(1))-sin(x(2)))+
(2*D*(sin(x(1))-sin(x(2))))/H))/(6*H)))/(sin(x(1))-sin(x(2))))+
(((c2-H*ri*(tan(f)-tan(l)))*(x(1)-pi+asin(((Hk+(H*sin(x(2)
))/(sin(x(1))-sin(x(2))))*(sin(x(1))-sin(x(2))))/H))+(pi-
2*x(1))*(c1+(H*ri*(sin(x(2))-1)*(tan(f)-tan(t)))/(sin(x(1))-
sin(x(2))))+(c1*kn-Hk*ri*(tan(f)-(3*tan(t))/5))*(x(2)-asin(((Hk+
(H*sin(x(2)))/(sin(x(1))-sin(x(2))))*(sin(x(1))-sin(x(2)
)))/H)))*((H*ri*(cos(x(1))/3-(sin(x(1)-x(2))/6+((sin(x(1))-
sin(x(2)))*(cos(x(1))-cos(x(2))+cot(a)*(sin(x(1))-sin(x(2)))+
(D*(sin(x(1))-sin(x(2))))/H))/6+(sin(x(1))*(cos(x(1))-cos(x(2))+
cot(a)*(sin(x(1))-sin(x(2)))+(D*(sin(x(1))-sin(x(2))))/H))/6)
*(cot(a)*cos(x(1))-2*sin(x(1))+(D*cos(x(1)))/H)-(2*cos(x(1))+
cot(a)*(sin(x(1))-sin(x(2)))+(D*(sin(x(1))-sin(x(2)
)))/H)*(cos(x(1)-x(2))/6+(sin(x(1))*(cot(a)*cos(x(1))-sin(x(1))+
(D*cos(x(1)))/H))/6+(cos(x(1))*(cos(x(1))-cos(x(2))+
cot(a)*(sin(x(1))-sin(x(2)))+(D*(sin(x(1))-sin(x(2))))/H))/3+
((sin(x(1))-sin(x(2)))*(cot(a)*cos(x(1))-sin(x(1))+
(D*cos(x(1)))/H))/6)+kh*(sin(x(1))/3+sin(x(2)
)^2*((cot(a)*cos(x(1)))/3-sin(x(1))/3+(D*cos(x(1)))/(3*H))-
cos(x(1))*(sin(x(1)-x(2))/6+((sin(x(1))-sin(x(2)))*(cos(x(1))-
cos(x(2))+cot(a)*(sin(x(1))-sin(x(2)))+(D*(sin(x(1))-sin(x(2)
)))/H))/6+(sin(x(1))*(cos(x(1))-cos(x(2))+cot(a)*(sin(x(1))-
sin(x(2)))+(D*(sin(x(1))-sin(x(2))))/H))/6)-(sin(x(1))+sin(x(2)
))*(cos(x(1)-x(2))/6+(sin(x(1))*(cot(a)*cos(x(1))-sin(x(1))+
(D*cos(x(1)))/H))/6+(cos(x(1))*(cos(x(1))-cos(x(2))+
cot(a)*(sin(x(1))-sin(x(2)))+(D*(sin(x(1))-sin(x(2))))/H))/3+
((sin(x(1))-sin(x(2)))*(cot(a)*cos(x(1))-sin(x(1))+
(D*cos(x(1)))/H))/6)+(D*cos(x(1))*(sin(x(1))-sin(x(2)))^2)/(6*H)-
(D*cos(x(1))*(sin(x(1))-sin(x(2)))*((2*sin(x(1)))/3+sin(x(2))/3)
)/H+(D*cos(x(1))*(sin(x(1))+sin(x(2)))*(sin(x(1))-sin(x(2))))/H)+
sin(x(2))*(cot(a)*cos(x(1))-sin(x(1))+
(D*cos(x(1)))/H)*(cos(x(1))/6-cos(x(2))/6+(cot(a)*(sin(x(1))-
sin(x(2))))/6+(D*(sin(x(1))-sin(x(2))))/(6*H))+sin(x(2)
)*((cot(a)*cos(x(1)))/6-sin(x(1))/6+
(D*cos(x(1)))/(6*H))*(cos(x(1))+cos(x(2))+cot(a)*(sin(x(1))-
sin(x(2)))+(D*(sin(x(1))-sin(x(2))))/H)+(D*(sin(x(1))-sin(x(2)
```

))^2*(cot(a)*cos(x(1))-2*sin(x(1))+(D*cos(x(1)))/H)/(2*H)-
(D*(sin(x(1))-sin(x(2)))^2*(cot(a)*cos(x(1))-3*sin(x(1))+
(2*D*cos(x(1)))/H))/(6*H)+(D*cos(x(1))*(sin(x(1))-sin(x(2)
))*(2*cos(x(1))+cot(a)*(sin(x(1))-sin(x(2)))+(D*(sin(x(1))-
sin(x(2))))/H))/H-(D*cos(x(1))*(sin(x(1))-sin(x(2)))*(3*cos(x(1))
+cot(a)*(sin(x(1))-sin(x(2)))+(2*D*(sin(x(1))-sin(x(2)
)))/H))/(3*H)))/(sin(x(1))-sin(x(2)))-(p*((2*cos(x(1))*sin(x(2)
)*(Hk+(H*sin(x(2)))/(sin(x(1))-sin(x(2)))))/H-(2*cos(x(1))*(Hk+
(H*sin(x(2)))/(sin(x(1))-sin(x(2))))^2*(sin(x(1))-sin(x(2)
)))/H^2)/(2*(1-((Hk+(H*sin(x(2)))/(sin(x(1))-sin(x(2)
)))^2*(sin(x(1))-sin(x(2)))^2)/H^2)^(1/2))+
(H*ri*cos(x(1))*(sin(x(2))/3-sin(x(1))/3+kh*(cos(x(1))/3-cos(x(2)
)/3-sin(x(2))^2*(cos(x(1))/3-cos(x(2))/3+(cot(a)*(sin(x(1))-
sin(x(2))))/3+(D*(sin(x(1))-sin(x(2))))/(3*H))+(sin(x(1))+
sin(x(2)))*(sin(x(1)-x(2))/6+((sin(x(1))-sin(x(2)))*(cos(x(1))-
cos(x(2))+cot(a)*(sin(x(1))-sin(x(2)))+(D*(sin(x(1))-sin(x(2)
)))/H))/6+(sin(x(1))*(cos(x(1))-cos(x(2))+cot(a)*(sin(x(1))-
sin(x(2)))+(D*(sin(x(1))-sin(x(2))))/H))/6)+(D*(sin(x(1))-
sin(x(2)))^2*((2*sin(x(1)))/3+sin(x(2))/3))/(2*H)-(D*(sin(x(1))+
sin(x(2)))*(sin(x(1))-sin(x(2)))^2)/(2*H))+(2*cos(x(1))+
cot(a)*(sin(x(1))-sin(x(2)))+(D*(sin(x(1))-sin(x(2)
)))/H)*(sin(x(1)-x(2))/6+((sin(x(1))-sin(x(2)))*(cos(x(1))-
cos(x(2))+cot(a)*(sin(x(1))-sin(x(2)))+(D*(sin(x(1))-sin(x(2)
)))/H))/6+(sin(x(1))*(cos(x(1))-cos(x(2))+cot(a)*(sin(x(1))-
sin(x(2)))+(D*(sin(x(1))-sin(x(2))))/H))/6)-sin(x(2)
)*(cos(x(1))/6-cos(x(2))/6+(cot(a)*(sin(x(1))-sin(x(2))))/6+
(D*(sin(x(1))-sin(x(2))))/(6*H))*(cos(x(1))+cos(x(2))+
cot(a)*(sin(x(1))-sin(x(2)))+(D*(sin(x(1))-sin(x(2))))/H)-
(D*(sin(x(1))-sin(x(2)))^2*(2*cos(x(1))+cot(a)*(sin(x(1))-
sin(x(2)))+(D*(sin(x(1))-sin(x(2))))/H))/(2*H)+(D*(sin(x(1))-
sin(x(2)))^2*(3*cos(x(1))+cot(a)*(sin(x(1))-sin(x(2)))+
(2*D*(sin(x(1))-sin(x(2))))/H))/(6*H))/(sin(x(1))-sin(x(2)))^2
)/(p*(cos(x(2))-(1-((Hk+(H*sin(x(2)))/(sin(x(1))-sin(x(2)
)))^2*(sin(x(1))-sin(x(2)))^2)/H^2)^(1/2))-(H*ri*(sin(x(2))/3-
sin(x(1))/3+kh*(cos(x(1))/3-cos(x(2))/3-sin(x(2))^2*(cos(x(1))/3-
cos(x(2))/3+(cot(a)*(sin(x(1))-sin(x(2))))/3+(D*(sin(x(1))-
sin(x(2))))/(3*H))+(sin(x(1))+sin(x(2)))*(sin(x(1)-x(2))/6+

```
((sin(x(1))-sin(x(2)))*(cos(x(1))-cos(x(2))+cot(a)*(sin(x(1))-
sin(x(2)))+(D*(sin(x(1))-sin(x(2))))/H)/6+(sin(x(1))*(cos(x(1))-
cos(x(2))+cot(a)*(sin(x(1))-sin(x(2)))+(D*(sin(x(1))-sin(x(2)
)))/H))/6)+(D*(sin(x(1))-sin(x(2)))^2*((2*sin(x(1)))/3+sin(x(2)
)/3))/(2*H)-(D*(sin(x(1))+sin(x(2)))*(sin(x(1))-sin(x(2)))^2
/(2*H))+(2*cos(x(1))+cot(a)*(sin(x(1))-sin(x(2)))+(D*(sin(x(1))-
sin(x(2))))/H)*(sin(x(1)-x(2))/6+((sin(x(1))-sin(x(2)
))*(cos(x(1))-cos(x(2))+cot(a)*(sin(x(1))-sin(x(2)))+
(D*(sin(x(1))-sin(x(2))))/H))/6+(sin(x(1))*(cos(x(1))-cos(x(2))+
cot(a)*(sin(x(1))-sin(x(2)))+(D*(sin(x(1))-sin(x(2))))/H))/6)-
sin(x(2))*(cos(x(1))/6-cos(x(2))/6+(cot(a)*(sin(x(1))-sin(x(2)
)))/6+(D*(sin(x(1))-sin(x(2))))/(6*H))*(cos(x(1))+cos(x(2))+
cot(a)*(sin(x(1))-sin(x(2)))+(D*(sin(x(1))-sin(x(2))))/H)-
(D*(sin(x(1))-sin(x(2)))^2*(2*cos(x(1))+cot(a)*(sin(x(1))-
sin(x(2)))+(D*(sin(x(1))-sin(x(2))))/H))/(2*H)+(D*(sin(x(1))-
sin(x(2)))^2*(3*cos(x(1))+cot(a)*(sin(x(1))-sin(x(2)))+
(2*D*(sin(x(1))-sin(x(2))))/H))/(6*H)))/(sin(x(1))-sin(x(2))))^2;
Ky=-((pi-2*x(1))*((H*ri*cos(x(2))*(tan(f)-tan(t)))/(sin(x(1))-
sin(x(2)))+(H*ri*cos(x(2))*(sin(x(2))-1)*(tan(f)-
tan(t)))/(sin(x(1))-sin(x(2)))^2)+(c1*kn-Hk*ri*(tan(f)-
(3*tan(t))/5))*(((cos(x(2))*(Hk+(H*sin(x(2)))/(sin(x(1))-sin(x(2)
)))))/H-(((H*cos(x(2)))/(sin(x(1))-sin(x(2)))+(H*cos(x(2)
)*sin(x(2)))/(sin(x(1))-sin(x(2)))^2)*(sin(x(1))-sin(x(2)
)))/H)/(1-((Hk+(H*sin(x(2)))/(sin(x(1))-sin(x(2))))^2*(sin(x(1))-
sin(x(2)))^2)/H^2)^(1/2)+1)-(((cos(x(2))*(Hk+(H*sin(x(2)
)))/(sin(x(1))-sin(x(2)))))/H-(((H*cos(x(2)))/(sin(x(1))-sin(x(2)
))+(H*cos(x(2))*sin(x(2)))/(sin(x(1))-sin(x(2)))^2)*(sin(x(1))-
sin(x(2))))/H)*(c2-H*ri*(tan(f)-tan(1))))/(1-((Hk+(H*sin(x(2)
)))/(sin(x(1))-sin(x(2))))^2*(sin(x(1))-sin(x(2)))^2)/H^2)^(1/2)
)/(p*(cos(x(2))-(1-((Hk+(H*sin(x(2)))/(sin(x(1))-sin(x(2)
))))^2*(sin(x(1))-sin(x(2)))^2)/H^2)^(1/2))-(H*ri*(sin(x(2))/3-
sin(x(1))/3+kh*(cos(x(1))/3-cos(x(2))/3-sin(x(2))^2*(cos(x(1))/3-
cos(x(2))/3+(cot(a)*(sin(x(1))-sin(x(2))))/3+(D*(sin(x(1))-
sin(x(2))))/(3*H))+(sin(x(1))+sin(x(2)))*(sin(x(1)-x(2))/6+
((sin(x(1))-sin(x(2)))*(cos(x(1))-cos(x(2))+cot(a)*(sin(x(1))-
sin(x(2)))+(D*(sin(x(1))-sin(x(2))))/H))/6+(sin(x(1))*(cos(x(1))-
cos(x(2))+cot(a)*(sin(x(1))-sin(x(2)))+(D*(sin(x(1))-sin(x(2)
```

```
)))/H))/6)+(D*(sin(x(1))-sin(x(2)))^2*((2*sin(x(1)))/3+sin(x(2)
)/3))/(2*H)-(D*(sin(x(1))+sin(x(2)))*(sin(x(1))-sin(x(2)))^2)
/(2*H))+(2*cos(x(1))+cot(a)*(sin(x(1))-sin(x(2)))+(D*(sin(x(1))-
sin(x(2))))/H)*(sin(x(1)-x(2))/6+((sin(x(1))-sin(x(2)
))*(cos(x(1))-cos(x(2))+cot(a)*(sin(x(1))-sin(x(2)))+
(D*(sin(x(1))-sin(x(2))))/H))/6+(sin(x(1))*(cos(x(1))-cos(x(2))+
cot(a)*(sin(x(1))-sin(x(2)))+(D*(sin(x(1))-sin(x(2))))/H))/6)-
sin(x(2))*(cos(x(1))/6-cos(x(2))/6+(cot(a)*(sin(x(1))-sin(x(2)
)))/6+(D*(sin(x(1))-sin(x(2))))/(6*H))*(cos(x(1))+cos(x(2))+
cot(a)*(sin(x(1))-sin(x(2)))+(D*(sin(x(1))-sin(x(2))))/H)-
(D*(sin(x(1))-sin(x(2)))^2*(2*cos(x(1))+cot(a)*(sin(x(1))-
sin(x(2)))+(D*(sin(x(1))-sin(x(2))))/H))/(2*H)+(D*(sin(x(1))-
sin(x(2)))^2*(3*cos(x(1))+cot(a)*(sin(x(1))-sin(x(2)))+
(2*D*(sin(x(1))-sin(x(2))))/H))/(6*H))/(sin(x(1))-sin(x(2))))-
(((c2-H*ri*(tan(f)-tan(1)))*(x(1)-pi+asin(((Hk+(H*sin(x(2)
))/(sin(x(1))-sin(x(2))))*(sin(x(1))-sin(x(2))))/H))+(pi-
2*x(1))*(c1+H*ri*(sin(x(2))-1)*(tan(f)-tan(t)))/(sin(x(1))-
sin(x(2))))+(c1*kn-Hk*ri*(tan(f)-(3*tan(t))/5))*(x(2)-asin(((Hk+
(H*sin(x(2)))/(sin(x(1))-sin(x(2))))*(sin(x(1))-sin(x(2)
)))/H)))*(p*(sin(x(2))+((2*cos(x(2))*(Hk+(H*sin(x(2)))/(sin(x(1))
-sin(x(2))))^2*(sin(x(1))-sin(x(2))))/H^2-(2*(Hk+(H*sin(x(2)
))/(sin(x(1))-sin(x(2))))*((H*cos(x(2)))/(sin(x(1))-sin(x(2)))+
(H*cos(x(2))*sin(x(2)))/(sin(x(1))-sin(x(2)))^2)*(sin(x(1))-
sin(x(2)))^2)/H^2)/(2*(1-((Hk+(H*sin(x(2)))/(sin(x(1))-sin(x(2)
)))^2*(sin(x(1))-sin(x(2)))^2)/H^2)^(1/2)))+(H*ri*(cos(x(2))/3-
(cot(a)*cos(x(2))+(D*cos(x(2)))/H)*(sin(x(1)-x(2))/6+((sin(x(1))-
sin(x(2)))*(cos(x(1))-cos(x(2))+cot(a)*(sin(x(1))-sin(x(2)))+
(D*(sin(x(1))-sin(x(2))))/H))/6+(sin(x(1))*(cos(x(1))-cos(x(2))+
cot(a)*(sin(x(1))-sin(x(2)))+(D*(sin(x(1))-sin(x(2))))/H))/6)+
kh*(sin(x(2))/3+sin(x(2))^2*((cot(a)*cos(x(2)))/3-sin(x(2))/3+
(D*cos(x(2)))/(3*H))+cos(x(2))*(sin(x(1)-x(2))/6+((sin(x(1))-
sin(x(2)))*(cos(x(1))-cos(x(2))+cot(a)*(sin(x(1))-sin(x(2)))+
(D*(sin(x(1))-sin(x(2))))/H))/6+(sin(x(1))*(cos(x(1))-cos(x(2))+
cot(a)*(sin(x(1))-sin(x(2)))+(D*(sin(x(1))-sin(x(2))))/H))/6)-
(sin(x(1))+sin(x(2)))*(cos(x(1)-x(2))/6+
(sin(x(1))*(cot(a)*cos(x(2))-sin(x(2))+(D*cos(x(2)))/H))/6+
(cos(x(2))*(cos(x(1))-cos(x(2))+cot(a)*(sin(x(1))-sin(x(2)))+
```

```
(D*(sin(x(1))-sin(x(2))))/H))/6+((sin(x(1))-sin(x(2)
))*(cot(a)*cos(x(2))-sin(x(2))+(D*cos(x(2)))/H))/6)-2*cos(x(2)
)*sin(x(2))*(cos(x(1))/3-cos(x(2))/3+(cot(a)*(sin(x(1))-sin(x(2)
)))/3+(D*(sin(x(1))-sin(x(2))))/(3*H))-(D*cos(x(2))*(sin(x(1))-
sin(x(2)))^2)/(3*H)-(D*cos(x(2))*(sin(x(1))-sin(x(2)
))*((2*sin(x(1)))/3+sin(x(2))/3))/H+(D*cos(x(2))*(sin(x(1))+
sin(x(2)))*(sin(x(1))-sin(x(2))))/H)-(2*cos(x(1))+
cot(a)*(sin(x(1))-sin(x(2)))+(D*(sin(x(1))-sin(x(2)
))))/H)*(cos(x(1)-x(2))/6+(sin(x(1))*(cot(a)*cos(x(2))-sin(x(2))+
(D*cos(x(2)))/H))/6+(cos(x(2))*(cos(x(1))-cos(x(2))+
cot(a)*(sin(x(1))-sin(x(2)))+(D*(sin(x(1))-sin(x(2))))/H))/6+
((sin(x(1))-sin(x(2))*(cot(a)*cos(x(2))-sin(x(2))+(D*cos(x(2)
))/H))/6)+sin(x(2))*(sin(x(2))+cot(a)*cos(x(2))+(D*cos(x(2)
))/H)*(cos(x(1))/6-cos(x(2))/6+(cot(a)*(sin(x(1))-sin(x(2))))/6+
(D*(sin(x(1))-sin(x(2))))/(6*H))-cos(x(2))*(cos(x(1))/6-cos(x(2)
)/6+(cot(a)*(sin(x(1))-sin(x(2))))/6+(D*(sin(x(1))-sin(x(2)
)))/(6*H))*(cos(x(1))+cos(x(2))+cot(a)*(sin(x(1))-sin(x(2)))+
(D*(sin(x(1))-sin(x(2))))/H)+sin(x(2))*((cot(a)*cos(x(2)))/6-
sin(x(2))/6+(D*cos(x(2)))/(6*H))*(cos(x(1))+cos(x(2))+
cot(a)*(sin(x(1))-sin(x(2)))+(D*(sin(x(1))-sin(x(2))))/H)+
(D*(cot(a)*cos(x(2))+(D*cos(x(2)))/H)*(sin(x(1))-sin(x(2)))^2)
/(2*H)-(D*(cot(a)*cos(x(2))+(2*D*cos(x(2)))/H)*(sin(x(1))-
sin(x(2)))^2)/(6*H)+(D*cos(x(2))*(sin(x(1))-sin(x(2)
))*(2*cos(x(1))+cot(a)*(sin(x(1))-sin(x(2)))+(D*(sin(x(1))-
sin(x(2))))/H))/H-(D*cos(x(2))*(sin(x(1))-sin(x(2)))*(3*cos(x(1))
+cot(a)*(sin(x(1))-sin(x(2)))+(2*D*(sin(x(1))-sin(x(2))))/
H))/(3*H)))/(sin(x(1))-sin(x(2)))+(H*ri*cos(x(2))*(sin(x(2)
)/3-sin(x(1))/3+kh*(cos(x(1))/3-cos(x(2))/3-sin(x(2)
)^2*(cos(x(1))/3-cos(x(2))/3+(cot(a)*(sin(x(1))-sin(x(2))))/3+
(D*(sin(x(1))-sin(x(2))))/(3*H))+(sin(x(1))+sin(x(2)))*(sin(x(1)-
x(2))/6+((sin(x(1))-sin(x(2))*(cos(x(1))-cos(x(2))+
cot(a)*(sin(x(1))-sin(x(2)))+(D*(sin(x(1))-sin(x(2))))/H))/6+
(sin(x(1))*(cos(x(1))-cos(x(2))+cot(a)*(sin(x(1))-sin(x(2)))+
(D*(sin(x(1))-sin(x(2))))/H))/6)+(D*(sin(x(1))-sin(x(2)
))^2*((2*sin(x(1)))/3+sin(x(2))/3))/(2*H)-(D*(sin(x(1))+sin(x(2)
))*(sin(x(1))-sin(x(2)))^2)/(2*H)+(2*cos(x(1))+cot(a)*(sin(x(1))
-sin(x(2)))+(D*(sin(x(1))-sin(x(2))))/H)*(sin(x(1)-x(2))/6+
```

```
((sin(x(1))-sin(x(2)))*(cos(x(1))-cos(x(2))+cot(a)*(sin(x(1))-
sin(x(2)))+(D*(sin(x(1))-sin(x(2))))/H))/6+(sin(x(1))*(cos(x(1))-
cos(x(2))+cot(a)*(sin(x(1))-sin(x(2)))+(D*(sin(x(1))-sin(x(2)
))))/H))/6)-sin(x(2))*(cos(x(1))/6-cos(x(2))/6+(cot(a)*(sin(x(1))-
sin(x(2))))/6+(D*(sin(x(1))-sin(x(2))))/(6*H))*(cos(x(1))+
cos(x(2))+cot(a)*(sin(x(1))-sin(x(2)))+(D*(sin(x(1))-sin(x(2)
))))/H)-(D*(sin(x(1))-sin(x(2)))^2*(2*cos(x(1))+cot(a)*(sin(x(1))-
sin(x(2)))+(D*(sin(x(1))-sin(x(2))))/H))/(2*H)+(D*(sin(x(1))-
sin(x(2)))^2*(3*cos(x(1))+cot(a)*(sin(x(1))-sin(x(2)))+
(2*D*(sin(x(1))-sin(x(2))))/H))/(6*H)))/(sin(x(1))-sin(x(2)))^2)
)/(p*(cos(x(2))-(1-((Hk+(H*sin(x(2)))/(sin(x(1))-sin(x(2)
)))^2*(sin(x(1))-sin(x(2)))^2)/H^2)^(1/2))-(H*ri*(sin(x(2))/3-
sin(x(1))/3+kh*(cos(x(1))/3-cos(x(2))/3-sin(x(2))^2*(cos(x(1))/3-
cos(x(2))/3+(cot(a)*(sin(x(1))-sin(x(2))))/3+(D*(sin(x(1))-
sin(x(2))))/(3*H))+(sin(x(1))+sin(x(2)))*(sin(x(1)-x(2))/6+
((sin(x(1))-sin(x(2)))*(cos(x(1))-cos(x(2))+cot(a)*(sin(x(1))-
sin(x(2)))+(D*(sin(x(1))-sin(x(2))))/H))/6+(sin(x(1))*(cos(x(1))-
cos(x(2))+cot(a)*(sin(x(1))-sin(x(2)))+(D*(sin(x(1))-sin(x(2)
))))/H))/6)+(D*(sin(x(1))-sin(x(2)))^2*((2*sin(x(1)))/3+sin(x(2)
)/3))/(2*H)-(D*(sin(x(1))+sin(x(2)))*(sin(x(1))-sin(x(2)))^2)
/(2*H))+(2*cos(x(1))+cot(a)*(sin(x(1))-sin(x(2)))+(D*(sin(x(1))-
sin(x(2))))/H)*(sin(x(1)-x(2))/6+((sin(x(1))-sin(x(2)
))*(cos(x(1))-cos(x(2))+cot(a)*(sin(x(1))-sin(x(2)))+
(D*(sin(x(1))-sin(x(2))))/H))/6+(sin(x(1))*(cos(x(1))-cos(x(2))+
cot(a)*(sin(x(1))-sin(x(2)))+(D*(sin(x(1))-sin(x(2))))/H))/6)-
sin(x(2))*(cos(x(1))/6-cos(x(2))/6+(cot(a)*(sin(x(1))-sin(x(2)
)))/6+(D*(sin(x(1))-sin(x(2))))/(6*H))*(cos(x(1))+cos(x(2))+
cot(a)*(sin(x(1))-sin(x(2)))+(D*(sin(x(1))-sin(x(2))))/H)-
(D*(sin(x(1))-sin(x(2)))^2*(2*cos(x(1))+cot(a)*(sin(x(1))-
sin(x(2)))+(D*(sin(x(1))-sin(x(2))))/H))/(2*H)+(D*(sin(x(1))-
sin(x(2)))^2*(3*cos(x(1))+cot(a)*(sin(x(1))-sin(x(2)))+
(2*D*(sin(x(1))-sin(x(2))))/H))/(6*H)))/(sin(x(1))-sin(x(2))))^2;
FF=[Kx;Ky];end functionK=BPYHJS(kh,D,a,c1,c2,t,l,H,p,Hk,kn,ri,f)
x0=[1.57;1];options=optimset('display','off');
zz=fsolve('BPYHFS',x0,options,kh,D,a,c1,c2,t,l,H,p,Hk,kn,ri,f);
x=zz(1);y=zz(2);r=H/(sin(x)-sin(y));
G=cos(y)-cos(x)-D/r-H/r*cot(a);z=asin((r*sin(y)+Hk)/r);LL=G*r;
```

```
v=pi-x;f1=1/3*(sin(x)-sin(y));f2=G/6*(2*cos(y)-G)*sin(y);
f3=1/6*(sin(x-y)-G*sin(x)-G*H/r)*(cos(y)-G+cos(x));
f4=H*D/r^2/6*(cos(y)-G+D/r+2*cos(x));
f5=H*D/r^2/2*(D/r+H*cot(a)/r+2*cos(x));f6=1/3*(cos(y)-cos(x));
f7=G/3*sin(y)*sin(y);
f8=1/6*(sin(x-y)-G*sin(x)-G*H/r)*(2*sin(y)+H/r);
f9=H*D/r^2/2*(sin(y)+2/3*(H/r));f10=H*D/r^2/2*(2*sin(y)+(H/r));
f11=f1-f2-f3-f4+f5;f12=f6-f7-f8-f9+f10;Ph=p*(cos(y)-cos(z));
N=(1-sin(y))*r-H;
Dr=((kn*c1+ri*Hk*(tan(t)*0.6-tan(f)))*(z-y)+(c2+ri*H*(tan(1)
-tan(f)))*(v-z)+(c1+ri*(H+N)*(tan(t)-tan(f)))*(x-v));
W=H*(ri*((f1-f2-f3-f4+f5)
+kh*(f6-f7-f8-f9+f10)))/(sin(x)-sin(y))+p*(cos(y)-cos(z));
K=Dr/(H*(ri*((f1-f2-f3-f4+f5)
+kh*(f6-f7-f8-f9+f10)))/(sin(x)-sin(y))+p*(cos(y)-cos(z)));end
```

附 录 3

采用极限分析法计算两级边坡整体稳定性的 MATLAB 程序

```
functionFF=BPLJFS(x,kh,D2,a,c1,c2,t,l,H,p,D,Hk,kn,ri)

Kx=-(((((cos(x(1))*(Hk+(H*sin(x(2)))/(sin(x(1))-sin(x(2))))))/H-
(cos(x(1))*sin(x(2)))/(sin(x(1))-sin(x(2))))/(1-((Hk+(H*sin(x(2)
))/(sin(x(1))-sin(x(2))))^2*(sin(x(1))-sin(x(2)))^2)/H^2)^(1/2)+
1)*(c2+H*ri*tan(l))-2*c1-((c1*kn+(3*Hk*ri*tan(t)))/5)
*((cos(x(1))*(Hk+(H*sin(x(2)))/(sin(x(1))-sin(x(2))))))/H-
(cos(x(1))*sin(x(2)))/(sin(x(1))-sin(x(2))))/(1-((Hk+(H*sin(x(2)
))/(sin(x(1))-sin(x(2))))^2*(sin(x(1))-sin(x(2)))^2)/H^2)^(1/2)+
(2*H*ri*tan(t)*(sin(x(2))-1))/(sin(x(1))-sin(x(2)))+
(H*ri*cos(x(1))*tan(t)*(sin(x(2))-1)*(pi-2*x(1)))/(sin(x(1))-
sin(x(2)))^2)/(p*(cos(x(2))-(1-((Hk+(H*sin(x(2)))/(sin(x(1))-
sin(x(2))))^2*(sin(x(1))-sin(x(2)))^2)/H^2)^(1/2)-
(H*ri*(sin(x(2))/3-sin(x(1))/3+kh*(cos(x(1))/3-cos(x(2))/3+
((3*sin(x(1)))/2+sin(x(2))/2)*((cot(a)*(sin(x(1))-sin(x(2)))^2)
/24+((cos(x(1))+cot(a)*sin(x(2)))*(sin(x(1))/2-sin(x(2))/2))/6+
(D*(sin(x(1))-sin(x(2)))^2)/(6*H)+(cot(a)*(sin(x(1))-sin(x(2)
))^2)/(24*H)+(D*sin(x(2))*(sin(x(1))-sin(x(2))))/(6*H))+
(((sin(x(1))-sin(x(2)))*(cos(x(1))-cos(x(2))+
2*cot(a)*(sin(x(1))/2-sin(x(2))/2)+((D2+2*D)*(sin(x(1))-sin(x(2)
)))/H))/12+((sin(x(2))*(D2+D)+(H*(cos(x(2))+cot(a)*sin(x(2))))/2)
*(sin(x(1))-sin(x(2))))/(6*H))*(sin(x(1))/2+(3*sin(x(2)))/2)-
sin(x(2))^2*(cos(x(1))/3-cos(x(2))/3+(2*cot(a)*(sin(x(1))/2-
sin(x(2))/2))/3+((D2+2*D)*(sin(x(1))-sin(x(2))))/(3*H))+
(D*(sin(x(1))-sin(x(2)))^2*((5*sin(x(1)))/2+sin(x(2))/2))/(12*H)-
(D*(sin(x(1))-sin(x(2)))^2*(sin(x(1))/4+(3*sin(x(2)))/4))/(2*H)-
(D*(sin(x(1))-sin(x(2)))^2*((3*sin(x(1)))/4+sin(x(2))/4))/(2*H)+
((sin(x(1))-sin(x(2)))^2*(sin(x(1))+2*sin(x(2)))*(D2+D))/(12*H))+
(((sin(x(1))-sin(x(2)))*(cos(x(1))-cos(x(2))+
2*cot(a)*(sin(x(1))/2-sin(x(2))/2)+((D2+2*D)*(sin(x(1))-sin(x(2)
)))/H))/12+((sin(x(2))*(D2+D)+(H*(cos(x(2))+cot(a)*sin(x(2))))/2)
```

```
*(sin(x(1))-sin(x(2))))/(6*H))*(2*cos(x(1))+3*cot(a)*(sin(x(1))/2
-sin(x(2))/2)+(D*(sin(x(1))-sin(x(2))))/H+((D2+2*D)*(sin(x(1))-
sin(x(2))))/H)+(2*cos(x(1))+cot(a)*(sin(x(1))/2-sin(x(2))/2)+
(D*(sin(x(1))-sin(x(2))))/H)*((cot(a)*(sin(x(1))-sin(x(2)))^2)/24
+((cos(x(1))+cot(a)*sin(x(2)))*(sin(x(1))/2-sin(x(2))/2))/6+
(D*(sin(x(1))-sin(x(2)))^2)/(6*H)+(cot(a)*(sin(x(1))-sin(x(2)
))^2)/(24*H)+(D*sin(x(2))*(sin(x(1))-sin(x(2))))/(6*H))-sin(x(2)
)*(cos(x(1))+cos(x(2))+2*cot(a)*(sin(x(1))/2-sin(x(2))/2)+((D2+
2*D)*(sin(x(1))-sin(x(2))))/H)*(cos(x(1))/6-cos(x(2))/6+
(cot(a)*(sin(x(1))/2-sin(x(2))/2))/3+((D2+2*D)*(sin(x(1))-
sin(x(2))))/(6*H))-(D*(sin(x(1))-sin(x(2)))^2*(cos(x(1))+
cot(a)*(sin(x(1))/2-sin(x(2))/2)+cot(a)*(sin(x(1))/4-sin(x(2))/4)
+((sin(x(1))-sin(x(2)))*(D2+D))/H+(D*(sin(x(1))-sin(x(2)
)))/(2*H)))/(2*H)-(D*(sin(x(1))-sin(x(2)))^2*(2*cos(x(1))+
(cot(a)*(sin(x(1))-sin(x(2))))/2+(D*(sin(x(1))-sin(x(2)
)))/H))/(4*H)+((sin(x(1))-sin(x(2)))^2*(D2+D)*(3*cos(x(1))+
2*cot(a)*(sin(x(1))/2-sin(x(2))/2)+cot(a)*(sin(x(1))-sin(x(2)))+
((sin(x(1))-sin(x(2)))*(D2+D))/H+(2*D*(sin(x(1))-sin(x(2))))/H+
((D2+2*D)*(sin(x(1))-sin(x(2))))/H))/(12*H)+(D*(sin(x(1))-
sin(x(2)))^2*(3*cos(x(1))+cot(a)*(sin(x(1))/2-sin(x(2))/2)+
(2*D*(sin(x(1))-sin(x(2))))/H))/(12*H)))/(sin(x(1))-sin(x(2))))-
(((p*((2*cos(x(1))*sin(x(2))*(Hk+(H*sin(x(2)))/(sin(x(1))-
sin(x(2))))))/H-(2*cos(x(1))*(Hk+(H*sin(x(2)))/(sin(x(1))-sin(x(2)
)))^2*(sin(x(1))-sin(x(2))))/H^2))/(2*(1-((Hk+(H*sin(x(2)
))/(sin(x(1))-sin(x(2))))^2*(sin(x(1))-sin(x(2)))^2)/H^2)^(1/2))+
(H*ri*(((cot(a)*cos(x(1)))/2-2*sin(x(1))+
(D*cos(x(1)))/H)*((cot(a)*(sin(x(1))-sin(x(2)))^2)/24+((cos(x(1))
+cot(a)*sin(x(2)))*(sin(x(1))/2-sin(x(2))/2))/6+(D*(sin(x(1))-
sin(x(2)))^2)/(6*H)+(cot(a)*(sin(x(1))-sin(x(2)))^2)/(24*H)+
(D*sin(x(2))*(sin(x(1))-sin(x(2))))/(6*H))-cos(x(1))/3+
((cos(x(1))*(cos(x(1))-cos(x(2))+2*cot(a)*(sin(x(1))/2-sin(x(2)
)/2)+((D2+2*D)*(sin(x(1))-sin(x(2))))/H))/12+((sin(x(1))-sin(x(2)
))*(cot(a)*cos(x(1))-sin(x(1))+(cos(x(1))*(D2+2*D))/H))/12+
(cos(x(1))*(sin(x(2))*(D2+D)+(H*(cos(x(2))+cot(a)*sin(x(2))))/2)
)/(6*H))*(2*cos(x(1))+3*cot(a)*(sin(x(1))/2-sin(x(2))/2)+
(D*(sin(x(1))-sin(x(2))))/H+((D2+2*D)*(sin(x(1))-sin(x(2))))/H)+
(((sin(x(1))-sin(x(2)))*(cos(x(1))-cos(x(2))+
```

```
2*cot(a)*(sin(x(1))/2-sin(x(2))/2)+((D2+2*D)*(sin(x(1))-sin(x(2)
)))/H))/12+((sin(x(2))*(D2+D)+(H*(cos(x(2))+cot(a)*sin(x(2))))/2)
*(sin(x(1))-sin(x(2))))/(6*H))*((3*cot(a)*cos(x(1)))/2-
2*sin(x(1))+(D*cos(x(1)))/H+(cos(x(1))*(D2+2*D))/H)+(2*cos(x(1))+
cot(a)*(sin(x(1))/2-sin(x(2))/2)+(D*(sin(x(1))-sin(x(2)
)))/H)*((cos(x(1))*(cos(x(1))+cot(a)*sin(x(2))))/12-
(sin(x(1))*(sin(x(1))/2-sin(x(2))/2))/6+
(cot(a)*cos(x(1))*(sin(x(1))-sin(x(2))))/12+(D*cos(x(1))*sin(x(2)
))/(6*H)+(cot(a)*cos(x(1))*(sin(x(1))-sin(x(2))))/(12*H)+
(D*cos(x(1))*(sin(x(1))-sin(x(2))))/(3*H)+kh*(((3*sin(x(1)))/2+
sin(x(2))/2)*((cos(x(1))*(cos(x(1))+cot(a)*sin(x(2))))/12-
(sin(x(1))*(sin(x(1))/2-sin(x(2))/2))/6+
(cot(a)*cos(x(1))*(sin(x(1))-sin(x(2))))/12+(D*cos(x(1))*sin(x(2)
))/(6*H)+(cot(a)*cos(x(1))*(sin(x(1))-sin(x(2))))/(12*H)+
(D*cos(x(1))*(sin(x(1))-sin(x(2))))/(3*H)-sin(x(1))/3+
(3*cos(x(1))*((cot(a)*(sin(x(1))-sin(x(2)))^2)/24+((cos(x(1))+
cot(a)*sin(x(2)))*(sin(x(1))/2-sin(x(2))/2))/6+(D*(sin(x(1))-
sin(x(2)))^2)/(6*H)+(cot(a)*(sin(x(1))-sin(x(2)))^2)/(24*H)+
(D*sin(x(2))*(sin(x(1))-sin(x(2))))/(6*H)))/2+
(cos(x(1))*(((sin(x(1))-sin(x(2)))*(cos(x(1))-cos(x(2))+
2*cot(a)*(sin(x(1))/2-sin(x(2))/2)+((D2+2*D)*(sin(x(1))-sin(x(2)
)))/H))/12+((sin(x(2))*(D2+D)+(H*(cos(x(2))+cot(a)*sin(x(2))))/2)
*(sin(x(1))-sin(x(2))))/(6*H)))/2-sin(x(2)
)^2*((cot(a)*cos(x(1)))/3-sin(x(1))/3+(cos(x(1))*(D2+2*D))/(3*H))
+(sin(x(1))/2+(3*sin(x(2)))/2)*((cos(x(1))*(cos(x(1))-cos(x(2))+
2*cot(a)*(sin(x(1))/2-sin(x(2))/2)+((D2+2*D)*(sin(x(1))-sin(x(2)
)))/H))/12+((sin(x(1))-sin(x(2)))*(cot(a)*cos(x(1))-sin(x(1))+
(cos(x(1))*(D2+2*D))/H))/12+(cos(x(1))*(sin(x(2))*(D2+D)+
(H*(cos(x(2))+cot(a)*sin(x(2))))/2))/(6*H))-
(7*D*cos(x(1))*(sin(x(1))-sin(x(2)))^2)/(24*H)+
(cos(x(1))*(sin(x(1))-sin(x(2)))^2*(D2+D))/(12*H)+
(D*cos(x(1))*(sin(x(1))-sin(x(2)))*((5*sin(x(1)))/2+sin(x(2))/2)
)/(6*H)-(D*cos(x(1))*(sin(x(1))-sin(x(2)))*(sin(x(1))/4+
(3*sin(x(2)))/4))/H-(D*cos(x(1))*(sin(x(1))-sin(x(2)
))*((3*sin(x(1)))/4+sin(x(2))/4))/H+(cos(x(1))*(sin(x(1))-
sin(x(2)))*(sin(x(1))+2*sin(x(2)))*(D2+D))/(6*H))-sin(x(2)
)*((cot(a)*cos(x(1)))/6-sin(x(1))/6+(cos(x(1))*(D2+
```

```
2*D))/(6*H))*(cos(x(1))+cos(x(2))+2*cot(a)*(sin(x(1))/2-sin(x(2)
)/2)+((D2+2*D)*(sin(x(1))-sin(x(2))))/H)-sin(x(2)
)*(cot(a)*cos(x(1))-sin(x(1))+(cos(x(1))*(D2+
2*D))/H)*(cos(x(1))/6-cos(x(2))/6+(cot(a)*(sin(x(1))/2-sin(x(2)
)/2))/3+((D2+2*D)*(sin(x(1))-sin(x(2))))/(6*H))-(D*(sin(x(1))-
sin(x(2)))^2*((cot(a)*cos(x(1)))/2-2*sin(x(1))+
(D*cos(x(1)))/H))/(4*H)+(D*(sin(x(1))-sin(x(2)
))^2*((cot(a)*cos(x(1)))/2-3*sin(x(1))+(2*D*cos(x(1)))/H))/(12*H)
+((sin(x(1))-sin(x(2)))^2*(D2+D)*(2*cot(a)*cos(x(1))-3*sin(x(1))+
(2*D*cos(x(1)))/H+(cos(x(1))*(D2+2*D))/H+(cos(x(1))*(D2+
D))/H))/(12*H)-(D*(sin(x(1))-sin(x(2)))^2*((3*cot(a)*cos(x(1)))/4
-sin(x(1))+(D*cos(x(1)))/(2*H)+(cos(x(1))*(D2+D))/H))/(2*H)+
(cos(x(1))*(sin(x(1))-sin(x(2)))*(D2+D)*(3*cos(x(1))+
2*cot(a)*(sin(x(1))/2-sin(x(2))/2)+cot(a)*(sin(x(1))-sin(x(2)))+
((sin(x(1))-sin(x(2)))*(D2+D))/H+(2*D*(sin(x(1))-sin(x(2))))/H+
((D2+2*D)*(sin(x(1))-sin(x(2))))/H))/(6*H)+
(D*cos(x(1))*(sin(x(1))-sin(x(2)))*(3*cos(x(1))+
cot(a)*(sin(x(1))/2-sin(x(2))/2)+(2*D*(sin(x(1))-sin(x(2)
)))/H))/(6*H)-(D*cos(x(1))*(sin(x(1))-sin(x(2)))*(cos(x(1))+
cot(a)*(sin(x(1))/2-sin(x(2))/2)+cot(a)*(sin(x(1))/4-sin(x(2))/4)
+((sin(x(1))-sin(x(2)))*(D2+D))/H+(D*(sin(x(1))-sin(x(2)
)))/(2*H)))/H-(D*cos(x(1))*(sin(x(1))-sin(x(2)))*(2*cos(x(1))+
(cot(a)*(sin(x(1))-sin(x(2))))/2+(D*(sin(x(1))-sin(x(2)
)))/H))/(2*H)))/(sin(x(1))-sin(x(2)))-(H*ri*cos(x(1))*(sin(x(2)
)/3-sin(x(1))/3+kh*(cos(x(1))/3-cos(x(2))/3+((3*sin(x(1)))/2+
sin(x(2))/2)*((cot(a)*(sin(x(1))-sin(x(2)))^2)/24+((cos(x(1))+
cot(a)*sin(x(2)))*(sin(x(1))/2-sin(x(2))/2))/6+(D*(sin(x(1))-
sin(x(2)))^2)/(6*H)+(cot(a)*(sin(x(1))-sin(x(2)))^2)/(24*H)+
(D*sin(x(2))*(sin(x(1))-sin(x(2))))/(6*H))+(((sin(x(1))-sin(x(2)
))*(cos(x(1))-cos(x(2))+2*cot(a)*(sin(x(1))/2-sin(x(2))/2)+((D2+
2*D)*(sin(x(1))-sin(x(2)))))/H))/12+((sin(x(2))*(D2+D)+
(H*(cos(x(2))+cot(a)*sin(x(2))))/2)*(sin(x(1))-sin(x(2)
)))/(6*H))*(sin(x(1))/2+(3*sin(x(2)))/2)-sin(x(2))^2*(cos(x(1))/3
-cos(x(2))/3+(2*cot(a)*(sin(x(1))/2-sin(x(2))/2))/3+((D2+
2*D)*(sin(x(1))-sin(x(2))))/(3*H))+(D*(sin(x(1))-sin(x(2)
))^2*((5*sin(x(1)))/2+sin(x(2))/2))/(12*H)-(D*(sin(x(1))-sin(x(2)
))^2*(sin(x(1))/4+(3*sin(x(2)))/4))/(2*H)-(D*(sin(x(1))-sin(x(2)
```

```
))^2*((3*sin(x(1)))/4+sin(x(2))/4))/(2*H)+((sin(x(1))-sin(x(2)
))^2*(sin(x(1))+2*sin(x(2)))*(D2+D))/(12*H))+(((sin(x(1))-
sin(x(2)))*(cos(x(1))-cos(x(2))+2*cot(a)*(sin(x(1))/2-sin(x(2)
)/2)+((D2+2*D)*(sin(x(1))-sin(x(2))))/H))/12+((sin(x(2))*(D2+D)+
(H*(cos(x(2))+cot(a)*sin(x(2))))/2)*(sin(x(1))-sin(x(2)
)))/(6*H))*(2*cos(x(1))+3*cot(a)*(sin(x(1))/2-sin(x(2))/2)+
(D*(sin(x(1))-sin(x(2))))/H+((D2+2*D)*(sin(x(1))-sin(x(2))))/H)+
(2*cos(x(1))+cot(a)*(sin(x(1))/2-sin(x(2))/2)+(D*(sin(x(1))-
sin(x(2))))/H)*((cot(a)*(sin(x(1))-sin(x(2)))^2)/24+((cos(x(1))+
cot(a)*sin(x(2)))*(sin(x(1))/2-sin(x(2))/2))/6+(D*(sin(x(1))-
sin(x(2)))^2)/(6*H)+(cot(a)*(sin(x(1))-sin(x(2)))^2)/(24*H)+
(D*sin(x(2))*(sin(x(1))-sin(x(2))))/(6*H))-sin(x(2))*(cos(x(1))+
cos(x(2))+2*cot(a)*(sin(x(1))/2-sin(x(2))/2)+((D2+2*D)*(sin(x(1))
-sin(x(2))))/H)*(cos(x(1))/6-cos(x(2))/6+(cot(a)*(sin(x(1))/2-
sin(x(2))/2))/3+((D2+2*D)*(sin(x(1))-sin(x(2))))/(6*H))-
(D*(sin(x(1))-sin(x(2)))^2*(cos(x(1))+cot(a)*(sin(x(1))/2-
sin(x(2))/2)+cot(a)*(sin(x(1))/4-sin(x(2))/4)+((sin(x(1))-
sin(x(2)))*(D2+D))/H+(D*(sin(x(1))-sin(x(2))))/(2*H))))/(2*H)-
(D*(sin(x(1))-sin(x(2)))^2*(2*cos(x(1))+(cot(a)*(sin(x(1))-
sin(x(2))))/2+(D*(sin(x(1))-sin(x(2))))/H))/(4*H)+((sin(x(1))-
sin(x(2)))^2*(D2+D)*(3*cos(x(1))+2*cot(a)*(sin(x(1))/2-sin(x(2)
)/2)+cot(a)*(sin(x(1))-sin(x(2)))+((sin(x(1))-sin(x(2)))*(D2+
D))/H+(2*D*(sin(x(1))-sin(x(2))))/H+((D2+2*D)*(sin(x(1))-sin(x(2)
))))/H))/(12*H)+(D*(sin(x(1))-sin(x(2)))^2*(3*cos(x(1))+
cot(a)*(sin(x(1))/2-sin(x(2))/2)+(2*D*(sin(x(1))-sin(x(2)
))))/H))/(12*H)))/(sin(x(1))-sin(x(2)))^2)*((x(2)-asin(((Hk+
(H*sin(x(2)))/(sin(x(1))-sin(x(2))))*(sin(x(1))-sin(x(2)
)))/H))*(c1*kn+(3*Hk*ri*tan(t))/5)+(c2+H*ri*tan(1))*(x(1)-pi+
asin(((Hk+(H*sin(x(2)))/(sin(x(1))-sin(x(2))))*(sin(x(1))-
sin(x(2))))/H))+(c1-(H*ri*tan(t)*(sin(x(2))-1))/(sin(x(1))-
sin(x(2))))*(pi-2*x(1))))/(p*(cos(x(2))-(1-((Hk+(H*sin(x(2)
))/(sin(x(1))-sin(x(2))))^2*(sin(x(1))-sin(x(2)))^2)/H^2)^(1/2))-
(H*ri*(sin(x(2))/3-sin(x(1))/3+kh*(cos(x(1))/3-cos(x(2))/3+
((3*sin(x(1)))/2+sin(x(2))/2)*((cot(a)*(sin(x(1))-sin(x(2)))^2)
/24+((cos(x(1))+cot(a)*sin(x(2)))*(sin(x(1))/2-sin(x(2))/2))/6+
(D*(sin(x(1))-sin(x(2)))^2)/(6*H)+(cot(a)*(sin(x(1))-sin(x(2)
))^2)/(24*H)+(D*sin(x(2))*(sin(x(1))-sin(x(2))))/(6*H))+
```

```
((((sin(x(1))-sin(x(2)))*(cos(x(1))-cos(x(2))+
2*cot(a)*(sin(x(1))/2-sin(x(2))/2)+((D2+2*D)*(sin(x(1))-sin(x(2)
)))/H))/12+((sin(x(2))*(D2+D)+(H*(cos(x(2))+cot(a)*sin(x(2))))/2)
*(sin(x(1))-sin(x(2))))/(6*H))*(sin(x(1))/2+(3*sin(x(2)))/2-
sin(x(2))^2*(cos(x(1))/3-cos(x(2))/3+(2*cot(a)*(sin(x(1))/2-
sin(x(2))/2))/3+((D2+2*D)*(sin(x(1))-sin(x(2))))/(3*H))+
(D*(sin(x(1))-sin(x(2)))^2*((5*sin(x(1)))/2+sin(x(2))/2))/(12*H)-
(D*(sin(x(1))-sin(x(2)))^2*(sin(x(1))/4+(3*sin(x(2)))/4))/(2*H)-
(D*(sin(x(1))-sin(x(2)))^2*((3*sin(x(1)))/4+sin(x(2))/4))/(2*H)+
((sin(x(1))-sin(x(2)))^2*(sin(x(1))+2*sin(x(2)))*(D2+D))/(12*H))+
((((sin(x(1))-sin(x(2)))*(cos(x(1))-cos(x(2))+
2*cot(a)*(sin(x(1))/2-sin(x(2))/2)+((D2+2*D)*(sin(x(1))-sin(x(2)
)))/H))/12+((sin(x(2))*(D2+D)+(H*(cos(x(2))+cot(a)*sin(x(2))))/2)
*(sin(x(1))-sin(x(2))))/(6*H))*(2*cos(x(1))+3*cot(a)*(sin(x(1))/2
-sin(x(2))/2)+(D*(sin(x(1))-sin(x(2))))/H+((D2+2*D)*(sin(x(1))-
sin(x(2))))/H)+(2*cos(x(1))+cot(a)*(sin(x(1))/2-sin(x(2))/2)+
(D*(sin(x(1))-sin(x(2))))/H)*((cot(a)*(sin(x(1))-sin(x(2)))^2)/24
+((cos(x(1))+cot(a)*sin(x(2)))*(sin(x(1))/2-sin(x(2))/2))/6+
(D*(sin(x(1))-sin(x(2)))^2)/(6*H)+(cot(a)*(sin(x(1))-sin(x(2)
))^2)/(24*H)+(D*sin(x(2))*(sin(x(1))-sin(x(2))))/(6*H))-sin(x(2)
)*(cos(x(1))+cos(x(2))+2*cot(a)*(sin(x(1))/2-sin(x(2))/2)+((D2+
2*D)*(sin(x(1))-sin(x(2))))/H)*(cos(x(1))/6-cos(x(2))/6+
(cot(a)*(sin(x(1))/2-sin(x(2))/2))/3+((D2+2*D)*(sin(x(1))-
sin(x(2))))/(6*H))-(D*(sin(x(1))-sin(x(2)))^2*(cos(x(1))+
cot(a)*(sin(x(1))/2-sin(x(2))/2)+cot(a)*(sin(x(1))/4-sin(x(2))/4)
+((sin(x(1))-sin(x(2)))*(D2+D))/H+(D*(sin(x(1))-sin(x(2)
)))/(2*H)))/(2*H)-(D*(sin(x(1))-sin(x(2)))^2*(2*cos(x(1))+
(cot(a)*(sin(x(1))-sin(x(2))))/2+(D*(sin(x(1))-sin(x(2)
)))/H))/(4*H)+((sin(x(1))-sin(x(2)))^2*(D2+D)*(3*cos(x(1))+
2*cot(a)*(sin(x(1))/2-sin(x(2))/2)+cot(a)*(sin(x(1))-sin(x(2)))+
((sin(x(1))-sin(x(2)))*(D2+D))/H+(2*D*(sin(x(1))-sin(x(2))))/H+
((D2+2*D)*(sin(x(1))-sin(x(2))))/H))/(12*H)+(D*(sin(x(1))-
sin(x(2)))^2*(3*cos(x(1))+cot(a)*(sin(x(1))/2-sin(x(2))/2)+
(2*D*(sin(x(1))-sin(x(2))))/H))/(12*H)))/(sin(x(1))-sin(x(2)
)))^2;Ky=(((H*ri*cos(x(2))*tan(t))/(sin(x(1))-sin(x(2)))+
(H*ri*cos(x(2))*tan(t)*(sin(x(2))-1))/(sin(x(1))-sin(x(2)))^2)
*(pi-2*x(1))-(((cos(x(2))*(Hk+(H*sin(x(2)))/(sin(x(1))-sin(x(2)
```

```
))))/H-(((H*cos(x(2)))/(sin(x(1))-sin(x(2)))+(H*cos(x(2)
)*sin(x(2)))/(sin(x(1))-sin(x(2)))^2)*(sin(x(1))-sin(x(2)
)))/H)/(1-((Hk+(H*sin(x(2)))/(sin(x(1))-sin(x(2))))^2*(sin(x(1))-
sin(x(2)))^2)/H^2)^(1/2)+1)*(c1*kn+(3*Hk*ri*tan(t))/5)+
(((cos(x(2))*(Hk+(H*sin(x(2)))/(sin(x(1))-sin(x(2)))))/H-
(((H*cos(x(2)))/(sin(x(1))-sin(x(2)))+(H*cos(x(2))*sin(x(2)
)))/(sin(x(1))-sin(x(2)))^2)*(sin(x(1))-sin(x(2))))/H)*(c2+
H*ri*tan(1))))/(1-((Hk+(H*sin(x(2)))/(sin(x(1))-sin(x(2)
)))^2*(sin(x(1))-sin(x(2)))^2)/H^2)^(1/2))/(p*(cos(x(2))-(1-((Hk+
(H*sin(x(2)))/(sin(x(1))-sin(x(2))))^2*(sin(x(1))-sin(x(2)))^2)
/H^2)^(1/2))-(H*ri*(sin(x(2))/3-sin(x(1))/3+kh*(cos(x(1))/3-
cos(x(2))/3+((3*sin(x(1)))/2+sin(x(2))/2)*((cot(a)*(sin(x(1))-
sin(x(2)))^2)/24+((cos(x(1))+cot(a)*sin(x(2)))*(sin(x(1))/2-
sin(x(2))/2))/6+(D*(sin(x(1))-sin(x(2)))^2)/(6*H)+
(cot(a)*(sin(x(1))-sin(x(2)))^2)/(24*H)+(D*sin(x(2))*(sin(x(1))-
sin(x(2))))/(6*H))+(((sin(x(1))-sin(x(2)))*(cos(x(1))-cos(x(2))+
2*cot(a)*(sin(x(1))/2-sin(x(2))/2)+((D2+2*D)*(sin(x(1))-sin(x(2)
)))/H))/12+((sin(x(2))*(D2+D)+(H*(cos(x(2))+cot(a)*sin(x(2))))/2)
*(sin(x(1))-sin(x(2))))/(6*H))*(sin(x(1))/2+(3*sin(x(2)))/2)-
sin(x(2))^2*(cos(x(1))/3-cos(x(2))/3+(2*cot(a)*(sin(x(1))/2-
sin(x(2))/2))/3+((D2+2*D)*(sin(x(1))-sin(x(2))))/(3*H))+
(D*(sin(x(1))-sin(x(2)))^2*((5*sin(x(1)))/2+sin(x(2))/2))/(12*H)-
(D*(sin(x(1))-sin(x(2)))^2*(sin(x(1))/4+(3*sin(x(2)))/4))/(2*H)-
(D*(sin(x(1))-sin(x(2)))^2*((3*sin(x(1)))/4+sin(x(2))/4))/(2*H)+
((sin(x(1))-sin(x(2)))^2*(sin(x(1))+2*sin(x(2)))*(D2+D))/(12*H))+
(((sin(x(1))-sin(x(2)))*(cos(x(1))-cos(x(2))+
2*cot(a)*(sin(x(1))/2-sin(x(2))/2)+((D2+2*D)*(sin(x(1))-sin(x(2)
)))/H))/12+((sin(x(2))*(D2+D)+(H*(cos(x(2))+cot(a)*sin(x(2))))/2)
*(sin(x(1))-sin(x(2))))/(6*H))*(2*cos(x(1))+3*cot(a)*(sin(x(1))/2
-sin(x(2))/2)+(D*(sin(x(1))-sin(x(2))))/H+((D2+2*D)*(sin(x(1))-
sin(x(2))))/H)+(2*cos(x(1))+cot(a)*(sin(x(1))/2-sin(x(2))/2)+
(D*(sin(x(1))-sin(x(2))))/H)*((cot(a)*(sin(x(1))-sin(x(2)))^2)/24
+((cos(x(1))+cot(a)*sin(x(2)))*(sin(x(1))/2-sin(x(2))/2))/6+
(D*(sin(x(1))-sin(x(2)))^2)/(6*H)+(cot(a)*(sin(x(1))-sin(x(2)
))^2)/(24*H)+(D*sin(x(2))*(sin(x(1))-sin(x(2))))/(6*H))-sin(x(2)
)*(cos(x(1))+cos(x(2))+2*cot(a)*(sin(x(1))/2-sin(x(2))/2)+((D2+
2*D)*(sin(x(1))-sin(x(2))))/H)*(cos(x(1))/6-cos(x(2))/6+
```

```
(cot(a)*(sin(x(1))/2-sin(x(2))/2))/3+((D2+2*D)*(sin(x(1))-
sin(x(2))))/(6*H))-(D*(sin(x(1))-sin(x(2)))^2*(cos(x(1))+
cot(a)*(sin(x(1))/2-sin(x(2))/2)+cot(a)*(sin(x(1))/4-sin(x(2))/4)
+((sin(x(1))-sin(x(2)))*(D2+D))/H+(D*(sin(x(1))-sin(x(2)
)))/(2*H)))/(2*H)-(D*(sin(x(1))-sin(x(2)))^2*(2*cos(x(1))+
(cot(a)*(sin(x(1))-sin(x(2))))/2+(D*(sin(x(1))-sin(x(2)
)))/H))/(4*H)+((sin(x(1))-sin(x(2)))^2*(D2+D)*(3*cos(x(1))+
2*cot(a)*(sin(x(1))/2-sin(x(2))/2)+cot(a)*(sin(x(1))-sin(x(2)))+
((sin(x(1))-sin(x(2)))*(D2+D))/H+(2*D*(sin(x(1))-sin(x(2))))/H+
((D2+2*D)*(sin(x(1))-sin(x(2))))/H))/(12*H)+(D*(sin(x(1))-
sin(x(2)))^2*(3*cos(x(1))+cot(a)*(sin(x(1))/2-sin(x(2))/2)+
(2*D*(sin(x(1))-sin(x(2))))/H))/(12*H)))/(sin(x(1))-sin(x(2))))-
((p*(sin(x(2))+((2*cos(x(2))*(Hk+(H*sin(x(2)))/(sin(x(1))-
sin(x(2))))^2*(sin(x(1))-sin(x(2))))/H^2-(2*(Hk+(H*sin(x(2)
)))/(sin(x(1))-sin(x(2)))*((H*cos(x(2)))/(sin(x(1))-sin(x(2)))+
(H*cos(x(2))*sin(x(2)))/(sin(x(1))-sin(x(2)))^2)*(sin(x(1))-
sin(x(2)))^2)/H^2)/(2*(1-((Hk+(H*sin(x(2)))/(sin(x(1))-sin(x(2)
)))^2*(sin(x(1))-sin(x(2)))^2)/H^2)^(1/2)))-(H*ri*(((((sin(x(1))-
sin(x(2)))*(cos(x(1))-cos(x(2))+2*cot(a)*(sin(x(1))/2-sin(x(2)
)/2)+((D2+2*D)*(sin(x(1))-sin(x(2))))/H))/12+((sin(x(2))*(D2+D)+
(H*(cos(x(2))+cot(a)*sin(x(2))))/2)*(sin(x(1))-sin(x(2)
)))/(6*H))*((3*cot(a)*cos(x(2)))/2+(D*cos(x(2)))/H+(cos(x(2))*(D2
+2*D))/H)-cos(x(2))/3+((cos(x(2))*(cos(x(1))-cos(x(2))+
2*cot(a)*(sin(x(1))/2-sin(x(2))/2)+((D2+2*D)*(sin(x(1))-sin(x(2)
))))/H))/12+((sin(x(1))-sin(x(2)))*(cot(a)*cos(x(2))-sin(x(2))+
(cos(x(2))*(D2+2*D))/H))/12-((cos(x(2))*(D2+D)-(H*(sin(x(2))-
cot(a)*cos(x(2))))/2)*(sin(x(1))-sin(x(2))))/(6*H)+(cos(x(2)
)*(sin(x(2))*(D2+D)+(H*(cos(x(2))+cot(a)*sin(x(2))))/2)
)/(6*H))*(2*cos(x(1))+3*cot(a)*(sin(x(1))/2-sin(x(2))/2)+
(D*(sin(x(1))-sin(x(2))))/H+((D2+2*D)*(sin(x(1))-sin(x(2))))/H)+
(2*cos(x(1))+cot(a)*(sin(x(1))/2-sin(x(2))/2)+(D*(sin(x(1))-
sin(x(2))))/H)*((cos(x(2))*(cos(x(1))+cot(a)*sin(x(2))))/12+
(cot(a)*cos(x(2))*(sin(x(1))-sin(x(2))))/12-(cot(a)*cos(x(2)
)*(sin(x(1))/2-sin(x(2))/2))/6+(D*cos(x(2))*sin(x(2)))/(6*H)+
(cot(a)*cos(x(2))*(sin(x(1))-sin(x(2))))/(12*H)+(D*cos(x(2)
)*(sin(x(1))-sin(x(2))))/(6*H))-kh*(sin(x(2))/3+(cos(x(2)
)*((cot(a)*(sin(x(1))-sin(x(2)))^2)/24+((cos(x(1))+
```

cot(a)*sin(x(2)))*(sin(x(1))/2-sin(x(2))/2))/6+(D*(sin(x(1))-
sin(x(2)))^2)/(6*H)+(cot(a)*(sin(x(1))-sin(x(2)))^2)/(24*H)+
(D*sin(x(2))*(sin(x(1))-sin(x(2))))/(6*H)))/2+(3*cos(x(2)
)*(((sin(x(1))-sin(x(2)))*(cos(x(1))-cos(x(2))+
2*cot(a)*(sin(x(1))/2-sin(x(2))/2)+((D2+2*D)*(sin(x(1))-sin(x(2)
))))/H)/12+((sin(x(2))*(D2+D)+(H*(cos(x(2))+cot(a)*sin(x(2))))/2)
*(sin(x(1))-sin(x(2))))/(6*H)))/2+sin(x(2))^2*((cot(a)*cos(x(2)
))/3-sin(x(2))/3+(cos(x(2))*(D2+2*D))/(3*H))-(sin(x(1))/2+
(3*sin(x(2)))/2)*((cos(x(2))*(cos(x(1))-cos(x(2))+
2*cot(a)*(sin(x(1))/2-sin(x(2))/2)+((D2+2*D)*(sin(x(1))-sin(x(2)
))))/H))/12+((sin(x(1))-sin(x(2)))*(cot(a)*cos(x(2))-sin(x(2))+
(cos(x(2))*(D2+2*D))/H))/12-((cos(x(2))*(D2+D)-(H*(sin(x(2))-
cot(a)*cos(x(2))))/2)*(sin(x(1))-sin(x(2))))/(6*H)+(cos(x(2)
)*(sin(x(2))*(D2+D)+(H*(cos(x(2))+cot(a)*sin(x(2))))/2))/(6*H)-
((3*sin(x(1)))/2+sin(x(2))/2)*((cos(x(2))*(cos(x(1))+
cot(a)*sin(x(2))))/12+(cot(a)*cos(x(2))*(sin(x(1))-sin(x(2))))/12
-(cot(a)*cos(x(2))*(sin(x(1))/2-sin(x(2))/2))/6+(D*cos(x(2)
)*sin(x(2)))/(6*H)+(cot(a)*cos(x(2))*(sin(x(1))-sin(x(2)
)))/(12*H)+(D*cos(x(2))*(sin(x(1))-sin(x(2))))/(6*H))-2*cos(x(2)
)*sin(x(2))*(cos(x(1))/3-cos(x(2))/3+(2*cot(a)*(sin(x(1))/2-
sin(x(2))/2))/3+((D2+2*D)*(sin(x(1))-sin(x(2))))/(3*H))-
(11*D*cos(x(2))*(sin(x(1))-sin(x(2)))^2)/(24*H)+(cos(x(2)
)*(sin(x(1))-sin(x(2)))^2*(D2+D))/(6*H)-(D*cos(x(2))*(sin(x(1))-
sin(x(2)))*((5*sin(x(1)))/2+sin(x(2))/2))/(6*H)+(D*cos(x(2)
)*(sin(x(1))-sin(x(2)))*(sin(x(1))/4+(3*sin(x(2)))/4))/H+
(D*cos(x(2))*(sin(x(1))-sin(x(2)))*((3*sin(x(1)))/4+sin(x(2))/4)
)/H-(cos(x(2))*(sin(x(1))-sin(x(2)))*(sin(x(1))+2*sin(x(2)))*(D2+
D))/(6*H))+((cot(a)*cos(x(2)))/2+(D*cos(x(2)
))/H)*((cot(a)*(sin(x(1))-sin(x(2)))^2)/24+((cos(x(1))+
cot(a)*sin(x(2)))*(sin(x(1))/2-sin(x(2))/2))/6+(D*(sin(x(1))-
sin(x(2)))^2)/(6*H)+(cot(a)*(sin(x(1))-sin(x(2)))^2)/(24*H)+
(D*sin(x(2))*(sin(x(1))-sin(x(2))))/(6*H))+cos(x(2))*(cos(x(1))+
cos(x(2))+2*cot(a)*(sin(x(1))/2-sin(x(2))/2)+((D2+2*D)*(sin(x(1))
-sin(x(2))))/H)*(cos(x(1))/6-cos(x(2))/6+(cot(a)*(sin(x(1))/2-
sin(x(2))/2))/3+((D2+2*D)*(sin(x(1))-sin(x(2))))/(6*H))-sin(x(2)
)*((cot(a)*cos(x(2)))/6-sin(x(2))/6+(cos(x(2))*(D2+
2*D))/(6*H))*(cos(x(1))+cos(x(2))+2*cot(a)*(sin(x(1))/2-sin(x(2)

```
)/2)+((D2+2*D)*(sin(x(1))-sin(x(2))))/H)-sin(x(2))*(sin(x(2))+
cot(a)*cos(x(2))+(cos(x(2))*(D2+2*D))/H)*(cos(x(1))/6-cos(x(2))/6
+(cot(a)*(sin(x(1))/2-sin(x(2))/2))/3+((D2+2*D)*(sin(x(1))-
sin(x(2))))/(6*H))+((sin(x(1))-sin(x(2)))^2*(D2+
D)*(2*cot(a)*cos(x(2))+(2*D*cos(x(2)))/H+(cos(x(2))*(D2+2*D))/H+
(cos(x(2))*(D2+D))/H))/(12*H)-(D*(sin(x(1))-sin(x(2)
))^2*((3*cot(a)*cos(x(2)))/4+(D*cos(x(2)))/(2*H)+(cos(x(2))*(D2+
D))/H))/(2*H)-(D*((cot(a)*cos(x(2)))/2+(D*cos(x(2)
))/H)*(sin(x(1))-sin(x(2)))^2)/(4*H)+(D*((cot(a)*cos(x(2)))/2+
(2*D*cos(x(2)))/H)*(sin(x(1))-sin(x(2)))^2)/(12*H)+(cos(x(2)
)*(sin(x(1))-sin(x(2)))*(D2+D)*(3*cos(x(1))+2*cot(a)*(sin(x(1))/2
-sin(x(2))/2)+cot(a)*(sin(x(1))-sin(x(2)))+((sin(x(1))-sin(x(2)
))*(D2+D))/H+(2*D*(sin(x(1))-sin(x(2))))/H+((D2+2*D)*(sin(x(1))-
sin(x(2))))/H))/(6*H)+(D*cos(x(2))*(sin(x(1))-sin(x(2)
))*(3*cos(x(1))+cot(a)*(sin(x(1))/2-sin(x(2))/2)+(2*D*(sin(x(1))-
sin(x(2))))/H))/(6*H)-(D*cos(x(2))*(sin(x(1))-sin(x(2)
))*(cos(x(1))+cot(a)*(sin(x(1))/2-sin(x(2))/2)+
cot(a)*(sin(x(1))/4-sin(x(2))/4)+((sin(x(1))-sin(x(2)))*(D2+D))/H
+(D*(sin(x(1))-sin(x(2))))/(2*H)))/H-(D*cos(x(2))*(sin(x(1))-
sin(x(2)))*(2*cos(x(1))+(cot(a)*(sin(x(1))-sin(x(2))))/2+
(D*(sin(x(1))-sin(x(2))))/H))/(2*H)))/(sin(x(1))-sin(x(2)))+
(H*ri*cos(x(2))*(sin(x(2))/3-sin(x(1))/3+kh*(cos(x(1))/3-cos(x(2)
)/3+((3*sin(x(1)))/2+sin(x(2))/2)*((cot(a)*(sin(x(1))-sin(x(2)
))^2)/24+((cos(x(1))+cot(a)*sin(x(2)))*(sin(x(1))/2-sin(x(2))/2)
)/6+(D*(sin(x(1))-sin(x(2)))^2)/(6*H)+(cot(a)*(sin(x(1))-sin(x(2)
))^2)/(24*H)+(D*sin(x(2))*(sin(x(1))-sin(x(2))))/(6*H))+
(((sin(x(1))-sin(x(2)))*(cos(x(1))-cos(x(2))+
2*cot(a)*(sin(x(1))/2-sin(x(2))/2)+((D2+2*D)*(sin(x(1))-sin(x(2)
))))/H))/12+((sin(x(2))*(D2+D)+(H*(cos(x(2))+cot(a)*sin(x(2))))/2)
*(sin(x(1))-sin(x(2))))/(6*H))*(sin(x(1))/2+(3*sin(x(2)))/2)-
sin(x(2))^2*(cos(x(1))/3-cos(x(2))/3+(2*cot(a)*(sin(x(1))/2-
sin(x(2))/2))/3+((D2+2*D)*(sin(x(1))-sin(x(2))))/(3*H))+
(D*(sin(x(1))-sin(x(2)))^2*((5*sin(x(1)))/2+sin(x(2))/2))/(12*H)-
(D*(sin(x(1))-sin(x(2)))^2*(sin(x(1))/4+(3*sin(x(2)))/4))/(2*H)-
(D*(sin(x(1))-sin(x(2)))^2*((3*sin(x(1)))/4+sin(x(2))/4))/(2*H)+
((sin(x(1))-sin(x(2)))^2*(sin(x(1))+2*sin(x(2)))*(D2+D))/(12*H))+
(((sin(x(1))-sin(x(2)))*(cos(x(1))-cos(x(2))+
```

```
2*cot(a)*(sin(x(1))/2-sin(x(2))/2)+((D2+2*D)*(sin(x(1))-sin(x(2)
)))/H))/12+((sin(x(2))*(D2+D)+(H*(cos(x(2))+cot(a)*sin(x(2))))/2)
*(sin(x(1))-sin(x(2))))/(6*H))*(2*cos(x(1))+3*cot(a)*(sin(x(1))/2
-sin(x(2))/2)+(D*(sin(x(1))-sin(x(2))))/H+((D2+2*D)*(sin(x(1))-
sin(x(2))))/H)+(2*cos(x(1))+cot(a)*(sin(x(1))/2-sin(x(2))/2)+
(D*(sin(x(1))-sin(x(2))))/H)*((cot(a)*(sin(x(1))-sin(x(2)))^2)/24
+((cos(x(1))+cot(a)*sin(x(2)))*(sin(x(1))/2-sin(x(2))/2))/6+
(D*(sin(x(1))-sin(x(2)))^2)/(6*H)+(cot(a)*(sin(x(1))-sin(x(2)
))^2)/(24*H)+(D*sin(x(2))*(sin(x(1))-sin(x(2))))/(6*H))-sin(x(2)
)*(cos(x(1))+cos(x(2))+2*cot(a)*(sin(x(1))/2-sin(x(2))/2)+((D2+
2*D)*(sin(x(1))-sin(x(2))))/H)*(cos(x(1))/6-cos(x(2))/6+
(cot(a)*(sin(x(1))/2-sin(x(2))/2))/3+((D2+2*D)*(sin(x(1))-
sin(x(2))))/(6*H))-(D*(sin(x(1))-sin(x(2)))^2*(cos(x(1))+
cot(a)*(sin(x(1))/2-sin(x(2))/2)+cot(a)*(sin(x(1))/4-sin(x(2))/4)
+((sin(x(1))-sin(x(2)))*(D2+D))/H+(D*(sin(x(1))-sin(x(2)
)))/(2*H)))/(2*H)-(D*(sin(x(1))-sin(x(2)))^2*(2*cos(x(1))+
(cot(a)*(sin(x(1))-sin(x(2))))/2+(D*(sin(x(1))-sin(x(2)
)))/H))/(4*H)+((sin(x(1))-sin(x(2)))^2*(D2+D)*(3*cos(x(1))+
2*cot(a)*(sin(x(1))/2-sin(x(2))/2)+cot(a)*(sin(x(1))-sin(x(2)))+
((sin(x(1))-sin(x(2)))*(D2+D))/H+(2*D*(sin(x(1))-sin(x(2))))/H+
((D2+2*D)*(sin(x(1))-sin(x(2))))/H))/(12*H)+(D*(sin(x(1))-
sin(x(2)))^2*(3*cos(x(1))+cot(a)*(sin(x(1))/2-sin(x(2))/2)+
(2*D*(sin(x(1))-sin(x(2))))/H))/(12*H)))/(sin(x(1))-sin(x(2)))^2)
*((x(2)-asin(((Hk+(H*sin(x(2)))/(sin(x(1))-sin(x(2))))*(sin(x(1))
-sin(x(2))))/H))*(c1*kn+(3*Hk*ri*tan(t))/5)+(c2+
H*ri*tan(1))*(x(1)-pi+asin(((Hk+(H*sin(x(2)))/(sin(x(1))-sin(x(2)
)))*(sin(x(1))-sin(x(2))))/H))+(c1-(H*ri*tan(t)*(sin(x(2))-1)
)/(sin(x(1))-sin(x(2))))*(pi-2*x(1))))/(p*(cos(x(2))-(1-((Hk+
(H*sin(x(2)))/(sin(x(1))-sin(x(2))))^2*(sin(x(1))-sin(x(2)))^2)
/H^2)^(1/2))-(H*ri*(sin(x(2))/3-sin(x(1))/3+kh*(cos(x(1))/3-
cos(x(2))/3+((3*sin(x(1)))/2+sin(x(2))/2)*((cot(a)*(sin(x(1))-
sin(x(2)))^2)/24+((cos(x(1))+cot(a)*sin(x(2)))*(sin(x(1))/2-
sin(x(2))/2))/6+(D*(sin(x(1))-sin(x(2)))^2)/(6*H)+
(cot(a)*(sin(x(1))-sin(x(2)))^2)/(24*H)+(D*sin(x(2))*(sin(x(1))-
sin(x(2))))/(6*H)+(((sin(x(1))-sin(x(2)))*(cos(x(1))-cos(x(2))+
2*cot(a)*(sin(x(1))/2-sin(x(2))/2)+((D2+2*D)*(sin(x(1))-sin(x(2)
))))/H))/12+((sin(x(2))*(D2+D)+(H*(cos(x(2))+cot(a)*sin(x(2))))/2)
```

```
*(sin(x(1))-sin(x(2))))/(6*H))*(sin(x(1))/2+(3*sin(x(2)))/2)-
sin(x(2))^2*(cos(x(1))/3-cos(x(2))/3+(2*cot(a)*(sin(x(1))/2-
sin(x(2))/2))/3+((D2+2*D)*(sin(x(1))-sin(x(2))))/(3*H))+
(D*(sin(x(1))-sin(x(2)))^2*((5*sin(x(1)))/2+sin(x(2))/2))/(12*H)-
(D*(sin(x(1))-sin(x(2)))^2*(sin(x(1))/4+(3*sin(x(2)))/4))/(2*H)-
(D*(sin(x(1))-sin(x(2)))^2*((3*sin(x(1)))/4+sin(x(2))/4))/(2*H)+
((sin(x(1))-sin(x(2)))^2*(sin(x(1))+2*sin(x(2)))*(D2+D))/(12*H))+
(((sin(x(1))-sin(x(2)))*(cos(x(1))-cos(x(2))+
2*cot(a)*(sin(x(1))/2-sin(x(2))/2)+((D2+2*D)*(sin(x(1))-sin(x(2)
)))/H))/12+((sin(x(2))*(D2+D)+(H*(cos(x(2))+cot(a)*sin(x(2))))/2)
*(sin(x(1))-sin(x(2))))/(6*H))*(2*cos(x(1))+3*cot(a)*(sin(x(1))/2
-sin(x(2))/2)+(D*(sin(x(1))-sin(x(2))))/H+((D2+2*D)*(sin(x(1))-
sin(x(2))))/H)+(2*cos(x(1))+cot(a)*(sin(x(1))/2-sin(x(2))/2)+
(D*(sin(x(1))-sin(x(2))))/H)*((cot(a)*(sin(x(1))-sin(x(2)))^2)/24
+((cos(x(1))+cot(a)*sin(x(2)))*(sin(x(1))/2-sin(x(2))/2))/6+
(D*(sin(x(1))-sin(x(2)))^2)/(6*H)+(cot(a)*(sin(x(1))-sin(x(2)
))^2)/(24*H)+(D*sin(x(2))*(sin(x(1))-sin(x(2))))/(6*H))-sin(x(2)
)*(cos(x(1))+cos(x(2))+2*cot(a)*(sin(x(1))/2-sin(x(2))/2)+((D2+
2*D)*(sin(x(1))-sin(x(2))))/H)*(cos(x(1))/6-cos(x(2))/6+
(cot(a)*(sin(x(1))/2-sin(x(2))/2))/3+((D2+2*D)*(sin(x(1))-
sin(x(2))))/(6*H))-(D*(sin(x(1))-sin(x(2)))^2*(cos(x(1))+
cot(a)*(sin(x(1))/2-sin(x(2))/2)+cot(a)*(sin(x(1))/4-sin(x(2))/4)
+((sin(x(1))-sin(x(2)))*(D2+D))/H+(D*(sin(x(1))-sin(x(2)
)))/(2*H)))/(2*H)-(D*(sin(x(1))-sin(x(2)))^2*(2*cos(x(1))+
(cot(a)*(sin(x(1))-sin(x(2))))/2+(D*(sin(x(1))-sin(x(2)
)))/H))/(4*H)+((sin(x(1))-sin(x(2)))^2*(D2+D)*(3*cos(x(1))+
2*cot(a)*(sin(x(1))/2-sin(x(2))/2)+cot(a)*(sin(x(1))-sin(x(2)))+
((sin(x(1))-sin(x(2)))*(D2+D))/H+(2*D*(sin(x(1))-sin(x(2))))/H+
((D2+2*D)*(sin(x(1))-sin(x(2))))/H))/(12*H)+(D*(sin(x(1))-
sin(x(2)))^2*(3*cos(x(1))+cot(a)*(sin(x(1))/2-sin(x(2))/2)+
(2*D*(sin(x(1))-sin(x(2))))/H))/(12*H)))/(sin(x(1))-
sin(x(2))))^2;
FF=[Kx;Ky];
end

function K=BPLJJS(kh,D2,a,c1,c2,t,l,H,p,D,Hk,kn,ri)
x0=[1.57;1];
```

```
options=optimset('display','off');
zz=fsolve('BPLJFS',x0,options,kh,D2,a,c1,c2,t,l,H,p,D,Hk,kn,ri);
x=zz(1);
y=zz(2);


r=H/(sin(x)-sin(y));
G=cos(y)-cos(x)-(D+D2+D)/r-H/2/r*cot(a)-H/2/r*cot(a);
z=asin((r*sin(y)+Hk)/r); v=pi-x; f1=1/3*(sin(x)-sin(y));
f2=G/6*(2*cos(y)-G)*sin(y);
f3=1/6*((H/2*(cos(y)+cot(a)*sin(y))+(D2+D)*sin(y))/r-G*H/2/r)*
(cos(y)-G+cos(x)+D/r+H/2/r*cot(a));
f4=1/6/r^2*(D2+D)*H/2*(2*cos(x)+cos(y)+2*D/r+(D2+D)/r+2*
H/2/r*cot(a)-G);
f5=1/6*(H/2/r*(cos(x)+cot(a)*sin(y))+D/r*sin(y)+H/2^2/r^2*cot(a)+
D*H/2/r^2++D*H/2/r^2++H/2*H/2/r^2*cot(a))*(2*cos(x)+D/r+H/2/r*cot(a));
f6=1/6/r^2*D*H/2*(3*cos(x)+2*D/r+H/2/r*cot(a));
f7=1/r^2*D*H/2*(cos(x)+(D+D2)/r+D/2/r+H/2/r*cot(a)+H/2/2/r*cot(a));
f8=H/2*D/r^2/2*(D/r+H/2*cot(a)/r+2*cos(x));


f9=1/3*(cos(y)-cos(x));
f10=G/3*sin(y)*sin(y);
f11=1/6*((H/2*(cos(y)+cot(a)*sin(y))+(D2+D)*sin(y))/r-G*H/2/r)
*(2*sin(y)+H/2/r); f12=1/6/r^2*(D2+D)*H/2*(3*sin(y)+2*H/2/r);
f13=1/6*(H/2/r*(cos(x)+cot(a)*sin(y))+D/r*sin(y)+H/2^2/r^2*cot(a)+
D*H/2/r^2++D*H/2/r^2++H/2*H/2/r^2*cot(a))*(2*sin(x)-H/2/r);
f14=1/6/r^2*D*H/2*(3*sin(x)-H/2/r);
f15=1/r^2*D*H/2*(sin(y)+H/2/2/r);
f16=H/2*D/r^2*(sin(x)-H/2/2/r);


N=(1-sin(y))*r-H; Dr=((kn*c1+ri*Hk*(tan(t)*0.6-0))*(z-y)+(c2+ri*H*
(tan(l)-0))*(v-z)+(c1+ri*(H+N))*(tan(t)-0))*(x-v));
K=Dr/(H*(ri*((f1-f2-f3-f4-f5-f6+f7+f8)+kh*(f9-f10-f11-
f12-f13-f14+f15+f16)))/(sin(x)-sin(y))+p*(cos(y)-cos(z)));
end
```

彩　　图

图 3-2　原状浸水土样试验场地

图 3-3　原状土样层状构造

图 3-9　现场喷涂红漆及安放玻璃板

图 3-13　土体出现裂缝

图 3-14　裂缝随着推力的增加，变宽变长

图 3-15　裂缝宽度进一步增大

(a) 开挖试验坑　　　　　　　　　(b) 钻孔

(c) 注水　　　　　　　　　(d) 加载

(e) 测试   (f) 测试

图 3-35   试验过程

图 7-1   施工完成后膨胀土高边坡多级支挡结构

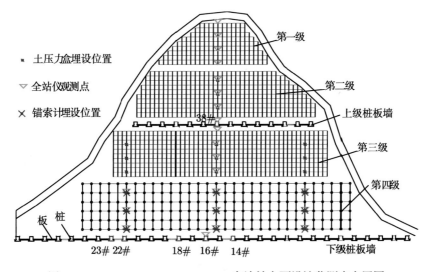

图 7-5   DK221+679～DK221+863 高边坡立面设计监测点布置图

图 7-7　30#～2#桩间土体开挖后地质调查图

(a) 施工完成时　　　　　　　　　(b) 植被长成后效果

图 9-17　柔性生态减胀护效果